李松蔚

著

LECTURES on
PSYCHOLOGY

心理学讲义

新 星 出 版 社　NEW STAR PRESS

▷ 目　录 ▶▷

 心理学知识地图 ▶▷

第1章　变量 ▶▷

第2章　机制 ▶ ▷

第3章　关系 ▶▷

第4章　方法 ▶▷

心理学
知识地图

第一讲 ▶▶▷
重新认识心理学

01 心理学到底是干什么的

在本书的最开始，我想先带你重新认识一下心理学这门学科。

你可能觉得，心理学应该是人类最古老的一门学科，因为人总是对自己的内心世界充满好奇。但事实上，心理学很年轻。虽然古今中外的哲人都对人类心智各有见解，心理学作为一门科学的学科诞生于1879 年——距今不过 100 多年，标志是威廉·冯特（Wilhelm Wundt）在莱比锡大学创建了世界上第一个心理学实验室。

那么，上升为学科的心理学要完成什么任务呢？几乎所有心理学教科书一开篇都会告诉你：作为一门学科，心理学的目标在于更好地**描述、解释、预测和干预人类行为**。

这句话是什么意思？通俗地说，就是一个人做什么，为什么这样做，以后会怎么做，以及用哪些方法可以改变他——把这些用科学的手段研究起来，就是心理学。

可是，作为多年的心理学从业者，我现在回头看这句话，觉得它多少有点一厢情愿的意味：用科学手段描述、解释、预测和干预人类行为，就一定能让人过得更好吗？

我身边不少朋友在有了孩子以后，纷纷开始看心理学方面的书，希望成为更好的父母。这些书科学地描述了什么样的孩子会有问题，解释了为什么有的养育方式会导致孩子出问题，预测了哪些父母更容易养出有问题的孩子，最后也给出了干预建议。

可是很多朋友看完这样的书后，反而不知道该怎么跟孩子说话了，生怕自己的哪句话说得不对，就会给孩子带来伤害。有些年轻夫妻学完这些知识后甚至更惧怕做父母了，觉得这件事太高深、太有挑战性，只有掌握高深的理论才能做好。对这些人，我反而会建议：先把心理学的书放一放吧，这些学习并没有帮到你！

作为心理咨询师，我一直相信，**"对人有帮助"才是心理学唯一重要的任务**。无论是描述、解释，还是预测、干预人的行为，都必须符合这个目的。如何通过这门学科实现这一目的呢？我把它的机制概括为 4 个关键词，分别是**定位、关联、接纳、改变**。

更精准的定位

任何学科都离不开概念。很多人学心理学，最先学到的是各种各样的名词，好像可以把生活中的心理现象描述得更"专业"。但如果只是给事物起一个新的名字，对人们并没有帮助的作用。**有帮助的描述，能够让人找到不一样的角度，对心理现象做出定位。**

举个例子。我有个朋友，前两年全家从国外回来后，遇到了一个麻烦，就是他们家孩子处于小学阶段，突然转回国内受教育，感到很吃力。尤其是数学，这个孩子花了很大的力气还是跟不上，全家都很发愁。

对这件事，他们有不同的描述：

爸爸说，孩子在数学方面有畏难情绪。

妈妈说的是，国内学校的要求太高了，超过了孩子这个年龄段能承受的。

孩子自己怎么说呢？他说"我数学没问题，但我语言有困难"，因为他的中文只够日常对话用，一旦涉及专业知识的学习，他就跟不上了。

你看，对同一个现象，存在好几种不同的描述。但这些描述只是名字不同吗？不是的，核心差异在于，全家人在从不同的角度定位同一个现象：爸爸关注的是孩子的个性，妈妈关注的是学校的课程设置，孩子本人则把问题定位在语言能力上。

可是这几种定位对他们都没有帮助。无论孩子的性格还是学校设置的课程，都很难改变，语言能力的提升也没法一蹴而就。

他们问我怎么看。我让这个孩子做了几道数学题，并观察他的解题过程，然后知道问题出在哪儿了：他在解题的时候缺乏一种体验，叫"自我效能"。你可以把这个概念粗略理解为，一个人在做一件事时，有没有一种得心应手的感觉。

这是从什么角度定位问题呢？不是孩子的个性，不是课程难度，跟语言能力也无关，只是一种体验的缺乏。

这下子，问题就没那么棘手了，因为体验是很容易制造的。我请孩子父母给他布置低两个年级的题目，再把题目数量减少一半，孩子每天只用20分钟就能轻松完成数学作业，而且每次几乎全对。之后，再把题目的难度升级，一个多月以后恢复到孩子所在年级的水平，孩子的成绩也没有掉下去。

你看，对同一个问题，从不同的角度定位，就会有不同的描述。好的描述往往能把问题定位在更能产生功能的方面，从而带来更有效的解决方案。

更赋能的关联

教科书上说心理学的第二个目标是解释，其本质是在不同的事件之间制造关联。如果你发现某种心理特点经常跟另一些因素同时出现，你就在这些因素之间制造了关联。

不过，并非每一个关联都对人有帮助。比如，有些家庭暴力的施暴者会辩解："我童年受过心理创伤，现在才容易情绪失控，我也是受害者。"

这个解释对不对呢？他把自己的行为和童年经历建立起关联，在科学上好像说得通，但这种解释肯定是有问题的。被他暴力伤害的伴侣会感到又愤怒、又无力——自己不但遭受了暴力，反过来还要学会体谅施暴者的不容易。

问题出在哪里呢？一方面，这个解释只是在片面强调一部分事实。一件事往往跟千丝万缕的变量相联系，这些变量之间还存在复杂的交互作用，没有非此即彼的简单结论。对于家庭暴力，我也可以解释为：虽然他童年有过创伤，但他现在也是在选择性地欺软怕硬，对领导他怎么就能控制住脾气呢？另一方面，我们指出这些变量的关联，不是为了给行为找借口，而是要帮助人们更有力量地解决问题。

我在给家庭做咨询的时候，经常遇到因为亲子关系前来求助的父母。他们学过一些心理学知识，觉得自己不会养孩子，是孩子出问题的罪魁祸首。他们越是这样检讨，在跟孩子沟通时就越容易失去信心。这时候我会告诉他们，亲子关系的问题也有一部分原因是，孩子进入了青春期。青春期的孩子会有很多生理、心理的变化，他们跟父母起冲突是一种正常现象。

这就建立了一个新的关联：亲子问题不只跟父母的行为相关，也是因为孩子到了一定的年龄，体内环境有了变化，父母只要想办法平稳度过这段时间就好了。这个视角会帮助父母减少自责，他们跟孩子相处起来也会更平和。

所以，**心理学的解释并不是随便找原因，而是要在事件之间建立有正面意义的关联，目的是为了给当事人赋能，从而更有效地解决问题。**

接纳和改变都是为了更好地生活

最后，我们来看接纳和改变。

我不太喜欢用教科书里的"预测"和"干预"这两个词，因为它们否认了当事人的主观能动性。心理学确实可以预测一些事件的发生概率，比如一个人适合从事哪类职业，一段婚姻会不会美满，一个孩子长大后是否心理健康。科学的预测肯定比算命先生更可靠，毕竟它有统计研究的实证基础。但是，这种预测有时候也会限制一个人的发展。有的父母会在气头上骂小孩："就你这样，长大了也不会有出息！"有的老师会评论学生："你的思维方式更适合学文科，不适合搞理科。"说者无心，听者有意，这会在对方心里埋下一颗种子。本来他可能做到的事情，也许因为失去信心就真的做不到了。

如果我们预测到一个人可能会出问题，是不是就可以更早地干预他，不让问题发生呢？对这个想法，你要慎重看待。

我在大学里做过学生工作，有些不太了解学生工作的人会想：如果老师通过心理学判断出什么样的学生更容易有心理问题，比如父母离异的、家庭经济条件不好的或有慢性病的，就可以给他们多一些重点关注。

我知道这是一片好心，但我会提醒他们：有些问题恰恰是重点关注带来的。甚至原本很普通的关心，比如"听说你考试没考好，要不要聊一聊"，反而会引起对方的猜疑：你是不是害怕我想不开，来套我的话？刻意的"干预"说不定让本来没问题的事反而有了问题。

所以我更喜欢的用词是"接纳"和"改变"。接纳那些我们主宰不了的事情，像出身的家庭、小时候的成长经历，无论我们喜不喜欢，都只能接受它们带给我们的影响。同时我会想：现在的我可以做出哪些改变，让自己更好地生活？所谓预测和干预，究其本质，就是为了判断：我需要接受自己的哪些特点？在哪些方面还可以做得更多？

其实你会发现，**心理学的改变是无处不在的。无论是对问题更精准的定位，还是建立更有效的关联，或者接纳改变不了的方面，本质上都是让我们的生活变得更好。**

这就是**我眼中的心理学**，它不只是高高在上的描述、解释、预测和干预，而**是用科学的方法弥补我们每个人个体经验和直觉的不足，**

为我们的生活提供专业的帮助。

　　这也是贯穿整本书的视角。从这个角度重新梳理一遍心理学，你会发现，心理学这门学科虽然概念繁杂、体系众多，方法和角度有无数种，甚至它们还可能互相矛盾，但只要你记得最终的方向——为了提供帮助，你就不会迷失。不同的方法只是不同的帮助路径。

第二讲 ▶▶▷
极简心理学思想史：心理学的 6 大路径

心理学这门学科包含了太多不同的流派和理论，有的甚至互相矛盾，我们要怎么掌握呢？不用担心。按照不同理论的思想体系，大致可以归纳成 6 条路径：结构主义、功能主义、精神分析、行为主义、认知科学和人本主义。

只要理解了这 6 大路径，就能大致掌握心理学的学科脉络。

01 结构主义：从拆解变量入手

我在这本书一开始就提过，有一位叫威廉·冯特的德国人在 1879 年创建了世界上第一个心理学实验室，这标志着现代心理学的开端。

冯特在实验室做什么研究呢？答案可能会让你有点失望：他请人躺在椅子上，用一个小球发出声音，让这个人听到声音就立刻按下秒表，然后记录这个人作出反应的时长。

你也许会想：就这？这跟心理学有什么关系？

可恢宏壮观的现代心理学体系的起点，就是这么一件琐碎的小事。

从冯特开始，越来越多的心理学者开始进行类似的实验，方法都很枯燥。有一个跟冯特同时代的心理学家叫赫尔曼·艾宾浩斯（Hermann Ebbinghaus），他对人的记忆力感兴趣，就发明了 2000 多个无意义的音节，让人死记硬背，然后测量他们记忆和遗忘的规律。著名的艾宾浩斯遗忘曲线就是这么测出来的。

我有时候会想，如果生活在那个年代，我非但不想研究心理学，也不想被他们研究，实在是太枯燥了。

你可能觉得，这纯粹是在折磨人，满足一帮科学怪人的好奇心，它对我们普通人的生活有什么价值呢？

确实，对于这些研究结论，普通人学不学都没什么差别，甚至很多心理系学生都不感兴趣，而且大部分结论在今天看来都过时了。但他们在研究时运用的视角是绕不过去的心理学入门第一课，那就是：**从拆解变量入手。**他们**把心理学研究定位到一个个具体的心理结构。**没错，心理学的"定位"任务就是从这里开始的。

冯特有一位学生叫爱德华·铁钦纳（Edward Titchener）。铁钦纳做过一个总结，说我们在研究人的心理"有什么"，而不是"为什么"。意思就是，不要把"人"看成一个整体，而是要用实证科学的态度把它拆解成一个一个变量。铁钦纳把这个研究思路命名为"结构主义"（有的教科书也翻译为"构造主义"）——现代心理学最早的流派自此诞生。

从这一刻开始，对心理学的探索，有了最基本的心理结构作为抓手。

新任务：定位心理结构

什么是心理结构？它对我们的生活有什么意义？我用三个场景来给你解释。

第一个场景，如何描述一个人。

假设老板问 HR（人力专员）："今天你面试的两个人怎么样？"

HR 说："我喜欢第二个求职者，不太看好第一个。"老板一定会说："你先别忙着给我结论，你先告诉我这两个人什么样？"

这时候，HR 就需要拿出一组数据："对这两个求职者，我从 5 个维度给他们打了分：第一个的研究能力相对更突出，但沟通能力是短板；第二个求职者更均衡，各方面的能力都不错。"

拿到了这样的数据，老板虽然没见过这两个求职者，但他可以在头脑中快速形成印象，定位到这个岗位需要的能力上。

这种描述方式其实就是把"人"拆解成了具体的心理结构。你看，HR 原来说的是自己看好谁、不看好谁，给出的是整体的对"人"的印象。而如果定位到具体的心理结构，就可以给出更丰富、更细致的信息，帮助我们做出更精准的判断。

老板可能会说："虽然你不喜欢第一个求职者，那是他的沟通能力导致的，而我们这个岗位，更需要研究能力突出的人。所以，我们还是让他试一试吧！"

这就用到心理结构的第二个场景，如何解释一个人的行为。

在没有结构主义的时候，我们把人看成一个整体性的存在。也就是说，一切行为都是"整个人"做出来的。比如，我明明想抓紧时间把工作完成，却忍不住打开了短视频软件。我就会想：我又这样，我真是太糟糕了！你看，这根本没有进行任何解释，只是在表达："我"做了不应该的事，"我"就是那个问题。

可是如果把"我"拆成不同的心理结构，我们就可以说，问题不是"我"，是我身上发生的一些变化。比如，问题出在情绪上，"焦虑情绪让我什么都做不了"；问题也可能是生理状态造成的，"我的肾上腺素水平比较高，影响了我的情绪状态"。

这就好比电脑出了问题。以前我们只能整体性地对它进行研究，那就只能反复重启、拍打，甚至冲它发脾气："你到底是怎么回事？"而现在我们可以拆开它，看到它有 CPU、硬盘、内存等一堆零部件，各自是什么样的结构，会执行哪些功能……才能更具体地定位出问题出在哪里，这也意味着距离我们解决问题近了一大步。

在理想状况下，如果我们把每一个零部件的原理都弄清楚，整台电脑也就不存在秘密了。这也是结构主义心理学致力于追求的，对人类心理的终极理解。

第三个场景，回到了我的老本行——心理咨询和干预。结构主义把"人"和人的"心理结构"区分开之后，给了心理咨询师一个巨大的帮助。我们要帮来访者解决问题，先要做一件事，就是把"问题"跟他这个"人"分开。这是什么意思呢？

比如，一个来访者被诊断出了抑郁症，郁郁寡欢，我们能不能说："你怎么这么抑郁啊？就不能乐观一点嘛！"不能。这样说的话，就是在把"问题"等同于他这个"人"。他会说："你说得轻松，我也希望自己能乐观一点，我就是做不到呀！"

那应该怎么说呢？我会说："你的抑郁处在峰值，所以对什么事都提不起兴趣。"

这句话虽然没有提供什么改变的方法，但他的感受会好一些，他对未来也会多一些信心。因为在这个说法里，他只是这个问题的受害者，有问题的不是他这个人，而是他的情绪。等到情绪消退了，他不就好了吗？这个说法本身就是在帮助这个人了。

你看，虽然只是把人定位成不同的心理结构，但无论是描述一个人，解释一个人的行为，还是尝试改变一个人，这种视角都为我们提供了更多的可能性。

我的情绪、我的认知过程、我的思维方式、我的人格特征，它们都是不同的心理结构，不等于"我"这个人。从某种意义上讲，它们就跟我的发型、我的口音差不多，虽然长在了我身上，但只要我不满意，就可以想办法换掉。

结构主义的局限

看完以上 3 个场景，你是不是觉得，结构主义对我们的帮助还挺大的？

不过，这种视角并不是万能的。就像我们不能把人体所有器官组装到一起，吹口仙气，就让它变成一个活生生的人一样；人作为一个复杂系统，我们不能认为，理解了每一个部分，就理解了整体。整体是大于部分之和的。

就拿前面 HR 选人的情境来说，通过一大堆变量、数据来概括一个人，确实很方便，可是这样的概括一定更准确吗？有没有可能，有的人在任何一项数据上都体现不出他的优势，但你只要跟这个人聊一次，甚至看他一眼，就会直觉地意识到，这个人身上有某种打动你的东西，甚至你都说不出这个东西是什么。我想很多人都有过类似的经验。

把人和其心理特点做区分，确实有助于一个人客观地认识自己，但这种思路不能走极端。有个笑话说的是，有一个人插队，其他排队的人不干了，问："你为什么插队？"插队的回答说："因为我素质低呀！"

这很荒唐，插队者把"素质低"表述成一种独立的心理结构，跟他本人划清了界限，所以他一点都不难为情。

我在心理咨询中偶尔也会遇到类似的情况。比如，有的人把自己分析得头头是道，但就是不改。我问他："你想得那么清楚，为什么不行动呢？"他说："因为我缺乏执行力呀。"要是追问他为什么缺乏执行力，他还能按结构主义的思路在自己身上找到更多变量，自圆其说。这种情况下，结构主义就不能起到帮助作用了，反而需要停止这种思考，把目光放到整体的人身上。我就会对他说："你想做就去做。不用把自己分析得那么细致，反正它就是你的事儿，你肯定有办法把它做成。"

这是一种新的定位角度，叫功能主义。

02 功能主义：整体大于部分之和

"功能主义"这个概念是什么时候出现的呢？它跟结构主义几乎是前后脚出现的，代表人物是威廉·詹姆斯（William James）。他被称为"美国心理学之父"，是一代宗师。

不过在今天，相比结构主义，功能主义就没有那么出名了。很多专业心理学者对这个名称都有些陌生，甚至教科书对它也只是一笔带过。但是从帮助人的角度来说，这是一个你不能错过的流派。

功能主义有哪些主张呢？可以从它跟结构主义 3 个最大的不同去把握。

人不是结构之和

第一，**功能主义认为，人是整体的人，不是心理结构的组合。**

功能主义者认为，结构主义心理学家试图把人定位出不同的心理结构，这种尝试是徒劳的。威廉·詹姆斯说，用固定的词汇描述一个人，"就像把雪花抓到手中，只剩下一滴水"。意思就是，人没有固定的心理状态，每时每刻都在变化。

结构主义把人当成一台电脑，希望拆解出不同的零件来解释人的行为，问题是，人和电脑不一样啊！电脑是一台机器，它的规律是固定的，它没有意图，也没有情绪，不会看人下菜碟，不会因为喜欢你就在你面前特意表现，也不会因为讨厌我就故意对我死机。所以，电脑出问题，想都不用想，就可以把问题定位到机器的零件上。

可是人呢？你接到老板的电话和接到陌生人的推销电话，热情程度肯定不一样。那么，能把"热情"或"冷淡"定位成你固有的心理特点吗？当然不能。这就是功能主义的视角：我们无法像研究一台机器那样定义一个"人"，人是可以变化的。

人在变化，这一点太关键了。它属于道理谁都懂却常常被忽略的一种常识。

我遇到过很多父母，他们一边说"我孩子缺乏专注力，怎么办"，一边又说"他特别爱玩游戏，要是没人管他，他能全神贯注地玩上一整天"。

这种时候，我会把他们的话重新说一遍："如果是重复简单的学业任务，他只能保持 10 分钟的专注；但是玩起游戏来，就可以保持专注一整天，是不是？"

这样一说，父母就会意识到：孩子并没有专注力问题，只是对不同的任务有不同的兴趣。换一个情境，孩子的表现就不同。所以，这不是孩子身上固有的问题。

变化有目的

除了给出新的定位，功能主义和结构主义的第二个区别在于，前者在个人行为和环境之间创建了新的关联。

结构主义有一种 19 世纪物理科学的乐观精神，认为只要把人拆成不同的心理结构，就能找到心理现象的本质，但其兴趣只停留在这里。

而功能主义有一个完全不同的视野，那就是外部环境。它深受进化论的影响。进化论强调，物种是通过自然选择被环境保留下来的。功能主义也认为，一个人不但可以变化，变化还是有目的的——为了适应环境。功能主义的"功能"，就是适应环境的意思。

在一个高强度的工作岗位上，一个人总发脾气。对此，结构主义者也许会说，这个人有焦躁"特质"；而功能主义者会说，也许换一个岗位，他就不会有这么大脾气了。

这个洞察，可以说是打开了一扇新世界的大门。很多令人难以理解的行为，只要把它们放在特定的环境中，就可以找到理解它们的方式。

比如，在一个没有禁枪的国家，人们对于爆破声非常敏感，聚会上气球爆了，都会吓他们一大跳。我认识一位国外的教授，有一次他来中国开会，在下榻的酒店附近的公园散步时，听到身边"啪"的一响，他当时两腿一软，直接坐在了地上，后来发现是一位老大爷在抽鞭子锻炼身体。我们听了这个故事觉得好笑，但要想理解他那一刻的反应，就需要跟他原来的环境建立关联。是因为他胆小吗？不是，这是他在原来的环境中的生存之道。

把心理现象跟环境关联起来之后，再看各种行为，你就会发现，没有好行为和坏行为之分，只有适应这种环境或适应那种环境的行为。这样想，我们在生活中就可以避免很多冲突。我咨询过一对夫妻，丈夫在家里经常装聋作哑，对妻子的话没有反应，妻子让他干什么，他总是答应了却没有行动。妻子觉得这是一种挑衅，为此大动肝火。后来她发现，丈夫的父母家是一个关系错综复杂的大家庭，几代人之间矛盾重重。比如，奶奶让孙子做一件事，如果他做了，就有可能得罪妈妈，但他也不能拒绝奶奶，所以最好的办法就是装听不见，打马虎眼。妻子这才明白，丈夫在家里的表现恰恰是他用来避免矛盾的做法。

可是，丈夫的成长环境已经没法改变了，妻子难道就只能忍受吗？当然不是。别忘了，功能主义恰恰就是在强调，一切都是可变的。建立了这层关联，妻子就可以心平气和地提醒丈夫："这里已经不是你的原生家庭了，请你换一种方式对我。"

接纳与改变的可能

我要讲的第三个不同之处，就跟这件事有关：功能主义把"人"看成一个主动的、有力量的、具有无限性的个体。多亏了这个流派，心理学才变得有了几分人情味。

　　我曾经接触过很多心理学爱好者，他们受到结构主义思考方式的影响，会花很多时间分析自我，找出自己身上这样或那样的特点，谈到自己是个什么样的人时，可以滔滔不绝。但是对于最本质的问题，也就是"我究竟想做什么"，却避而不谈。结果就是，他们学习心理学不但对自己没有帮助，反而在为"我就是这么一个人"找心安理得的理由。

　　这时候就应该多用一点功能主义的视角，多看一看整体，看看人和环境之间的互动。这不但能增加我们对行为本身的接纳度，也提供了更多改变的可能。

　　有人觉得，如果环境变不了，人怎么会有改变的可能呢？就像前面那位丈夫，他完全可以说："我的原生家庭塑造了我这种方式，我就算想改，也做不到。"

　　但功能主义并不把人当作受困于环境的产物，它强调人有变化的灵活性。人能够适应各种复杂的环境，恰恰是因为他们在发挥自己的潜能，随机应变。

　　如果请一位功能主义者跟那位丈夫对话，他会说："你的妻子需要你改变，如果你足够在乎这段婚姻，你会想到办法的。去吧！"

　　有人可能觉得：这不是 PUA 吗？他都说了做不到，为什么还要让他做？注意，功能主义跟 PUA 是有本质区别的。PUA 的逻辑是：你做不到？不行！你必须得做到，哪怕你很痛苦，你也必须做！这是在打压一个人的主体性。而功能主义恰恰是在强调人的主体性。它说的是：你不想做的话可以不做，但如果你想做，那么不管存在多少困难，困难都是可以解决的。

　　尽管功能主义在学术界没有留下太多的影响，但这种视野启发了很多后来人。

　　如果你关心儿童教育，可能听说过约翰·杜威（John Dewey），他是一位教育家，影响过包括胡适、陶行知在内的很多人。此外，他还有一个身份，那就是功能主义心理学家。他主张应该让孩子们在社会生活和劳动中学习，在适应环境的过程中学会解决问题的方法，而不是被动地接受教材上的知识。直到今天，这仍然是创新教育的主导思想。

结构主义和功能主义，一个说人不会变，一个说人在变，到底哪个对呢？其实，它们之间并不是非此即彼的关系。今天我们看一个人，既会看他稳定不变的心理特点，也会关注他在环境中的变化和成长，两个视角完全可以结合起来。

结构主义和功能主义的分歧似乎预示了，心理学是一个充满辩证性的学科。确实，它后来的发展一直伴随着各种理念和方法之争。

03 精神分析：挖掘人性深处

无论你之前对心理学有多少了解，弗洛伊德的名字你多多少少应该都听过。而伴随这个名字的，是巨大的争议：有人说他是开宗立派的伟人，也有人说他是伪科学的教父。

但无论如何，他开创的精神分析学派的影响力已经远远超出了治疗，甚至超出了心理学这一学科本身，在整个 20 世纪的思想史上都是浓墨重彩的一笔。

不过，今天科学的心理学界并不完全认同弗洛伊德和精神分析理论。即使在流派内部，弗洛伊德的很多论述也被他的后继者修正甚至推翻，还延伸出很多不一样的分支。

对我来说，弗洛伊德的意义首先在于，他开创了谈话治疗这种工作方式。几乎所有心理咨询师都把他看作行业的祖师爷。没有他，就没有我们今天的饭碗。

当然，弗洛伊德最大的价值不在于此。哪怕你对心理咨询不感兴趣，我也建议你了解一点他的思想。它为每一个普通人提供了一种全新的自我理解的方式。

定位：无意识

精神分析提出了一个新的心理学定位，叫作无意识。

结构主义和功能主义虽然在理念上针锋相对，但它们有一个共同点：要知道一个人内心究竟怎么回事，只能听他自己说。比如结构主义做实验，给一个被试者施加刺激，他在什么情况下感觉到痛，只能由他自己说出来。功能主义也是，一个人最终想实现什么目的、做成什么事，也得这个人自己说了算。

可是我问你一个问题：有没有可能，他自己也说不出来呢？

我不是指他在故意说谎，而是对一些心理过程，作为当事人的我们自己都看不清。比如，有时候我们跟别人聊得好好的，突然感觉不开心，不想聊下去了。事后对方来问："怎么了？哪句话让你不开心了？"我们会说："我也说不清。"这对心理学来说就是一个重大挑战，如果我们自己都说不清是怎么想的，心理学要怎么研究这种心理呢？

常规的思路是：你再努努力，好好想一想，总能想清楚到底是怎么回事。

可是弗洛伊德提出了一种完全不同的方法，他认为：别费劲了，人有很多心理活动，就是连自己都不知道的。

弗洛伊德把人的心理结构比喻成大海上漂浮的一座冰山。我们自己能意识到的心理活动只是露出水面的尖顶，而在水面之下，隐藏着一个体积和力量远远更大的未知世界。这个未知世界是我们看不见的，它又有着巨大的影响力，这就是无意识。

这是一种完全不同的对心理学的定位方式。它关心的不是你眼中的那个自己，而是你完全看不到的另一个自己。

弗洛伊德是一位精神病医生，他最先在病人身上观察到了这种差异。比如他的同事约瑟夫·布洛伊尔（Josef Breuer）医生有一位癔症（癔症还有一个更有名的说法，叫"歇斯底里"）患者，这位患者的化名是安娜·欧（Anna O.），她也是精神分析历史上的第一位病人。

在一次治疗中，安娜·欧四肢抽搐，腹部痉挛，像是在生孩子，大喊着："布洛伊尔医生的孩子要出生了！"

这可不是什么桃色新闻。安娜·欧跟布洛伊尔医生之间从来没有发生过身体关系。如果你在安娜·欧清醒的状态下问她："你想过跟布洛伊尔医生生孩子吗？"她一定会一脸惊恐地说："太荒谬了，我怎么可能有这种想法？"

安娜·欧在说谎吗？没有。弗洛伊德认为，她的症状发作，是在表达内心世界中某种自己都意识不到的冲突。这种冲突在她清醒状态下是不会出现的，只有在一些"不过脑子"的时候，比如笔误、口误、恍惚状态，或者梦境里，才会被我们看到。

在常识看来，这是不值得认真对待的碎片；但弗洛伊德认为，这是无意识传递出来的宝贵声音。精神分析就要通过这些观察，探究一个我们看不见的内在世界。

不过，人类有些自己意识不到的心理活动，这个想法并不是弗洛伊德首创的，早在 17 世纪就有人提出过类似的猜想。威廉·詹姆斯也说过，有的心理过程可能就像内脏器官一样，默默运转，却不受我们的意识支配。这看上去也像是在形容无意识。

但为什么偏偏是精神分析理论带来了那么大的价值呢？关键不在于无意识本身，而在于无意识里有什么。

接纳人性中的"阴暗面"

我有一个精神分析师朋友，她说她第一次被心理学打动，就是因为听了一场精神分析的讲座。那时候她生完孩子不久，情绪不太好。讲座的老师让听众们讲自己的梦——这叫释梦，弗洛伊德认为梦境是了解无意识的一种渠道。朋友就讲了她的一个噩梦。有一天晚上，她梦见孩子丢了，害怕得不得了。

老师轻描淡写地说："你在无意识里恨你的小孩。"

朋友非常惊恐，忙解释道："不不不！我怎么可能恨他呢？我爱他都爱不够。"老师说："妈妈当然爱孩子了，这是意识里的；但妈妈也有恨，这是藏在无意识里的。"

这几句话对她造成了极大的震撼。那天晚上，她一边搂着孩子睡觉一边哭，她觉得自己有一些感受被接纳了。孩子出生之后，她身材走样，事业被迫中断，这都让她感到痛苦，甚至她会暗暗后悔要孩子的决定。但她不允许自己这样想：母爱是伟大的，作为一个妈妈，自己怎么能有怨言呢？这太可耻了。

但现在她知道了，这是人性的一部分，并且可以被存放在一个叫无意识的地方。这让她感到莫大的慰藉，并从此把精神分析作为自己一生的志业。

我认为，这就是精神分析对普通人最大的贡献之一，它解放了很多被伦理教条束缚的情感，帮助我们接纳了很多人性中的"阴暗面"。

你可能听说过弗洛伊德提出的"人格结构三元说"，他把人的精神状态划分成3种：本我、自我、超我。

本我就是"最原始的我"，寻求欲望的直接满足。

自我是基于对现实情况的考量，遵照人际社会的规则，有选择地实现这些欲望。

超我是最严厉的，是一种权威性的道德准则。

　　这 3 个概念中最具有解放意义的大概就是本我了。本我的欲望除了最基本的生存本能，还有性欲和攻击本能。你可以想象一下，"人人都有原始的性欲"，这在弗洛伊德所处的时代，也就是维多利亚时代的欧洲，是何等骇人听闻、石破天惊的说法。无数道学家对他群起而攻之：人是万物之灵，怎么会有这么低级的欲望？

　　可是这些思想被提出以后，像星星之火一样，以燎原之势传播开来，甚至成为对 20 世纪西方文化最有影响的思想之一。这一点，也许连弗洛伊德自己都没有料到。

　　为什么会这样呢？我的想法是：越是在压抑的环境（按照弗洛伊德的说法，由道德教化的超我主宰的环境）里，这种接纳人性、直面黑暗的理论就越有生命力。

　　你可以不认同精神分析的很多假设，但在今天，绝大多数人已经可以坦然承认：我们是文明的人类，同时我们也有原始和初级的动物欲望。

　　这就是精神分析最大的贡献。它让我们看到，爱里可以有恨，高尚可以和自私并存，正常的人性中包含了黑暗的对立面，我们无须为此感到罪恶或羞耻。

精神分析如何帮助改变

　　有人会觉得：精神分析只是假设了一个无意识的内心世界，还把那里描述得非常黑暗，这真的对人有帮助吗？有没有可能，它反倒鼓励了人们放纵、堕落，甚至搞破坏？

　　其实，精神分析给我们提供了作出改变的新思路。

　　前面讲过，弗洛伊德的职业是医生，他开创了一种用谈话治疗的方法，也就是精神分析治疗。这套疗法发展到今天，已经成为一套无比复杂的学术体系。我先介绍一个跟改变相关的核心概念，叫作"防御"。

防御是什么？防御就是用来阻挡变化的。但防御并不是一个坏东西，弗洛伊德认为，它恰恰是保持我们精神世界稳定的支柱。

为什么无意识的黑暗欲望不会造成破坏性后果？就是因为我们在防御。比如，有人会把自己不喜欢的事情彻底忘掉；有人冷冰冰的，像一部没有感情的机器；还有人总在愤怒地批判那些他们看不惯的现象。他们也许就是在防御无意识里的冲动。

既然防御是为了维持自身稳定，那如果想促成改变，就不能一味地强调让人放下防御，比如"你热情一点""你不要那么生气"，而是要先正视一个人的防御机制，看看这种防御究竟有什么功能。了解之后，再尝试用一些更健康的防御方式保护他。

怎样实现呢？弗洛伊德认为，靠谈话就可以。弗洛伊德治疗的最多的病症就是癔症。病人的欲望受到了压抑，发病的时候好像突然瘫痪了一样，这也是一种防御。但是弗洛伊德发现，只要病人把无意识的冲突说出来，让它进入意识层面，症状就会自然痊愈。这也是精神分析为改变一个人提供的最重要的洞察，叫"无意识意识化"。

今天的很多心理咨询师、治疗师已经不再用精神分析的理论了，但我们仍然都同意，当一个人不接受改变的时候，他并没有错。我们只有通过交谈的方式更好地理解他，看到他内心的冲突，才有可能促成改变的发生。这已经是心理咨询的普遍共识。

04 行为主义：只看表现就够了

接下来，我们再来了解一个跟精神分析完全不同的流派，叫作行为主义。

你可能对这个流派不太熟悉，没错，在非专业人士那里，行为主义不如精神分析那么有名。但在心理学界内部，行为主义整整统治了学术界半个世纪——从 20 世纪 10 年代到 60 年代。那时候的行为主义简直就是心理学的代名词。

事实上，行为主义不只在 20 世纪风光，即使在今天，它的理论主张和研究方法仍然没有过时。今天在生活的各个领域，比如广告、游戏，处处都有行为主义的应用，而且效果非常好。

但在我心里，这个流派始终是一把双刃剑：既可以给人提供巨大的帮助，同时也可能带来难以估量的伤害。你在学习相关理念的时候，一定要带上辩证的眼光。

我用 3 个关键词来概括这个流派：简洁、有力、霸道。理解了这 3 个词，你就能明白我为什么下这个判断。

最简洁的心理学思想

为什么说行为主义简洁呢？因为它的理论模型最"简单"。它把一切心理现象都定位到外在的表现：一是刺激，二是反应。刺激和反应关联起来，就足以解释一切。

举个例子。有一个著名的"爆米花实验"，研究者在电影院给人派免费的爆米花，让大家一边看电影一边吃，看他们吃到多少才会停下来。很自然的推想是，人们只要感到饱了就会停下来，对不对？但是，研究者用了大小两种规格的杯子装爆米花——其实两种规格都超出了正常人的食量，而拿着大杯的人，总要多吃掉一些，才会停下来。

如果用术语来表达，杯子大小是"刺激"，它是发生在外部的客观事实；而吃掉多少爆米花，就是行为上的"反应"。在吃爆米花这件事上，人们并不是依据内心体验判断"吃饱了"，而是受控于外部条件：容器大，就会不自觉地多吃一些。

这个实验可以帮我们理解行为主义的主张：**一个人的反应是由表面的刺激，而不是内在的体验决定的。**

这是一个看起来有点反直觉的结论。如果说前面介绍的几个心理学流派都还在一张桌子上打牌，讨论人的头脑里究竟有什么，是有意识还是无意识，行为主义则直接把牌桌给掀翻了：不用看头脑里！我们只看外在呈现出来的刺激和反应就够了，那才是唯一有意义的。你可以想象，行为主义刚提出时会引来多少争议。

传统的心理学家说："人的头脑里有那么多高级的活动，你怎么可以视而不见，只把人看成一部刺激—反应的机器呢？"行为主义者却反驳说："所谓的高级心理功能，像思维、情感、意志什么的，也许根本不存在，只是我们自己编出来的概念而已。"

行为主义者之所以得出这个结论，是因为积累了大量的动物行为学研究，其中就包括著名的"行为主义四大神兽"：巴甫洛夫的狗、托尔曼的小白鼠、桑代克的猫和斯金纳的鸽子。这些研究后面会详细展开，你先记住结论：低等的动物经过训练，也能像人一样，学会对特定刺激作出反应，比如巴甫洛夫一摇铃铛，他的狗就流口水。

正如奥卡姆剃刀原则——如无必要，勿增实体。行为主义者说："既然低等的动物都能学会对刺激作出反应，为什么人类做到同样的事，就要假设他们调用了更复杂和更高级的心理过程呢？"

就这样，行为主义把心理学简化成了表面刺激和反应的联系，只要研究一个人在什么刺激下会做出什么样的反应就够了，至于他内心发生了什么，那并不重要。

行为主义的力量

行为主义者提出了这么简洁的主张，好不好用呢？这正是我要讲的第二点，行为主义确实是一个有力量的流派。

行为主义从一开始就旗帜鲜明地追求给人提供有效的帮助。它的开创者叫约翰·华生（John Watson），是个美国人。他在发表的第一篇

"行为主义宣言"中，就提出了行为主义的两大目标：预测并控制行为。他认为，如果能够根据外部条件推断出一个人大概率会做出哪些反应，或者能通过设计外部变量操纵一个人的行为表现，这就是一门科学带给人类的价值。

还以爆米花实验为例，行为主义者掌握了什么样的力量呢？既然我们发现了杯子大小跟吃多少爆米花之间的关联，那么，我可以先根据杯子大小预测你吃得多还是少。进一步，我还可以通过改变杯子的设计，让你多吃或少吃。

在行为主义盛行的年代，人们相信这样的心理学能更有效率地帮助人。比如在心理治疗中，任何一种心理障碍的治疗都可以被拆解为：对于特定刺激，增加一些"好"的反应，减少一些"不好"的反应。

如果有人一到考试就害怕，在行为主义者看来，无论他的恐惧有怎样的心理源头，"考场"就是唤起这些恐惧反应的外部刺激，治疗目标就是让他面对这样的刺激时多一些放松和自信的反应。

行为主义治疗师还针对这种情况发明了一种方法，叫"系统脱敏"，我会在后文详细介绍。用这种方法，只要几周时间就可以让接受治疗的人有改善，效率极高。

难怪行为主义取笑精神分析治疗：同样的症状，同样的时间，你要是去找精神分析师来治疗，可能才刚开始回忆婴儿时期，把考试恐惧解释为被父亲阉割的焦虑。

理论上，不光是治疗师，任何人掌握了行为主义的原理，都可以让他人做出不一样的行为，达到帮助他人的目的。比如，老师用它培养学生的学习习惯，老板用它提高员工对工作的投入度，广告商用它增加客户的购买频次。

用途这么广泛，行为主义当然一直没有过时。顺便一提，提出行为主义的约翰·华生后来就离开学术界，投身广告业了。

如果把行为主义推到极致，会是什么样呢？后来的行为主义大师B.F. 斯金纳（B.F. Skinner）写过一本小说，叫《沃尔登第二》（*Walden Two*），里面虚构了一个乌托邦式的小社会。在那里，每一个孩子出生以后不跟父母住在一起，而是由专家用行为主义原理进行训练，从而迅速成长为对社会有用的人才。

看到这里，我不知道你有什么感受，但斯金纳的畅想多少让我感到一点不寒而栗。我并不怀疑这种设计的善意，但它同时代表了一种强大而精密的控制力。谁能保证这种控制力只对人提供帮助呢？有没有可能，它也会反过来对人造成伤害？

行为主义霸道在哪里

这就要提到最后一个关键词——霸道。为什么我说行为主义是霸道的？

在行为主义者眼里，人是刺激和反应的工具，而工具是没有自己的思想和意志的，这意味着当事人自己的想法不重要，那就会带来一种风险。

举个例子。行为治疗中有一种厌恶疗法，被用来治疗成瘾行为，原理是在成瘾行为之后给人增加一些不愉快的刺激。比如，让正在戒酒的人服用一种叫戒酒硫的药物，这样，他们一喝酒就会上吐下泻、浑身不适，时间一长，闻到酒味就有恶心感。

这种疗法当然很有效，但是，我完全有可能为了自己的利益，在一个人不知情、不同意的情况下，就让他对某种事物产生厌恶之情。

再举个例子。一直到今天，行为主义都有用武之地，其运用最广的领域莫过于游戏设计了。游戏为什么令人上瘾、欲罢不能？其实，每一次打怪、升级、抽卡，那些刺激的强度和频率都是被精心设计的，目的就是让你产生快乐的反应，继而延长游戏时间。

可是，万一我们不想把那么多时间花在游戏上呢？

这就唤起了人们对行为主义的伦理学反思：我们是人，人可以被轻易地计算和影响，但人也应该有自己的意志和主张。如果我明知道你在用杯子的大小操纵我，那就算你给我大杯的爆米花，我也可以一口都不吃啊！

行为主义的另一个霸道之处在于，它否认了人的个性。

既然人只是刺激反应的工具，那么在行为主义者看来，一个人和另一个人就没有什么差别。就像卓别林电影里拧螺丝钉的工人，他是谁无所谓，他长什么模样、有什么想法、过着怎样的生活都不重要，只要他能快速、准确地把螺丝拧好就够了。

行为主义流行的年代，正好是美国城市化和工业崛起的时代。这不是一个巧合。那个时代的工业生产是以流水线为主的，每个人都是流水线上的零件，管理者只需要他们提供工具价值，而不会欣赏每个人的个性。行为主义在当时大行其道也就可以理解了。

在今天，我们当然会对这种观念本能地感到警惕，谁也不想只被当作一个符号、一个工具，除了自己能作出的反应，什么也不是。

出于对这两个霸道之处的考量，就算行为主义很好用，我们也一定要看到它被滥用的风险。今天，在行为主义的实际应用中有一个不能被省略的环节，叫知情同意。好比戒酒的人必须知道这种疗法意味着什么，自己判断是否想发生这样的改变。只有经过当事人的授权，行为主义治疗才是符合伦理的。

05 认知科学：研究大脑的"算法"

虽然行为主义把人的一切行为都解释为对环境刺激的反应，这种解释非常简洁、好用，但是放到现实生活中，仍然会有一些解释力不足的情况。

例如，一个孩子学习很用功，他家里人也都是学霸。这时行为主义者就可以说："正是因为有这样的环境，孩子才习得并维持了努力学习的行为。"但这是否意味着，换另一个孩子来到这个环境，他也会同样努力学习，甚至与他本人的特点无关呢？反过来，把前面的孩子放在一个不重视教育的环境里，他就一定会放弃对学习的热情吗？

这跟我们的生活经验好像并不完全相符。

这样的反思越来越多。直到 20 世纪 60 年代，心理学界出现了一个声音——叫认知科学流派，这个流派推翻了行为主义在心理学界长达 50 年的统治地位。这场变革是怎么发生的呢？

用计算机模型研究主观世界

行为主义认为，内在的心理活动不重要，人的行为就是对外界刺激的简单反应。但认知科学对此不同意，它要研究人的主观世界。怎么研究呢？通过计算机模型。

这并不奇怪，认知科学诞生在 20 世纪 60 年代，正是美国计算机技术大发展的时代。

同样不奇怪的是，它的源头来自一位计算机科学家——赫尔伯特·西蒙（Herbert Simon）。他还有一个头衔叫"人工智能之父"，曾经获得过诺贝尔经济学奖。

1956 年，西蒙发布了一个计算机程序，叫"逻辑理论器"。它可以用数学计算完成一些逻辑命题的推演。虽然只是一些简单命题，但仍然让科学界大受震撼。因为在过去，逻辑推导属于哲学范畴，是专属于人类的思维活动，现在计算机也能做到了。

这件事启发了哈佛大学心理学系的两位年轻教授——乔治·米勒（George Miller）和杰罗姆·布鲁纳（Jerome Bruner），他们开始琢磨：

有没有可能，人的大脑本质上就是一台计算机呢？

计算机的操作很复杂，原理却很简单，一共就 3 步：输入信息、经过计算、输出结果。它的核心叫算法，也就是输入信息和输出结果中间的计算过程。

当然，人脑不是一台普通的计算机，它存储和计算的信息量比普通的计算机复杂不知多少倍。但本质不变，就是把大千世界转化成类似于数学符号的信号，再按照特定的算法存储、调用、计算，从而实现种种高级的心理功能。

为了证实这个猜想，米勒和布鲁纳在哈佛大学成立了一个新的机构——哈佛认知研究中心。他们引入了计算机科学、人工智能、神经科学、逻辑学、心理语言学等一系列学科，发动了一场新尝试，这就是所谓的认知革命。

直到今天，这场革命都还没有结束。在各大科研机构、大学心理学系的实验室里，认知科学仍然是主流。如果你想走心理学的学术道路，建议你深入了解一下这个领域。

认知科学如何帮助人

那么，认知科学是如何帮助人的呢？

这个问题并不容易回答。表面上看，认知科学的任务只是研究人的头脑中发生了什么，好像并不容易直接去帮助人。但事实上，这种把心理过程算法化、软件化的思路，有助于人们从另一个角度提升自我。

在认知革命之前，人们认为心智能力是一种与生俱来的禀赋，难以改变。但如果把它看成一套计算过程，那么在态度上，就先大大增加了人类的主观能动性。

比如，那些出生在相似原生家庭里的孩子，可能会发展出完全不同的个性。兄弟二人的父母脾气不好，爱吵架。哥哥长大后脾气也不好，他说："我习得了父母的相处方式。"而弟弟对人温和有礼，他说："我经历过原生家庭的痛苦，所以不想重蹈覆辙。"

虽然他们都说这是原生家庭导致的，但他们使用了不同的算法处理原生家庭带来的刺激。**人有主观选择的权利，就算我们无法改变环境，也可以选择成为更好的人。**

认知科学还提供了新的操作思路：我们不只可以关注"硬件"的升级，还可以关注"算法"的优化。

硬件和算法都是什么意思呢？我举个例子。

乔治·米勒发现，人的短时记忆能力有一个上限，是 7±2。如果我让你看一串无规律的数字，比如 3497652918825016，再请你复述出来，你一般只能记住 7 位，可能是 3497657，再多，你就很难记住了。也就是说，人脑只能记住 7 位左右的数字就是硬件的上限，一般很难超越。

但算法是可以优化的。米勒进一步发现，记忆上限其实不是 7 个数字，而是 7 个表征。你可以把它理解成 7 个信息块，每个表征可以包含好几个数字。

现在我把"3497652918825016"这串数字拆开：开头的 349 看成单独的一个数；765 又是一个，这个数很好记；2918，正好是"二九一十八"的乘法口诀；825，你可以记成 8 月 25 号；016，把它记成 2016 年。这样一来，你只用记住 5 个数：349，765，2918，825，016。这是不是就简单多了？你看，这就是算法优化带给你的提升。

再回到我的本行，心理治疗。像抑郁症、焦虑症这样的心理障碍，如果把它们的症状看成头脑中的特定算法，你会发现患抑郁症的人更倾向于记住那些负面的、失败的经历，而患焦虑症的人则会从环境中更快地捕捉到他们认为危险的刺激。

接下来就有了干预的思路。比如对于在社交场合特别容易紧张的人，就可以改变他们的算法。我上大学时设计过一个简单的程序，来训练他们在人群中更快地捕捉到那些更友善的面孔。结果证明，只要训练几次，他们的紧张状态就会有明显的改善。

哲学层面的新共识

最后，我要上个价值。在我看来，认知科学带来的特别重要的变革在于，它让人们达成了一种哲学层面的共识：人的主观世界是可以被客观认识的。

在认知革命之前，人们对心理的想象是什么样的？弗洛伊德把它比作海面下的冰山，很神秘。就像在一个没有解剖学的时代，你要描述自己的身体，就只能想象阴阳、五行，甚至看不见的"气"在经脉里运行。直到有了生理解剖，我们才知道体内那些神神秘秘的体验，究其本质不过如此，它们不属于任何玄学，而是可以客观认识的。

心理学也一样。当我们把"心灵"看成头脑中发生的一系列具体运算，它就具有了被客观认识的可能性。不管你承不承认，今天的人都已经接受了认知科学最大的影响。我们都相信：人的心灵是可以被认识的，大脑本质上是一台跑算法的机器，没有那么神。这是所有人在认识层面上的祛魅，破除了对心灵的神秘化倾向。

表面上看，这个结论很普通。可是如果我们把心灵想得无所不能，就会给自己增加不必要的压力：我为什么这么笨，这么痛苦，这么无能？我怎么就不能像别人一样？这些压力不但无助于我们进步，甚至有可能让我们陷入自责的漩涡里。

现在，每个人都可以心平气和地对自己说："这不怪我，这只是我头脑中的算法。"

06 人本主义：以当事人为中心

我们一直在做心理学思想史的巡游——从结构主义、功能主义，再到精神分析、行为主义，以及认知科学，你已经了解了不少观点。不过，不知道你会不会产生这样的疑问：这些观点对普通人来说有什么用呢？

很多人会说："我学心理学，就是为了解决自己的心理困惑，让生活更加幸福。这主义那主义，整天研究参数、功能、机制什么的，就能让我的生活更幸福吗？"

如果你也有类似疑问，你可能会喜欢我接下来要介绍的流派——人本主义。这也是我们极简心理学史巡游的最后一站。

人本主义现在还有一个更响亮的名头，那就是积极心理学。很多畅销书、谈话节目、TED演讲里经常出现积极心理学的身影。它主张的是，心理学的研究应该挖掘人们向善和追求幸福的能力。简单来说，就是研究怎么让人活得更好、更幸福。

那么，我为什么要用人本主义的说法，而不是直接讲积极心理学呢？"积极心理学"这个说法是由马丁·塞利格曼（Martin Seligman）在1998年正式提出的，它把人本主义的理念用科学的手段进行了实证。从心理学思想史的角度出发，我还是保留"人本主义"的说法。

接下来，我会介绍人本主义的人性观、价值观和方法论。

人性观：把人当人

什么是人本主义的人性观？用一句大白话来讲，就是"把人当人"。

要理解这句话，你先要理解，什么叫"不把人当人"。我们先设想这么一种情况：假如有一个人出身贫寒，从小在物质方面很拮据，你猜他长大之后会怎么样？

学了这么多心理学理论，你可能掌握了不少分析思路。

你可能会想，他是否有一些被压抑的欲望进入了无意识？这是精神分析的角度。

你也可能会想，他会不会从这个环境中习得了一种节俭，甚至吝啬的生活习惯？这是行为主义的角度。

认知科学也许还会补充，他的认知加工"算法"因此改变了，以至于条件改善之后，他还认为自己处在物质的匮乏中。

这些分析都有道理，但人本主义认为，这都是把他看成一个研究对象。如果把他作为一个活生生的"人"来看，他会怎么样？答案只有一个，就是——他想怎样就怎样。

他会想尽办法让自己活得好。至于这个"好"是什么，也是由他自己定义的。

这不是心灵鸡汤，也不是脑筋急转弯，而是一种人性观：一个活生生的人，具有个体意志和变化的潜能。人本主义的底层逻辑就是对个体意志的充分尊重。

人本主义的代表人物是亚伯拉罕·马斯洛（Abraham Maslow），没错，就是那个提出"需求金字塔"理论的马斯洛。他还提出过一个概念，叫"自我实现"。他说人就像一颗种子，一直在从环境中吸取养分，提升自身的才智和能力，我们不要用固定的眼光看人。

你可能会觉得这跟功能主义有点像，后者也强调人的变化成长。但功能主义的观点还有一种被动性，认为人的变化单纯只是为了适应环境。而马斯洛提出，人变化的最终方向是要摆脱环境的制约，实现自我的超越。

一个在贫寒环境里长大的人，当生理和安全需求没有被满足时，会表现出对物质的渴求。当这些需求被满足之后，他会有更高的追求，比如照顾家庭、帮助身边更多的人、从事更有意义的工作。就像种子钻出了石头缝，顽强地向上生长，我们不应该只看到它在某一刻的歪歪扭扭，而要看到它不断向上生长的内在生命力。

可以想象，这种人性观对心理学的颠覆是巨大的。你可能担心它过于理想主义：这个世界上明明还有很多人不思进取，甚至自甘堕落，人本主义怎么解释这些现象呢？

这就要讲到第二个方面，人本主义的价值观。

价值观：都好

人本主义的价值观可以用两个字概括，叫作"都好"。

人本主义心理学家认为，你有任何一方面的追求都是好的，那是你自己认可的一种价值，别人没有权力对你作出好或不好的价值评判。就像有的人追求成功，也有人追求自由和内心的宁静。在人本主义看来，不管追求什么，每个人都在自我实现的过程中。

为了说明这一点，就要提到马斯洛著名的需求金字塔理论。这个理论认为，人在不同阶段有不同的需求，先满足生存、安全的需求，然后是社交、尊重的需求，最后是自我实现。这些需求像金字塔一样，一层一层从低到高排列上去。但是请注意，这里的"高"和"低"并不代表好或不好，只代表发展阶段的先后。

从需求实现的角度看，每个人每一刻做的事都有意义。一个中学生每天跟父母对着干，玩手机、不学习，看起来他好像在浪费光阴，可是用人本主义的眼光看，他是通过对抗父母来实现自主性的需求。这个需求被满足之后，他自然会转向更高的价值需求。

举个例子。几十年前，中国的城市建设刚起步的时候，公共厕所只要提供了卫生纸，就会被人悄悄拿回家。你可以批判这些人的道德素质，但你能说他们是无可救药的坏人吗？用人本主义的眼光看，他们也在积极地解决自身的需求，只是在那个阶段，人们的需求聚焦在物质上而已。随着经济的发展，他们自然就会"仓廪实而知礼节"。你看，社会发展到今天，这种现象几乎已经消失了。

所以在人本主义者眼中，没有问题，也不需要定义谁对谁错，每个人事实上都在向好，只是不同阶段的需求不同，对"好"的定义不一样而已。

这个观点有多重要呢？它让心理学真正做到了一视同仁。

心理学研究的规律往往带有隐蔽的价值属性。比如我们常说，一个人的学习、成就、婚姻会受到成长经历的影响。可能你没有察觉到，这种说法其实就在定义什么是"正常"的、"好"的心理现象，也就暗示了哪些是"不正常""不好"的。这样的心理学可以帮助一些人，同时也潜在地拒绝了一些人，否定了一些人。

在这一点上，只有人本主义真正站在每个人自身的立场上，支持每一种心理自身的价值。你追求的东西是好的，他不认同你的追求，他也是好的，你们各自有各自的好。同时，你们都可以向更高的需求层次转化，只要被给予充分的条件。

方法论：以人为中心

那要给予什么条件呢？这就要说到人本主义的方法论了。

人本主义心理学的另一位开创者叫卡尔·罗杰斯（Carl Rogers），他是和马斯洛齐名的人本主义代表人物，也是 20 世纪最伟大的心理咨询师，可以说没有之一。

他开创了一种新的心理治疗流派，叫作"以人为中心疗法"。这个疗法的核心元素叫"无条件积极关注"，意思就是无条件地对一个人表达全然的欣赏和接纳。

现实生活中，被人欣赏往往是有条件的，就像孩子考试考了第一名，父母才会赞赏他。罗杰斯认为，这种"有条件的欣赏"会带来很多焦虑。而如果感到自己无论怎么做都是好的，都是值得被爱的，我们就能把更多的注意力放在自我实现上。

罗杰斯把这个理念用到心理治疗上，他去欣赏来访者，包容他们的全部感受，哪怕是那些被来访者自己或社会定义为"有问题"的感受。

有人担心，"无条件接纳缺点"会不会带来纵容，让问题变得更严重？罗杰斯用大量的心理治疗实践证明了人本主义的核心假设，那就是**人永远在向上发展**。

他发表过一个经典案例。有个孩子行为怪诞，特别难以管教。罗杰斯最先关注这个孩子的妈妈，看她是否接纳这个孩子。结果不出所料，这位妈妈对孩子特别挑剔。但罗杰斯并不是指责她，而是反过来给予她很多无条件的积极关注。效果非常好，这位妈妈对自己有了更多接纳之后，对孩子的接纳也增加了，后来孩子的问题行为逐渐消失了。

罗杰斯的实践给整个心理咨询行业带来了颠覆性的影响。比如，今天的心理咨询师都管客户叫作"来访者"，英文是 client，这个称呼就是从罗杰斯开始的。在罗杰斯之前，他们统一被叫作"病人"。这两种称呼意味着对心理咨询工作性质的不同理解。

"病人"被认为是有问题的，跟"治病的人"的地位是不对等的。

而"来访者"则意味着，心理咨询就像法律咨询、财务咨询一样，双方一个购买服务、一个提供服务，是完全平等的业务关系。

这种认识方式不仅解放了来访者，也解放了专业工作者。心理学家不再需要比普通人更聪明、更高深，他只是为每个人提供平等的陪伴，甚至向上的托举：我不一定知道一个人该怎么变好，但我相信他自己知道；我只要无条件地信任他，就够了。

学习脉络

　　了解完这些流派，你可能发现，心理学确实比想象中复杂。每一个流派都有不一样的主张，甚至是完全不同的概念体系。有没有更容易把握学习的脉络呢？

　　接下来，我会用 4 个章节，带你从 4 条脉络入手。

　　第一章，我们一起学习心理学科中几个常见的、作为基本心理结构的变量。这些变量致力于把"心理"拆解成更科学、更具体，也更稳定的"特征"。这是结构主义的思路，但这一章涉及的变量可能来自不同的流派。同时，我们也会带上功能主义的视角，去研究这些变量如何随着一个人的成长以及环境的改变，产生变化。

　　第二章致力于在变量之间建立关联，帮你理解它们的内在运作机制。这一章基于认知科学提供的一种"双系统"模型，把人的心理过程分为两个不同的系统：一种是看不见的、在"水面之下"自动运行的机制，比如精神分析提出的无意识；另一种则是我们可以有意识观察、调节和改变的，比如行为主义发现的大多数"刺激—反应"联结。

　　第三章是把人放到社会关系里，讨论你如何受到"他人"的影响。在这里，功能主义的视角占了上风，"我是谁"不重要，"我扮演怎样的角色"似乎更能影响一个人的表现。在这一章，我们也会关心那些与众不同的个体心理，它们被称之为"异常"。我们会通过精神分析、行为主义和认知科学的不同视角，理解"他为什么跟别人不一样"。

　　这 3 章已经覆盖了大部分的心理学"知识"，最后一条脉络则是如何"应用"。在本书第四章，我们来讨论这个问题：如何应用心理学帮助自己生活得更好？是改变自己，还是接纳那些无法改变的方面？在这一章，你会看到很多人本主义思想的影响。但，别忘了，让心理学对人有帮助，更好地实现自我，这是我们学习不变的主线。

第一章

变量

第一讲 ▶▶▷
稳态：为什么"江山易改，本性难移"

01 稳定的机制：用变化对抗变化

这一章的主题是"变量"。但在介绍具体的心理学变量之前，我想先跟你讨论一个基本问题：心理学真的可以提取出稳定的变量吗？人的心理特点不会随着主观意志而变化吗？

我想，我们都有一种粗略的印象，认为每个人的内在都有一些稳定不变的特点。要不怎么说"江山易改，本性难移"呢？可是话说回来，不还有一句话叫"士别三日，当刮目相看"吗？昨天我心情不好，一整天都不想工作；今天我突然来了兴致，从早到晚都在忙个不停。那我这个人究竟是勤快还是懒，这个变量还值得探讨吗？

我想告诉你，虽然从微观尺度上看，人每时每刻都在变化，但放在长远一点的尺度上看，变化的范围是有限的，心理学仍然可以从个人身上提炼出相对稳定的变量。

最基础的稳定机制是我们的感知，也就是我们认识这个世界的基础。

进一步，我们是什么样的人——即人格和自我，是稳定的。

再到社会层面，我们所处的家庭、组织也处于稳定之中。

在学习这些变量之前，我先给你讲一讲，这种稳定是怎样保持的。

主动稳定和被动稳定

有两种不同的稳定：主动稳定和被动稳定。我们身上一切稳定的变量，不管生理的还是心理的，比如身高、体温、智力、性格，都可以划到这两类稳定中。

被动稳定很好理解。像身高，成年之后，它几乎就是每个人的固定属性，不会变。这种稳定要怎么保持呢？什么都不用做，我长多高就是多高。但这种被动稳定也会呈现出某种变化性：假如我换上不同厚度的鞋，我穿上鞋的高度就会随之而变。

有的心理学变量偏向被动稳定：像反应速度、记忆容量等。

主动稳定则是通过积极主动地"做点什么"来保持稳定的机制，它可以对抗环境带来的改变。比如体温，我们从40℃的炎炎夏日一转眼换到25℃的空调房，体温为什么能稳定地保持在36℃～37℃之间呢？因为身体在主动调节，冷的时候制造更多热量，热的时候通过排汗加速散热，从而避免体温随着环境忽升忽降。

从某种意义上讲，**主动稳定是用变化对抗变化**。无论环境输入变或不变，只要在一定的范围内，我们就可以保持稳定的输出。

很多心理学变量都是主动稳定的，比如性格。我们说一个人脾气好，是说他遇到事情不容易发火。其实，遇到特别过分的事，他也会控制不住生气，但他生气的同时会调节自己的情绪，比如直接表达内心的不满。所以，虽然有短期的情绪起伏，但长期来看，他整体的脾气算是温和的——这就是他的性格。这个变量包含了这个人作为一个主体，用各种方式对抗环境变化的机制。换句话说，好脾气是他主动维持的结果。

主动调节的动态平衡过程

一个主动稳定的变量，有哪些特点呢？

第一，虽然稳定，但它不是恒定不变的，而是一个动态的平衡过程。

想想体温，它其实每时每刻都在变化。但在变化的同时，人体也会用一系列调节机制把它重新拉回到平衡的数值，它会在一个相对有限的区间里起伏变化。

人们在几千年前就发现了这种"变化当中的不变"，不过，真正把它上升到学术高度，是 20 世纪系统论的功劳。主动稳定还有一种说法，叫作"稳态"，这也是从系统论中借鉴过来的概念。心理学关注的变量，大多都处在稳态当中。

它们不像物理变量，一个东西有多重就永远是多重。心理学变量始终处在变化之中。我们说一个人性格乐观，其实他的情绪时刻不停地在变化，遇到倒霉的事情，他也会感到挫败。反过来，悲观的人也会感觉到开心和满足。但是，把这两个人的情绪变化综合起来看，变化的频次和范围处在不一样的区间里，这就体现出他们各自稳定不变的品质了。

主动稳定的第二个特点在于，它有一个校准机制。

以空调为例，它是怎么保持温度稳定的呢？它会时刻不停地探测当下的室温，来决定接下来该怎么做：当下温度比设定的高，它就启动降温操作；反过来，它就启动升温操作，让温度保持在设定的范围里。

你发现没有，这是一个循环：空调的操作先是引起了温度变化，变化的温度又反过来影响空调的后续操作。这是一个随时校准、随时反馈的循环，即反馈环。

心理学变量的稳态也在这样一个环路里。一个乐观的人一旦有沮丧的感觉，他就会想：我要振作！我要主动想一些让自己高兴的事。相对地，悲观的人哪怕在一切顺利的时候也会想：肯定有什么地方不对劲，我一定要找出来！这种给自己找麻烦的心态你不一定体验过，但它是存在的。

主动稳定的第三个特点在于，它保持稳定的能力是有限的。

这些自我调节机制只适用于一定的环境范围，当环境变化超过一定限度，刺激格外强烈的时候，它是有可能失灵的。失灵后会表现成什么样，就没人说得准了。就像人的体温，大多数时候是稳定的，但如果人生病了，它就可能变得特别高或特别低。

成年人的心态大部分时间都是平稳的，不会有特别"出格"的兴奋或失落。但如果处在一个完全超出预料的环境，经历过某些匪夷所思的事情，成年人也有可能万念俱灰，或者往一个好的方向变得大彻大悟。比如我们说某个人经过某些事之后转性了，很可能就是他在一种稳态被打破之后，进入了另一种新的稳态。

为什么从稳态开始

你也许会感到好奇：心理学有那么多具体概念可以作为切入点，为什么我会选择"稳态"这样一个既抽象又复杂的概念呢？

我认为，在了解更多跟自己有关的概念之前，你先要掌握一种思维方式：好的特点也好，不好的特点也好，它们之所以存在，往往是因为我们"做了什么"来维持它们的稳定；这些维持的机制，可能是有意识的，也可能是完全自动、无意识的。

很多时候，人们并不愿意承认这一点。尤其是面对自己不喜欢的那些特点时，如果认定一切都是被赋予的，自己什么都做不了，反倒轻松——我生来就是郁郁寡欢的人，我拿它没办法。虽然无奈，但也不折腾了。可是，如果承认了主动稳定的机制，我们要学习的就不只是单纯的变量，还要探索自己"主动"做了什么：会不会是我在保持郁郁寡欢的特点？某一刻我开心一点了，是不是接下来就会去"找"

不开心？

这不是倒打一耙吗？不开心，我已经很难受了，怎么还要从自己身上找责任呢？

我必须强调，这种思考方式虽然让人不太舒服，但它是有好处的。我们学到的变量不只是变量，同时包含我们"做了什么"。这样我们就不只是在被动地学习概念，同时也在反思自己跟这个变量的关系。这会让我们更亲近，也更接纳自己。

一个拥有悲观主义性格的人也许会发现，他在生活中之所以"稳定"地悲观，不是因为真实的世界有多糟，而是他在选择性地搜集那些负面信息，或者看到了中性信息也往负面方向解读。发现这一点后，他未来就有机会作出一些调整。

所以我建议你在读这本书的时候，不要因为看到了自己没有的优点，就想：我为什么不是这样？也不要一看到负面变量，就对号入座：这就是我！我该怎么办？

你要看到，**好的特点，不好的特点，都是可以变化的**。在后面的内容里，我会告诉你做哪些事情可以有意识地觉察自己，并作出改变。

当然还有一种可能是，有些稳态过程是自动的，不能被我们主观控制。但就算不能改变，你在形成一个结论的同时，知道这当中包含了你的主观加工，这和你不知道相比，仍然是有区别的。

拿我自己举例。我跟陌生人打交道容易紧张，我知道这是我在无意识中维持的一种稳定印象。所以我在社交场合中会提醒自己：如果你感觉自己有很多做得不好的地方，没关系，其实你也有很多做得好的地方，只是你会自动地忽视它们。

这样一想，虽然不能改变我紧张的事实，但我心里会释然很多。

清楚有些负面感受是自己制造的，你就会对它们多一分平和，少一些误判。

　　当然，稳态不意味着我们可以忽视客观环境的影响。不能说，反正人可以保持主动稳定，多糟糕的环境他都能适应；更不能在别人痛苦的时候，强调他是在主动保持，而无视那些造成痛苦的客观刺激。这就不是心理学的帮助，而变成心理学的伤害了。

第二讲 ▶▶▷
图式：为什么每个人看到的世界如此不同

01 知觉：大脑是最大的信息茧房

心理学最初研究的变量，也是我们认识世界的基础，叫作知觉。

知觉，就是我们对外部世界形成的第一印象。你在一个环境中看到了什么，听到了什么，闻到了什么，这些都属于知觉的范畴。知觉很显然是一个稳定的变量，就像你面对一条狗，怎么看它都是狗，不会看成猫。

但你可能想问：这跟心理学有什么关系呢？一个东西是什么样，我们当然就如实地把它知觉成什么样，这有什么值得研究的呢？

错了。知觉是一个心理学变量。对于同一个事物，不同人产生的知觉可能不一样。并且，每个人都会用自己的方式进行主动加工，保持自己的知觉处在稳态中。

知觉的本质是一个信息茧房，它只让你看到"你能看到"的东西。

这怎么可能呢？

自带滤镜的知觉

先让我出示一个证据。图 1-1 是一个棋盘，请问棋盘里的 A、B 两点，哪个颜色深、哪个颜色浅？

图 1-1

一眼看去，A 的颜色比 B 深。

但其实，两处颜色一模一样，在 RGB（一种色彩模型）色谱中的数值也完全相同。如果你不相信，可以用手把其他部分遮挡起来，只看这两个色块。

这张图非常有名，叫棋盘错觉。它证明了一件事：我们看到的颜色并不完全取决于客观的光谱，我们会一边识别光谱，一边在头脑里加工它"应该"是什么颜色。

为什么你会觉得 A、B 的颜色截然不同呢？很简单，你做了一个判断：这是一个黑白交错的棋盘格。对同样的灰度，你认为它是棋盘里的黑格子，就会看到一种"比较淡的黑"；认为它是白格子，就会看到"比较暗的白"。

再回到前面那个结论：知觉是一种稳态，我们根据头脑中的概念预设了一个事物应有的颜色，这个预设又会反过来调节我们眼中"看"到的颜色是什么样的。

通俗地说，就是我们自带滤镜，把东西看成我们以为的样子。

这样的例子还有很多。远处的高楼在你视网膜上成像的实际面积很小；而你看到的仍然是一个庞然大物。你一步一步向着高楼走近，但不会看到它一点一点长大。我们对物体大小的知觉永远是稳定的，这叫大小恒常性。

一张圆形的光盘斜对着你，它在你视网膜上的成像是一个椭圆，但你仍然会"看"到一张正圆的光盘，这叫形状恒常性。

在冬天的晚上，你看外面的积雪，客观上它是深灰色的，而你"看"到的还是一片洁白，因为在你的概念里，雪就是白色，这叫颜色恒常性。

你看，**哪怕外界环境在变，只要我们头脑中的概念不变，我们就可以组织出恒常的、稳定的知觉。**

知觉稳定的机制

既然知觉不是客观的感知，还会在我们眼皮底下做出这么多看不见的调节，它当然算是心理学研究的变量。认知科学在 20 世纪 50 年代之后做了大量关于知觉的研究。

按照主流的模型，知觉过程分成 3 步：

第一步是生理过程，叫作感觉，感受器接收到外部刺激，产生神经冲动；

第二步，大脑对这些神经冲动进行一系列的组织，形成表征；

最后一步，对这些表征进行辨认，赋予它们不同的名称和意义。

每一步，又可以拆分成更细致的算法环节。

这是一门很专业也很前沿的学问，我们今天用到的人脸识别就借鉴了很多知觉的算法模型。在认知心理学的教科书上，关于这部分内容的讲解可以厚达几十页。但如果你并不研究专门的大脑机制，对这些细节你不需要掌握。

对普通人来说，更有意义的是一个直观印象：知觉中客观和主观的比例是多少？

我想通过一组数据对比来说明。

大脑的所有加工都是靠神经元计算叠加完成的。神经元是一种细胞，长长的一条，两边有突触跟其他神经元相连，共同形成一个复杂的网络。你知觉到的所有信息，都是在这个网络中传导计算出来的。一部分神经元连接外部的感受器，负责收集和传输客观刺激，更多的神经元负责内部的计算。那这两部分神经元的比例是多少呢？

有一位神经科学家海因茨·冯·福斯特（Heinz von Foerster）统计发现，神经网络中负责接收外界信息输入的神经元数量在 1 亿左右。你可能觉得这个数字很大，但它在整体的信息加工中只不过是沧海一粟，因为负责内部计算的神经元数量是 10.5 万亿。两者的信息比例约为 1：100000。

你看，外部世界的输入在知觉形成中只占 1/100000。这个数字意味着什么呢？打一个不严谨的比方，相当于一个人从外部只接收 1 秒的信息，而大脑内部加工这些信息花了大约 10 万秒，约等于 27 小时。

想象一下，一个人 27 小时都闭着眼睛，只有一秒钟睁开眼睛看一眼真实的世界，请问：他头脑中的印象有多少是来自客观真实呢？

就在看这本书的当下，你忽略了多少信息？请你稍微抬起头看看四周，天边的云朵、墙上的污渍，还有风吹过的声音、外面车的喇叭声，你都视而不见、充耳不闻，为什么？因为你在看书，大脑自动为你过滤掉了那些"无关紧要"的信息。

你并不是在知觉真实的外部世界，只是把真实世界中一小部分对自己有用的碎片选取到意识中，再按照自己特有的预期，把它识别为有意义的整体。

再举个例子。你去参加小学同学聚会，能很容易认出一个几十年没见过面的老同学；但如果是在别的地方碰到，你们很可能擦肩而过，没有任何熟悉感。小学同学的外表在这两个场景中没有差别，但你的大脑比眼睛更忙。**在不同的场景下，我们带着不同的预期，就会调用不同的算法，得出不同的结论。**

了解人性的出发点

知道自己参与了对知觉的创造，对普通人意味着什么呢？

说实话，知觉相关的内容学起来是有点枯燥的，可它常常又是心理学入门的第一课。很多心理系的学生学到这儿都会失去耐性：我们是想要理解人性、洞察人心，为什么非得了解这些怎么看见东西、怎么听见声音的基础过程？

在我看来，这部分知识是一个重要提醒。它论证了一个非常重要的观点，也是我们深入了解人性的最初原点，那就是：**每个人只能看到自己期待的东西。**

知觉是一个滤镜，它是我们认识世界的第一级加工。看同一个东西，不同的人得到的结论不一样，甚至同一个人抱着不同的期待在不同时候看，看到的东西也不一样。

网上流行过一些好玩的争议图，比如，某张图上的裙子是白金色还是蓝黑色的，某张照片里的鞋是粉底白纹还是灰底绿纹。每次网友都会惊奇：怎么你看到的跟我不一样？

这种惊奇的本质在于我们有一种默认：眼见为实。现在你必须承认，知觉是不唯一的，这种可能性是存在的。你在一幅图上看到什么，反映的不光是这幅图原本的样子，还有你的特点。

这是一个反直觉的结论，我们需要慢慢消化。

同时，一旦我们对某种事物形成了固定的知觉，就很难转化成另一种知觉。

冯·福斯特说过，人的神经系统可以近似地被看成一个封闭网络，跟大脑内部的信息循环相比，真实世界的影响反而可以忽略。这其实就是在说主动稳定——客观刺激变了，我们也常常视而不见。知觉保护着我们的内部世界，让我们从变化万千的外部环境里只吸收那些符合自己预期的东西。

有一个传播学的概念叫"信息茧房"，指的是算法总推送那些我们喜欢的信息，久而久之，我们就接触不到超出原有认知的信息流了。其实，大脑一直都在这么做。最初的信息茧房就是我们的知觉，就像那些充满争议的照片，你甚至很难看出另外一种配色！

知觉没有对错。过去，我们经常给不一致的认知附加一种道德批评：这个人为什么连显而易见的事实都不承认？他要么蠢，要么坏！但是现在，你至少可以在理智上认识到还有一种可能，那就是我们的知觉不同，我们真的"看"到了不同的世界，各自沉浸其中。你要反复提醒自己：有没有可能，我眼中的事物是这样的，别人看到的不是呢？

有时候，**只要承认人和人看到的东西有可能不一样，只要接受这一点可能性，人和人的交流就会多很多耐心。**人和人本来就没有那么多天经地义的共识，在这一点上，也许可以达成人类最基本的共识。

02 图式：为什么每个人看到的世界不一样

我们把客观世界知觉成什么样，是由我们头脑中的框架决定的；而每个人头脑中的世界都不一样，这才会有千奇百怪的个性和人生轨迹。

最初的框架是怎么形成的呢？这就涉及一个新的变量，叫作图式。

什么是图式

想象一下，你在工作中有一个项目，需要跟一个陌生同事合作。

你之前不认识他，也不了解任何关于他的信息，但你看到他的第一眼就有可能形成一个印象：糟糕，他看上去像是一个很难相处的人。

你是怎么产生这个印象的呢？每个人做判断的机制不一样，这个机制就是图式。

有人说："他让我想起小时候班上有一个跟我对着干的男生，脸上那种彬彬有礼但自以为是的笑容，简直一模一样。"这个图式是基于早期经验，通过外表做出的判断。

也有人会说："我是新加入他们团队的，他们团队内部已经有过长时间合作了，我是空降来的，我猜他肯定对我有敌意。"这个图式是从特定关系做出的判断。

还有人会说："我根本用不着了解他，人和人之间就是不存在真正的信任，都是算计来算计去的，我必须把他当成一个防范的对象。"这是泛化的关于人际关系的图式。

这些判断当然都是以偏概全。人家彬彬有礼也许只是因为教养良好，新的团队可能无比欢迎新鲜血液的加入，职场中也存在真心的情谊。可是当我们头脑中已经有了一个"原型"，我们在看待这个充满可能性的世界时，就会快速得出符合原型的结论。

原型这个概念最早是由哲学家康德提出来的，英文是 schema，后来被翻译成图式。后来，瑞士心理学家让·皮亚杰（Jean Piaget）用心理学的语言阐释了这个概念，把图式定义为一种认知结构。皮亚杰认为，人对任何一个刺激做出反应之前，都要在头脑里判断，这究竟是一个什么刺激。好比你在考卷上看到一个 80 分的数字，不会直接作出反应，要看你怎么理解 80 分：对于及格万岁的人，80 分简直是超水平发挥；而对于优等生，80 分就是考砸了。每个人的图式不同，后续的判断和反应自然不一样。

我们头脑中存在着成千上万个图式。

有关于具体事物的，比如，雪是白的，夜是黑的，汽车有 4 个轮子。

也有抽象概念图式，比如，什么是自由，什么是责任，幸福的婚姻是什么样的。

在所有图式中，差异最大的就是关于自己的图式：我是一个有能力的人吗？我幸福吗？我是否过上了想要的人生？我值得被爱吗？

图式像是头脑中的一卷图纸，我们会把接收到的信息搭建成图式认为的形状。

图式的特点

关于图式，我有几点想跟你分享。

第一点，图式有可能是"失真"的。

其实，"失真"这个说法并不准确，更准确的说法是，我们在根据图式搭建"真实"。就像你看到两条上弧线和一条长长的下弧线，就会自动把它识别成一张笑脸。哪怕是天上的几朵白云刚好呈现出这个形状，你也会觉得，天空在对着你微笑。

这就意味着，我们看到的真实世界都是我们通过自己的图式加工出来的。网上有一个著名的梗，叫作"你是否看到了一只鸡"。说的是，有一位国外的导演拍了一段城市的视频，放给一些没有见过城市的土著村民看。没想到村民们看完之后，对画面中的城市不感兴趣，却纷纷讨论起视频里的一只鸡。导演很震惊，他都不记得视频里有鸡的镜头，于是他回去反复看这段视频，终于在一个角落里看到了一只鸡——时长不足 1 秒。

这是一个特别好的例子：土著村民没有关于城市的图式，但他们对于鸡的影像很敏感，因为鸡是他们自身经验中无比熟悉的事物；而城市人的图式正相反。面对同一段影像资料，土著村民和城市人看到的却是两个世界。

我们接收到外部刺激之后，会根据已有的图式进行过滤、筛选、整合，把它转化为整体性的认识，来符合原有的图式。皮亚杰把图示的这种功能叫作"同化"，这也是一种主动稳定的机制。

同化可以解释生活中的很多偏见。比如，为什么有人明明在自己的领域已经很成功了，还认为自己一事无成？为什么有人考上清华北大，却硬说自己是"学渣"？这不一定是虚伪，也许他们只是受到了图式的同化作用。他们对自我的图式是"无能"，这个图式让他们看别人看到的全是优点，看自己都是不足。无论取得多少成就，获得多少认可，对他们来说，都像是城市人眼中的那只鸡，是视而不见的刺激。

我想跟你分享的第二点是：图式有适应和不适应之分。

2008 年汶川地震后，我作为心理干预的志愿者去过四川。我记得，到四川第一天，我们都很疲惫，在酒店美美地睡了一晚。第二天早上，当地接待的人问："昨天晚上余震好厉害，有没有吓到你们？"我们说："哪有余震？"上网一查，那一晚的震级相当强，我们却一无所觉。为什么会这样？

对于从外地过去的我们来说，图式里压根没有"余震"的概念。很显然，这并不适应当时余震不断的环境。必须对地震更敏感，才有更高的生存适应性。但在安全的环境里，一个人过度敏感，一有风吹草动就提心吊胆，这样的图式就弊大于利了。

请注意，我形容一个图式不适应，用的词是"弊大于利"，这是一种经济学判断。我并不是从事实上判断它"错"了。**图式没有对错之分，它只是一种加工世界的框架。**

如果发生了不适应，图式可不可以改变呢？这是我想告诉你的第三点：当一个图式不再适应个体的生存或发展时，它可能发生改变。皮亚杰把它叫作"顺应"。

从前，我们对"电话"的图式是：一台放在桌上的机器，拿起听筒、拨号、通话。所以我们会用"6"的手势来指代电话，其实是指电话听筒。但这个图式已经不再适应今天的时代了。今天说"打电话"，你想到的一定是那个随身携带的手机。

人在童年时期，图式更容易改变。皮亚杰同时也是一位发展心理学家，他研究了儿童的认知规律，发现儿童有很多脸谱化的图式，比如"笑眯眯的是好人"。这些图式的解释力很弱，在人的成长过程中，它们会不断被现实"打脸"。而为了顺应现实，图式就会不断进化。

随着我们阅历增长，吸收了更复杂的信息，图式会进化得越来越有弹性，解释力越来越强。成年之后，几乎没有什么不能同化的信息了，这时候图式就进入了稳态。

当然，成年之后的图式也可能发生迭代，这个机制我会在后面展开。

早期适应不良图式

很多固定的图式从童年就开始了。比如有的人特别在意钱，为什么呢？他会说，因为小时候家里经济困难，长大了就算挣了很多钱，依然保留着对金钱的匮乏感。甚至有人家里并不困难，只是基于小时候的某种想象或错误认识，也进入了这种状态。而且，这种认识一旦成型，就会稳定地发挥功能，甚至伴随我们的一生。

对于这种现象，心理学有个专门的术语，叫作"早期适应不良图式"。它指的是，从童年时期开始的、一种稳定地看待自我的认知框架，它会给生活带来显著的困扰。

提出这个概念的人叫杰弗里·扬（Jeffrey Young），他是图式治疗疗法的创始人。除了提出早期适应不良图式这个概念，他还做了分类，一共分为 18 种。

我给你举几个常见的例子。

有些是基于亲密关系的。有人认为爱是骗人的，自己的情感需求永远得不到满足，这叫情感剥夺图式。比这更严重的是被抛弃图式，这类人总害怕被重要的人抛弃。

还有的图式跟自己有关。比如有人认定自己没能力，什么都做不好，这是失败者图式。还有人过度担心健康，总觉得自己特别容易受伤或生病，这叫疾病易感图式。

你可以看到，上面这些图式几乎都是关于人生中的重大主题的，而且是一种无理由、无条件的自我判定。

在万事万物中，跟自我相关的图式恐怕是最容易脱离现实的了。这也许是因为，我们认识其他事物多少还是站在旁观者的立场上，有一些相对客观的评估，但在认识自己的时候掺杂了太多的主观感受。比如，我去做一个讲座，因为自己就是主讲人，我无法站在观众的角度评价我讲得好不好。我只能感受到自己心跳加速，汗流浃背，甚至有些准备好的内容忘了讲，然后由此得出符合图式的结论：自己的表现糟透了。

负面图式的危害

轻度的危机意识确实有助于我们成长，但如果是根本性的、不容辩驳的自我否定，这种图式会在生活中给我们带来很多困扰，需要引起重视。

你想象一下，有个人受到疾病易感图式的影响，总觉得自己体弱多病，稍有一点不舒服就疑神疑鬼，这会给他带来什么影响呢？

往严重了说，一个人老担心自己生病是一种心理暗示，说不定真的"越怕什么，越来什么"。谁偶尔都会头疼脑热，一般人不会太当回事，而那些有疾病易感图式的人则会如临大敌，把身体的不适当作首要问题去解决。他可能会滥用药物，频繁去医院检查。不管查没查出问题，他都不放心，会觉得"也许医生不够仔细"。甚至会想：会不会这是疑难杂症，普通医院查不出来？他还会继续去第二家、第三家医院。

就算没有不舒服，他也会在正常生活中提心吊胆，过度养生、忌口，保持刻板的生活节律，不激烈运动，稍微做一点事就要休息，生活没有任何乐趣可言。

还有一种特殊的心理疾病叫"疑病症"。患有这种疾病的人跑遍了全国大大小小的医院，把金钱和精力全耗费在求医问药上，却没有医生能说出他们得了什么病。

最讽刺的是，他们付出了这么多努力，反而证实了他们对健康的担忧是有道理的。

这个逻辑也适用于其他适应不良的图式。亲密关系也好，人际交往也好，他们会不断重复这样的循环：越是习惯从这个角度找问题，越是会找到真的问题。

03 自证：你的认知如何影响现实

你可能会觉得，相比一个人内在的图式，现实世界是什么样才是更重要的。毕竟，无论我们头脑里有多么离奇的认知，只要从现实世界获得真实的反馈，自然就可以"纠偏"。不过，你要注意这样一种可能性：**认知很可能改变你身处的现实。**

这句话是什么意思？前面我们假设了一个场景：你在工作中需要跟一个陌生同事合作，虽然不认识他，但你基于自己的图式形成了一个先入为主的印象——这个人不好相处，你甚至怀疑他对你有一些敌意。你会因为现实而改变自己的看法吗？

其实很难。想象一下你跟他的合作，大概率会这样发展：

　　你带着戒备之心与他沟通，你们之间有一些暗流涌动。他说的很多话，在你听来都像是话里有话。哪怕合作看起来很顺利，你也会想：他会不会背后有什么心机？

　　久而久之，你们的关系越来越对立。他也找人抱怨，说不想跟你再合作。听到这件事，你一拍大腿："你看，我第一眼见他，就看出这个人不想跟我合作！"

　　对方真的是一开始就不想跟你合作吗？其实不确定。但他一开始怎么想已经不重要了，只要你形成了这个认知，按这种方式跟他相处下去，他就会变得不想跟你合作。而你为什么要采取这种相处方式呢？是因为你认为他不想合作。你把自己的认知变成了现实。

　　接下来，我们就可以用现实再一次印证自己的认知。这就叫作"自证"。

　　我们在遭遇外部事件的时候，常常把自己看成被动的承受者，无论遇到好事还是坏事，都会说"我早知道现实会是这样"。其实，我们就是现实的创造者。

　　你有没有这种感觉，虽然大家生活在同一个世界，但每个人认知到的世界不一样，就好像在不同的平行时空里。这个世界是充满机遇，还是充满风险？孩子是放养更好，还是严格管教更利于成才？科学进步让生活变得越来越好，还是越来越糟？这些问题都有正反不同的声音。最有意思的是，每一种声音都可以找到现实的证据。

　　比如，一个学历不高的人抱怨这个社会太势利，只看重表面学历，他确实能用自己找工作时处处碰壁的经历现身说法；同时，另一个跟他起点相似，甚至不如他的人，也可能通过努力走上人生巅峰，这个人就会说这个时代充满机遇，不拘一格降人才。

　　对于正反两方面的声音，都有人证明是对的，它们会被塑造成各自的现实。包括现在，你会认为这本书的内容对你有帮助（我得好好读下去），还是什么用都没有（可以把它扔一边了）？都有可能。反正最后你都会证明，你的看法是对的。

自证如何改变客观事实

人们很早就发现了自证的存在：只要你相信一件事是真的，你就会不知不觉地证明它是真的。有人叫它"预言"，有人叫它"诅咒"，弗洛伊德他的叫它"强迫性重复"。

这种自证具体是怎么发生的呢？我先举一个例子。

我有一个朋友，他的女儿上小学。有一天开家长会，老师告诉他，你们家闺女什么都好，就是有一个问题要重视：她总是跟着别人的意见跑，没主见。比如昨天有一个活动，两个孩子一组，共同完成一个手工作品，第一步先选颜色。朋友的女儿本来想选红色，结果另一个孩子喜欢蓝色，她就跟着说，"那选蓝色吧"。

老师正好在旁边听到了，就告诉她："不用因为人家说蓝色你就改主意，你仍然可以坚持你的观点。"结果这孩子说"不用，就蓝色吧"。不管老师怎么鼓励，小姑娘都坚持用蓝色。

老师就有点怒其不争，跟我这个朋友说要多培养孩子的主见，要让她在跟别人意见不一致的时候敢于坚持自己的看法。

后来，朋友跟我聊这个事，说他自己也觉得女儿有点懦弱，怎么能让她有主见一点呢？

我说："你先等一下，你有没有注意到，这个故事里，你女儿很有主见地拒绝了老师。她一次一次地告诉老师，不用了，我就选蓝色，这难道不是坚持自己的看法吗？她拒绝的对象还是老师，这可比拒绝同学难多了！"朋友这才恍然大悟。

你可以想象，如果我朋友径直去解决他女儿"没主见"的问题。比如教育孩子："老师跟我说了，你那样不对，下一次遇到类似的情况，你应该听老师的。"那孩子反而会变得"没主见"。这就把一个无中生有的观念变成了活生生的现实。

我们来一步一步看这个过程的发生。

第一步，我们先有了一个认知，然后会筛选事实，这叫"假设先行"，我们只会看到那些符合假设的事实。在这个例子中，孩子反复多次表达了拒绝，老师和我朋友却看不到她拒绝的能力。哪怕不符合假设的事实在面前发生，我们也会视而不见。

第二步，叫作"证据裁剪"。父母拿到了"孩子没有主见"这个结论，他们会回想孩子以往的表现：她真的是这样吗？但我们的记忆是有限的，永远只能记起一部分印象深刻的事情，而印象深刻的往往就是我们愿意相信的。

就像一个人在工作中既有愉快的经验，也有挫败的、糟糕的、被老板批评的回忆。但如果你已经形成了一个印象：我好像并不擅长这份工作。这时候你最容易想到的就是被老板批评的经验。而那些愉快的、有成就感的记忆呢？就被你裁剪掉了。

第三步，也是最关键的一步，叫作"执意行动"。你会针对想象中的问题采取行动，这会加强问题的存在感，甚至可能在没问题的地方无中生有地"创造"问题。比如，你批评孩子没主见，她对自己就更没信心；你对假想中的敌人挥拳，他就真的变成敌人。

我经常在饭馆看到一些老人，天气明明很热，他们却不敢让孩子喝冷饮，怕孩子感冒。孩子有那么弱不禁风，一喝冷饮就会感冒吗？但老人从来不会这样尝试，因为他们的头脑里已经有了这个结论，所以只肯让孩子喝热水。孩子喝完热水是健康的，对老人来说，这就再次印证了冷饮不健康的结论——还好我没有给孩子喝冷饮！

你可能会想，总有一些事实跳出来打脸，戳破我们的偏见吧？但自证还有一种机制，叫"化解反例"——这也是自证的最后一步。遇到反面证据，我们会想办法化解它。

一个人相信自己不擅长学习，如果考了 100 分，他会说这是运气不错，题目简单；一个人认定别人不喜欢他，如果得到大家的掌声和祝福，他会说这只是出于一种礼貌。

我有一个来访者讲过一个笑话。她有一段时间总怀疑丈夫有外遇，去翻丈夫的手机，什么都没查到。她的解释是："他肯定是在回家之前全都删掉了！"

假设先行，证据裁剪，执意行动，化解反例——这几个机制合起来，共同构成了一个严丝合缝的闭环。在这个闭环里，人始终在证明最初的认知，直到它成为现实。

如何跳出自证

对于积极的想法，自证其实是好事，我们都乐意让它变成事实。但如果是消极认知，比如前面讲到的适应不良的自我图式，那就变成一种"诅咒"了。一个人如果总把自己看成失败者，他就会变得越来越消沉、退缩，最终真的一事无成。

那么，面对那些适应不良的图式，我们可以做些什么呢？

接受心理治疗是一种方法，还有很多其他方法，我会在后文逐一介绍。但所有方法的前提是你能意识到：我有这样的图式，我的判断会被它影响。请注意，我的说法是"有图式"，而不是"我是这样的人"。为什么要强调这一点呢？

很多人会把问题归结到"我这个人"：我是一个体弱多病的人；我有"吸渣"体质，我遇到的每个人最后都伤害我；我从小就是一个无能的人，什么都做不好……

你注意到了吗？这些说法里暗含了一种思维方式，即把"人"作为整体，给出宿命式的结论："我这个人"就有这样一种"命"，我生来如此，我就是这样的人。

但如果用上图式的概念，你就可以表述为：我的头脑中有一个疾病易感的图式；我在亲密关系中有被抛弃的图式；我容易受到失败者图式的影响……从而产生自证。

表面上只是说法不同，但本质的差异在于：主语不是"我"，而是我头脑中的一个结构，一种加工信息的框架。这个框架跟我的绑定或许很深，也一直在影响我生活中的方方面面，但它只是一种认知。认识到"**图式≠我**"，这是根本性的改变。

要打破图式的影响，关键是意识到"我可以参与到另一种现实"的可能性，图式就是这个可能性的逻辑基础。一旦你意识到现在的生活很大程度是由认知决定的，而不是命运的必然，你自然就会想象：换一种图式，现实会有什么不同？

这可不是空想。空想是，"如果我有 10 个亿就好了""要是遇到一个不会伤害我的人就好了"。这些想象是凭空产生的，不会对生活有任何实质性的改变。

但假如我们想的是，"我的收入不变，只是我的图式变成一个不缺钱的人，会有什么不同"，或者"我还是跟现在这个人一起，但我不再害怕被伤害了，我可以怎样经营这段关系"，这会让我们有完全不同的思考——而且我们知道，这真的有可能发生。

有人习惯性地说："想到有什么用呢？我还是做不到。"

不是做不到，只是你根据现有的图式判断自己做不到，你把自己看成了没条件、不值得、没能力的人。没关系，你不需要在实质上有改变，只要想象一下：如果这个看法消失了，你认为自己"值得"了，你会怎么样生活呢？不妨多做一些这样的想象。

▶▶▷ 第三讲
自我：什么才是真实的自己

01 自我认同：如何形成稳定的"我"

什么是自我认同

"自我"这个说法，我们在生活中常常用到，比如"寻找自我""成为自我""做自己"。可究竟"自我"是什么？我们如果不能成为自我，难道还能是别人吗？

事实上，这里说的"自我"是一种心理变量。我们从青少年时期就开始逐步对"我是谁"形成稳定的认知。在这种稳态中，无论我们经历了什么，心里都有一个稳定不变的"我"。稳定的自我叫"自我认同"（self-identity），也被翻译为"自我同一性"。

同一性，顾名思义就是同一个我。哪怕我昨天心情不好，今天精神振作，我的情绪和认知都不一样，但两种截然不同状态下的我都是我，我不会认为自己变了一个人。

你也许会想：自我是稳定的，这不是天经地义的吗？还真不一定。不知道你在生活中有没有自己跟自己"打架"的时候，比如，有时候你特别痛恨自己：我怎么这么不思进取呢？我不该这样啊！你看，这里存在两个你自己：积极进取、勇于改变的那个人是你，原地踏步、安于现状的那个人也是你。这时候，你会把哪一个自己认同为"自我"呢？

一位叫埃里克·埃里克森（Erik Erikson）的心理学家用了一辈子研究这个问题。他是一位儿童精神分析师。我们知道，精神分析把人的心理结构分成 3 个"我"（本我、超我、自我），这其中，"自我"好像最平平无奇。但埃里克森对这个概念情有独钟。

"埃里克·埃里克森"这个名字背后有个故事。实际上，他最早叫"埃里克·洪伯格"，出生在德国的一个犹太家庭，父亲是医生。但他一直觉得自己不属于现在这个家庭，会无端猜想自己还有另一个身份。长大之后，他真的发现"洪伯格医生"其实是继父，他的生父姓"埃里克森"，所以他把姓氏改回了"埃里克森"，觉得这才找回了"真正"的自己。

这也许就是为什么，埃里克森一生都致力于探索"我是谁"的问题。他最重要的发现是：自我的稳定需要持之不懈的努力，这是人们从青少年时期开始最重要的心理任务。

建立对自己的忠诚

为什么自我如此重要？因为只有先找到自我认同，才能建立对自己的忠诚。

对自己的忠诚，就是我们常说的"做自己"。举个例子，一个人做着一份人人羡慕的体面工作，收入也很好，他心里却没那么喜欢，总觉得这不是自己想做的事。一开始他可能还会劝自己：要不再坚持一下？这样过了几年，他心里越来越笃定：这真的不是我想要的，它很好，但我不喜欢。最后，他毅然决定离职。

做到这一点的前提就是，这个人知道自己是谁，知道自己要什么和不要什么。

这并不容易。他不只要去了解自己当下那一刻的感受，同时也得非常肯定，自己这种感受是稳定的、可预期的，不会随着时间突然改变。这就是他的自我认同。

如果一个人没有找到自我认同，就很容易陷入混乱。

他去找工作，HR 问："这是你喜欢的工作吗？"他诚实的回答只能是："现在是，但我也不确定明天会不会后悔。"他跟别人建立关系，约会对象问："你喜不喜欢我？"他也不知道怎么回答。他也许会想：我现在确实很开心，但这就是喜欢吗？

那么，他就很难进行任何长期的职业规划，也没法在关系中给出长期、稳定的承诺。可想而知，在现实生活中他会遇到很多麻烦。

我们经常强调要为自己负责，其实，培养责任感也需要先建立自我认同。

父母常会问小孩子："为什么上课不好好听讲？"孩子很委屈："是别的同学找我讲话的。"这是因为，孩子不知道什么是自己要做的，他只能跟随别人的决定。

但是有了自我认同，孩子就会意识到：如果我想听课，别人找我讲话，我可以不理他。他心里开始有一个明确的主人，那就是"自我"。

埃里克森认为，找到自我是青少年阶段最核心的心理任务。完成这个任务之后，一个人才可以按照自我的意志决定某件事做还是不做，并为此承担责任。

改变自己比想象得更困难

自我认同一旦建立起来，就不是能够轻易改变的。

现代人说到"改变自己"，常常有一种不切实际的乐观。我们有种错觉，好像一个人只要稍加努力，就可以脱胎换骨变成自己想要的样子。然而，当我们一次次尝试改变却失败时，就会产生强烈的自我否定：这么简单的事都做不到，一定是我有问题。

不用自责。"你要做不同的事"和"你要变成不同的人"，二者的难度是完全不同的。

举个例子。你习惯了早上 8 点起床，假如明天一早有特殊安排，必须 6 点起，你可以做到。但如果你新年定了一个计划，打算每天都要 6 点起，估计你也能猜到结果：第 1 天、第 2 天尚可，1 个星期也能勉强坚持，但 1 个月之后，你多半又每天 8 点起床了。

导致你放弃的因素也许有 100 种，但最核心的原因是你心里始终有一个声音说："我必须努力才能坚持！"你认定自己 8 点起床才是舒服的，所以每天早起都让你感觉那不是自己最舒适的状态。

改变单次的行为很容易，改变一个人的自我认同很难。

一个小孩子不喜欢学习，你要求他现在写作业，他可以写；但你要求他热爱学习，他会说："我就是不热爱啊！我怎么改？"

你要求的改变超出了单次行为本身，涉及他对自己是怎样一个人的看法，而这种看法处在稳态中，不是想改就能改的。很多改变自己的愿望，本质上都是这样的徒劳。

这看起来像是在给你泼冷水，但这样想也有一个好处，那就是减少无谓的自责。当你有改变的愿望，尝试几天又被打回原形的时候，不要觉得这是自己自控力缺失，是自己的失败。如果你觉得改变必须靠自控力来维持，这反而说明你的自我认同没有改变。

改变来自自我认同的不变

你可能不服气：难道一个人的自我，就永远不能变了吗？

说实话，埃里克森的理论更关注自我认同的形成和稳定，他并不关注一个人在形成了某种自我之后，要怎么变成其他的样子。但他也没有把路堵死，他承认自我认同可能会随着成长而改变。在后文，我会介绍一些改变自我的方法。

但我总觉得，学习自我认同这个变量，不是为了像捏橡皮泥一样塑造它。当我们过于强调改变自我时，也许忽略了某种更核心、更珍贵的东西。

比起改变，你更应该关注那些需要坚持的部分。改变往往来自自我认同的不变。

这句话有点绕，但道理很简单。假设一个人成功地改变了自己，从懒散变得勤快，从粗枝大叶变得谨慎细致，这时问他一句："你是为什么改变的呢？"他的回答多半是："我意识到我有某种必须改变的理由。"

推动改变的动力就来自他的自我，这个自我中必定包含某种更被他看重的价值。所以，他对自我的认同越强，做出改变的动力反而越大。

这个时代，我们对"改变"想得太多了，但对于"什么是不能放弃的"反而没有耐心去思考。我觉得这也是一个问题。这就有点像做整容手术。一个人把时间都花在看明星的照片，想象自己哪里可以变得更好看上。可同样重要的是，他也得看看镜子里的自己，思考"哪里是不能变的"，是"属于我的东西"。这样，他才能一眼认出自己。

这是一个充满变化的时代。除了整容，你还有可能改变自己的体形，学会新的着装风格、生活方式。心理层面上，也可以把你的个性、技能、思考模型，通通都看成是可变的。但一切都可变之后，反而带来了一个价值危机，就是那个经典的问题："我"是谁？我身上有那么多东西都是可以变的，把这些东西去掉之后，"我"还剩什么呢？

这个问题没有答案，我们只能在变化中一点点地摸索。

02 假自我：外界要求对你的影响有多大

既然自我认同是稳定的，为什么那么多人在成年之后还会说出"寻找自我""成为自我"这样的话呢？这是因为，我们在年轻时常常只考虑自己应该做什么，把外界的要求内化到自我认同中，而不是真正关注自己喜欢什么，想成为什么样的人。

这种内化的外界要求，叫作"假自我"。很多自嘲是"小镇做题家"的人，花了大量的时间努力学习、奋斗，也许有一天发现，"成为学霸"只是别人对他的期待。

请注意，假自我并不是说一个人刻意伪装自己，它同样是一种自我认同。可是在那样一种认同下，我们并不是根据自己内在的特点或喜好来决定自己要成为一个怎样的人，只是根据外人的评价、期待或要求让自己保持在某种状态中——"我就应该这样"。这样一来，一个人认同的自我跟他内心的实际感受之间就存在差异。这就是假自我。

一个人看上去可以很自洽，甚至很成功，因为他符合外界的期待，更容易博得周围人的好感。但他心里很可能会感到迷茫，会有一种每天都在扮演某种"人设"的疲惫感。此外，一旦环境发生变化，当他感受不到他人的期待时，他会陷入深深的自我怀疑。

为什么会有假自我

为什么我们会把外人的评判放在比自己更重要的位置上呢？

最早提出"假自我"概念的是一位精神分析师，叫唐纳德·温尼科特（Donald Winnicott）。他认为，假自我跟"母婴联结"有关，就是一个人在婴儿时期和主要抚养者的关系。如果一个婴儿感受到他跟抚养者（通常是父母）的关系是不安全的、小心翼翼的，自己需要做点什么来取悦父母，逗他们开心，才能换取他们更精心的照料，他就会觉得"满足别人的要求"很重要。这就是假自我的苗头。

我有一个来访者，她从小就被父母教育不应该过于在意自己的形象。按她父母的说法，只有爱慕虚荣的人才把精力花在衣服、发型上，优秀的人应该更关注能力、个性、美德这些内在的品质。所以，这个女生从小到大一直打扮得很朴素，穿邻居姐姐淘汰下来的旧衣服也从来没有怨言。当然，她的父母一直以她为傲。

但她心里始终有一点不安，总觉得真实的自己没有那么"好"，因为她其实是在意自己形象的，会趁父母看不到的时候偷偷照镜子，也会模仿别人好看的穿搭。她把这些看成自己最大的秘密，甚至工作挣钱后，都不好意思给自己买衣服。如果别人夸她穿得好看，她就会有一种惊恐的感觉，担心被人看穿自己"爱慕虚荣"。

你看，这就是一个典型的在原生家庭中被塑造出来的假自我。这个女生认为，自己需要遵照父母的期待，否认对外在美的关注，才能得到父母的爱和别人的尊重。

精神分析的解释强调早期经历和原生家庭。人本主义流派的罗杰斯对这个概念进一步做了阐释，他把假自我称为"社会自我"，强调整体社会文化对自我的影响。

无论这种影响来自原生家庭还是社会文化，假自我的本质都是把定义自己的权力交给别人，让别人的评判来决定自己可以做哪些事，不能做哪些事。哪怕一个人感受到自己心里有不一样的需要，也只能将其作为一个秘密尽可能深地隐埋起来。

假自我如何维持稳定

理解了假自我的来源，你也许会疑惑：这不是小时候的权宜之计吗？一个人长大了，已经能够感受到自己的真实需要，为什么还会受到假自我的影响？

　　这是因为，假自我也会长期维持稳定。背后的原理可以用一句话概括：假自我一旦形成，我们就会把真实的自己看成"错"的、"坏"的，然后对它避之唯恐不及，绝不给它机会暴露在阳光下。

　　前面那个女生，她成年后很多年都没想过告诉别人："我就是爱美，我也想把自己打扮得好看一点，这会让我心情更好。"她认为一旦暴露了这个想法，别人就会讨厌她。

　　我们作为旁观者当然会觉得：这样想也太荒谬了吧！可是对她来说，这才是安全的。一旦打破这个"人设"，后果不可预料，因此她从来不肯试一试。

　　很多时候，我们不敢亮出真实的自我，会把它想象成一场灾难，于是一直藏着它。可越藏越觉得可怕，越觉得可怕就越回避它，于是，我们就没有机会验证它不可怕。

　　所以，我会建议这个女生勇敢一点。无论她有多笃定真实的自己不会被人喜欢，都可以找几个对她来说重要的人，鼓起勇气向对方承认："我很爱美，这就是我身上真实的部分，你可能不接受，但我不想骗你。"

　　如果你也有类似的问题，不妨试试看。让别人有机会面对你的真相，听一听他们怎么说。也许你会发现，自己这些年一直在白白担心，亮出真实的自己，其实没那么可怕。

假自我的反面是什么

　　打破假自我，并不意味着要走向我行我素，完全不顾他人的看法。

　　有人会把"做自己"跟"守规矩"对立起来，一提到真实自我就会想到自我放纵，无法无天，置他人的利益于不顾。

　　这当然不对。根据精神分析理论，那不是自我，而是本我，是被压抑的原始欲望。人同时还有超我，是社会规则和道德标准的内化。

自我本质上是这两部分的协调。一味迎合他人的评价固然不是自我，但自我也不是唯我独尊。

我们只是需要一些弹性，不把外界标准放在那么绝对的位置上，给自己多留一些空间。这部分空间同样包含了我们在意的人和我们接收到的他们的期待。从这个角度出发，我不太喜欢用"假自我"这个词。它有一点一刀切的意味，似乎暗示了在意别人看法就是绝对的虚假，是错误，是自欺欺人。

我认为，**对他人意见的采纳本身，也是我们在特定阶段自我认同的一部分**。

我们都曾经希望成为让父母骄傲的孩子，成为受老师称赞的学生，成为被社会认可的公民，这有什么错呢？通过把别人的标准内化到自己身上，将其当成自己要追寻的目标，然后不断尝试、验证、拓展，最终确认哪些是自己真正想要的，哪些标准可以放下。这不是非此即彼的对立，而是在探索的过程中不断接近真实。

那么，**假自我的反面是什么呢**？要我说，**是对真实的自我始终抱有好奇**。

好奇，就是永远要在他人的评判和你的个性之间探索新的可能，不固着于自己身上的任何一个标签，那都有可能不是真的你。

我认识一位企业家毛大庆老师，他是优客工场的创始人，也是一位马拉松爱好者。他从40多岁才开始迷上跑步，不到10年，已经跑了100多场马拉松。

他告诉我，他其实从小最讨厌跑步，甚至有一种生理性的抵触。我对此非常有共鸣，这也是我以前对运动的感受。我们就反思：为什么小时候那么讨厌运动呢？因为那时候体育课有一套固定的标准，100米多少秒及格，400米多少秒及格，达不到标准，我们就会遭到别人的嘲笑，早早给自己贴上一个"体育后进生"的标签。

　　长大之后，毛老师突然意识到，谁说运动必须要达到别人设定的标准？他完全可以按自己的节奏跑步，并享受跑步。后来，他对跑步的兴趣又延伸到其他运动上。他惊讶地发现：自己竟然是一个运动爱好者！

　　这个例子，不是从一个"假自我"突然变成"我行我素"，而是在某种形成多年的、根深蒂固的自我印象里发现了外界的影响，从而让自己有意识地做出突破。如果你向前走了一步，可能就能体会到原来不曾体会过的自由和愉悦。

　　你有没有一个想打破的假自我？你觉得如果要迈出一步，这一步是什么呢？

▶▶▷ 第四讲
人格：为什么我们爱聊星座和 MBTI

01 人格："科学算命"有道理吗

这一讲，我们来学习另一个重要的变量：人格。

人格是什么呢？本质上，它是心理学家给人贴的一种标签。你可不要因为"贴标签"这个说法就对它有偏见，其实，这恰恰是很多人学习心理学最大的期待。

父母期望知道，孩子将来会成为怎样的人；用人单位想知道，某个员工是否可以尽职尽责；更不用说谈恋爱的时候，每个人都想知道对方是不是值得自己托付终身。

我们如此渴望了解一个人，恨不得透过生辰八字，甚至面相，就能看穿他的一生。我们还会忍不住想多了解了解自己，朋友圈只要有人分享"测一测你最像金庸笔下的哪个人物"的题目，你是不是就有点手痒，想做一下看看？

这些期待代表你已经认同了一个基本假设：不同人有不同的个性，它像一个稳定的身份标识，可以区分出每个人的独特之处，甚至预测未来的人生走向。

但真的存在这样神奇的"标签"吗？

这就涉及如何对人作出量化的评估。20 世纪 30 年代，一位名叫戈登·奥尔波特（Gordon Allport）的心理学家综合前人的成果，建立了一个通过量化指征对人进行描述的心理学分支学科，叫作"人格心理学"。奥尔波特也因此被称为"人格心理学之父"。"人格"这个词源于古希腊语，指的是一个人在认识和行为上区别于其他人的特点，它是每一个人独特的内在身份标识。

虽然我们多多少少都同意，每个人都有某种可以被称为个性的东西。但要用科学的、量化的方式把它呈现出来，只有概念是不够的，还要进一步回答3个问题：

第一，用怎样的方式将人格尽可能准确且全面地描绘出来？

第二，每个人的人格是稳定不变的吗？

第三，了解了一个人的人格，真的能够预测一个人的表现吗？

这3个问题分别对应人格测量的方法、信度和效度，我一个一个来讲。

如何准确全面地描述人格

先想一想，日常生活中我们想介绍一个人，抛开他的职业、身份、社会角色这些外在特征，假如想要抓住这个人性格层面的某种特点的话，通常会怎么介绍？

你大概会说："这人是一个典型的处女座。"

别笑，通过星座来反映一个人的个性当然是一种伪科学，但你想过没有，为什么明知道这种方式不科学，还是有那么多人乐此不疲？因为它足够简单。只要一个分类就足以传达一系列的整体印象：严谨、挑剔、注重秩序……这种思考方式符合人们的直觉：人是有不同类别的。只要准确地找到一个人的分类，也就反映了他的人格。

说实话，心理学家一开始也是这么想的。第一次世界大战时，美国一位叫罗伯特·伍德沃斯（Robert Woodworth）的心理学家应军方的要求设计了一套征兵用的问卷，它是世界上第一个人格分类测验。问卷的题目很直白，比如：你站在高处时，有没有往下跳的冲动？根据新兵的回答，伍德沃斯把他们分成两类：能上战场的和不能上战场的。

这个测验对选拔士兵也许有意义，但会不会太粗糙了？同样选了"想往下跳"的士兵们，就属于同一类人格吗？显然不是，他们的性格也许天差地别。

如果分得再细一点呢？比如 4 个类型、9 个类型，或者 12 个星座呢？

今天，答案相当明确：不管分成多少类，都不能用类别来定义人格。无论是流行的"星座"，还是其他看上去更复杂的分类体系，都不具备科学性。

现在有一种心理测验很流行，叫 MBTI，把人分成了 16 种。16 种看上去是很多，但不要忘了，全世界有 70 亿人，这就意味着每一个类型都要承载几亿人的多样性。假如我们说几亿个 INTJ 都是专家型人格，这就跟说几亿个巨蟹座的人都温柔顾家一样，一定包含了无数的偏见和刻板印象。哪怕在每一个类别里继续细分，分出 5 种亚型，每一种亚型再拆成 10 个细类，落实到每一个类别里的多样性仍然是"天文数字"。

所以，与其说我们可以依靠这些分类了解自己的独特性，倒不如说它被我们当作一种身份标签，用于快速跟人建立联结，获得某种身份上的归属感。

既然千人千面，我们怎么才能概括人格特点的多样性呢？奥尔波特想了一个办法：不对"人"进行分类，而是把描述人格的各种因素进行分类。

这是什么意思呢？你想，当你想描述一个人的个性，又不能简单粗暴地对他进行分类时，你就只能使用形容词，比如：乐观、鲁莽、活泼、消沉、小心眼……一口气用几十个词去形容他，这不就准确了吗？只不过，这样太啰唆了。奥尔波特的想法就是，能不能在这些词的背后提炼出某种规律，用尽量简洁的几个维度定位出一个人呢？

所以他做了一件事，在词典中找出世界上现存的、所有用于描述个性的词，整理出一份有 4000 多个词的词表。然后找到不同的人，让他们用这 4000 多个词给自己评分。最后用统计学方法进行聚类分析，把评分关联度比较高的词归为一组。

这些海量的词汇逐步被"浓缩"，就会形成一些特质性的分类。每一类特质彼此独立，又可以相互排列组合，这足以概括语言当中现存的全部人格特点。

奥尔波特创立的分类方式叫"大五"。经过后来的心理学家多次完善，"大五"目前是人格心理学领域通用的测量工具。它把人格提炼成 5 个特质，分别是：开放性（Openness），尽责性（Conscientiousness），外向性（Extraversion），宜人性（Agreeableness），以及神经质（Neuroticism）。它们开头的 5 个字母合起来，正好是 OCEAN（海洋），用来在人格的汪洋大海中科学地定位出一个人的坐标。

网上很容易找到大五人格的测试题目，你也可以扫描这个二维码，测一测。

人格多大程度上是稳定的

找到了描述人格的方式，我们再来解决第二个问题：测出来一个人是什么人格，他就永远是这样吗？有没有可能，人格会随着时间而改变？

对这个问题，心理学最常用的研究方式是追踪研究。就是今天测量一次，过上几年再测量一次，然后对比两次的结果，看看它们之间的关联度有多大。这叫"重测信度"，意思是值不值得相信。毕竟，科学心理学建立在实证的基础上，得让数据说了算。至于研究的时间跨度，取决于研究者的耐心，短则1年，长则10年，甚至还有50年的。

2000年，有两位研究者对152项追踪研究的成果做了一个元分析，发现了两件事。

第一，人格测量的结果确实存在某种程度的稳定性，这种稳定性通过相关系数来表达，大概在0.7左右。0.7是什么概念呢？可以粗略理解为：你将来再做一次人格测量，测量到的结果中有一半是可以根据你现在的人格预测到的。

第二，这种稳定性会随着年龄变化。相对来说，一个人小时候的稳定性比较低，3~21岁之间，人格的相关系数只有0.5，变化空间比较大；随着年龄增长，相关系数逐步增加，50岁之后，最高可以到0.76，这就是一个相当稳定的变量了。

这也符合我们的生活经验：小时候的经历给我们一生的性情定下基调，长大以后，随着工作、成家、社会环境变化，性格还会改变。但年龄越增长，人格变化的幅度就越小。

这个研究告诉我们，人格确实可以保持稳定，但稳定并不等于彻底固化。这种稳态是逐步形成的：一开始，新的经验还在不断冲刷和影响人格，随着年龄增长，人格越来越成熟，主动稳定的能力不断提高，后面的经验就没那么容易改变人格了。

人格的预测作用有多大

那么，如果这样找到的人格，是否就可以预测一个人未来的表现呢？

我们热衷于做各种测验来判断自己的人格，只是为了抽象地描述"我是怎样一个人"吗？并不尽然。我们也想通过这些标签预测自己未来的表现、在社会上的位置，比如：我更适合做哪一类工作？应该跟什么类型的人交朋友？将来会不会取得成功？

不过，我劝你不要把人格当成一种"科学算命"的依据。早在 20 世纪 60 年代就有心理学家做过统计，发现一个人在不同情境之中做出的不同行为，能用人格特质来解释的只有 10%，这个解释力是比较弱的。

什么变量的解释力更强呢？是情境。也就是说，相比于"我是什么人，就做什么事"，不如说"我到什么地方，就做什么事"。比如，我跟领导在一起脾气就比较温和，但是在家人面前就容易表现得急躁；小孩子在家里吃饭的时候到处跑，非得奶奶追着喂才吃，但是到了幼儿园，他就会规规矩矩地吃饭，吃完了还知道自己收拾碗筷。影响一个人行为的不全是他内在的性格，还包括他和谁在一起、扮演什么角色、他们的关系如何。

那么，测量一个人的人格还有意义吗？有的，虽然人格难以预测一个人单次的行为，但对于预测一个人长时间、整体上的行为规律还是有一定作用的。比如，尽责性高的人总体来说完成工作的质量更好。如果你是一个 HR，在招聘员工时就可以评估这方面的特点。

但是站在个体的角度，我不建议你给人格赋予太多的决定性。虽然它好像能带来某种可控感，仿佛一个人的性格就能决定他的命运，但它的推论相当冷酷：它会把一个人的不幸也归结为是"个性"导致的。比如有这样一种说法，有一些具有"受害者人格"的孩子在学校更容易遭受霸凌——这是极端错误的，并且是伤人的。

人格"标签"有什么用

今天，很多人都习惯把人格当作一种标签来使用。我们相互交流"你是哪种人格"，把不同的个性抽象成一组数据、一个坐标，标记出彼此在位置上的差异。

人格这个变量最大的贡献就在这里，它用科学的方式呈现出了"人的多样性"。

本来我们吵架时常常会说："你怎么是这样的？"这是一句评判，好像在指控对方跟我们不一样，这成了对方的某种"问题"。但如果接受了人的多样性，我们会说："啊，原来你是这样的！"这种说法就带着好奇和想进一步交流的愿望。

你跟我不一样，我们每个人都不一样，这是事实。只有在承认这个事实的基础上，才能发展出平等、互相尊重、不越界的人际关系。

比如，有一个刚认识不久的朋友请我参加聚会，我不想去，就可以拿着我的大五人格结果说："我是内向的人。"我这样说的时候，我知道他对"内向的人"有一个图式。他可以大概判断，我在热闹的社交场合会感到不自在，我更享受一个人独处，看看书，听听音乐。虽然那可能也不是全部的我，但这个想象对我俩这一刻的关系是有意义的。

有时候我们抗拒"标签"，是因为觉得标签不够准确，不喜欢自己被误解。但误解也是了解的第一步。人们可能会从刻板印象出发，逐步深入地了解一个人。比如，我是内向，你也是内向，这个标签很粗糙，但它是我们交流的起点，等聊下去才发现我们俩的内向并不是一回事。如果必须深入、准确地理解一个人再交往，那人和人的接触成本就太高了。最好的办法就是用一两个词作为各自的人设：我偏外向，他偏内向；我的宜人性比他高，尽责性又比他低。这就是一种最有效率地帮助我们呈现个体差异的方式。

说句题外话，这其实也是星座流行的原因之一。生活中，我并不排斥聊星座。我是狮子座，虽然它跟我的人格没什么关系，但在社交场合中，一说这个别人就会感兴趣："你不像个典型的狮子座呀？"还有人会说："你骨子里还是挺狮子座的。"我就说："是吗？展开讲讲。"

你看，没有科学依据的标签也可以作为交流的起点，先聊，越聊越贴近真实。**不要因为害怕被误解就拒绝标签。误解也可以带来交流，交流就会增进了解。**

对行为的个体化理解

有了人格这张"标签"，也方便我们对不同的行为做出个体化的理解。

什么叫个体化？它是相对于"关系"而言的。举个例子你就明白了。过去在酒局中，有些人喜欢劝酒，这让那些不能喝酒的人不胜其烦。无论他们怎么拒绝，对方都要他们喝："不喝就是不给我面子！"为什么非要让人喝酒呢？其实，这类人把喝酒当成了一种"关系"测试，你不喝，是因为你不把我们的关系当回事。喝酒就是为了在关系上完成一个证明。

个体化的理解就是意识到：人和人的体质不一样，有些人因为基因特质无法代谢酒精，喝酒会对他们造成极大的健康负担。这时候，它就跟"给不给面子"无关了。

我们经常难以拒绝一些自己不擅长的事，就是因为它被当成一种关系上的冒犯。对方也许会觉得：为什么别人都行，就你不行？你就不能为了我努努力吗？

这时候，你就可以从人格的角度出发，个体化地表达你的拒绝。

哪怕我们确实可以勉为其难做一些事——就像我具有内向的人格

特质，但我真的一点都不能参加聚会吗？其实也能。但我很清楚，我的人格并不会改变。社交对我来说仍然是一件消耗的事，我很快就会感到疲倦，而不能像另一些人那样发自内心地享受。所以，我会去找自己的平衡点。我可以勉强，但不能无限地勉强下去。

每个人都有自己的平衡点，感到疲惫或沮丧时，你就要叫停："对不起，我确实只能做到这一步。我的人格如此，这不是对你的冒犯或拒绝。"你会发现，只要你从个体化的角度阐释自己的局限，大多数人都是可以理解和接受的。

02　人格稳定：如何减轻"精神内耗"

前面提到，大五人格测试包含了五个维度：开放性、尽责性、外向性、宜人性和神经质。每个维度都有一个评分。接下来，我来给你介绍下这些维度的意义。

但容我再多啰唆一句：人格是稳定的。稳定的意思就是，作为一个成年人，无论你喜不喜欢、接不接受，各个维度上的特点很可能会伴随你一生。这意味着，我们学习人格这个变量，不是为了做出什么改变。

这可能会让你有点失望。也许你想学的是：为什么我没有更高的开放性？高神经质可不可以变得松弛一点？该如何训练内向的孩子更加外向？

关于这方面确实有很多假说。20 世纪，很多心理学流派都发展了各自的人格理论：有的用无意识的冲突来解释人格，有的用图式，有的讲心理能量，有的强调家庭教养和出生排序，甚至还有理论把时代和文化背景也纳入人格的一部分成因。这些你都可以去了解，但我不打算推荐任何一种理论。一方面，它们只是一家之言，未必具有普适的说服力；另一方面，我担心你沿着这个方向学习，反而会失去对"人格"最核心的把握。

你本来想学的是：我是一种什么样的人格？可是学着学着就变成：我为什么是这样的？我怎么不能像别人一样？最后开始想象：我如何才能培养"不一样"的或者"更好"的人格？这样一来，你关注的就不再是真实的自己，而变成了虚无的幻想。

这可能让你有点不服气：凭什么我就不能改变自己的人格呢？

别急，先随我从稳态的视角理解人格。

适应环境选择

人格特质的稳定是被环境千锤百炼过的。

人格是如何保持稳定的？对此，主流的假设有两个：一是基因决定的，也就是说，生下来是什么性格，就是什么性格；二是跟后天的成长环境有关。

在我看来，这两点并不对立，基因也可以看成一种更大尺度上的环境选择，适应环境的基因就会增加被保留下来的概率。总的来说，人格就是被环境保留下来的。无论是几百万年前的演化环境，还是你这几十年的成长环境，能保留下来就一定"有点东西"。

如果你想改变自己的人格，不妨先想一想：假如它一点好处都没有，怎么能稳定到现在？

比如，大五人格中有一个维度叫神经质。神经质程度比较高的人对压力很敏感，一有风吹草动就会疑神疑鬼；反过来，低神经质就是通常说的"神经大条""慢性子"，这类人对压力反应迟钝。但神经质无论高还是低都有好处。低神经质的人活得比较松弛，节省能量；高神经质的人能更敏锐地捕捉环境中的变化，避免危险——两者都是适应环境的。

我们再看一个维度：尽责性。有的人擅于自我约束，做事情有条理，计划性强，这就是高尽责性；也有人自由不羁，做事全凭热情，这就是低尽责性。表面上看，前者更适应这个社会，更容易成为受到老板青睐的员工。可是不要忘了，低尽责性也是一种被需要的特点。这些人脑子活，爱冲动，不受规则束缚，具有艺术家气质和开拓冒险的热情——甚至有时候，他们就是老板！

学习人格不是在找缺点，而是在找它保持稳定背后的价值。换句话说，就是要发现各种人格特质都有功能。

大五人格还剩下 3 种维度——开放性、宜人性和外向性，我简单介绍一下。

高开放性的人对生活充满好奇，喜欢尝试新鲜事物；低开放性的人则会偏好稳定和规律，不想有改变。

高宜人性的人体贴周到，共情能力强；低宜人性的人则是我行我素，不在乎别人看法。

外向性指的是人们获取能量时的偏好。外向的人喜欢从外部世界，也就是跟他人的关系中获取能量，他们享受社交；而内向的人在安安静静一个人待着的时候更自在，他们把社交当成一种任务。

减轻"精神内耗"

"人格是稳定的"，这个说法有时会让人泄气。有人觉得，就算每种人格特质都有它的好处，自己还是不喜欢身上的某些个性，想变成不一样的性格。

但是这种执念会令人更加痛苦。网上有个流行说法叫"精神内耗"，本质上就是一个人对自己不满意。不满意，就会执着于改变自己，但偏偏人格又是无法改变的特质，这就变成了一种持续的自我对抗，反而加剧了对自己的不喜欢、不接纳。

很多处在痛苦中的人需要用"人格"进行一次"确诊",这会让他们释然、解脱。

我认识一个创业的朋友,他一直觉得自己是一个糟糕的管理者,脾气暴躁、口无遮拦,跟人一争论就"上头",为此得罪了很多合作伙伴,也让下属倍感压力。

他对这一点很苦恼,常常责怪自己控制不住脾气。有一天,我看到他非常激动地发了一条朋友圈,说他做了基因测试。测试报告说他这些性格是由基因决定的,用大五人格的术语描述就是高神经质、低宜人性。他一下子感觉到了大解脱,几十年的性格问题得到了一个解释,"确诊了",很治愈。

你可能觉得,这个解释并没有太多的含金量。"你之所以有这些表现,只是因为生来就是这种性格",这跟没解释有什么区别呢!但他的感受大不一样。我认为,他感到解脱是因为人格的解释里有一个非常重要的声音:这不是你的错。

很多人执着于改变自己的个性,因为担心人格是自己塑造的:如果我接受了现在这样的表现,而没有努力追求成为更好的人,这也许是"我"的问题。

但你已经学到了,人格这东西不完全掌握在自己手里,它有更复杂的决定因素,基因也好,早期成长经历也好,它们都是既成事实,你也就不用责怪自己了。

你可能意识到了,到目前为止,我们学习的每个变量都在强调"稳定",从知觉到图式,再到自我认同,这些现象虽然存在于头脑内部,但它们并不是随心所欲的。

我觉得,这正是心理学作为一门学科对人最基本的帮助——它对形形色色的精神现象做出了具有某种"客观性"的定位。这些现象不以人的主观意志为转移。虽然努努力会让它们看上去有些变化,但变来变去，它们始终处在一个大致的轮廓里。

人格心理学家的工作就是建立一套坐标系，把这个轮廓描绘出来。一个人的开放性是多少，宜人性是多少，通过 5 个数字就能定位出他在性格特征上区别于其他人的那一个"点"。就像一个人的身高，测出来多高就是多高，那就好好利用它。至于说进一步研究，找到它跟基因、环境的关系，那都是后话。至少你现在要接受，这就是你的样子。

人尽其才、物尽其用

找到稳定的人格特质的目的是：人尽其才，物尽其用。

接受人格特质难以改变这件事，不是消极认命，更不意味着，你明明对现状不满意，也只能把这种不满意的生活延续下去。恰恰相反，你了解了自己的特点，才可以扬长避短、趋利避害，找到更适合的环境去实现自我价值。

罗翔老师有一个精彩的比喻，他用打牌比喻人生："你在打牌的时候，即便抓到一副最烂的牌，也不能弃局，你得把这个牌打完……有时候我们惊奇地发现，一把烂牌，我们打到最后还赢了。"

有怎样的人格特点，就好比抓到了怎样的牌。无论你喜不喜欢，它都是你的牌。不要寄希望于把这些牌放在手里搓一搓，就能搓出一把"同花顺"。它们不会变。只有先接受这个事实，你才会认真思考怎样把它打好。

我那位创业的朋友在接受自己脾气急是基因决定的之后，就停止责备自己，也不再徒劳地控制脾气。他向团队承认："我的个性就是这样，以后你们看到我发火，也不要怕，它就是我的一个臭毛病。"每次发完火他都会道歉，下次还会再发火。

久而久之，团队也适应了他这种风格，还会拿他的脾气开玩笑。每次出去谈合作，大家都说："不要跟老板去，要跟脾气好的那谁谁一起去。"但遇到需要谈判、维护利益的场合，团队就会起哄："不怕，我们可以放老板！"

最有趣的是，我这位朋友的脾气并没有变，但他和团队都接受了这一点之后，工作氛围反而更好了。其实，产生影响的不是人格本身，而是如何看待和使用这些人格特点。

人格心理学不是一门关于改变的科学，它关注的是物尽其才、人尽其用。它默认了不同的人具有不同个性这一事实，所以需要量体裁衣。这是一种成熟的、有智慧的态度。

当然也会有一些极端情况，比如病态的人格需要治疗。可是绝大多数情况下，**稳定的人格总是有自己的功能，我们要考虑的是把它放在适合的位置上。**

▶▶▷ 第五讲
环境：外界输入如何影响行为

01 经典条件作用：如何建立新的行为模式

前面介绍的种种变量，关注的都是人的"内在"。但是不要忘了，外部环境输入的变量也会对我们产生影响。从结果上看，这种影响力有时还会超过"我是一个怎样的人"。

什么意思呢？我举一个例子。

前几年流行网课，但我发现，我讲网课时很容易紧张，要么担心网络卡顿，要么担心技术故障，而且对着屏幕上的自己，总觉得浑身别扭。这可以用人格特质中的"神经质"来解释。同时我注意到，我女儿上了好几年网课，她的状态变得越来越放松。2020年她刚上网课的时候，经常因为连接设备、测试会议号这些问题，三天一抱怨，五天一崩溃，我们全家也跟着乱得四脚朝天。但是到了2022年，她上网课的状态跟去学校上课已经没有太大差别了，情绪稳定、心态平和，遇到问题也一点都不慌张。

这是因为她的人格特质改变了吗？当然不是，人格是稳定的。但她已经在漫长的网课生涯中学会了新的技能，内化到自己的感受上。用行为主义的术语讲，这种改变叫作"习惯化"。意思是，如果我们持续接收到某一个外部刺激，对它的反应就会越来越小。这就像"幽兰之室，久而不闻其香"，以及"鲍鱼之肆，久而不闻其臭"。

习惯化还不是全部，如果这些刺激输入足够长的时间，一个人还会变得喜欢，甚至依赖这些刺激，这叫作"简单暴露效应"。意思是，一个东西反复出现，令你越来越熟悉，你就会对它产生某种自动的偏好。这不是因为你觉得它有多好，而是因为你感到熟悉。

有些洗脑广告就运用了这个原理，它们通过大规模的投放，不断在你眼前重复闪现，在你耳边重复播放。当暴露一段时间，达到一定的强度和密度后，你对它的态度就变了。下次购物时看到这个品牌，你就会情不自禁地觉得"它好像还不错"。

研究外界输入与行为的关系，是行为主义的拿手好戏。

行为主义的代表人物华生有一句"狂妄"的名言："给我 12 个健康的婴儿，让我一手打造，不管他的天赋、爱好、意愿、能力、天职、祖先的种族是什么，我都能把他训练成我想要的人——医生、律师、艺术家或商界领袖，甚至是乞丐和小偷。"

这话虽然过于绝对，但外界输入对一个人的影响是不争的事实。要理解这种影响，得先从行为主义的基础原理——"经典条件作用"学起。

经典条件作用是什么

你可能不熟悉经典条件作用，但是提起"条件反射"或"巴甫洛夫的狗"，你多半就想起来了：巴甫洛夫一摇铃铛，狗就流口水。

这看上去像是驯兽师玩的把戏，跟人有什么联系呢？我们先来详细拆解这个实验。

巴甫洛夫是一位出生于 19 世纪的俄国生理学家，他于 1904 年获得了诺贝尔医学奖——注意，他获得诺贝尔奖完全是因为对消化系统的生理学研究，跟心理学没有关系。事实上，他还批评过那个时代的心理学，觉得那些研究方法太主观、不靠谱。

那他后来为什么会被看作心理学领域的一代宗师呢？这纯粹是一个意外。他养了一群做实验用的狗，为的是研究它们的消化过程。狗在吃东西之前会分泌唾液。但是巴甫洛夫发现了一个情况：狗开始分泌唾液的时间并不是在它们看到或闻到食物的时候，只要负责喂食的工作人员走过来，狗听到门外传来脚步声，它们的哈喇子就已经忍不住往下流了。

一听到脚步声，就知道有好吃的，这不是天经地义的事吗？但是巴甫洛夫觉得很不寻常——要知道，狗对着食物分泌唾液叫"非条件反射"，是一个与生俱来的本能反应，就像我们碰到烫的东西会立刻缩手一样。可现在，狗连食物都没见到，光听到脚步声，为什么也能流口水呢？这已经超越动物的本能了。

于是，巴甫洛夫设计了一系列实验，比如在狗面前摇摇铃铛，再给它喂食物。坚持了一定的次数就发现，狗只要听到铃铛的声音，也会产生分泌唾液的反射。

这样一来，声音这种中性刺激就成了一个让狗产生反射的条件。形成反射的过程叫作"经典条件作用"，也叫"条件反射过程"。而把刺激和反射绑定起来，叫"条件化"。

抛开这些术语不谈，研究狗流口水有什么用呢？事实上，这个特别简单的过程有着极其重大的意义，因为它是一个"无中生有"的关联。巴甫洛夫证明了，一个毫无意义的刺激，只要输入一定的时间，就可以在动物身上制造出一个有意义的反应。

动物都有这样的能力，人当然也有了。人也会受到经典条件作用的影响，学会对各种原本无意义的事物产生反应。比如，刚出生的婴儿对"医院""打针"毫无概念，但只要去过几次医院，他们再闻到消毒水的气味，看到穿白大褂的人，就会哇哇大哭。这是因为经典条件作用把医院的环境刺激和打针的疼痛感关联起来了。

在 20 世纪上半叶，这个规律引起了心理学家极大的研究热情。研究热点包括：经典条件作用是形成之后就会一直存在，还是过一段时间会消退？消退了还可以再次激活吗？怎样才能精准地让人只对 A 刺激做反应，对 B 刺激不做反应？等等。如果你有兴趣，以"经典条件作用"或"条件反射"作为关键词，可以搜到大量研究结论。

被影响而不自知

当然，你也可能对这些实验室里的细节不感兴趣。没关系，比技术细节更重要的，是如何理解经典条件作用对现实生活的影响。

经典条件作用可以让你在不自知的情况下，建立新的行为模式。

不自知的意思是，你意识不到自己何时何地就学会了对某样东西产生渴求、恐惧或厌恶的反应。这就是巴甫洛夫用动物实验为人们揭开的真相。人完全不用高级认知过程的参与，没有理性，没有逻辑，就会对某些东西产生关联性的偏向。

这种机制常常被有心人利用，比如广告人，很多行为主义研究者都是广告高手。简单暴露效应的原理，就是最初级的经典条件作用。但它太没有技术含量了，怎么做出更高级的广告呢？

比如，给你看一个阳光海滩的美好画面，你就会产生一种渴望的心情——这是一个本能反应。现在我把这个画面跟一听饮料组合在一起，你就会把对阳光海滩的向往跟饮料建立起关联。接下来你就会莫名其妙地相信，这个饮料味道不错。哪怕你知道这背后没有任何逻辑，在看到饮料包装时也会情不自禁地产生一种渴求感。这是条件反射的一种亚型，叫"评价性条件反射"，意思是你对事物的偏好、评价受到了条件作用的改变。

当然，这是被设计过的情况，更多的情况是无意间发生的。你有没有过这样的体验：莫名其妙会对一样事物产生喜欢或排斥的感情。

玄学的说法是"第六感"，但是按照经典条件作用的解释，它的原理可能很简单，就是你在没注意到的时候，就对这些刺激建立了条件反射。比如，你在繁忙的工作中出门散步，感觉特别放松，这段时间如果总遇到同一个陌生人，你就会对这个人产生好感。以后再看到这个人，心情莫名其妙就变好了。

近些年有一个流行的研究领域，叫作"具身认知"，背后也有经典条件作用的原理。有一个实验是这样的：让两组人测试同一款耳机的音质，一组边摇头边测试，另一组边点头边测试。结果发现，点头组的被试对耳机的评分显著高于摇头组。为什么？因为我们习惯认为，点头跟积极的态度相关联，而摇头意味着否定。哪怕我们在理智层面很清楚，点头和摇头只是用来评测耳机的姿势，我们的感受也会受到这些动作的影响。

所以，我们在潜移默化中形成的很多反应是没有道理可讲的，甚至连我们自己都意识不到。

如何用好条件反射

理解了这个原理，我们就可以在生活中有意识地利用它。

我举一个应用的例子，叫"替罪羊食物"。它被用来帮助化疗中的癌症病人。

癌症病人在接受化疗之后，身上会有一些恶心、不适的感觉，他们会变得不想吃饭，看到食物就觉得反胃。其实化疗本身不会造成人对食物的厌恶，只是病人在接受化疗之前吃过东西。当化疗让他们产生难受的感觉之后，虽然他们头脑中很清楚这种难受是化疗带来的，但还是会自动把不舒服的反应跟"食物"建立关联，形成条件反射。

为什么偏偏是食物呢？这是人类演化形成的机制，只要身体难受，我们会优先关联到自己吃过什么东西，而不是别的刺激上。这种机制在大多数时候可以保护我们，因为"病从口入"。但化疗刚好是一个例外，它反而限制了我们从食物中获得营养。

怎么解决这个问题？心理学家发明了"替罪羊食物"的方法，就是让病人在化疗之前先吃一些口味比较独特的、平时不会吃的食物，比如味道怪怪的点心，他们在吃完之后立刻接受化疗。这时候，病人就会把恶心的感觉集中关联到刚才吃的食物上，以后就会对"那种食物"产生排斥感——但它不属于常规食物，也就不会影响到正常的食欲了。

02 操作条件作用：如何主动塑造新的行为

虽然巴甫洛夫的狗听到摇铃声就开始分泌唾液，但是严格地讲，这条狗并没有学会什么"新的"技能，它本来就会分泌唾液，它只是学会在一个新的刺激之下启动这件事。但是行为主义并不满足于这种简单学习，我们在生活中还会发展出大量根本不存在于本能中的行为模式，这些模式是通过更复杂的环境输入才产生的。这要怎么解释呢？

这时候，就要引入另外一种条件作用——操作条件作用。

操作条件作用是什么

"操作条件作用"也有一个跟动物相关的经典实验，就是教鸽子打乒乓球。

显然，打乒乓球——准确地说，是两只鸽子用各自的喙把乒乓球往对方面前推——绝对不属于鸽子应该做的事，它们是通过某种学习获得了这项技能。教它们做这件事的人是前文提过的斯金纳，他是行为主义心理学大师。在美国心理学会给 20 世纪心理学家做的排名中，斯金纳超过了皮亚杰和弗洛伊德，名列第一。这些鸽子的表演曾让他名噪一时。

斯金纳是怎么让鸽子学会打乒乓球的呢？他只用了一个非常简单的策略：重复特定的行为，并给予强化。这句话的意思让我慢慢解释。

首先你要理解，这个行为最初是怎么来的？碰运气碰出来的。

在斯金纳之前，有一位行为主义心理学家叫爱德华·桑代克（Edward Thorndike），他把猫关在一个笼子里，笼子外面上了一个锁扣。假如猫想出来，就得把爪子从栏杆里伸出来，反过手从外边把锁扣拉开。这么复杂的动作，喵主子当然懒得做了。可是架不住桑代克在笼子外边放了食物，喵主子实在受不了，各种扑腾，想冲出笼子。在这个过程中，猫也许是误打误撞刚好伸爪子拉开了锁扣，把门打开了，便心满意足地吃到了食物。

下次再遇到同样的情境，它还会在笼子里折腾一翻，尝试各种方法开门。但是桑代克发现，这次它用的时间会比第一次短。而且重复的次数越多，它就能越快地找到窍门，到最后轻车熟路地拉开锁扣。也就是说，猫的学习效果是可以累加的，这叫"效果律"。

桑代克的发现很了不起。他证明了，动物不是只能通过经典条件反射学习。就像这个例子里，条件反射只能让猫学会在笼子里吞口水。动物还可以通过反复试错，筛选并保留那些"有效果"的动作，形成新的技能和方法，这是更高级的学习。

斯金纳进一步总结桑代克的发现，认为这个学习过程中的关键在于猫能"吃到东西"。在做出特定的动作之后获得食物，这让动物在类似场景下重复做出同一个动作的概率变得更高，也就是动物学到了新的行为。这个过程，就是所谓的操作条件作用。

请注意，操作条件作用的逻辑跟巴甫洛夫的狗刚好相反。"狗分泌唾液"，这个行为发生在"摇铃声"的刺激之后；而"猫打开笼子"，这个行为发生在"猫吃到东西"这个刺激之前。这种发生在事后的刺激，叫作"后置刺激"，它可以分成两类。

第一类叫强化，意思是这种后置刺激能够增加一个行为发生的概率。怎么实现呢？可能是增加好的体验，这叫正强化，比如吃到东西、赚到钱、获得别人的赞美。也可能是消除了不愉快的体验，比如开车没系安全带，就有一个警报声不断地提醒你，直到你系好它才会消失。这样重复几回，你一坐上车就会想到系安全带，这叫负强化。

斯金纳把这种刺激叫作"强化"，而不是"奖赏"或者"回报"，是为什么呢？他认为"奖赏""回报"这样的词太主观了，无论我们有没有这个主观意图，它的影响都是客观存在的。只要这种刺激重复输入，行为跟它形成关联，你就学到了新的行为模式。

第二类刺激叫作"惩罚"，跟强化正相反。这很容易理解，强化可以增加行为发生的概率，惩罚则会降低行为发生的概率。惩罚也可以分正负：父母揍孩子一顿，这是正惩罚，因为增加了痛苦的体验；孩子的玩具被没收是负惩罚，它让愉快的体验减少了。

弄懂了这些概念，你就能理解斯金纳训练鸽子打乒乓球的把戏了。他的方法就是把复杂的行为拆解为简单的行为目标，比如，鸽子只要啄一次乒乓球就得到吃的，这是正强化，那么它就会做更多啄球的动作。反过来，如果它啄到别的地方或想离开，就会受到惩罚。久而久之，鸽子就能"学会"打乒乓球。这个过程叫作行为塑造。

操作条件作用的应用

操作条件作用除了可以让我们得到一只会打乒乓球的鸽子，能不能用在人身上呢？当然可以。其实在斯金纳之前，我们已经在生活中无意识地应用这个原理了。比如，有功当赏，有过当罚，这就是在通过操作条件作用去塑造人们的行为。

可是赏罚到什么程度，原本只是一种主观判断。而斯金纳作为一名实证主义者，通过精细的实验设计和客观的数据观察，把行为塑造变成了一门科学。

比如，每做一次行为就得到强化，与做上一段时间才得到强化相比，哪种效果更好？斯金纳的结论是，要塑造一个新的行为，那就不要等，要立刻获得满足。就像你第一次去健身，锻炼后马上奖励自己吃顿好的，这是最有效的。但如果你希望长期保持这个行为，就不要每做一次、强化一次，因为会有边际效应递减，一段时间之后就没有新鲜感了。甚至万一哪次没有得到强化，你还会有巨大的落差感。要养成习惯，最好的办法是重复若干次行为之后，再强化一次。就像连续健身一周，再给自己一个奖励，这叫间歇强化。

再如，如何控制强化的频率呢？斯金纳发现，有一定随机性的间歇强化是最有效的。什么意思呢？你打游戏抽卡的时候一定体验过这种感觉：每一次都"有可能"抽中，就是不知道是哪一次；哪怕这一次没抽中，说不定下一把运气就来了！这会让你欲罢不能。反倒是固定获得强化的机制让人提不起太大兴趣。比如打怪升级，你很确定打多少个怪就可以升一级，重复一段时间就会觉得不够刺激。

还有，什么东西作为强化物最有效？对动物来说往往就是食物，给点吃的，它们什么都愿意做。但并非一直如此，它们吃饱了也会有"贤者时间"。食物是初级强化物，这类强化物直接满足生理性的诉求。但人就不一样了。钞票不能直接吃，可是我们看到一大把红彤彤的票子，眼睛就会放光。这种叫次级强化物，我们在头脑中把它们和各种好东西建立了关联。这种关联能力大大拓宽了我们对强化物的选择。幼儿园老师给小朋友发小红花，这叫代币强化。虽然小红花不能吃也不能用，可是对孩子特别好使，因为它决定了孩子们的人际地位。成年人也吃这一套。跑步很辛苦吧！跑到一定里程就给你一个勋章，让你发到朋友圈上嘚瑟，你愿不愿意坚持？购物很心疼吧！消费到一定数额给你积分，积累一定积分就可以兑换礼品或者享受更大折扣，你掏钱的时候是不是就痛快多了？

应用的提醒

现在，你已经了解了操作条件作用的原理，以及一些研究结论。你也许迫不及待想把它用到生活中了，但我想提一个醒：这套理论的使用场景不是用来操纵别人。

请注意，操作条件作用的"操作"，并不是设计一个方案，像斯金纳训练鸽子一样去训练你的孩子、学生或员工，让他们遵从你的意志，那叫"操纵"。"操作"的对象是我们自己，它描述的是每个人为自己做的事：**学会用特定的行为去掌控这个未知的世界，在可控的操作和不可控的环境之间建立关联，获得内心的秩序感。**

在我看来，它应该优先被用于理解行为，而不是粗暴地进行改变。

我举个例子。经常有小孩子的父母问我："孩子不爱吃饭，怎样训练他好好吃饭？"我就会问："不吃饭是会饿的，他会饿吗？"只要孩子会饿，就是对"不吃饭"这个行为的自然惩罚，"不吃饭"就难以维持下去。可是通常来讲，孩子没有机会面对这个惩罚。父母怕他饿，每顿饭追着他满屋跑，软磨硬泡也要让他吃一点。

理解了"不吃饭"是怎样维持的，你就能看清，真正要做出改变的是父母：父母要学会停止喂饭。或者说，学会用"忍一忍"的方式，应对自己对孩子挨饿的恐惧。

03 社会学习：观察内化为个体经验

除了前面讲到的两种条件作用，对环境的观察也会带来改变。

最早发现这一点的，仍然是行为主义心理学家。美国行为主义心理学家爱德华·托尔曼（Edward Tolman）在训练小白鼠走迷宫时，发现了这么一个规律：即便没有经过刻意训练，动物对环境充分观察之后，它们的头脑中会自然而然产生一些变化。

我们先来看看托尔曼的实验是怎么做的。

托尔曼的小白鼠

训练动物走迷宫是行为主义心理学常用的研究范式。原理非常简单：在不同的路线上设置强化物或惩罚，动物走到正确的路线，就会吃到食物，走到错误路的线，就会受到惩罚。久而久之，行为被不断强化，动物就"学会"走迷宫了。

不过，托尔曼在做实验时发现了一个有趣的现象：小白鼠每一次遇到分叉口，总要先停顿一下，再选择一条路。那一下停顿让托尔曼觉得小白鼠仿佛在"思考"。

当然，这个想法在传统的行为主义理论看来非常荒谬：小白鼠走哪条路是通过强化习得的，它怎么会有思考的能力？

但是托尔曼没有放过这一点。他做了一系列研究，最有名的一个实验是，他让一些小白鼠先在迷宫里闲逛，没有任何强化或惩罚，就是让它们纯粹地玩儿，每条路都走一走、看一看，熟悉这个环境。因为没有强化和惩罚，它们不会对任何一条路径形成偏好。

然后，神奇的事情发生了。这些小白鼠在迷宫里玩上几天之后，托尔曼再在某条路的出口放上食物，它们迅速学会了直奔主题。学习的速度有多快呢？托尔曼设置了一个对照组，对照组的白鼠一直在接受"传统"的学习。也就是说，这边玩了 10 天，那边学了 10 天。从第 11 天开始，不学习组启动学习。第 12 天，它们的反应速度就追上了学习组。

这说明什么？虽然不学习组的小白鼠在前 10 天里看上去什么都没学，但它们已经形成了某种"知识"——以某种形式内化到自己的经验中，在未来某一刻就会转化成行为。

就这样，托尔曼的实验拓宽了我们对学习的理解：不是只有行为的改变才算学习，哪怕没有学到任何新行为，头脑也可以为改变做准备，这叫潜在学习。

除此以外，托尔曼还发现，动物对一个环境足够熟悉之后，会在头脑中建立一幅认知地图。就像我们夜里能找到洗手间，在什么都看不见的情况下，我们的行动路线也不是被强化或惩罚训练出来的，但我们能在头脑中想象出房间和障碍物，然后规划出路线。某种意义上，小白鼠也在做同样的学习。比如，它们学会了通过某一条路径可以获得食物，这时候，如果设置一个障碍，告诉它们"此路不通"，它们就会迅速转向另一条替代路线——这条路线从来没有被强化过，小白鼠们选它完全是基于认知地图的判断。

托尔曼虽然是在研究动物的行为，但他的发现把环境对人的影响推向了一个新的高度。用一句古诗描述，就叫"润物细无声"。托尔曼把"人的改变"看成一个整体的、浸泡式的、在环境中自然发生的过程，而不再是一种机械式的行为塑造。

班杜拉与社会学习理论

托尔曼的影响还在持续。今天的心理学研究普遍重视环境对人的影响。这里的"环境"不只是行为主义者给小白鼠设置的迷宫，而是指整体的环境。你住在哪个城市，跟谁一起生活，平时跟什么样的人打交道，爱看什么电视节目，关注哪些博主……这些都会成为你内在经验的一部分。这种经验的内化往往不那么明显，叫作"社会学习"。

提出这个概念的，是20世纪一位著名的心理学家阿尔伯特·班杜拉（Albert Bandura）。班杜拉是加拿大人，他同样出身行为主义，但研究兴趣逐步转向了行为与认知的结合。他认为，真正有意义的学习来自行为与认知的交互作用。

班杜拉有一个著名的实验。他让不同组的孩子跟大人一起待在房间里，屋里有一个塑料玩偶。有些房间里，大人会对玩偶拳打脚踢，有些房间里，大人只是安静地坐着——孩子们都看在眼里。等大人离开之后，看到了攻击行为的孩子独自待在房间里时，就会对玩偶拳打脚踢，甚至变本加厉，下手更狠。而看到大人安静坐着的孩子，在大人离开之后，还是老老实实地坐着。也就是说，看到的会成为孩子们接下来行为的模板。

显然，这种现象不能用经典条件作用或操作条件作用来解释。这是一种生活中更常见的学习，也就是模仿，有样学样。有人把它命名为"替代性条件作用"，意思是，不需要真实的行为体验，只要环境中其他人这样做，且这个做法进入你的认知，学习就发生了。

这个理论被广泛应用在很多领域。比如家庭教育，也就是我们常说的"言传不如身教"。又如媒体信息的分级，班杜拉用实验证明，电视画面上的行为也会被小朋友模仿，所以儿童看到的电视画面不能有暴力、抽烟、喝酒这些行为。

不过，班杜拉不只揭示了人会模仿，他还进一步研究了影响社会学习的因素：我们如何选择模仿的对象？这些行为如何印刻在我们的头脑中？要怎样才能付诸行动？等等。如果你有兴趣，推荐你读一读班杜拉的《社会学习理论》（*Social Learning Theory*）。

社会学习理论的应用

理解了社会学习理论，你在认识自己时就不要只看自己心里是怎么想的，同时要关注自己身处的环境，尤其要注意那些你"习以为常"的外部经验。

举个例子。如果你想培养健身的习惯，可以想象一下这两种环境：一种是，你身边都是一些爱运动的、身材健美的朋友；另一种是，你的朋友们都是躺在沙发上一边吃薯片、一边看电视的宅男。在这两种环境下，你的健身行为就会潜移默化地产生差异。

我帮助过一个来访者，他每年都办健身会员卡，但就是养不成健身的习惯。我给他布置了一个任务：每天换上运动服，去附近的健身馆"溜达"半小时。这半小时他不用真的运动，哪怕就坐在健身馆的椅子上看着其他人运动，也可以。

他这样"溜达"了两天，就忍不住站到了跑步机上。

这里用到的就是社会学习的原理。我发现，这个来访者之所以无法启动健身，是因为一提到健身，他就会想起那些疯狂举铁的肌肉男，他没有这种身材，就会觉得"这不是我该做的事"。但他去了健身房就会看到，肌肉猛男只是一部分，有很多体形普通的、体能还不如他的人也在运动，这部分人就成了他观察学习的榜样。他不需要立刻模仿这些人，只要被这些人环绕在身边，哪怕自己一动不动，他对运动的态度也会悄悄发生改变。

发现了吗？如果你觉得行动很困难，可以先不变，只要把自己放置在改变的环境中。**很多改变是从不变开始的。先有了经验的内化，外在的行动就会水到渠成。**

你可能会说："如果我连去健身房溜达都做不到呢？家里待得太舒服了，出门都觉得辛苦。"没关系，你可以在手机上替代学习。现在短视频资源这么丰富，你一定可以找到自己喜欢的、有代入感的健身博主。你只要每天定点给自己安排 15 分钟，打开手机看一段健身的短视频。你可能会怀疑：看短视频就能有用吗？我建议你不妨试试，坚持几天，体验一下：当你在头脑中建立了认知以后，身体也会跟着跃跃欲试。

当然，除了社会学习，前面讲过的行为主义原理仍然有效。你可以在看短视频时专门换上一身运动服，放上音乐——这是经典条件作用。也可以在运动结束之后喝上一瓶冰镇饮料，给自己一点奖励——这是操作条件作用。所有这些行为原理都有助于你维持行为上的改变，最重要的是，早在行为发生改变之前，你在认识上已经开始变化了。

第六讲 ▶▶ ▷
发展：时间带来的改变

01 图式的发展：为什么超前教育没有用

这一讲，我们讨论另一个对人至关重要的变量：时间。

到目前为止，我们讨论的心理变量基本都是静态的。你可能还记得，我专门强调了"稳定"的概念：一个人拥有怎样的图式，建立了怎样的自我认同，在人格上如何描述，这些变量大体上不会随着时间而改变；顶多只是在不同的环境下，接收不一样的刺激，学会不同的行为模式。既然如此，我们讨论"时间"又有什么意义呢？

这里的时间，不是一天两天，甚至不是一年两年，而是在一生的尺度上研究一个人的变化。一个人再怎么"本性难移"，54 岁的他，跟14 岁或 4 岁的他相比，状态上一定存在天壤之别——不只是年龄和阅历增长了，心理功能也发生了大幅度的改变。心理学专门有一个分支学科研究这一变化过程，叫作发展心理学。

我们先来看一看，认知图式是怎么随着时间发展的。

图式如何发展

小孩子的父母经常有一种焦虑：我们教了他很多知识，为什么他吸收起来那么慢？

前面讲过，我们认知世界依赖于一个内部的经验框架——图式，这是我们认识事物的原型。新的知识要进入一个人的头脑，必须通过合适的图式才能被吸收。

提出图式这一概念的心理学家皮亚杰，他本人还是一位发展心理学家。他做过一个著名的研究，叫"三山实验"。他把三座大小、高低、颜色不同的假山模型排在一块，让小孩子围着三座假山走一圈，再坐到一个固定的角度，开始猜想：对面如果坐了一个人，那个人看到的三座山是怎么排列的？结果发现，5岁以前的孩子总是会猜错。

他们犯错的方式也很一致：自己看到了什么，就认为对面的人也会看到什么。

大人很少犯这种错。你看到了一只兔子，但知道山那边的人看不见——他的视线被山挡住了嘛！可是小孩子会因为自己眼前有一只兔子，就认为对面的人也会看到。

这是因为他笨吗？不是。5岁之前的小孩根本不具备换位思考的图式。换句话说，他们的头脑中还没有为"别人眼中的世界"设置单独的心理表征。

这个阶段的孩子只能用形象的方式认知世界，看到了就存在，没看到就不存在。他们不能用抽象的方式推理出自己看不到的东西。可想而知，在这个阶段，他们只能学到具象的知识：先放3个苹果，再放2个苹果，现在有5个了。但如果让他推理一下：5个苹果，拿掉2个，还剩几个呢？除非他们试一试，否则没法给出答案。

一个人只能在图式的范围内吸收信息，这件事是急不来的。图式不像知识一样，可以直接"教"给别人。无论教一个孩子多少知识，他吸收这些知识的框架在短期内并不会改变，就好比无论你给一台手机安装多少软件，操作系统都是不变的。有一些知识孩子怎么都学不会，就相当于有一些软件在当前的操作系统下怎么都无法运行。

好在，随着孩子的成长，这个操作系统到了一定时间就会升级。

这是因为随着时间增长，一个人会不断挑战更高级的任务。原有的图式越来越捉襟见肘，到了某一刻，图式就会发生质的改变，去适应新的环境。这就是图式的发展。

图式发展的规律

皮亚杰围绕孩子们做了大量的实验，提出了一套"认知发展理论"。他把孩子从小到大的图式发展过程总结成4个阶段：感觉运动阶段、前运算阶段、具体运算阶段和形式运算阶段。

它们分别是什么意思呢？我们先来看皮亚杰最著名的一个研究。

在几个月大的婴儿面前摆上一个可爱的小象玩具，婴儿就会伸手去抓。但在他碰到玩具之前，如果有一个实验者突然把玩具遮住或者拿起来藏到身后，婴儿就停下来了，既不哭，也不闹，只是他的注意力转向了别处，好像一瞬之间就忘记了这个东西。

怎么会这样呢？皮亚杰认为，婴儿不是忘了玩具，而是根本没认识到这里有"一个东西"。他只是接收到了一种颜色的刺激，单纯对刺激做出反应。他并不理解玩具是一个独立存在的客体，因为他还没有对具体事物的图式，他的能动性为零。

这是第一个阶段，叫作"感觉运动阶段"。这时候没有认知，只有感觉和动作。

差不多1岁之后，孩子就拥有对具体事物的图式了。这是一种最基础的认知能力，叫作客体永存。意思是，我知道这是一个东西，无论我看不看得见，它都不会消失。

这时候，孩子的认知能力就迎来了一波发展。他会在头脑里给不同的东西分配一个个独立的储存单元，这样他就可以对这些东西的性质进行最基础的认识——抓一抓，闻一闻，咬一咬。慢慢地，婴儿能叫出不同东西的名字，这是"皮球"，那是"苹果"……他还学会了什么东西好玩，什么东西能吃。这是最初级的能动性。

接着，新的任务又来了：这些东西，谁大谁小，谁多谁少呢？

小孩子会有很多可笑的想法。比如，一个 3 岁的孩子觉得他走路的时候，月亮在跟他一起走。如果你问他："假如你和你哥哥朝着不同的两个方向走，月亮会跟着谁？"你觉得自己提出了一个绝妙的质疑，他却理所当然地说："两个都跟啊！"

他怎么会这么想呢？因为这时候他的图式还不存在"一个月亮不可能分成两个，向两个方向运动"的加工，他无法对事物进行守恒运算。这叫作"前运算阶段"。

等到再大一些，这个孩子才会发展出"守恒"的概念。这又是一次重要的图式升级。皮亚杰以是否能意识到守恒为界，做了一个划分。意识到事物的守恒性，一个人才有能力去做具体的计算，他才知道苹果不会无中生有，才有可能算出 2 个苹果跟 3 个苹果放一起是 5 个。这意味着他的认知能力进入了第三个阶段——"具体运算阶段"。

这个重要的转变差不多发生在孩子五六岁的时候，也就是上小学之前。

具体运算阶段的孩子看上去已经能做很多事情了。他们可以学习语言，学习数字，学习物理规律，但就像前面讲的，这个阶段的孩子只能学"具体"的东西。他可以认知 10 个苹果，100 个勉强也行，但如果是 100 万个苹果，就超出了他的认知边界。如果你教一个 7 岁的孩子解方程，"我们设一个未知数 X"，他就懵了，因为他无法给"未知数"赋予具体的形象：X 加 2 个苹果等于 5 个草果，这 X 究竟是个啥？怎么就能跟苹果放到一起呢？

到 11、12 岁以后，孩子才能把这些看不见摸不着的、抽象的东西也作为客体，建立起图式表征。这时，他们的认知能力又上了一个台阶，解方程也没有压力了，这个阶段叫作"形式运算阶段"。进入这个阶段，一个人才有能力进行真正抽象的思考。

做不到的事，不要硬做

如果你家里正好有对应年龄段的孩子，可能会对前面这些结论比较感兴趣。不过，你不一定要记住这些枯燥的名词，只要记住一个规律：**图式发展了，一个人才能拥有更高的认知能力，把"无法认知"的事物变成可认知的对象。**孩子们先意识到苹果的存在，再意识到苹果的守恒，最后认识到它背后的抽象性质。这是一个循序渐进的过程。

对应到具体个人身上，从一个阶段进入下一个阶段的年龄有早有晚，但发展的规律几乎没有差别。要理解一个人的心理特点，尤其是小孩子，就要先理解"他的图式发展到了哪一个阶段"。在特定阶段的人，根本无法想象下一个阶段的认知任务。

有一位心理学家叫杰罗姆·凯根（Jerome Kagan），他用这样一道逻辑推理题考察过不同年龄段的孩子：假设所有紫色的蛇都有三只脚，现在有一条三脚蛇，它一定是紫色的吗？

十一二岁之后的孩子会觉得这种题目没有难度，他们不需要考虑"三脚蛇"究竟是什么，只要根据逻辑做抽象推理就可以了。但 10 岁以下的、处在具体运算阶段的孩子，要回答这种题目就很困难。他们必须先理解"三脚蛇"——但那根本就是一个不存在的事物，无法用来作为推理的前提，所以他们会回答："不知道什么意思。"换成两三岁的孩子呢？他们可能只对颜色有兴趣，也许会说："紫色我知道，葡萄就是紫色的。"

如果我们"硬要"一个孩子去完成超出他这个阶段的任务，他就只能在本阶段的图式水平上加工那些"超纲"的概念，产生很多似是而非的理解。还是"三脚蛇"这道题，处在具体运算阶段的孩子如果非要学习它，就只能记住一个正确答案：不一定。为什么不一定呢？

他会这么想：遇到这种看不懂的题，选不一定就对了。

所以，尽管很多父母希望孩子早一点开始学习，过度超前的教育往往是没用的。图式就像一个透明的天花板，限定了人在特定阶段的能力上限。一个人可以在天花板的空间内探索、丰富现有的图式，却无法触及更高级的任务，这就是自然规律。

我们在这一章学习心理学的变量，就是在为自己的心理特征建立图式。一个人原来只会说"我不舒服"，现在意识到"我有了一些情绪"，这就意味着他建立了"情绪"的心理图式。**只有把情绪从"人"的整体之中划分出来，当作独立的认识对象，他才有能力对它做一些应对**。到了下一个阶段，他会说："我一看到复杂的概念，就会产生焦躁的情绪。"这时他对情绪的"规律"建立了心理表征，那就能做出更精细的应对。

02 道德的发展：认知能力如何影响我们做选择

理解人的认知能力在不同阶段的发展情况，有什么用呢？

它可以帮助我们更好地理解人性。比如，我们经常会好奇：为什么有人会做出一个在我们看来明显是"错误"的选择？这很可能是受到了他认知能力的局限。

道德的本质，就是遵循某种思考，在是非两难面前做出"好"的选择。做选择是一种能力，对吧！我们在生活中经常把道德看成一种品质，但它本质上是一种能力。很多时候，看上去是道德水平的问题，其实取决于一个人认知能力的高低。就像我们在网上吵架时常说的那句话："这个人不是坏，是蠢。"更准确的说法是："他的认知能力还没到位。"

道德是一种能力

为什么这么说呢？我们再来看一个皮亚杰的经典研究。

想象两个小朋友，一个被妈妈明确警告不许碰桌上的杯子，可他还是偷偷地拿杯子玩，还不小心打碎了 1 个；另一个小朋友没有受到警告，他是为了帮妈妈干活，可是不小心打碎了 12 个杯子。请问，你觉得这两个小朋友谁更让妈妈生气？

你肯定会说是第一个小朋友。可是两三岁的孩子会说是第二个，为什么？因为他打碎了 12 个杯子，犯的错看上去更"大"。这些孩子还处在前运算阶段，对事物的判断主要基于感官体验。杯子碎得更多，妈妈肯定更生气。

可以想象，这个年龄段的孩子并不理解大人生气的逻辑，他们面对不同的选择，一定会自作聪明地选择"损失更小的"——这可不是他们在故意淘气。

四五岁以后的孩子就会得出跟成年人相同的结论：第一个小朋友更让人生气，虽然他打碎的杯子少，但他无视了妈妈的警告，错误的性质更严重。

你很欣慰，他们总算可以明辨是非了。

这是因为他们长大了，懂事了，愿意心疼妈妈了吗？不是的，他们之所以这么想，是因为他们"能"这么想。他们直到现在才有能力推测妈妈的心理活动。这个能力，也跟前面讲到的"守恒"有关。只有当一个人发展出事物守恒的图式，他才能理解不同的人有不同的想法，才能够认知到事物有自身的特性，而且它们的特性和"我"认为的不一样。一个孩子从"我看到什么就是什么"到有能力揣测别人的想法，这不光是道德水平的进步，也代表着认知能力的一次提升。

道德发展 6 阶段

如何辨别一个人道德能力的发展水平呢？有一位叫劳伦斯·科尔伯格（Lawrence Kohlberg）的发展心理学家发明了一种方法，用"道德两难问题"请教不同年龄段的人，看他们是怎么做选择的。其中最经典的一个问题是"海因茨偷药"：

有一个男人叫海因茨，他的妻子生了重病，急需一款救命的药。这款药售价 2000 元，但是海因茨东拼西凑只能拿出 1000 元。其实，这个药的成本只要几百块，海因茨就跟药剂师商量，能不能便宜点把药卖给他。但是药剂师为了维护自己的利益，就是不松口。万般无奈之下，海因茨做了小偷，半夜闯到店里，把药偷了出来。

你觉得，海因茨做得对吗？

你觉得他做得对不对，其实不重要，既然是两难问题，本来就没有标准答案。

但是，请你回忆一下你做出判断的思考过程：如果你觉得海因茨做得对，你会用什么理由为他辩护？如果你觉得不应该偷药，做出判断的依据又是什么呢？

科尔伯格发现，随着人的年龄从小到大的顺序，他们的回答会呈现出 6 种不同高度的思考方式，并且遵循着非常稳定的先后顺序。他称之为 6 个"道德发展阶段"。

两三岁小朋友的想法很直接：怕被惩罚。有的小孩说该偷，"不然他会被老婆骂"。你看，他怕的是惩罚。有的说不该偷，"因为偷东西会被抓"，这怕的也是惩罚。这是第一阶段——"趋利避害阶段"。

七八岁的孩子就会想得复杂一些。认为不应该偷药的会说："他偷别人的东西，别人也会偷他的东西！"支持偷药的则会说："他生病了，他老婆也会做同样的事来救他。"这个阶段的思考中有一个核心元素，叫互惠互利。这是因为，他们比两三岁的孩子多出了对"守恒"的认知。而这个阶段也被称为"互惠阶段"。

但是这两种思考都停留在自我中心的层面：怎样对我有利，我就怎么做。他们没有公共的概念。科尔伯格把这两个阶段统称为"前习俗水平"，这不属于成年人的道德。

什么时候孩子才能从整体的角度出发看问题呢？科尔伯格发现，要到差不多 10 岁之后。很多青少年会说，"药剂师做得不对，就该偷"，或者"甭管怎么讲，偷东西就是错的"。这种思考方式就比较接近我们日常说的"道德"了。

可是进一步划分，这种判断仍然包含了不同高度的认知能力。道德发展的第三个阶段叫作"人际和谐"：跟周围的人保持一致。青少年就是这样，他们会看朋友怎么说。大家说偷东西不对，那就不该偷；大家说药剂师不对，那偷他点药也没啥。你看，青少年讲一点"道德"，但不多，主要看他身边是什么样的人。朋友们遵守什么规则，他就遵守什么。所以，青春期的孩子可能会违反校规，但很讲朋友义气。

再长大一点，一个人就会形成内化的道德观：不管别人怎么说，我都有我认为正确的标准。他会根据这个标准来判断海因茨偷药是错的，或者药剂师违反了人道主义原则。总之，他有自己的道德准则，这就进入了第四阶段——"遵守法律和秩序"。

在这两个阶段，人们已经可以建立社会群体的道德概念了，科尔伯格称之为"习俗水平"。这时候的人能够做到遵纪守法，也知道自己为什么要遵守法规。

但是科尔伯格发现，一个人还可以有更复杂的利弊权衡的思考。比如，虽然我认同某种道德原则，包括法律，但这些规则并没有把特殊情况下的个体利益考虑周全，它需要被修正。甚至，如果海因茨准备好了为此付出代价，他可不可以打破法律，为自己的行为负责呢？这叫"社会契约阶段"，处于这个阶段的人会在群体规则和个人诉求之间寻求一种平衡。

　　科尔伯格甚至还看到一类最成熟的思考：不仅考虑怎么平衡，还考虑到了平衡背后的伦理观。比如，支持偷药的人可能会说："偷药代表着个人的生命权高于财产权。"不支持的人则会说："为什么药物要卖高价？保护药品研发的专利权是为了更多人的福祉。"这叫"普遍原则阶段"，提炼出了更高层级的价值观和伦理原则。到了这两个阶段，人已经可以对社会群体的"规则"本身进行反思了，科尔伯格称之为"后习俗水平"。

　　总结一下，前面一共讲了 6 个阶段：趋利避害阶段、互惠阶段、人际和谐阶段、遵守法律和秩序阶段、社会契约阶段，以及最高级的普遍原则阶段。它们由低到高又可以分为 3 个水平：前习俗水平、习俗水平和后习俗水平。跨文化研究还发现，即使是不同文化下的人，思考方式仍然会遵循这"3 水平、6 阶段"的顺序，逐步演化。

　　不知道你对这"海因茨偷药"故事的思考更接近哪个阶段？一般来说，第 3 到第 6 阶段都有可能。

与不同道德阶段的人对话

　　了解了这个发展规律，我们再回过头来理解道德背后的认知发展。

　　它和图式的发展一样，每个阶段都会有一个思维方式上的天花板。天花板的本质，就是人是否拥有足够的认知能力对特定的概念进行加工。

　　高级的道德判断受限于图式的发展。当一个孩子处在前两个阶段时，他没有能力加工"道德"这样抽象的概念。你苦口婆心教一个两三岁的小孩理解妈妈的想法，他根本听不懂，他只知道"我做这件事，就会被惩罚"。这是他认知能力的上限。

　　你跟一个小学生讲"不能打人，别人会疼"，他能理解，因为他知道"疼"的感觉；但如果你讲"不能打人，因为打人是野蛮的"，他就似懂非懂，因为"野蛮"是一个抽象的概念，这对他的认知来说超纲了。但他可以理解：只要我打人，别人就会打我。

只有演化到下一个阶段，才会发展出加工更高级概念的能力。从第四阶段开始，一个人才能加工来自社会的道德、规则、法律。这不是因为他的思想觉悟提高了，而是他终于能在头脑中表征出更抽象的群体，也就是社会整体的利益。

到了更高级的第五阶段，人们才会加工规则本身的局限性。这需要人把"个体与整体的关系"作为加工对象，需要一种非常复杂的抽象思维，是对抽象的进一步抽象。

而到了第六阶段的人又会把"第五阶段的思考"当成一个客体，去提炼思考背后要遵循的伦理原则。这句话读起来都很绕口，你就可以想象这种认知的复杂程度了。

你看，同样一个判断，不同人考虑的复杂度其实如此不一样。

一个人随着年龄的增长，做判断的复杂度也在不断提高，这不是他的某种道德"品质"在变好，而是他的认知能力越来越强。**认知能力的发展决定了我们道德生活和伦理思辨的深度**。理解了这一点，我们至少可以避免生活中 80% 的无效争论。

我们常常在网上跟人吵架，试图说服跟自己意见不同的人，比如：高铁上该不该让座，该不该让企业家赚大钱，不喜欢的人出了事，我能不能表达高兴，等等。当我们无法说服对方时，常常气不打一处来，觉得这人很坏。但也许，只是你们的思考层级不一样。

一个婴儿看到别人的玩具伸手就拿，这是不道德吗？算不上。他这时候根本没有"道德"的概念。你教育一个说谎的小孩"诚实是美德"，也是对牛弹琴。可是告诉他"你说谎被大人发现了，会被骂得很惨"，他就会听进去、想一想。

同样的道理也适用于成年人。如果一个人处在第四阶段，就会一门心思奉行他认定的道德。他也许会说："药剂师就是黑心商人，偷这种人是替天行道。"而你如果处于第六阶段，想跟他讨论专利权的价值，他根本听不懂，只觉得你在帮坏人说话。

若是你想说服他，只能向下兼容，从对方的道德阶段出发，讲一句"法律是这样规定的"，就够了。等他的认知能力达到足够高度，他才能把两种对立的规则整合起来。

理解了这一点，你在争论时也不会干着急：我都说得这么清楚了，为什么他还在胡搅蛮缠？他不是故意反对你，只是能力还没到那一步。咱们保持平常心就好。

03 青春期：发展的转折期

在人一生的发展当中，有一个转折最大，也最让人印象深刻的时期，那就是青春期。

如果你是青春期孩子的父母，对这一点想必深有同感。青春期以前，小朋友长期处在一个稳定状态，至少有五六年的变化都可以忽略不计。可是十一二岁之后，他们就进入了一个暴风骤雨的变化期。青春期会让很多父母感到惊恐，因为孩子好像突然变成了一个陌生人。就算你还没当父母，回忆一下自己的十一二岁，一定也有深刻的印象。

很多人提到青春期，会认为它是一个生理学概念，比如身高、体重、体内的激素会发生剧烈变动，这当然是事实。但青春期也是心理发展的转折期，它是一个孩子的图式进入形式运算阶段，道德进入习俗水平的关键节点。

首次提出"青春期"这个概念的就是一位心理学家，他叫斯坦利·霍尔（Stanley Hall），是"美国心理学之父"威廉·詹姆斯的学生，也是功能主义心理学的代表人物。霍尔给青春期这个阶段单独做了命名，就是因为注意到了这段时期的心理转变。

自主性

青春期最重要的心理变化是自主性的产生。

什么叫自主性？有的书上会写"自主性就是自我意识"，这并不准确。难道小孩子就没有自我意识吗？他也知道自己叫什么名字，今年几岁，喜欢吃什么东西，有哪些兴趣爱好。那么，这些对自己的关注跟青春期的自主性有什么区别呢？

这就得回到皮亚杰提出的形式运算阶段了。从十一二岁开始，也就是进入青春期阶段后，一个人开始发展出抽象的认知运算能力。也就是说，他开始把"我"变成一个抽象的认知符号，去思考"我"在别人眼中是什么样的，"我"在这个世界是什么位置，"我"有什么价值，等等。这种抽象的认知能力让他通过更高维度的视角看自己。

有一本小说叫《麦田里的守望者》(The Catcher in the Rye)，就是一个典型的青春期的故事。书里有一幕经典场景。16 岁的主人公处在一种厌世的情绪中，这是一种青少年特有的迷茫。他觉得一切都没意思，想一个人去自我放逐，但妹妹想跟他一起，于是他就带着妹妹去了公园。那时天在下雨，主人公在雨里看着妹妹坐在旋转木马上，一圈圈转个不停，那么快乐，他心里突然有一种感动，决定不走了。

这个场景形象地反映出两种不同的自我意识：小孩子（主人公的妹妹）是简单的、沉浸式的，她跟哥哥在公园玩耍就很开心；青少年（主人公）则是抽离的、沉思的，他是自己世界的旁观者。

霍尔观察到，青春期孩子的情绪常常大起大落：一会儿觉得自己无所不能，天王老子都不放在眼里；一会儿又很低落，觉得自己啥也不是；有时对未来充满向往，有时又愤世嫉俗；今天觉得全世界都是朋友，明天又感觉众叛亲离。霍尔认为，人就是在这种震荡的过程中逐步确认了抽象意义上的"我"是谁，这就是自主性的确立。

这个过程会给人带来很多情绪的不稳定，也会让人产生很多儿童时期意识不到的烦恼。有两位研究者里德·拉尔森（Reed Larsen）和玛丽斯·理查德（Maryse Richard），他们用日常追踪测量法——这是一种可信度非常高的测量方式——研究了不同年龄段的人的情绪。结果发现，青春期少年的积极情绪比儿童少，也比成年人少。也就是说，青春期可能是人一生中最苦闷的时期，像愉悦、满足、可控、自信这些积极情绪的比例只有儿童的 50%。

对青少年来说，他们报告比较多的情绪是尴尬、孤独、被忽视——这些情绪都跟抽象意义上的"自我"相关。你想一想，尴尬是一种什么感觉？小朋友是从来不尴尬的，他们表演唱歌跳舞时非常投入，完全不在乎别人怎么看。同样的事让青少年来做，他会代入别人的眼光，想象自己在别人眼中的表现，同时尴尬到脚指头抠地。这建立在一个人已经具有自主性的基础之上，是一种把自己抽离出来之后才能体会到的痛苦。

对抗：确认自主性的方式

对父母来说，孩子的青春期也是十足的考验，因为青少年用来确认自主性的方式常常是跟父母对抗，也就是"偏要跟你对着干"。有些事父母放着不管，孩子说不定自己愿意去做，但若是催他做，比如"赶紧把房间收拾了"，他就一动不动。

有的父母管这叫"叛逆"，叛逆是带些负面意味的说法。从孩子的角度出发，他们是这样想的：有没有可能，我在做的事并不是"我"真的想做，而是出于你们的要求？我要怎么才能确认现在做的事是"我想做的"？第一步，就是打破父母的要求。

所以，父母看到的叛逆是孩子在确认自主性，是他在成长的表现。

不过，父母对此有情绪，倒也完全可以理解。因为有时候孩子的行为不仅让父母不能接受，孩子自己也并不舒服。他明明肚子都咕咕叫了，可是让他吃东西，他非说自己不饿，那不是找罪受吗？所以很多时候，父母会觉得孩子"不靠谱"。

这是因为，确认自主性的第一步是划分权力边界，然后才是解决具体需求。"吃东西"是孩子的生理需求，但如果他认为这是父母的意志，那么他宁可先委屈自己的肚子，也要和这个需求保持距离。但如果不让他吃，他又可能抱怨父母不关心自己。

这就是为什么青少年经常会很拧巴：你让他做一件事，他不做；你说"不做就不做吧"，他也不舒服。他还不能划分自己的权力边界，所以怎么样都别扭。

这时候，父母忍不住又开始讲道理了："你还是这么做吧，这是为了你好。"可是，对这个阶段的孩子来说，他们特别反感"为了你好"，甚至会故意做"不好"的事来对抗，比如吸烟、逃课、违反学校的规则。他们倒不是享受这些事，有的孩子觉得香烟的味道很呛人，但他需要这个符号：你们要我好，我就要证明我有权利对自己不好。

这些举动看上去有点幼稚，但这是孩子成长必须迈过的一步。他得先确认有了"自己选"的权利，有了"不好"的权利，才会进一步思考：什么对我来说是好的？

把孩子当成"不靠谱的领导"

青春期的孩子看起来实在太难搞了，是不是？青春期孩子的父母常常觉得束手无策。

我做家庭咨询的时候，碰到的一半以上的问题都是父母跟青春期孩子的冲突。就我的经验，要应对孩子突然出现的自主性，父母需要一种新的沟通方式。其实这种沟通并不难，而且我相信父母们一定有经验，那就是：把孩子当成单位里一个"不靠谱的领导"。

我们在工作中多少都经历过这样的领导：不成熟、没经验，也许会做出错误的判断。你当然有义务为他提供建议和参考，因为你们利益相关。可人家毕竟是领导，你总不能用吆五喝六的语气说："你不听我的劝，将来迟早后悔！"相反，你会用尊敬的、平和的态度说："领导，这个事我说说我的看法，供您参考。"你提供自己的意见，同时也把做决定的权力交给他。跟青春期的孩子打交道，就要用这种姿态。

这里的关键在于，采用一种成年人对成年人的姿态，因为孩子最介意的就是不被父母认真对待。平心而论，这不能完全怪父母，毕竟孩子会表现得不稳定、不成熟。但是，很多领导不也情绪不稳定吗？时而暴躁，时而消沉。咱也不敢问，但总会表达一下支持："有什么需要我做的，就尽管说。"怎么换到孩子身上，就开始不耐烦地吼："你在那儿发什么神经！"说到底，还是没把孩子当一个值得尊重的人。

用对待成年人的态度对待孩子，父母还需要把位置"去中心化"。孩子 10 岁以前的大部分生活都是父母安排好的，父母是孩子生活的中流砥柱。但随着孩子拓宽自己的世界，父母越来越不重要了。就像你的领导有自己的大佬俱乐部，你只是他身边的 N 分之一。你肯定不会对领导说："别听你那些朋友的，我才是真心为你好！"对青春期的孩子也是一样，父母要把自己放在 N 分之一的位置上，再跟他们沟通。

其实，这些沟通技巧并不难，难的是父母不习惯把这些技巧用到孩子身上。父母们还没有认识到改变来得这么快，这么突然——那个小小的、不成熟的家伙已经是一个有自主性的大人了。至少，孩子自己是这么看的。如果你感觉跟孩子说话变得费劲，孩子动不动就闹别扭，不要担心，这恰恰是他从儿童长成大人的过程中最关键的一步。

04 停滞与突破：走出舒适圈如何带来成长

你可能看出来了，人的发展是"阶梯式"的：在相当长的一段时间内，人的心理结构、认知能力都处在稳态当中，想要"越级发展"，往往只是徒劳；而一旦进入特定的阶段，比如青春期，各种变化就会"突飞猛进"地产生，想拦也拦不住。

一代一代的人，就是这样成长起来的。

那么，这种稳定和变化的阶梯式交替，是怎么产生的？一个人在成年之后，是已经定型了，还是有可能继续成长？我们来看看，发展背后究竟有什么规律。

演化停滞

按照功能主义的视角，"一个人的心理结构长时间保持稳定"有一个专门的说法，叫"演化停滞"。演化就是进化，就像生物通过千百万年的进化适应环境，人也在自己的生命历程中不断进化，发展出更高级的能力。演化停滞，就是不再进化了。

"停滞"看上去有点负面。但是换个角度，这也是一件好事，说明一个人已经足够适应现在的环境了。用一个积极的词形容叫"自洽"，也就是俗话说的"够用了"。

一个自洽的人，按稳定的方式认知他所在的环境，他跟这个环境打交道的方式也跟自己的认知完全匹配。那么，他的生活体验不到任何困扰，当然就不需要改变。

前面讲过的前运算阶段、具体运算阶段，都可以看成一种演化停滞的状态。一个前运算阶段的小孩认知不到世界的守恒，月亮往左走的同时又往右走，这在成年人看来很荒谬，但那又怎样呢？对一个小孩来讲，已经够用了。

成年人也有演化停滞状态。有一些学者在校园里做了一辈子学问，但完全不通人情世故。对他们来说，这样已经够了。这个社会就是要为他们提供保障，让他们不需要再把精力耗费在其他事情上，可以更专注地解决学术问题。

这就形成了一个稳态的闭环：**只要你还在维持现有的生活，就碰不到新问题；碰不到新问题，你当然就会继续现有的生活。演化停滞是轻易无法打破的。**

其实，这就是我们今天说的"舒适圈"。凭良心说，谁不希望永远活在这个圈里，一辈子不用出来呢？有人希望找到铁饭碗，有人追求财务自由，这些愿望的背后有一个共同的诉求：想要一种确定的生活。这就是演化停滞，是一种人生的节能模式：活在一方小天地里，永远做自己熟悉且擅长的事，这些事又刚好能维持这个小天地的运转。

也许会错过更大的世界，但谁说这不是一种幸福呢？

演化停滞的挑战

既然如此，为什么前几年又流行"走出舒适圈"呢？

那是因为，一个人就算想要一直待在舒适圈里，也做不到。

小孩子为什么会成长？除了大脑发育本身带来的智慧，也因为他们在上学，在吸收新的信息，面临的挑战越来越复杂，原来的模型不够用了。从前运算阶段到具体运算阶段再到形式运算阶段，每一次上台阶，都是因为演化停滞的状态不得不被打破。

人在成年之后，如果遇到"不够用"的情况，也会继续成长。有一位当代的发展心理学家吉塞拉·拉布维–维夫（Gisela Labouvie-Vief），她做了一个实验。她先给被试讲这么一个故事：有一个男人酗酒，有一天妻子大发雷霆，警告他，他再喝醉酒回家，自己一定会带着孩子离开家。结果没过几天，这个男人又喝高了。接下来请被试判断：妻子会怎么做？

拉布维–维夫发现，十七八岁的青少年断定这个妻子会离婚。规则都明确了，还有什么好说的呢？你看，他们把世界看成一个说一不二、靠规则维系的刚性逻辑体系。可是有点社会阅历的成年人却认为不一定。离婚毕竟是大事，妻子那么愤怒，恰恰说明她离不了。就算她打定主意要离，在付诸行动的过程中还有很多说不清的变数。

这就是比形式运算阶段更高一级的后形式运算，这种演化处理的是复杂的现实挑战。青少年对逻辑规则的理解在他们十几岁时是够用的，他们只需要面对书本上的问题。可是当他们长大一点，在人情世故中周旋、碰壁，他们就会意识到，只靠刚性的逻辑就不能自洽了。

遇到解决不了的挑战，演化停滞就会被打破。**你不寻求成长，成长也会来找你。**

变化不一定是我们主动选择的。电视剧《我的前半生》讲的是，一位女性过着全职太太的生活，原本的状态很自洽，但她突然遭遇婚姻的变故，人生被迫转向另一条道路。显然，她并不想主动走出舒适圈，但谁又能保证自己不会遭遇类似的情况呢？除了婚姻，我们生活在这个时代，随时都可能面对行业、技术、生活方式、价值观念的重大变革。

危机：转变发生

每当演化停滞的状态遇到挑战时，我们的第一反应往往是：糟糕！生活出问题了。

这是因为稳态被打破了，我们感到迷茫、混乱，处在一种"我是谁？我在干吗？世界究竟怎么了"的惊恐中。这个状态有一个你更熟悉的说法，叫作"危机"。

　　不同流派、不同领域的心理学都在关注危机对心理的影响，我最喜欢的就是发展心理学这个视角。我们日常说危机，更偏向于"外界发生的重大危险或挑战"，而发展心理学则把它看成"内在发生转变"的时期：新的生活，用以前的方法搞不定了。

　　只有少数运气好的人才能一辈子待在舒适圈里，始终保持演化停滞。大多数人会在一生中经历若干次危机。它们可能是被动的，比如退休，到了时间，你就要告别自己熟悉的岗位和身份；也可能是主动的，比如一个人决定辞职创业，开拓新的领域。

　　可是，所有这些转变都不是"突然"发生的。

　　退休的人，早就随着年龄的增长，感到越来越力不从心。辞职的人，并不是一拍脑袋就不干了，在那之前，他已经有很长一段时间对工作感到困惑。

　　变化是日积月累发生的，可是人们在稳态的模式下总是倾向于忽略变化。你想想，辞掉一份工作之前，我们是不是已经想过很多次"我不想再干了"？只是我们一次次把这个念头压了回去。直到它变得越来越强烈，让人无法忽视，稳态也就被打破了。

　　但也正是从这一刻开始，人会启动新的成长，发展新的认知。

　　心理学并不把危机看成单纯的外界事件，而是一种内生的改变。尽管外界变化也会导致危机，比如行业的转型让所有从业者面临危机，但具体到每个人，接受这件事的过程仍然是从"试图维持过去的状态"到"拥抱新生活"的内在变化。

　　除了职业状态的转变，我们一生中还可能经历各种各样的危机：健康、财务、家庭、人际关系……可以说，**人一生的成长就是由"演化停滞状态遇到危机，不得不成长，又进入新的演化停滞状态"拼接而成的。经历的危机越多，人的成长就越快。**

危机，也是机遇

如果你把危机看作成长的机会，就会更容易度过危机。

危机这个词本来就带有中国人的智慧："危险"和"机遇"是一体两面。有什么机遇呢？就是发展出不一样的认知能力，或者常说的，换一种活法。

比如，一个发号施令惯了的领导，习惯了在下属面前说一不二。他的孩子进入青春期之后，亲子之间就会有激烈的碰撞。这对他来讲是权威性的危机，同时也是一个机遇。他有机会看到：对方不听我的也没关系，没必要较劲。承认自己的意志没那么重要，这就是他人生的新阶段，也会让他在职场或者其他方面变得更招人喜欢。

又如，一个人得了绝症之后会觉得做什么都没有意义，他要应对这样的挑战就必须发展出更自在、更洒脱的心态，不再把生命浪费在身外之物上。

想要度过危机，你要想象自己是一张白纸，告诉自己：过去那些成功的生活经验都是上一个阶段的事，归零了；现在我在一个新的阶段，要尝试那些不一样的可能。

道理是这样，但如果你正身处危机，我要你跳出来，拥抱改变，拥抱成长，那我多少有点站着说话不腰疼。不过，因为学习了这些知识，至少你可以在理智层面提醒自己，无论觉得多么难熬，那都是成长必经的痛苦。打破了当前熟悉的状态，你自然会在新的高度发展出解决之道。**虽然你在这一刻不知道该怎么办，但未来的你一定有办法。**

每个人在成长中都会经历这种破碎时刻，同时，它也是破茧重生的时刻。

在生活中引入"意外"

那么，在没有遇到危机的时候，我们应该如何为成长做好准备呢？

我教你一个办法：在稳定的生活中，引入一小部分"意外"。

虽然我们管稳定的生活叫演化停滞的舒适圈，但它不一定真的舒适。一个人每天从早到晚从事辛苦的工作，一刻不停，这根本不舒适。只是他对这种状态很安心，认为这就是生活的全部。如果有一天他"意外"闲下来，什么都不用做，这就打破了他熟悉的状态。他会用这段时间做什么呢？在熟悉的生活之外找到更多的可能。

有一位美国心理学家埃伦·兰格（Ellen Langer），她是积极心理学的开创者之一，其研究领域是"通过打破确定性来促进健康"。2019年，她在中国做了两场演讲，翻译老师准备 PPT 时，发现两场演讲 PPT 页面顺序不一样，以为是一个疏漏。没想到兰格教授告诉他，这是故意的。只有打乱顺序，让自己不知道下一页 PPT 是什么内容，她才会在演讲时保持更高的活跃度，也许还会激发出一些准备之外的灵感。你看，这就是一个特别好的方法：演讲的大框架是稳定的，但可以在PPT 的顺序上制造一些"意外"。

你可以像这样动一动脑筋，做一些自己从来不会做的事。比如，买一本你绝对没兴趣的书，报名一个你从来没想过会学习的课程，接受一个你本打算拒绝的邀请，或者主动找一个你不太熟悉的同事聊聊天。试试看，给你的生活增加一点变数。

这些看起来"没什么意义"的小事，一定能给我们的生活带来显性帮助吗？未必。但我建议，先不要急着在熟悉的认知框架里寻找意义，意外带来的是一种可能性。一直待在你熟悉的有意义的世界，哪怕一切完美无缺，时间长了，你也会索然无味。

在演化停滞的状态下，一个人稳定地认识周遭事物，按照熟悉的方式给予回应，这是一个稳态的闭环。这里没有真正意义上的"新东西"。在危机来临之前，你不一定需要打破这个状态，但可以有一个缺口，让一些"意外"的经验有机会进入你的认知。

当然，意外也不是越多越好。大多数时候，我们还是更喜欢熟悉的生活。演化停滞的状态是有适应意义的。只需要拿出一小部分时间允许自己"出格"，比如一个月里的某一天，一天里的某一个小时。**偶尔打开一扇未知的小窗，看看会不会有惊喜发生。**

▶▶▷ 第七讲
需求：是什么让人永不满足

01 需求层次：什么才是对你最重要的

这一讲，我们来讨论另一个重要的心理变量：需求。

在经济学里，一提到需求，你就会想到人们对于各种商品和服务的渴望。这似乎是不言自明的事实。比如，看到最新款的手机，消费者就会有购买的需求，接下来只要看它的价格是否让人接受。但心理学更强调人的内心感受：你真的那么"需要"它吗？假如你已经有了一台手机，出于什么样的动力，你才想要换一台最新款呢？

不同人的需求可能千差万别。有一句话叫"甲之蜜糖，乙之砒霜"，一些人求之若渴的东西，在另一些人那里也许就会弃如敝屣。不过，每个人都有对自己来说意义重大的东西，并且我们都会承认：为了满足这个需求，自己愿意付出最大的努力。

所以，理解了需求，也就理解了不同人最基础的行动逻辑。

生存之外的需求

动物最基本的需求毫无疑问是生存，或者说延续它们的基因。动物做出的几乎一切行动，其潜在的需求都可以统一为这个主题，比如觅食、躲避天敌、求偶。找不到食物，会饿死；遇到天敌不跑，会被杀死；没有配偶繁衍下一代，基因就不能延续。

有没有可能，人也是一样，一切行动都为生存服务呢？

早期的心理学家确实从这个角度考虑过，比如行为主义就认为，虽然人看上去比动物高级很多，可以对着电脑写 PPT，可以开着汽车满世界跑，但这些行为无非是为了赚钱买食物、成家、有机会繁衍后代，归根到底还是为了生存。

可一切真有这么简单吗？20 世纪 30 年代，经济学家凯恩斯预言过，按照人类生产力的发展速度，100 年后，人们 1 周只需要工作 5 天，每天工作 3 个小时，就足以解决温饱，剩下的时间就可以尽情休息。现在已经差不多快到凯恩斯预言的时间了，事实显然没有如他所料。人们上班的时间不但没有减少，反而有那么多人在"996"，甚至回家之后还要继续工作。如果他们的需求只是生存，又何必这么辛苦呢？

也就是说，除了活下去和生孩子，人还有更多的需求。那是什么呢？

要回答这个问题，我要请出两位非常有名的心理学家，这两个人你已经不陌生了，一位是精神分析心理学家弗洛伊德，另一位是人本主义心理学家马斯洛。

弗洛伊德：生本能和死本能

弗洛伊德提出了本我和超我的概念，认为本我会寻求欲望的直接满足，而超我是一种权威性的道德准则，用来约束欲望。这里的"欲望"，就是指本能需求。

弗洛伊德认为本能有两种：生本能和死本能。生本能很好理解，存活、繁衍、情欲，人在这些方面跟动物没什么两样。有趣的是死本能，弗洛伊德把它定义为一种侵略和破坏的冲动。先不要被这个定义吓到，虽然它看起来很野蛮，但在弗洛伊德看来，无意识的本能变成行动时会受到超我的约束，在这之后，人就会产生文明的行为。

举个例子。体育竞赛中，为什么人人都在争第一？为什么成千上万的观众为之疯狂？他们当然不是为了争取食物。弗洛伊德认为，这是人们在心理层面的相互攻击，体育竞赛是在用一种文明的方式满足死本能。而我们生活中做的每件事，要么是在满足生本能或死本能，要么就是在无意识中为了遏制危险的欲望而采取的防御策略。

很多创造性的工作也可以用这种理论来解释。你可能会觉得有点怪：死本能还能带来创造性吗？但你只要想一想有多少科技进步是战争带来的，就能明白了。

说白了，生本能在本质上是一种负向需求，你只有在饿的时候，才有进食的需求；冷的时候，才有御寒的需求。它只在稳态受到威胁时出现，指向的是消除刺激，回归稳态。只要刺激被消除，它也就被满足了。而死本能是一种创造性需求：人在安安稳稳、没病没灾的时候就想搞点事情，这是一种折腾，也是一种创造。周末闲得无聊，想去看场电影——不看电影会死吗？当然不会，但我们就是有这种渴望。电影需要有冲突，冲突越激烈越好，它释放了我们心中的某种需要。

弗洛伊德通过生本能和死本能的划分，指出人类需要的不只是延续安稳的生活，也有打破这种生活的内在动力。正因如此，人们才会竞争、创造、不断突破自己。无论是小朋友之间的胡来、打闹，还是成年人的纷争、仇恨，都是人性的一部分。

马斯洛：需求金字塔

作为人本主义心理学的代表人物，马斯洛同样认为，人追求的东西远不止于生存。但马斯洛对于人类需求的理解更正向，同时建立了更丰富的需求层次。

前面提过马斯洛的需求金字塔理论。简单说，就是人的需求像金字塔一样，分好几层，越往上，需求的级别越高，达成的时间也越靠后。需求金字塔从低到高分成 6 层，分别是：生理需求，安全需求，爱，尊严，自我实现，超越性需求（图 1-2）。

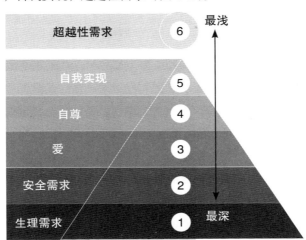

图 1-2　马斯洛需求金字塔

　　最底层的生理需求就是人为了活下去产生的需求。毕竟当一个人饿极了的时候，别的需求都要往后站。比生理需求高级一点的叫安全需求。为什么安全在生理需求之上呢？你想想看，万一这两个需求产生了冲突，比如我明知道外界有危险，但饿得实在受不了了，那我可能冒着危险也要出去搞点吃的。这么看来，生理需求比安全需求更基础。

　　这两个需求从本质上来讲都属于匮乏性需求，意思是，当这类需求未得到满足的时候，我们一定会优先满足它。但只要它被满足了，我们就不再关注了。

　　马斯洛认为，在匮乏性需求层面，人和动物没什么两样。但人之所以被称为万物之灵，就在于我们还有更高级的需求，也就是发展性需求。

　　发展性需求中，最基础的是"爱"。这里的爱可不是为了找个伴侣生孩子。真正的爱是一种信任和归属感，是发自内心感觉到"我和别人是有联系的，我们彼此关心"。这种需求可以推动人和人产生联结，走向社会化。

在社会化之上，需求又开始走向个体化——当我们感受到被爱之后，进一步的需求是被尊重。尊重和爱不太一样。爱是无条件的接纳和支持，比如，不管孩子有怎样的个性、表现如何，父母都会毫无保留地爱他。但是当孩子长到一定时候，他就不希望自己只是被父母当作"一个宝贝"去爱护，他希望父母认识到：我是我，是独特的人！青春期的孩子甚至会推开父母的爱：我知道你们爱我，但我需要你们看到并尊重我的独立性。

这种需求进一步发展，就会演变成生产性需求。"我是一个独特的人，所以我渴望做一些有价值、有意义的事"，这就是个体化的终极理想，叫自我实现。

在马斯洛的体系里，自我实现就是发展性需求的顶峰。

到了这一步，人是不是就彻底感到满足了呢？也不是。马斯洛认为，人是永不满足的，总能找到更高级的需求，从而带来继续奋斗的动力。在这个金字塔最上方，他还假设了一类"超越性需求"。这种需求很难用语言描述，也许可以用一种抽象的说法——"与天地合一"来描述，比如，追求终极的真理，终极的安宁，获得超越性的巅峰体验。

肯里克模型

马斯洛需求理论的最大贡献在于系统阐释了人的"发展性需求"，它非常有名，影响也非常广。不过，需求模型还在不断发展。有一位叫道格拉斯·肯里克（Douglas Kenrick）的进化心理学家提出了一个更完善的模型。到目前为止，肯里克的这个模型仍然被心理学界公认为最系统、解释力最强的需求层次理论。

肯里克模型跟马斯洛的需求金字塔相比，主要有两方面的调整。

首先，肯里克认为需求的顺序并不是一成不变的，它可以随着情境的变化流动。比如睡眠虽然是生理性需求，但对于熬夜备考的学生来说，它就不是最重要的。

其次，肯里克调整了需求的内容，他认为"自我实现"可以归纳到"尊重"这一需求之内。所谓实现自己的价值，归根结底不还是为了获得别人的尊重嘛！如果"自我实现"不再是最高级的需求了，那什么才是呢？肯里克认为，最高级的需求是繁衍。

不要误会，这里的"繁衍"不是指生个孩子。作为一名进化心理学家，肯里克相信所有物种都会考虑种群的延续。只不过人类把这种冲动上升为一种有意识的、更高尚的活动，像是想为这个世界留下一些知识、财富，想帮助身边的人，或者致力于保护环境，这些都属于"繁衍"的范畴。用一种你更熟悉的说法，叫"造福子孙后代"。

这种需求解释了一种非常重要的行为——利他行为。我们为别人做好事，真不是为了自己获得什么回报，只要看到它能造福别人，哪怕是抽象意义上的"为了以后的人不受苦"，我们也愿意做。无数革命先烈不就是为了这一理想甘愿流血牺牲吗？

进化心理学认为，这是藏在每个人基因里的发展性需求之一。

也许有人会说："我就是个俗人，没有这么高尚的需求。"但同样的需求对普通人来说同样意义重大。比如，很多父母自己省吃俭用，但只要是为了孩子，花多少钱、投入多少时间、受多大委屈，他们都在所不惜。这难道不是最强烈的需求吗？本质上，这就是一种延续生命的愿望：把个人有限的生命融入到家族、民族，甚至全人类的整体中。

学习了这些模型，你不妨想一想：对你来说，最重要的需求是什么？

02 动机：需求如何转化为具体行动

有了需求，是否一定会带来行动？也不一定。每年我都会听到很多人抱怨：新年立了很多 flag（它们代表我们最直观的需求），可是到了年底一看，一样都没完成，只好把年份改一改，作为第二年的 flag 继续用。说不定，你也有过类似的懊恼。

这是为什么？是因为我们的需求不够强烈吗？

其实，有需求，不一定会直接导向行动。你是有好好学习的需求，但你也有放松一下的需求嘛！从需求导向真实的行动，还需要通过一个心理变量，叫作"动机"。

需求是普遍的，每个人都有，但人和人的行动力存在巨大的差异。这个差异，就是由动机导致的。在本书第二章，我会详细介绍跟动机相关的理论。在这一篇，我们先来理解动机是什么，以及，为什么不同人的动机存在差异？

好的目标导向行动

需求金字塔越往上层发展，需求就越宏大、越不确定。

简单的生存需求，比如需要食物，需要一个遮风挡雨的场所，这些需求该怎么满足是很明确的。所以一旦到了生死存亡关头，人们行动起来真是毫不含糊。可是解决好了生理需求，进入更高级也更抽象的"被尊重""证明自己的价值"，这些需求就让人无从下手了。所以，哪怕存在这种需求，要找到行动的路径仍然是一件辛苦的事。

动机，就是在需求和行动之间搭一座桥。它的呈现形式，往往是具体的目标。

好目标需要先符合合理这一标准。它意味着当事人有能力做出行动，向实现需求的方向靠近一步。比如，有的人的目标是"今年脱单，找一个对象"，这就不是一个好目标。无论他对这件事的需求有多强烈，要是你观察他几个月，就会发现他并没有为之付出努力。

为什么？因为"找对象"这个目标有太多的运气成分了。总不能是自己想找就找了，总得看有没有合适的对象吧！这种不可控性消解了他的需求。如果把目标换成"今年要多参加一些活动，拓展社交圈"，他就有了掌控力。就算不能立刻找到伴侣，但只要他愿意拓展圈子，向更多人展示自己的魅力，自然就会多出很多潜在的机会。

好目标的另一个标准是正向，它背后的需求是创造性的，而不只是为了回避某个结果。我想学一门手艺、想提升自己、想找到志同道合的朋友，这些都是正向的目标。反过来，"我受不了老爸、老妈打电话催婚了"，或者"我不想被人看不起"，这些目标就只是为了消除不愉快的刺激，作为动机来讲，不容易产生持之以恒的行动。

这是为什么呢？反正都是要努力工作，背后的动机是为了实现更高的理想，还是为了不被人瞧不起，不就是换一种说法嘛，能有多大差别呢？

差别还真挺大的。如果我努力工作是冲着更好的发展，那它背后的需求就是创造一种更好的结果——只要这种需求是持续的，努力的动机就会持续。可是反过来，若是因为不想被人瞧不起才努力奋斗，这就是一个负向需求，是为了消除一个不愉快的刺激。等到刺激消除了，我还有奋斗的动力吗？也许我昨天被一个同事刺激了，刚想要发愤图强，今天对方就来找我道歉："昨天喝多了，不是那个意思。"气一消，动机也就消失了。

不过，我要澄清一下，维持稳态并没有任何不好。比如我现在想好好工作，可是家里出了一件事，让我烦恼，那我考虑的当然就是快速解决它，不再受它的困扰，这个动机已经足够了。只不过当我们以发展为目标的时候，正向目标是更有效的。

如何设置合理有效的目标来激发动机，这在心理咨询里都是大学问，有很多操作手法，我在后面的篇幅还会讨论。在这里，我希望你能先记住：**需求是抽象的，满足需求的过程却是具体的，想要保持动力，就需要你不断追问自己"我现在能做的是什么"。**

动机与现阶段的需求匹配

虽然建立了合理的目标，我们有时还是忍不住偷懒，怎么办？对此，我的建议是：明确你现阶段的需求，把你的动机与需求匹配起来。这是什么意思呢？

举个例子。一个青少年玩起游戏来再累都不觉累，他打怪升级的动机在哪里？要说是为了成为职业玩家，未来以此谋生，他还真没想那么远。别忘了，他还在青春期，这个阶段的普遍需求是获得别人的欣赏和尊重。由此出发，我们就能理解，他之所以玩游戏玩得这么带劲儿，是在用这种方式给自己"挣地位"。

这个动机可以放在游戏上，也就可以放在学习或其他事情上。很多家长问我："如何激发孩子学习的动力？"如果他们只是教导孩子"学习对你的将来很重要"，当然没有吸引力。但如果让青少年认识到"学习是社交货币，你要是逆袭成为班上的学霸，那多有面子"，他就会觉得学习一点也不苦，甚至想更努力。

我们在后面会学到，这叫内部动机。与之相对应的概念叫外部动机，指的是那些外在赋予的激励，比如奖金、提成、股票期权，甚至口头表扬……总之，通过这样那样的"好处"，去鼓励一个人做事。当这种动机不符合一个人的内在需求时，往往只能维持外在的行为，而无法带来热情与创造力。内部动机则是由内而发的。对于拥有内部动机的人来说，做这件事本身就是一种奖赏，至于能不能得到回报，他已经不在乎了。

不过，我要澄清一个误解。很多人看到内部动机的概念之后，心里会"咯噔"一下：糟糕！我工作的动机就是赚钱，而不是发自内心热爱这份工作，这是不是说明我做不好工作？更有甚者，有的领导者还用这个概念 PUA 下属："你们不要整天想着回报，工作需要你有内部动机，最好的回报就是工作带来的成长！"这就是在忽悠人了。

什么是内部动机，完全由你说了算。大人也许会觉得青少年学习的动机不够"纯粹"：他只是为了当学霸给别人显摆？那并不是真的热爱学习！可问题在于，孩子在这个阶段的需求就是为了获得人际地位，这没有"应该"和"不应该"之分。我们学习需求和动机，不是用来对别人进行规训，而是帮助每个人更好地理解自己。

选择与动机相匹配的环境

无论是建立正向且合理的目标，还是让动机和需求匹配起来，这些都是在自己身上下功夫。如果跳出来，我们能不能从外部环境入手，提升动机水平呢？

当然可以，你只要尽可能待在与动机匹配的环境里。

肯里克认为，需求虽然在整体上有优先顺序，但它们的优先级是流动的。比如，你既想学习，又想大吃一顿，两个需求同时存在，那你这一刻的动机是什么？取决于你在什么地方。坐在图书馆就想多看会儿书，进了饭馆就更想填饱肚子。

肯里克说，每个人头脑中都有几个"次级自我"负责不同的需求，在不同的环境下就会激发出完全不同的行为动机。比如一位男士，他作为"父亲"的次级自我会关注照顾和付出的需求，而作为"生意人"的次级自我更在意投入产出比。如果他一边陪孩子写作业，一边时不时在手机上处理工作，"生意人"的自我就会被激活，他就可能急躁起来："我陪你写个作业花了两个小时，你知道按照时薪，我损失了多少钱吗？"

　　所以，**找不到做事的动机时，你不妨考虑一下身处的环境，看它激发了你的什么需求。也许这个环境本身就不符合你现阶段的主要需求**。假如你雄心勃勃地想干出一番事业，最好进入一个进取性的、人人都在奋斗的环境。假如身边的同事天天闲话家常，你自然会把更多心思花在考虑别人的看法上，也就不好意思在他们面前崭露锋芒了。

第八讲 ▶▶▷
心态：如何看待稳定与变化

01 成长型思维：遇到挫折时，怎么想更有帮助

前面我们通过认知图式、自我认同和人格等变量，理解了一个人的稳定；又从行为主义和发展心理学的视角，探讨了一个人的成长变化。学到现在，不知道你会不会有点糊涂：虽然不同变量都是在帮助人类理解自身，哪个才是更有道理的呢？我们是应该把自己看成一个稳定的、不轻易改变的个体，还是处在成长过程中，未来有无限的可能性？

进入 21 世纪，又有一个新的变量受到了广泛关注，刚好可以回答这个疑问，它叫作"心态"（mindset），直译过来，就是"心智模型"的意思。

成长型思维和固定型思维

你可以把"心态"理解为，一个人在认知世界和处理问题时，有哪些默认的思考角度。我们经常鼓励一个人要有自信，"自信"就是一种心态。它代表着这个人无论遇到什么挫折，都不会怀疑"我不行"，他默认的思考角度就是从"我行"出发。

请注意，这种心态与客观事实无关。客观上，他仍然需要反思自己的不足，调整做事的方法。但他可以心平气和地把关注点放在事情

上，不会因为"是不是我不够好"而产生太多的焦躁或混乱。而那些不够自信的人，往往会把更多精力浪费在自我内耗上。可想而知，这两种人哪怕起点和能力差不多，时间一长，达到的高度会大不一样。

所以，心态看不见摸不着，却对一个人的成就有巨大的影响。

最近十来年讨论最多的一种心态叫"成长型思维"（growth mindset），与之相对的心态叫"固定型思维"（fixed mindset），也叫"僵化型思维"。

这两个心态是由斯坦福大学心理学教授卡罗尔·德韦克（Carol Dweck）提出的，她在《终身成长》（Mindset）这本书中把人的心智模型分成了两类。固定型思维的人一旦遇到困难就会觉得自己做不到，他就会止步于此。而成长型思维的人会认为："我只是现在做不到而已，但我的经验和能力会随着时间不断增长，现在做不到的事，明天或者10年以后，是有可能做到的。"他们不会放弃努力，最后往往会如愿以偿地获得成功。

不过，这种描述很可能会带给人压力。也许你读到这里，正在对号入座：完了！我就是固定型思维，一有困难就放弃，这是不是说明我会是一个失败者呢？

相信我，只要是正常人，都会在困难面前有挫败的体验。如果我们给这种想法套上"固定型思维"的标签，反而会给自己带来消极的自我暗示。讽刺的是，成长型思维之所以在全世界快速流行，一个重要因素，就是这种消极暗示造成的焦虑感。

我们不妨用一种更积极的方式，理解这种心态。

变化的可能性

成长型思维的本质，并不是一种绝对的信念：没有我做不到的事，一切困难都能克服。恰恰相反，成长型是对"绝对化"的挑战。它强调的是：不要在一开始就堵上所有的可能性。"做不到"是我现在的体验，它是真实的，但不是绝对的。

为什么？因为任何事情都有可能变化。

你在生活中肯定有过这种经历：第一次做一件事，你发现自己很不擅长。比如第一次学轮滑，刚上路就摔了个屁股墩。你觉得太难了，你会为此找出各种理由。比如，"我天生就没有平衡感""我是一个运动白痴"，或者"我上岁数了，这东西必须从小开始学"。可是无论这些理由看起来多么有说服力，它们很快就会被"打脸"。因为只要你给自己一些时间，多摔几次，你再穿上轮滑鞋就变得如鱼得水，之前的一切判断都会被推翻。

但你仔细想想挫败时的感觉，你对自己失望透顶，那一刻的判断是很确定的，没有任何证据能让你看到曙光。你事后当然可以说"那只是一时的沮丧"，可是回到那种沮丧当中，你能在那一刻给头脑提个醒吗：我现在感觉做不到，但我可能是错的。

这个提醒，其实就是成长型思维的关键。

这种心态的核心在于"可能性"。你今天所判断的一切"不可能"都是基于今天，可是一年之后会是什么样？你不知道。你要记得你不知道。

所以，成长型思维和固定型思维最大的区别并不在于困难是否令人产生挫败感。挫败感谁都会有，成长型思维只不过是在"太难了，我做不到"这个声音后面，弱弱地补上一句："以后有可能会变。"我们能够给自己这样一个提醒，就足够了。

成长型思维会带来什么

有人也许会悲观地想：只是一种可能性，有什么用？相信自己有可能变好，换句话说，不就是也有可能不会变，甚至有可能变得更差吗？这无助于改变事实。

但是别忘了，成长型思维是一种心态。它首先是一种注意力的分配，让人把更多注意力投入到任务本身。它致力于解决问题，而不是证明问题无法解决。

什么叫"证明问题无法解决"呢？想象一下，你在做一个非常有挑战的任务，比如，尝试读一本英文专业书籍，满篇都是看不懂的词。虽然你在努力查词典，或者借助软件翻译，可是进度很不顺畅。一小时以后，你发现只读了一小段，就彻底泄气了。

在这个过程中，你就不是在解决问题，而是在反复证明问题有多难解决。你注意到"满篇"的难词，你对自己的效率感到不满，你因为一小时只读了一段，而忍不住在心里计算"按这样的速度读下去，我要读到猴年马月才行"。但你并没有抓紧时间阅读，你的思绪飘来飘去，一会儿懊恼自己的英语没学好，一会儿又焦虑未来怎么办。

如果你在这时候提醒自己：现在是很难，以后可能会容易一点。这就启动了成长型思维，你就不会那么焦躁了。你的任务变成了"能读懂几句算几句"，你会从第一句开始，一个词一个词地解决，很快就沉浸在这个过程中。也许一小时后只读了一小段，但你感觉还不错，因为已经摸到了一点头绪，比一个小时之前进步了一点点。

德韦克扫描了这两类人在处理高难度任务时的脑区激活水平。她发现，成长型思维的人在面对挑战的时候，跟解决问题相关的脑区激活程度比较高，这说明他们正在专注于问题本身。而固定型思维的人呢？他们大脑整体激活水平都很低，也就是俗话说的"脑子不转了"。他们已经放弃了挑战，陷入自我否定的消沉中。

德韦克还发现，解决问题时，成长型思维可以帮助人们尝试更广泛的策略，具有这种思维方式的人平均工作时长更高，更容易进入并保持心流的状态。总之，这种思维带来的都是好东西。只要你把关注点放在任务本身，而不是"做不到"的想法上，就会有更好的表现。

从这个角度上看，成长型思维并不是一种盲目的乐观，你可以把它当成是一种自证的循环：说我行，我就行。一个人越是相信自己有可能变好，越会把更多注意力投向任务本身，在解决问题的过程中，其能力自然就得到了锻炼。反之，固定型思维的人认定自己做不成一件事，就不会再投入努力，结果当然也就证明，他只能止步于此。

怎么摆脱固定型思维的困扰

不过，就算是固定型思维，也并不是一种"病"，沾上了就一事无成。

人的心态是可以改变的。就算你花了一个小时读一本书，其中50分钟都在纠结"我不行"，那又怎么样？你毕竟还是用了10分钟来读书，你就会有10分钟的成长。而你如果因为固定型思维开始责怪自己，那就会进一步坐实"我不行"。

退一步说，哪怕一件事你没有坚持下来，也不见得就是问题。成长型思维并不是说一定要跟高难度任务死磕到底，你当然可以放弃。要是英文书读着太慢、太累，想直接读翻译版，那是你的自由。世界上有那么多可以做的事，你总是可以选择一些自己喜欢的。

不过这里有个小窍门：你要在成长型思维的框架里，把放弃一件事看成一个主动的选择——我是在主动出击，选择更喜欢的事；而不要觉得迫于无奈，好像是因为自己能力不够，不得不放弃。这种主动选择的思维会让你更自信。

最重要的是，不要把固定型思维当成一个固定的标签，它不是一种难以改变的人格，只是一种心智的习惯。习惯是可以培养的。认为成长型思维的人天生就是成长型，固定型思维的人永远只能是固定型，这种心态本身不就是一种固定型思维吗？

怎么培养成长型思维呢？每个人一开始遇到困难，都会把注意力放在"我不行"的想法上，这很正常。你就一遍一遍地提醒自己：把注意力拿回来，放在任务上。也许这样提醒之后，你只能坚持一两分钟，那也很好，这已经是一个进步。虽然现在做不好，但你知道，不会"永远"做不好。只要相信练习可以带来进步，你就会真的进步。

所以，你只要看到这里，变化就开始了。即使你认为自己是彻头彻尾的固定型思维，当你意识到心态会带来这样的影响，就拥有了转变为成长型思维的可能性。

不要把成长型思维当作"一定能"，那只是一碗自我安慰的心灵鸡汤。假如有谁拍着胸脯说："我将来一定能每年赚一个小目标！"你会说他狂妄自大。而成长型思维的人会想：我现在是赚不到，但是将来会怎么样呢？不能用现在的标准去衡量。

重点在于，不要太急于给自己下定义。

02 失败：如何从负面经验中获得成长

成功的时候，人人都会振奋；但遇到失败时，不同的心态会把人拉开差距。成长型思维会如何面对失败呢？

有人觉得，成长型思维的人失败时会百折不挠。这看上去没错，但并没有解释心态的机制是什么，倒像是一种否定：如果你因为失败而一蹶不振，说明你不够强。

其实，只要是失败，就会让人痛苦，这一点是共通的人性。千万不要觉得强大的人就应该"笑对失败"。有资格说这些话的人，往往都是在成功之后才这么说的。换到失败的当下，我不相信他们真的可以笑出来。我认识一位国外的心理学教授，他说他的办公室里常年放着威士忌。每当收到拒稿信，他都要先喝两口才有勇气把信打开。

心态再好的人，遇到失败都不会有好心情。这时候再给自己施加一个无理的要求，要自己尽快振作，担心自己面对失败的样子都很失败，这简直就是双重折磨。

那么，成长型思维是怎样让人在痛苦之后，还能愈挫愈勇呢？

痛苦，但不是因为我不行

失败让人痛苦，但是在痛苦的同时，我们不妨问一下自己："让我痛苦的原因是什么？"这时候，心态的差距就体现出来了。固定型思维的人往往会回答："我痛苦，是因为'我'这个人能力不足，'我'不能把这件事做好。"也就是说，失败是注定的。而成长型思维的人则会回答："我痛苦是因为我不确定，未来的路还要走多远。"

这两种心态的差异在于确定和不确定，前者关注确定的个体属性，后者关注不确定的改变过程。因为不确定，就不能简单给个结论说"人不行"。没有失败的人、无能的人，只有试错的过程、积累信心的过程、找方向的过程、攒经验的过程。

既然都是痛苦，两种痛苦有什么差别呢？在我看来，有天壤之别。

对人的否定，指向的是我们存在的根本。这是一种结论性的打击，会激起我们一系列的情感反应，诸如懊悔、耻辱、羞愧、嫉妒，甚至绝望。一个人受固定型思维影响时，就没法把注意力集中在任务本身。事实上，他的全副心思都放在跟自己的对抗上。

如果痛苦的只是这个过程太漫长、太煎熬，虽然令人难过，但同时也会给人希望感，而且过程中人的情绪是会变化的，处理起来容易得多。就好像你急着赶路时遇到堵车，当然会觉得难熬，但你知道这只是一个过程，只要听一会儿音乐，情绪就消退了。

所以，下一次你因为失败而痛苦的时候，可以试试对自己说："我还要等很久。"重点是"还要"。德韦克认为，成长型思维的关键就是"not yet"，这是一个过程性的描述，强调的是暂时性，还没到时间。这个过程再怎么痛苦，都不是一个注定的结论，未来还说不清，我们只是在经历这个过程中必要的阵痛。难熬，但是能熬过去。

失败，但不放弃责任

成长型思维的人在面对失败时，也不会放弃自己的责任。

也许更励志的说法是"成长型思维的人不会放弃"，但这是不可能的。前面讲过，你不喜欢做一件事，觉得划不来，当然可以放弃。但成长型的人会想：这不是放弃，只是我换了更好的选择。换句话说，成长型思维的人愿意为自己的选择取舍承担责任。

固定型思维的人把失败归因为"我不行"，放弃一件事就等于放弃了整个人。我在咨询中看到很多家庭冲突都是，孩子因为玩手机耽误了学业，父母就再也不允许他们接触手机。父母也知道这不是办法，但他们说："谁叫孩子管不住自己呢！"他们信任过孩子一次或几次，让孩子自己管理，但失败了，就此认定孩子不能再承担这个责任。

问题是，孩子真的不行吗？管理电子产品本来就没那么简单，很多三四十岁的成年人都不一定能管得好。让一个孩子做，失败才是正常的。就好比一个人初次骑自行车上路后摔跤了，但这不意味着"这个人"永远都学不会骑自行车，他只是需要再多一些练习。

我遇到这样的家庭，就会鼓励父母继续给孩子信任。也许可以从10分钟、20分钟开始，让孩子尝试自我管理。我会给这些孩子打气："手机这东西很容易上瘾，你可能需要10年才能学会把它管好。假如那帮设计游戏的人再弄点新花样，10年都不一定够。"

这样一来，孩子们就换了一种心态：起步阶段没做好，不代表我这个人不行。

这并不是纵容他们。因为我还有后半句话："这件事只能靠你自己，你要继续尝试，直到找到方法。"哪怕请父母代管，借助"小黑屋"这样的工具软件，也是一种方法。但不管用什么方法，都是孩子要面对的挑战，他必须自己为这件事负起责任来。

孩子请父母代管手机和父母主动没收手机，二者有什么差别呢？

差别就是责任的主体不同。父母用强硬的方式没收孩子手机，就是把孩子认定为"有问题的人""不值得信任""没有能力自我管理"，等于免除了孩子的责任。孩子正好可以心安理得地不负责：反正我不行，我也不用努力控制了。而孩子请父母代管手机，责任的主体还是自己。他暂时做不到，但他知道这件事只能自己解决，他还需要想办法。

接受失败，也是一种经验

我们总说"失败是成功之母"。可是理性地看，谁能保证若干次失败后，就一定能成功？不一定。但我们可以保证：每次失败，都可以增加一点应对失败的经验。

什么叫应对失败的经验？如果你骑自行车摔了一跤，把膝盖摔破了，你不一定知道怎么保证以后不摔跤，但你至少知道了摔跤有多痛，也知道怎样护理会让自己好受一点，以及下次骑车应该保护什么地方。这些是从失败中立刻可以获得的经验。至于怎么成为一个优秀的自行车手，那都是以后的事了。这些失败的经验同样会带来变化。

有些来访者在治疗抑郁的时候会问我："这次治好了，以后还会复发吗？"我知道他们想要一个永久的定论，但我只能实话实说："不能保证。我唯一能保证的是，这一次就是你最难受的一次了。为什么呢？因为下次万一复发了，你会应付得比这次更有经验。要是复发100次，你就能把抑郁当成生活的常态了。"这话有点残酷，但反而能安慰到对方。这些来访者听我这么说，就点点头："好吧，那我就好好熬过这一次。"

　　变化，就足以安慰人了。固定型思维带来的一个困扰在于，我们在承受痛苦的同时还要承担另一份折磨，就是想象的永恒——我们把痛苦当成了人生的无期徒刑。人最大的痛苦往往不是客观现实的遭遇，而是头脑中的"我会不会永远失败"的担心。

　　哪怕用"失败是成功之母"给自己打气，你也会怀疑：真的吗？说不定一直失败下去呢？所以你不如告诉自己：成不成功再说，但我已经从失败当中汲取了一些经验。

　　失败会让我们更好地应对痛苦。失败越多，这方面的经验就会越丰富。我常觉得，不止"成功"和"解决问题"是成长，能够更好地面对失败适应痛苦，这也是一种成长。成长型思维不应该只被看成一种"成功学"，写进成功者的回忆录，它同样能帮助那些失意的人，让他们看到另外一种成长：哪怕不成功，人也会越来越成熟、淡定。

　　最后，我想展开谈谈成长型思维背后的积极心理学。很多人对积极心理学有一种狭隘的理解，觉得既然是在倡导积极，就应该追求成功、快乐、健康。但我认为，**消极本身也是积极的一部分，人要学会拥抱消极，才会有真正的积极心态。**

　　10年前，我带过一个癌症病人团体。他们经历过至暗时刻，有一些病人在生病之后痛苦了好多年，最后看开了，接受了自己的绝症，决定好好度过剩下的有限时间。他们战胜病魔了吗？确实没有，但病魔也没能战胜他们。这不也是一种积极心态吗？

　　这样的积极必须通过时间才能沉淀出来，所以持续的失败、痛苦，哪怕没有成功，也会带来成长。我记得刚进入那个团体时，有一个刚确诊的新病友问那些老病人："怎样才能活出你们的境界？"一个老病人回答："你才刚生病，这才哪儿到哪儿啊！"

　　我感觉，这就是对时间与改变最好的致敬。

第九讲 ▶▶▷
建构：语言和观念如何塑造现实

01 语言建构：你是你说出来的

最后，我再介绍一个对人有影响的变量，即我们建构世界的方式。

什么叫建构世界的方式呢？举个正在发生的例子。你正在读这本书，你把它看成是在学习知识呢，还是在跟我对话？这就是你对此时此地的建构。如果你认为是在学习知识，就会跳过大段行文，只想一目十行地吸收"干货"；如果你把它看成跟我对话，就会一字一句地往下读，有时候说不定还挺有共鸣。当然了，两种建构并没有对错之分，都可以是你对这件事的理解。但它会让同一个你，在同样的环境下，所思所感完全不一样。

这个观点产生于建构主义，它是后现代哲学的一种主张，认为现实世界并不具备独立的"客观性"，没有什么是真实的，也没有什么是一成不变的。是人对无意义的世界进行主观的意义赋予，世界才有了意义。从 20 世纪 60 年代开始，这种哲学也深深地影响了心理学。它暗示了这样一种可能性：现实是流动的，建构现实的人也是流动的。

这会不会太虚无了呢？我们先从最基础的建构工具——语言讲起。

流动的语言

我坐在一张木头凳子上，它是一张客观的"凳子"吗？

严格来说，它只是一个东西。现在我管这东西叫作"凳子"，是因为我坐在它上面。它也许有别的名字：假如我用它来放东西，那么它就是一张台子；如果用它来敲打演奏，它就是一个乐器；它也可以是房间里的一个装饰品，甚至是防身的武器。

你可能觉得我在强词夺理。它就是一张凳子，这难道不是它的本质属性吗？建构主义恰恰否定了这一所谓的"本质"。它是什么都可以，取决于我对它的建构。

凳子是这样，人也是一样，不存在"本质上"的人。对同一个人，可以有不同的建构。作为母亲的她，跟闺蜜在一起的她，职场中身为主管的她，以及听演唱会时如痴如醉的她，虽然是同一个人，但她表现出来的状态可以大相径庭。

也就是说，很多时候我们认为自己"是"一个怎样的人，别人也认为我们"是"一个怎样的人，但这并不能体现我们的真实意愿。举一个例子，你去别人家做客，主人请你吃苹果，你并不想吃，主人也不是非要你吃，但他还是会削好苹果递到你手里，你哪怕是勉强也要吃上几口。在这样一个场合，你们被建构成了"好主人"和"好客人"。

这些建构一开始是怎么来的呢？

语言在关系中塑造

威廉·詹姆斯提过一个著名的问题：婴儿眼中的世界是什么样的？

你可能会觉得，跟成年人眼中的世界没有任何区别啊！还不都是蓝天白云、人来人往。可是詹姆斯认为，婴儿的世界只是"杂乱的、嗡嗡乱响的一团混沌"。婴儿的视网膜虽然接收到了复杂的刺激，他怎么知道那些花花绿绿的东西是什么呢？

前面学过图式的概念，我们知道，只有等婴儿进入了前运算阶段，头脑里拥有了基本的认知图式，他才能够从这团混沌中分辨出特定的事物，开始对它们产生反应。

这些图式是婴儿的父母日复一日用语言灌输出来的。父母一边抱着他散步，一边指给他看："宝宝，这是天，天是蓝色的，天上飘的东西叫作云，云是不是很白？快看，现在有个小姐姐跟你打招呼呢，快叫姐姐。"虽然婴儿一开始不能完全听懂，但是重复的次数多了，他就会把不同的东西和语言对应起来，记住能吃的是"饭"，用来喝的是"水"，香的那个是"花"，跑来跑去的是"狗"……这些刺激对他才有了意义。

所有这些互动的规律，都会以语言的形式被保存下来。

请注意我的表达。我没有说婴儿在学习这些东西"叫什么"，而是说通过语言学习和这些东西"互动的规律"。也就是说，语言是一种代号。在语言背后，如何跟一个事物产生关系才是更重要的。在熟悉的人之间，语言甚至是可有可无的。比如，有天早上我问我太太："那什么在哪儿？"我太太说："不就在那儿嘛！"她能理解我是在找刮胡刀，因为她看到我站在浴室的镜子前。而我也能理解她的意思是，就在平时放刮胡刀的抽屉里。

我想你一定也有过这种经验，跟一个熟悉的人重复了成百上千次互动，你们就拥有了自己的语言。**与其说我们是在学习语言，倒不如说是在学习互动的规律，再把这些规律变成语言。**关系塑造了语言，同时也固化了我们认识世界的某一种特定框架。

维特根斯坦在他的代表作《哲学研究》(*Philosophical Investigations*)中打过一个比方，把语言比做像国际象棋一样的游戏。棋盘上面有一些木头块，棋手知道这些木头块叫作"棋子"，棋子只能按特定的规则移动才有意义。人的语言也是一样。比如"吃了吗"这句话，就是"打招呼"这个游戏的一枚棋子。这个游戏的规则如下：你问他"吃了吗"，他回答"吃了"，你们交换了彼此的友好和关切，而不需要就

"吃了什么"再展开讨论。如果他回答的是："你管我干吗？"你就会觉得这个人有点问题。反过来讲，脱离了打招呼的语境，"吃了吗"这句话没有意义。我们无法想象自己在一个严肃的工作会议中，举手发言："吃了吗？"

潜移默化的限制

那么，语言被关系塑造出来之后，会发生什么呢？

它会潜移默化地影响你理解自己和认识世界的角度。这种机制一方面很有用，巩固了我们内在的稳定性；另一方面也会形成一种局限，限制了我们变化的空间。

你可能也有这种经验。有时候，一句话，一个称呼，就会把你"拽"到其他的语境，变成另外一种样子。比如过年回家，不管你在大城市融入得有多彻底，学会了多少都市的生活做派，老家的亲戚还是用当年的称呼，叫你黑妞、二蛋，你也只好操起熟悉的乡音，陪他们聊起家长里短。在父母眼里，你也还是那个懒散的孩子，躺在沙发上看电视，等着父母把饭菜端上桌。哪怕电视上那些节目，你平时一点兴趣都没有。

有时候，这种限制会带给人持续的困扰。我做心理咨询的时候，经常听到有人把分手说成"他/她抛弃了我"。请注意这个词——"抛弃"，它往往用于描述把没有价值的东西扔掉。一个人说自己"被抛弃"，就等于把自己认知成了一个无价值的人。"我被扔掉了"，他用这样一种特定的角度来看待自己在关系中的位置，当然就会更痛苦。

就算对方主动离开这段关系，我们只能建构为被"抛弃"吗？有没有可能，对方只是认为这段关系不合适，甚至是他/她担心会被抛弃，所以先选择离开？但是当我们按照习惯的语言把这叫作"抛弃"的时候，我们的头脑就看不到其他可能性。

语言对认知的影响是相当隐蔽的。我们常常认为，世界是客观的，偏见只存在于我们的想法中。其实，世界本身也未必客观，当我们用特定的名字称呼它时，已经把自己放进了熟悉的关系里。通过语言，我们在建构某种认识世界的固定视角。

不同的语言带来不同的世界

既然语言塑造了我们认识世界的方式，这就意味着，**如果我们改变对某些事物习以为常的说法，我们就可以给自己创造机会，打破原有的语境，在新的认识框架中建构新的关系、新的规律、新的自己。**不同的语言，也许可以带来一个不同的世界。

在这方面最激进的应用，大概要提到一位认知语言学家，名叫乔治·莱考夫（George Lakoff），他把这套理论用在了美国大选中。他作为智囊团的一员，给候选人出了一招，让候选人在阐述税收主张时，把"减税"说成 relief（解脱）。这个词建构了一种怎样的语境呢？那就是从一种沉重的、让人有压力的状态里松了一口气，解脱了。那么只要人们接受用这样一个词描述税收，也就认同了这种建构——对税收的现状感到沉重、不堪重负。

莱考夫把这些经验写到了一本书里，叫《别想那只大象》（*Don't Think of an Elephant!*）。这个书名来自一个著名的实验：让你不要想一只大象，你是做不到的，它反而被建构出来了，不去想它的设定本身就已经是一种想。这是一种非常隐蔽的操纵——无所谓你表达的具体内容，你的用词本身就已经影响了对方的内在加工框架。

我们未必要用这种方式去操纵别人，不过我们确实可以想想看，自己是否经受了这样的影响还不自知？举个例子，很多人问过我："怎么更好地控制情绪？"这是下一章要讨论的话题，但我们先想一想：为什么要控制情绪？情绪是坏东西吗？

这是因为，描述情绪的词常常会借用病理的、破坏性的意象。中文里我们会说"欣喜若狂""痛不欲生"。西方语言中也一样，比如 hysteria（歇斯底里）这个词表示情绪激动、举止失常，而它的词根正是古希腊医学中的一种子宫疾病。久而久之，就给人一种印象：强烈的情绪等同于智识缺失，是野蛮、病态的，还对人造成潜在的危害。

让我们假设一下，如果用更加优美、诗意的语言去描述情绪，你还会把它当成问题，想要控制它吗？当一个人流淌眼泪的时候，我们不说他在崩溃，而是说他在净化，在疗愈，他在诚实地回应内心的感召。使用这样一种建构，他的体验就会完全不同。

02 分歧：遇到不同意你的人怎么办

对于同一个事实，人们会使用不同的语言建构出不同的主观世界。这件事对于今天的我们来说，可不只是一种哲学意义的探讨，而是我们每天都在经历的现实。

今天是一个多元建构的时代，操持不同建构的人常常陷入巨大的撕裂和冲突中。你可能也有过这样的经历，有一些你觉得不容置疑的问题，跟人一聊才发现："怎么有人连这都要杠？"因此，我们来看看，不同建构的人相遇时，要如何应对这些冲突。

分歧是建构的产物

网上有一个引起过一段争议的小事。有人提议高铁上售卖卫生巾，方便那些遇到生理期却没有准备的女性旅客。本来是一个普通的提议，没想到引起了轩然大波。有那么一星期左右，网上分成两派，互不相让，战火相当激烈。

一派的观点是：这个需求女性自己稍微用点心就能解决，不要给别人添麻烦。

另一派的观点是：男性太不体谅女性了，怎么连这么一点举手之劳都不能理解？

不知道你当初有没有参加过这个争论？现在热度早已经过去了，希望我们都带着平和的心态来继续后面的讨论。

我的态度是，我觉得这个需求很正常，所以刚开始完全不能理解那些反对的声音：一个如此基础、如此生理性的需求，有什么好反对的？

你可能跟我有相同的看法，也可能站在对立的立场上。没关系，不管立场如何，我们都来思考一个深层的问题：为什么两派之间的分歧会大到如此程度？

原因在于，我们对一个多义的语境使用了不同的建构逻辑。

什么是多义的语境呢？我举一个生活中的场景。几个人一起走的时候，通常是请地位高的人走在前面。我跟长辈一起走路，会走在他后边一点，这是年轻人跟长者在一起的礼节。同样，我作为老师，跟自己的学生一起走路，他们一般也会走在我后边一点。而一个多义的语境，就是假设一个人年纪比我大，同时又是我的学生，我们一块走。

那么请问，谁应该走在前边呢？

这就要看，我们是从"师生"的角度，还是从"年龄"的角度建构彼此的关系。这就叫作建构的逻辑。如果在这一点上我们不能达成一致，行动就会产生分歧。

记得有一次，一位已经退休的老奶奶来上我的课，等电梯的时候，我们俩为了谁应该先进电梯，推让了半天。在这个场景中，就存在一种多义性。我们的困境就是，无论谁先谁后，都可能被看作有教养的，也都有可能是失礼的。

现代社会的文化越来越多元，就意味着可供选择的建构越来越多。

还是我和那位老奶奶，也可以建构成"男性和女性"的关系，"主人和客人"的关系，"先来后到"的关系……多元化一方面让我们拥有了更多自由，但在建构达不成一致时，就是一种负担。

现在我们回过头再看"高铁卫生巾"的争论。反对售卖的人会怎样建构这场讨论呢？我看了他们的论点，发现他们倒也不反对售卖商品本身，他们最介意的是这样一个声音：不能说你有个人需求，别人就必须满足你。我猜，他们把这个争论建构成一种"对方索要特权"的语境：凭什么一些人有需求，就天经地义要让所有人答应？我就偏不答应！在这种建构中，他们把自己看成了被压迫的角色，心里有一股无名火。

可是在提需求的这一方——主要是女性，他们把这个场景建构成什么呢？是一场"偏见之战"。很多人对月经这种正常生理现象有一种禁忌感，甚至是污名化。很多女性深受其苦，要打破这种禁忌：为什么可以卖卫生纸、卖湿巾，就是不能卖卫生巾？这是一种隐性的偏见。她们提出要求，是在争取一种光明正大地面对自己生理需求的权利。

你看，同一件事，遵循两种逻辑，就建构出了两个完全不同的方向：双方都觉得自己是弱势的、委屈的，各自有充分的抗争理由。他们在自己的建构里都没错。

让态度松弛下来

一旦分歧的双方相遇，该怎么办呢？

先要理解分歧背后的逻辑，是因为我们建构出了不同的场景。理解了这一点，我们就不会费心去想战胜对方，去证明对方错了，否则就很容易陷入无意义的争论中。

在这个例子里，表达需求的女性会觉得，如此简单的一个诉求都不被满足，还被挖苦讽刺，她们那些长期被打压、被否定、被污名的感受就会再次得到印证。

同样地,主张拒绝的人也在论战中一步步陷入自己的委屈里:哪怕稍微表达一点"你可以自己为自己负责"的意思,就会被人围攻。他们也会进一步把自己看成弱势方,甚至受害者,那种"面对不合理需求却无从拒绝"的建构也得到了巩固。

越是要争出一个输赢,就越是争不出输赢。这是一种悖论的稳态:当我们太急于证明对方是错的时,那种强硬的态度在对方看来,反而证明了他们的建构是对的。

而如果我们允许了不同的建构存在,态度就会松弛下来。你可以在心里想:无论他同不同意,我建构的世界都有我的道理,同时我也没法改变他的建构。这样一来,你就不用证明"他错了",你可以带着好奇看待这件事:没想到他居然是这么看的。

还记得我们在"知觉"那一节里学到的吗?同样是那一双鞋,有人看成粉色,有人看成了绿色。没必要争对错,你可以轻松地说:"居然还能看成绿色呢?"

那要怎么才能改变对方的建构呢?

答案是,不用改变。你保留你的建构,他也可以保留他的。你们就是对同一个场景有两种截然不同的理解,又怎么样呢?谁规定只能有一种建构被保留下来?

我们隐约有种期待,应该有一种"正确"的建构最终胜出——这个想法本身可能就是被建构出来的。有一位建构主义学者叫肯尼斯·格根(Kenneth Gergen),他有一个有趣的观察:我们用来描述争论的语言,很多是从战争中借鉴来的,比如,进攻、防守、破绽、正中靶心、瓦解……无论中英文都是如此。前面讲过,语言会影响我们看世界的角度。战斗关系是你死我活的,用这些词描述观点之争,就会让我们误以为,两种观点只有一种可以"活"下来。要证明自己是对的,就必须打败对方。

但这不是事实，这只是一个比喻。如果我们把争论比喻成一次勘探，是从不同方向去发掘同一个事物的不同侧面。这样一来，不同的结论就互为补充和参考，而不是你死我活的关系。

面对分歧能做什么

生活中，我们很容易因为建构层面的争论忽略掉更具象的价值。抛开对方不谈，我们每个人都需要思考这个问题：我建构的这个场景中，要达成的目标是什么？难道只是为了让对方认输吗？对这个建构下的我而言，什么才是重要的？

再回到高铁要不要卖卫生巾的争论。虽然这个争论早已尘埃落定，可是对参与争论的女性来说，她们真正的利益并不是消灭反对者的声音，也不仅仅是为了预防在高铁上没有卫生巾可用的尴尬。在她们建构的场景中，她们希望的结果是：女性可以不再为自己的生理需求感到尴尬，能够得到别人的尊重，且不因为性别受到歧视。这是更直接的目标。

围绕这个目标，她们可以直接采取行动。比如，找到那些对这个话题感到不自在的人，当着他们的面大谈特谈，让他们脱敏，让他们最终接受这件事可以被大方谈论。

反过来，另一些人反对的也不是高铁上的卫生巾，在他们建构的场景中，更重要的是碰到某些不合理要求时，自己可以有勇气、有力量拒绝。他们的愤怒也许来自老板要求加班，来自甲方的无理需求。那么他们真正需要的是，锻炼在这些场合下表达拒绝的能力。而女同胞们是否放弃对卫生巾的主张，和这个目标毫无关系。

我们可以在各自建构的世界里，可以不需要征求别人的同意，各自实现自己的目标。 接受了这个视角，我们就会把更多的时间、精力放在有意义的事情上。

前面讲到，我和一位老奶奶一起等电梯，因为不能达成一致的建构，在电梯口互相推让。解决这个分歧的方法很简单：眼看电梯门就要关了，我俩哈哈一笑，一起冲了进去。那一刻我们都意识到，真正重要的是不要错过电梯，而不是让对方接受我的礼貌。

第二章

机制

第一讲 ▶▶▷
内置算法：看不见的事物如何影响我们

01 阈下加工：意识之外，仍有思考

之前我们学习了常用的变量，这一讲的讨论主题，是影响这些变量的心理机制。

有人把心理机制等同于我们能在头脑中看见的内心活动，这叫意识。早期的心理学家会通过"内省法"来研究心理学的，就是让一个人问问自己是怎么想的，然后就能理解内心发生的一切活动。但是研究发现，人也有大量的心理活动发生在意识之外。早在 20 世纪，威廉·詹姆斯就提出过这样的思考：大脑每一秒钟都在进行超出想象的计算，我们的注意力却只分配给其中一小部分；更多的心理机制处于"后台运行"状态。从这个角度出发，可以把这些心理机制分成两类：能够被意识到的，以及意识之外的。

你可能还记得，精神分析理论有一个冰山模型，认为在意识的水面下，有一个巨大的"无意识"世界，发生着激烈的本能冲突。不过，精神分析的无意识理论只是一种假说，在日常生活中，有很多真实的例子能证明那些看不见的心理机制确实存在。

比如，打羽毛球时，能够被意识到的就是：我要把飞来的球打过网。可是除此之外，你的眼睛在观察飞行轨迹、预测它的落点，你的脚开始跑动，手臂、手腕和握拍方式都在进行微妙地调整，最后球拍准确地击

中羽毛球，以你期待的角度和力度把球打过网——这一套流程中有多少复杂的计算？可是我不点出来，它们就没有进入过你的意识。

你的头脑就像一个剧院，注意力的聚光灯照亮了舞台的一小块角落，其他部分隐没在黑暗里，但其实坐满了人。而对于这个剧院，这些人的存在同样至关重要。

接下来，我们就来学习那些随时在发生却不被意识到的心理机制。

知觉：鸡尾酒会效应

你有没有参加过那种热闹的社交聚会：很多人聚在一起，每个人都在讲话，乐队声震耳欲聋。在这么多的声音中，你却有一种能力，可以聚焦在对你说话的那个人身上，全神贯注捕捉他的声音，其他声音都只是背景音。这就叫"鸡尾酒会效应"。如果用一种浪漫的说法，就是对的人一出现，其他人都不过如此。也就是说，面对大量信息的时候，大脑可以自动帮我们设立一个"门槛"，筛选出那些可以进入意识的信息。

这个门槛已经够神奇了吧！但是这还没有完，那些被屏蔽的声音其实你也在听，如果旁边有人提到了你的名字，你就会警觉地转过头，想看看究竟是谁在说你。

这说明什么呢？你以为自己是在集中注意力听某个人说话，实际上，在你意识不到的地方，你的大脑也在持续监听别的声音，这种监听是隐蔽的。你的大脑在做出判断：这句话无所谓，不值得打断他，这句也不重要……哎，这个词比较敏感，我要报警！它就会发出一个信号打断你，而你的意识这才知道，大脑一直都在"耳听八方"。

心理学把这一类现象统称为"阈下加工"。"阈"就是门槛。所谓"阈下"，意思就是这些加工还没有进入有意识的门槛，但它仍然在你看不见的地方默默工作。

联想：启动效应

阈下加工会潜移默化地影响你的判断和决策。

举个例子。如果先让你盯着一张西瓜和海滩的图片看一段时间，再请你选一个季节，你更可能想到什么？夏天。这在心理学中叫"启动效应"。它的原理是，先让你接收一些刺激，激活你对相关刺激的联想，从而让你在后面做出更有偏向性的判断。

联想的逻辑不难理解。有趣的是，同样是看西瓜和海滩的图片，是让它在 0.1 秒内闪过你眼前，还是给你 2 秒时间盯着它，更容易引发联想呢？答案是前者。0.1 秒，这个速度下你根本看不清图片上的东西，但你选择夏天的概率比盯着看 2 秒更高。也就是说，有些东西还没有进入你的意识，但已经被你的大脑捕捉到了，并且对你产生了影响。

为什么它在没有进入意识的时候，对你的影响反而比盯着看 2 秒钟更大？因为后面一种情况下，你已经意识到了这个选择是在做什么。先看图片，再出现跟图片有关的季节，你很容易产生被"套路"的感觉，就会反其道而行之，选择冬天。但如果是在阈下，你只会觉得是自己主动想起了夏天，根本意识不到自己受到了外界的影响。

图片是这样，换成文字信息，也可以在阈下的层面影响当事人的判断。

有一个实验是这样做的，实验者请人盯着电脑屏幕，完成一个简单的视觉任务，同时屏幕上会闪现一些词语，每次闪现同样只有 0.1 秒。被试只会觉得眼前花了一下，根本意识不到看到了什么词，但这些一闪而过的词语也会影响他们接下来的判断。

比如，给一组被试闪现负面的人格评价，像是"不友善""刻薄"；对照组被试看到的则都是中性词。在这之后，他们被要求读一个同样的故事，并对故事中的人物做出评价：一个人听到有人敲门，开门一看是推销员，就把门关上了，你对这个人怎么看？前面受到负面词启动的人，就比对照组更倾向于评价这个人脾气坏、对人不友善。

理解了这一点，你也许就更容易理解生活中一些看似"没有来由"的感受和反应。比如，我们会对某些事物产生莫名的第一印象，可我们自己都解释不清这些印象是怎么来的。说不定它们只是被一瞬间的画面或声音启动了，只是我们对此毫无察觉。

复杂推理：内隐学习

阈下加工不只包含初级的认知工作，它也可以胜任高难度的任务，有时甚至比有意识的思考更快速，也更复杂。比如，阈下加工可以针对模式和规律做出复杂的学习。有一种特殊的学习机制就叫"内隐学习"，我用一个实验来解释它是如何运作的。

把电脑屏幕分成 4 个象限，一个探测点会"近乎随机"地出现在某一个象限里。之所以说"近乎随机"，是因为背后存在某种规则，只是这个规则极其复杂生僻。比如，探测点第三次出现的位置由上一次和上上次的叠加来决定，或者偶数次出现的位置跟三次之前的位置相关……总之，普通人根本不可能推理出探测点出现的规律是什么。

但只要让人坐在电脑前面，重复练习，看到探测点就立刻按键进行反应。持续这样练一段时间，被试的反应就会越来越准确，越来越快，好像模模糊糊形成了一种"直觉"，能猜到探测点下一次大概会出现在哪个象限。有趣的是，如果问他们"是不是有规律"，他们会说没有，自己完全是在凭直觉做反应。但直觉有这么"准"吗？

接下来，研究者把探测点背后的规律做一个改变，被试的表现立刻就变差了。这时候再问他们："你为什么没有刚才选得准呢？是直觉失灵了吗？"他们自己也说不清，甚至会找一些奇怪的理由，比如手感不好，分心了，脑子里出现了杂念，等等。

这就是说，生活中很多所谓的直觉、灵感，其实是我们在无意识状态下做出的学习。当我们对一件事有经验后，虽然未必能说清楚，但可以快速地做出判断。就像一些高明的棋手，在面对复杂的棋局变化时，可以靠"感觉"来判断怎么走更有利。

无论是鸡尾酒会效应、启动效应还是内隐学习，都证明了大脑的工作比我们能意识到的更复杂。很多知觉、联想、推理判断背后都可能另有一套逻辑。

02 错觉：大脑会如何欺骗你

针对意识之外和有意识的这两类心理机制，当代著名心理学家丹尼尔·卡尼曼（Daniel Kahneman）在《思考，快与慢》（*Thinking, Fast and Slow*）这本书里，给它们起了个好记的名字——系统 1 和系统 2。他认为，这是独立运行的两个心理系统。

你可以把大脑想象成一个司令部，它包含两套不同的班子。一套班子负责快速决策，他们遇到问题就要立刻处理，来不及向司令部报告，这就是系统 1。它的优势在于反应速度快，所以也叫"快系统"。另一套班子在决策之前要向司令部汇报，"深思熟虑"之后再做出决策，它叫作系统 2。因为反应速度慢半拍，也叫"慢系统"。

那些不能被意识到的心理机制，可以粗略地等同于系统 1，也就是快系统。

正如前文所说，系统 1 的工作很多时候是"后台运行"的。为了把宝贵的注意力集中在更重要的任务上，大脑会尽可能把那些"熟能生巧"的工作交给系统 1，这样可以尽量节省认知资源。比如，一个经验丰富的司机在开车时，很多反应是自动的。他不需要刻意去思考：

现在是应该踩油门还是刹车？他甚至可以在开车的同时，跟副驾上的朋友讲话。虽然路况瞬息万变，他也能从容不迫地应付，还能关注到朋友在讲什么。

反过来，一个新手司机刚上路时，启用的就是系统 2，每个环节都需要调用他全部的注意力去思考加工。他在开车时就必须全力以赴，没法再做更多的事。

虽然系统 1 看上去更能干，却有一个致命的缺陷，那就是性子急。当然，这个比喻是错误的，系统 1 既没有独立的人格，也不是一个整体，它只是一系列零散的心理过程的统称，但为了方便学习，你不妨为它想象出一些个性来。它就像一个毛毛躁躁的"愣头青"，虽然工作干得多，手脚也麻利，可一旦遇到问题，就没那么可靠了。

快速的风险识别

美国神经心理学家约瑟夫·勒杜（Joseph LeDoux）是一位研究恐惧的专家，他发现人类的大脑在发现危险之后，会通过两条不同的路径传递恐惧的刺激。

第一条路径主打快速，第二条路径主打严谨。

显然，系统 1 就是第一条路径。想象一下，如果你看到地上有个像蛇一样的条状物——这是一个危险的信号，你一定立刻就会蹦起来，准备战斗或者逃跑。这需要你用最短的时间把刺激传到杏仁核，也就是负责处理恐惧反应的大脑结构。这条传导的路径有一个学名，叫作"低路"。从刺激直接到杏仁核，特事特办，一点弯路都不走。

但有没有可能判断错误呢？有可能。如果要给出严谨的反应，这些信息就必须拐一个弯，先送到大脑皮层，在那里跟其他数据和资料整合，经过有意识的判断，得到更准确的结论，再把结论传递到杏仁核。这条路径更高级，所以叫作"高路"。

通过高路传导，需要好几秒钟。如果真是一条蛇，等高路给出结论，黄花菜都凉了。所以真实的场景是：你看到一条弯弯的东西，第一反应就是屏住呼吸，心跳加速，身体已经做好了准备；然后你再定睛一看，松了口气——原来那只是一条树枝。

系统 1 之所以那么快，一个重要的目的就是为了更快地识别风险。所以，系统 1 对看上去有风险的信息特别敏感，只要它觉得不对劲，不管是真是假，都会第一时间采取保护自己的行动——当然，代价就是有可能虚惊一场。但在危急关头，速度就是一切。虚惊一场的损失并不会太大，而如果为了准确就牺牲速度，那可能要出人命！

所以，自然演化选择了这种加工机制：先让系统 1 对一切"可能"的危险保持敏感，不管三七二十一先报个警；再让系统 2 随后跟进，在准确性上做出修正。

这就是为什么，大脑常常在我们来不及认真思考时就产生错误的结论。

被放大的担心

系统 1 经常犯的一种错误，是在对概率的估计上。

请你先回答一个问题：龙卷风和哮喘，哪一个对人类的威胁更大？如果要在这两种灾害中选一种进行防治，你会把资源投向哪边？很多人第一反应会选龙卷风，觉得它更可怕。这是一个错觉。根据数据，哮喘造成的死亡率比龙卷风高出 20 倍。

之所以产生这个误判，恰恰是因为龙卷风更"罕见"。因为罕见，在系统 1 的判断中就更容易被当作一种威胁。而且，系统 1 倾向于关注那些更有冲击力的画面。媒体在报道龙卷风时，那些画面会给我们的系统 1 留下深刻印象，放大对风险的感知。

同理，如果你去海边度假时读到了一则新闻，报道说在地球的另一面，有鲨鱼袭击了一名在海边游泳的人。尽管你在理性上知道，这是一个极端小概率的事件，发生事故的地方也远在天边，但你还是惴惴不安。如果还看到了事故现场的照片，你甚至都不敢再去海里游泳了。只要看到了风险，系统 1 就会在感受上不断放大对这件事的担忧。

如果这时候有人在旁边提醒，概率只有百万分之一，这也没什么用。事实上，系统 1 只有直观的感受，它根本就没有能力加工数字。百分之一，千分之一，或者十亿分之一，在一个忧心忡忡的人看来都差不多是一回事。如果系统 1 可以讲话，它也许会反驳："就算是小概率，也不能掉以轻心啊！它只要发生在我身上，对我就是百分之百。"

你看，系统 1 根本没有道理可讲。只要是风险，它就放心不下。

自动关联

除了爱担心，系统 1 还喜欢在事物之间寻找联系，哪怕是不存在的联系。

功能主义心理学有一个分支，叫"格式塔"，意思是"一个完整的形状"。这个流派认为人类有一种自动的倾向，喜欢把一堆事件组合为一个有关联、有意义的整体。你可以体验一下这个机制。请你快速地看一眼图 2-1。

图 2-1

你看到了什么？是不是 3 个圆形上面盖着一正一反的三角形？事实上，图上只有 3 个缺角的小圆和 3 条折线段，根本没有三角形。但你倾向于认为，这些图案只有在构成三角形之后才有意义。这也是系统 1 常犯的错误之一，在无关联的事物之间强行制造联系。

为什么会有这种错觉？它同样来自系统 1 的一片好心。大脑每时每刻都在加工海量的信息，为了增加掌控感，系统 1 必须从这些信息中快速识别出一些规律。

系统 1 尤其担心忽略了看似有危险的"模式"。我们再看一个例子。

研究者请被试看一个故事：一个游客穿过拥挤的菜市场，在书店买了一张地图，付钱的时候，却发现钱包不见了。过了一段时间之后，研究者问被试还记得故事中的哪些信息，很多人的回忆里会出现"小偷"，甚至比"地图"出现的频率还高。

事实上，故事里从头到尾都没出现"小偷"这个元素，这个人的钱包不一定是被偷了，也可能是忘在了哪里，或者出门时就没有带。明明是一个中性事件，系统 1 为什么非要把它联想成一个犯罪案件呢？因为它捕捉到一个模式："游客""拥挤的菜市场""钱包不见了"这几个信息很容易被系统 1 关联起来，制造出一个"被偷"的错觉。

情绪化的印象

系统 1 不仅会快速得出可能出错的结论，还会自己合理化这个结论。

在这方面，社会心理学家设计了大量的有趣实验，堪称人类"打脸"现场。其中，所罗门·阿希（Solomon Asch）有一个经典实验，既简单又震撼，你不妨一起试试看。

有一个人叫小 A，他的个性是：聪明、勤奋、冲动、挑剔、固执、嫉妒心强。

还有一个人叫小 B，特点是：嫉妒心强、固执、挑剔、冲动、勤奋、聪明。

请问，在这两个人里，你更喜欢谁？

你肯定发现了，这 6 个形容词是一样的，只不过先后顺序颠倒了。可是阿希发现，如果是请两组被试分别给小 A 和小 B 评分，喜欢小 A 的人明显多于小 B。这是为什么呢？

因为描述小 A 的时候，正面的词在负面的词前面。在最初形成印象的时候，新信息的权重很高。一旦系统 1 快速得出结论，后面的信息就成了这个基调上的补充和微调。就像你先看到小 A 是一个"聪明、勤奋"的人，对他印象就不错；看到他"挑剔"，会觉得优秀的人都这样；再到"固执"，会觉得这个人很有个性；至于"嫉妒心强"，也没事，这个人很真实。你甚至还会因为这些缺点更喜欢他一点。

而我们对小 B 一开始的印象就是"嫉妒心强、固执"，我们已经开始讨厌他了；看到"冲动"——这个人好危险！即使最后知道他"勤奋、聪明"，又怎么样？在一个反面角色身上，这些品质不但不是优点，反而让他显得更可怕。

上一章讲过自证的 4 种机制，前两种"假设先行""证据裁剪"就是阿希的这个实验证实的；后两种是"执意行动""化解反例"，也就是说人会通过行动不断证明最初的想法，直到它成为事实。这种一意孤行的错误，正是在系统 1 主导下进行的。

系统 1 用它的工作默默地为我们构建着一个稳定、连续、可预期的世界。但也因为如此，它常常先入为主，放大或缩小很多信息，甚至接收"不存在"的信号。就像有人被误诊为得了重病后，真的会感到身体出现症状。但即使如此，经过这么多年的演化，大脑还是会把这种看似"不靠谱"的机制保留下来。这恰恰说明，它在更长期的尺度上是有用的。**我们需要以一部分准确性为代价，换取更快的判断速度与稳定的可预期感。**

03 启发：如何快速解决复杂问题

系统 1 最大的优势是快。面对复杂环境，人需要尽可能快速地做出反应，达到趋利避害的目的。系统 1 也许会犯错，但绝对是一个"快刀斩乱麻"的决策者。

系统 1 有哪些方法来加快决策速度呢？它发展出了一套心理机制，叫作"启发法"。意思是，把复杂问题类比成一个相对简单的问题，通过对简单问题的判断，就能形成对复杂问题的大致结论。这种方法不一定保证准确，但绝对可以保证速度。

举个简单的例子，请计算 15 乘以 27 等于多少？如果给你 1 分钟的时间，你可以列一个算式，计算出准确结果。但如果只给你 1 秒钟，怎么办？你脑子里也许一瞬间会冒出三四百这样的数字。怎么算的？多半是参考了：20 乘 20 等于 400。这就是对 15 乘以 27 的一个启发，两组数字大差不差。确实，这个估计相当准确，正确答案是 405。

生活中的很多问题，比这些计算题复杂得多。比如，你认为生活是幸福更多还是痛苦更多？这怎么计算？思考三天三夜都未必会有结论。但如果让你快速给出一个答案，系统 1 就会把它转化成一个简单问题：我最近几天的心情怎么样？只要最近心情不错，吃得香睡得好，没什么烦心事，你就会回答人生是幸福更多，反之亦然。

不过，"把复杂问题转化为简单问题"的说法还是有点抽象，我给你具体介绍下系统 1 经常用的 3 种启发法，你可以对照一下，顺便看看它们在哪些时候更容易出错。

锚定效应

第一种启发法叫"锚定效应"。系统1遇到拿不准的决定时，经常会参考那一刻外界的声音，就像船上的一个锚，固定了一个位置，船的位置就会在它附近。

举个例子。如果我问你：在所有联合国成员国中，来自非洲的国家占多大比例？这个答案并不属于常识，你只能瞎猜。你的猜测从10%到60%都有可能。

丹尼尔·卡尼曼使用这个题目做过一个著名的实验。他请来一群大学生，让他们回答这个问题之前，先去转动一个"幸运转盘"。这个转盘被实验者做了手脚，它的刻度是从0到100，但指针的结果最后只会落到两个数字上，一个是10，一个是65。

卡尼曼发现，指针转到10的那组大学生，平均估计非洲国家在联合国中的比例是25%，而指针指向65的那组，平均估计是45%。顺便一提，联合国共有193个成员国，非洲有54个国家，约占28%。不过，这并不说明估计出25%的那组大学生更有常识，他们只是运气好，用转盘转出了一个更接近正确答案的数字而已。

如果你去问这些受过良好教育的大学生："你会参考转盘的数字回答问题吗？"他们一定觉得你疯了。但事实就是，哪怕我们在意识层面不同意，系统1仍然会受到这个数字的影响。面对一个完全没有思路的问题，就像病急乱投医，系统1会抓住头脑中任何一个看上去能够提供"参考"的数字。就好像头脑里有个小人对它说："既然存在这么一个数字，它多半有点道理吧？反正没有更好的办法，为什么不试着跟它走一走呢？"

这样的套路在营销领域很常见。比如离谱的打折信息——"原价999，现价9块9包邮"。你的理智会想：这是一个套路，这东西的实际价值肯定没有 9 块 9；但你的系统 1 会觉得：这东西感觉上值个好几百，9 块 9 也太划算了吧。再比如，你要去超市买 1 瓶果酱，但那里贴着一个告示："限购，每人最多只能购买 8 瓶"。你会想：我怎么可能买 8 瓶果酱？但这个数字仍然会影响系统 1 的判断，最后你买下了 3 瓶。

锚定效应的影响非常隐蔽且强大，甚至专业人士都难以避免。美国的一项研究发现，很多专业的房产经纪人会根据别人的报价，默默改变自己对房产价值的评估，即使他们调动理智也觉察不到自己受到的影响，更别说给出准确的判断了。

可用性启发

我要讲的第二种启发法叫"可用性启发"。意思是，在判断一个抽象结论时，越容易找出相符的例子，系统 1 就越倾向于认为这个结论正确。错觉就是一种可用性启发，你会因为最近的例子而放大一件事的风险，就像鲨鱼的新闻害得你不敢下海游泳一样。

除了风险之外，系统 1 在其他地方也会用到类似的启发。比如，如果我问你是不是一个自信的人，你的系统 1 就会在头脑中检索最近发生的事，看看有没有相符的例子。如果我想让你得出肯定的结论，可以事先让你想一想，你曾经做过的能够证明你很自信的 3 件事，接下来再请你对自己的自信程度打分，这样你的分数就会比较高。你看，例子是你自己想的，分也是你自己打的，但你仍然会不知不觉受到启发的影响。

不过，事先找的例子并不是越多越好。有一位叫诺伯特·施瓦茨（Norbert Schwarz）的心理学家做过一个研究，他让被试找 12 个证明自己自信的例子。你可能会想，3 个例子都能提升自信，12 个岂不是让人自信爆棚？但结果刚好相反，找出 12 个例子后，很多人反而会认为"我不自信"。为什么？因为找 3 件事很容易，要找 12 个例子就要搜肠刮肚。这会让系统 1 得出相反的判断：既然找得那么艰难，说明结论是错的啊！

这是一个有点反直觉的现象：**影响可用性启发的不是证据多少，而是提取证据的难易程度**，有时候你越想努力证明一件事，效果越适得其反。如果你打算做一个决定，用一两个理由说服自己就足够了。如果想找 10 个理由，也许反而会让你更犹豫。

特征性启发原理

我要介绍的第三种启发法叫"特征性启发"。意思是说，系统 1 特别喜欢醒目的东西。它很容易根据事物身上的某个显著特征，产生第一判断。这是什么意思呢？

行为决策心理学家奚恺元（Christopher K. Hsee）教授有一个经典的实验，叫作"少即是多"。两套餐具一起售卖，一套是 24 个完好无损的餐具组合，另一套是 31 个完好的餐具再加上 9 个残次品，你愿意花更多的钱在哪一套上？很显然，理性判断会是去买那套 40 个餐具的，抛开残次品不说，完好的餐具还有 31 个，比 24 个更多。

可是实验发现，人们更愿意在 24 个那一套上花更多的钱。为什么？因为残次品的特征太明显了。虽然理性上知道，破的只有 9 个，好的还有那么多，可是系统 1 一看到那套餐具，就会注意到它的破破烂烂，认为不如另一套完好的组合更值钱。

特征性启发还有一个特点，就是对典型特征的关注远远超过对基础概率的重视。一个人在地铁里读书，你觉得他更有可能是研究生学历，还是大学本科以下？很多人会猜他是研究生，实际上，从基础概率的角度出发，一个人的学历在本科以下才是更大概率的事件。但我们扪心自问，做这种判断时，自己有几次会想到"基础概率"？

看完这几种常用的启发法，不知道你会不会觉得，系统 1 的判断挺不靠谱的？确实，研究者往往就是看到了这些启发机制犯的错，才能确认它们的存在。

　　但我们要理解，这些启发之所以被长期的演化保留下来，首先是因为它们有用，它们能够加快做反应的速度。一个人迟迟不能做出决定时，哪怕扔硬币也是好的，扔硬币当然有可能犯错，但**"有一个结论"这件事比"不犯错"更有价值**。

　　在此基础上，我们可以在重要问题上放慢一点速度，有意识地让系统 2 多上线工作，也许就会减少错误判断。

▶▶▷ 第二讲
内隐：看不见，却存在

01 内隐记忆：为什么不经意的学习会有效

你可能看过这样的电影：一个人脑部受到某种撞击，醒来之后，别人问他叫什么名字，他一脸茫然地说"我不知道"。他不仅不记得自己是谁，还忘了经历过什么，脑子里只剩下一些碎片的画面。其实这种失忆不是电影情节虚构的，它在医学上的确存在。

但你有没有意识到，当这个失忆的人说"我不知道"的时候，首先他在说话！

也就是说，他并没有忘记语言。给他一本书，他说不定还能识字。给他一辆自行车，他虽然不记得自己什么时候学过骑车，但只要骑上车，立刻就能找到感觉。这说明，虽然他以为自己什么都不记得，但记得的东西其实还很多。这部分"你不知道自己知道"的记忆，就叫"内隐记忆"。虽然它没有进入意识，但不耽误它影响我们的生活。

既然有内隐记忆，相对地，就有外显记忆，就是那些我们刻意让自己记住、也知道自己记得的东西。比如学生时期，我们考前努力记住的那些公式和课文。

这里我要特别说明一下，一般的教科书都是先介绍外显记忆，再讲内隐记忆，但我把顺序反过来了。为什么呢？首先，外显记忆是有意识的，这些有意识的心理机制，我统一放在这章的后半部分来讲。

其次，也更重要的是，我认为内隐记忆对生活的影响远远比我们有意识记住的内容更重要。为什么这么说？我们先来看看内隐记忆都能做什么。

内隐记忆的 3 种类型

生活中常见的内隐记忆主要有 3 类。

第一类你已经学过了，就是经典条件作用——我们会把一个刺激和习惯的反应联系在一起。比如，小时候妈妈给你哼过的摇篮曲你可能已经忘了，但是听到一段类似的旋律时，你会突然感到很安心。再比如，你新认识了一个朋友，因为他身上的某些特点对他产生了某种喜欢或抗拒的感受，这可能是因为你和另一个有相似特征的人交往过。虽然你不一定能想起那个人是谁，但那种熟悉的感受仍然很容易被唤起。

第二类叫作"程序性记忆"，你更熟悉的说法是"肌肉记忆"。它可以是游泳、打球、骑自行车等需要协调肢体各部分共同参与的精密操作，也可以是我们平时打开手机漫无目的地看微信，刷一刷得到App，再打开抖音、小红书这一套自动化的操作流程。

程序性记忆有几个特点。首先，做起来容易，但要复述自己是怎么做的反而很困难。这部分记忆难以进入有意识的系统，也就无法形成语言。有的人很擅长游泳，但让他教人游泳，说明手和脚是怎么配合的，他说出来的很可能跟自己实际做的不一样。

其次，程序一经掌握，就几乎不会被遗忘。会骑自行车的人，哪怕好几年没碰过自行车，只要他再次坐到车上，适应一两分钟，熟悉的记忆就会被唤醒。

最后，程序性记忆常常被系统 1 调用。前面讲过，大脑为了节能，会把很多工作交给系统 1 自动完成。这些工作就在使用内隐记忆中的固定程序。一个典型的例子是，你刚搬家后，如果在回家路上想别的事，让系统 1 带着你走路、坐地铁，它很有可能会把你带回之前的住处。因为那条旧路线你已经走过太多遍，形成了程序性记忆。

第三类内隐记忆就比较零散了，它可能是你过往生活中接触过的任何一条信息，虽然你当时看过就算了，并没有刻意记住，但它对你会有潜在的影响。

这看起来有点玄，但有一类心理学的实验方法还真的能证明，这种实验就是前面讲过的启动效应。先让你看一个东西，再让你完成某个相关的任务，你前面看过的东西就可能对后面的任务产生影响。比如语词启动：给你看一些单词，不要求你记住，但过一段时间请你完成一组填空题——某些单词中间缺少一些字母，要求你把它补充完整。结果发现，哪怕你已经忘了前面看过的单词，这些单词你填起来仍然会更快。

启动效应可以维持多长时间呢？很惊人，最长的一项研究跨越了17 年。这是一个发表于 2006 年的研究，一位叫戴维·米切尔（David Mitchell）的心理学家先是请人看了一些图片；17 年后，他联系到这些人，给他们展示一些碎片，请他们识别这些碎片的原图可能是什么。一部分碎片来自他们 17 年前看过的图片，还有一些是新图片。结果发现，有人完全忘了自己 17 年前参加过这个研究，但他们对于曾经看过的图片，识别起来仍然更容易。

人生没有白走的路

因为内隐记忆的存在，下次如果有人问你："你看那么多书有什么用？看过的书如果不好好记住，以后不全都忘了吗？"你就可以回答他："它们在我的内隐记忆里。"

学校教育会让我们对学习产生一种偏见，就是只有能够准确回忆出来一个东西，学习才是有意义的。可是，这种"准确回忆"依靠的是外显记忆，它只占大脑功能中很少的一部分。在我们意识之外的空间，还有巨大的认知潜力。

你想想看，你 10 多年前背过的古诗，如果一直不用的话，现在还能记得起来吗？是不是早忘得一干二净了？可是没关系，米切尔的实验告诉你，它其实就在你大脑中的某个部分好好待着，以某种你不知道的方式在影响你。也许有一天你遭遇挫折时，心里情不自禁地就会涌出一种豪迈的情怀："天生我材必有用，千金散尽还复来"。

关于学习，你再想一想前一章讲过的托尔曼的小白鼠。它们先是在迷宫里东游西逛了几天，从来没有把迷宫当成要刻意学习的目标；突然有一天，它们需要学习走迷宫这个技能来获取食物，它们进步的速度又是惊人的。

这个实验可以跟内隐记忆联系起来看，它告诉我们：**学习不需要被标准化**。尤其离开学校以后，没人要求你非得把学过的东西精准地写到考卷上。你大可以把学习当成一种玩耍。看一本书，听一节课，了解一些新知识，没记住也不用懊恼，要相信内隐的加工。有一天真的需要用到这个知识时，你就会发现，学过会让你更容易上手。

警惕惯性带来的失误

虽然内隐记忆可以节省我们的注意资源，不过也要小心，不光有用的东西会进入内隐记忆，有害的东西也一样。比如，过去经历过的一些痛苦也会储存在内隐记忆里，妨碍你后来的生活，这叫"创伤记忆"。我会在下一章跟你讨论创伤带来的影响。

同时，过度依赖内隐记忆的话，会因为惯性而误事。

你一定有过这样的经验：明明计划好了今天办一件事，最后却没做成，就因为两个字——忘了。其实不是忘了，而是之前的内隐记忆太牢固，新的动作插不进去。想在生活中插入一件不一样的事，就要打破内隐记忆设定好的程序，你会遭遇很大的阻力。

比如，你本来想用手机查个资料，但一拿起手机就启动了刷微信、刷短视频的机械动作。半小时之后，你才突然意识到：我要查的资料呢？你完全忘了这件事。

又比如，一个人生病了，需要每天定点吃药。如果他在住院，这个动作很容易坚持，因为他在一个新的环境里，没有固定的生活流程，一到时间就会刻意提醒自己。但如果他出院回家，恢复了熟悉的生活，就很容易受惯性支配而错过吃药的时间。

有时候，惯性甚至会让人付出惨痛的代价。美国有一个新闻，一位父亲习惯了每天开车上下班，后来他的生活出现了一点变化——每天早上出门，他需要开车先把孩子送到日托中心，再去公司。结果有一天他迷迷糊糊，忘了后座上还有孩子，按照原来的习惯直接把车开到公司就离开了。他的孩子在后座上闷了几个小时，不幸去世。

看到这种悲剧，我们总是归结于一句提醒：以后要注意！但如果光靠提醒能有用，就不会有这么多悲剧发生了。全神戒备时当然没事，但人总有掉以轻心的时候。

那我们应该怎么做，才能把内隐记忆造成的负面影响降到最低呢？我更推荐的办法是：在你的行动流程中设置一些绝不可能被忽略的标志物。如果你怕自己忘记后座上有孩子，就每天把公文包放在后座，这样在拿包的那一刻，你一定会看到孩子的存在。如果你怕早上醒来忘了吃药，就在镜子上贴一个便签，这样你在洗漱化妆时看到它，就会想起吃药的事。标志物作为外部环境的线索，有时候远比我们的记忆值得信赖。

02 内隐态度：人真的可以做到没有偏见吗

不仅内隐记忆会在意识看不见的地方影响我们的情感和行为，我们对人和事的态度也常常逃脱意识的审查。这种不易被觉察到的态度，叫作"内隐态度"。

你可能认为，自己对人、对事是什么态度，自己还能不清楚嘛！我喜不喜欢某一个人，愿不愿意跟他一起合作，都可以明确地回答"是"或"不是"。但我们意识到的就是全部吗？有没有可能，一些你不经意间表现出的喜好或拒绝，跟你口头上的回答并不一样？

比如，有人认为自己非常喜欢并尊重伴侣，但偶尔在语气中会流露出某种贬低的意味；有人说自己对身材没有任何偏见，但他交的朋友都是瘦瘦的；有人口头上说"生儿生女都一样"，生活中仍然更偏心儿子。他们是故意说谎吗？不一定。他们的回答或许是百分之百诚实的，但确实有一些意识无法觉察的偏好或敌意在对他们产生影响。

内隐态度真的存在吗

可是，自己都不承认的态度，要怎么才能证实呢？

心理学家们发明了一些实验手段，不但能证明内隐态度的存在，还能证明它们对人的影响超出想象。我想和你分享两个我很喜欢的实验，你不妨代入感受一下。

我要介绍的第一个实验叫"内隐关联测验"，是由一位名叫安东尼·格林沃尔德（Anthony Greenwald）的心理学家在 1998 年提出的。他给被试发一个手柄，上面有左右两个键，屏幕上会依次呈现一些黑人和白人面孔的图片，请被试用左右键来做判断——看到黑人面孔就按左键，看到白人面孔就按右键。除了图片之外，屏幕上还会随机呈现一些单词，这些单词可能是积极的，比如"善良""乐观"，也可能是负面的，比如"野蛮""愚昧"。同样，也请被试用左键和右键来区分。

你有没有发现，这里有一个小小的玄机：同一个键，既用来对面孔做判断，也用来对单词做判断。熟练之后，特定面孔和词语就会形成组合，比如：左键，黑人和"好"词；右键，白人和"坏"词。实验发现，如果把黑人和负面单词放在同一边，白人和正面单词放在另一边，被试的反应速度就很快。说明什么？说明这种关联很顺滑。但如果反过来，把黑人和正面单词组合到一起，被试的反应速度立刻就降下来了。这说明他们觉得这种关联方式有点不协调，每操作一次都需要花点工夫，克服某种内在的阻力。

另一个实验来自珍妮弗·埃伯哈特（Jennifer Eberhardt），她是斯坦福大学的心理系教授，也是《偏见》（Biased）这本书的作者。她给被试先放一张快速闪过的面孔，再请他们判断一张模糊的图片是否具有威胁性。比如，一团被模糊掉的黑影是一把枪还是一个订书机。她发现，闪过黑人面孔之后，被试能够快而准地识别出武器，白人面孔则没有这个效果。也就是说，黑人面孔会让人无意识地做好应对"威胁"的准备。

不要小看它对生活的影响。埃伯哈特发现，同样是有严重罪行的人，那些被认为具有"典型黑人"面孔特征的人，被判处死刑的概率比其他人高出了两倍多。陪审团一定不会承认自己会因为罪犯的长相就潜在地加重对他的刑罚，但事实就是如此。

我还要稍微解释一下，这两个实验的被试都是黑人和白人，因为在西方国家，跟种族相关的偏见更受关注，但同样的偏见也可能存在于职业、性别、受教育程度等方方面面。这些人们意识不到，但事实上确实存在的内隐态度，都可以用上述方法测试出来。

内隐态度是如何形成的

那这些内隐态度是怎么形成的呢？主要有两方面的成因。

一方面是前文刚讲过的内隐记忆。比如，父母苦口婆心地告诫女儿，"女生最重要的是性格好，以后嫁个好人家"；新闻报道肇事逃逸事件时，会特别强调某些汽车的品牌；影视剧里的胖子总是在扮演不太聪明的搞笑角色……尽管在理性层面上，它们不至于改变我们的判断，但那些评判性的态度会以隐蔽的方式一点一滴地被收入内隐记忆里，对我们产生潜在的影响。

另一方面，因为这些年舆论环境的进步，给"歧视""刻板印象""偏见"打上了严厉的道德标签。当这些态度产生之后，我们会把它们迅速藏起来，口头上否认它们。虽然表现出的态度是中立了，但我们没法面对自己，更别提自我反省了。

内隐态度形成之后，不仅会影响我们跟别人的关系，甚至可能进入图式，成为我们认识世界和认识自己的底色，从而影响我们的职业发展和生活的方方面面。

比如，一个女生如果接受了"男生在理科方面更聪明"的刻板印象，哪怕她清楚地知道这是无稽之谈，但仍然有可能在学习数学或物理时，潜在地有一种"差不多就行"的态度。结果就是，她在理科成绩上的表现真的马马虎虎。

同样，一个男性如果形成了"男主外、女主内"的印象，就会下意识觉得女性的工作随便做做就行，照顾家庭才是她们的职责所在。如果这个男性的妻子也认同这一点，她的职业发展就会乏善可陈；如果妻子坚持追求事业，就会跟丈夫产生激烈冲突，甚至离开丈夫。无论哪种情况，都会让男人进一步相信，女性不能太追求事业，否则家庭就会不幸福。

为什么图式对人的一生有那么深远的影响？因为它不光是一种主观的认知，更是一种全方位的隐藏的态度。如果我们面对一个挑战时，内隐的态度是惴惴不安，哪怕口头上不承认，这种态度仍然会像一把磁铁，把我们的人生吸附到它的方向上。

怎样摆脱内隐态度的影响

怎样摆脱内隐态度的影响呢？心理学家提供了这么几条建议。

第一条建议是，不要一厢情愿地认为我们可以很容易地摆脱它。反过来，我们必须先面对自己有多么容易受到偏见摆布这一事实，才会花更多的工夫反思自己。

任何能看到的偏见都不可怕，可怕的是我们不知道自己有偏见，却在被偏见影响。了解了内隐态度的存在，这本身就是价值。它让我们看到：事情没那么简单。爱自己、爱别人、追求平等和尊重，这些大词说起来都很容易，但真的改变起来，却不是一朝一夕的事情。我们可以先承认自己是偏见的受害者，然后才能面对它，一点一滴地努力。

第二条建议是，一旦发现了自己的内隐态度，就要有意识地收集一些与它相反的经验，进行对冲。

比如，有一个男人觉得"男儿有泪不轻弹"，担心自己作为男性流露出太脆弱的情绪是弱小的表现，会被人看不起。那么，他就可以有意识地想一想，生活中哪些强大的男性也表达过脆弱？或者，他可以调查一下，他"看不起"的那些流泪的男性，是不是做过非常了不起的事？获得一些相反的信息，对于打破内隐态度非常有用。

最后一条建议是，要更关注个体的独特性。日本心理学家三宅明（Akira Miyake）做过一个研究，叫作"价值观唤起"。他发现很多女大学生会有"女性不擅长物理"的内隐态度，从而导致她们自证——在物理成绩上表现不佳。他请所有大学生在第一节物理课上完成一个写作练习：一半的人写下两三条"自己看重的价值观"，说出它对自己的意义；同时还有一个对照组，只写出价值观跟其他人的关系。结果，神奇的事情发生了。实验组的学生在物理成绩上因为性别态度导致的差异竟然缩小，有的甚至消失了，女生的成绩跟男生一样好；对照组的学生则没有这个变化。这是为什么呢？

因为我们在探索自己的价值观时，会把自己看成一个活生生的"人"，而不仅仅是"女性""黑人""农村孩子"等。内隐态度的影响就减弱了。

这也有成长型思维的影响：把自己看作一个独特的人，就会更关注成长和变化，它是鲜活的，可变的。而内隐态度往往指向那些固定不变的标签。**要克服无意识当中的偏见，一个好办法就是提醒自己，多从个体化的视角去欣赏一个"人"的特别。**

03 内隐规则：哪些无形的规则在影响你

除了记忆和情感偏向，还有一个看不见的因素会对我们的生活造成影响，那就是我们在头脑中给自己设置的规则：在什么条件下我应该做什么，不能做什么。

规则同样有外显和内隐之分。对于看得见的规则，我们都很熟悉。法律禁止你破坏别人的财物，道德要求你在别人遇到困难时伸出援手，公司规定你必须早上 9 点之前到岗，这些规则人人都能说出来。除此之外，还有看不见的规则吗？

举个例子。我给研究生上课时，有些课安排在周末。我发现，那些有孩子的女生在周末会特别坐不住，上课时经常出去接电话，下课后会第一时间回家。有一次课堂分享，很多人都提到了"愧疚"。她们觉得周末应该是陪孩子的时间，用来上课对孩子很抱歉。同样的现象在工作日的课堂中就不会发生，在同样有孩子的男生身上也很少发生。

请问，有任何一条法律或者道德规定，周末陪孩子是妈妈的任务吗？当然没有。即便夫妻商量之后已经达成一致，爸爸说："别担心，你去上课，今天我来陪孩子。"但很多妈妈仍然在心里觉得，丈夫在"替我"承担陪孩子的责任。这就是内隐规则。

"内隐规则"这个概念，是由安东尼·格林沃尔德和马扎林·巴纳吉（Mahzarin Banaji）两位学者在 1995 年提出的。意思是，大脑会在我们意识不到的时候，分析在不同情境下我们在扮演怎样的角色，以及我们该做什么、不该做什么。也就是说，它和社会角色是高度相关的。

下一章我们就会学到，每个人都会在关系中为自己设定角色——我是打工人、朋友、陌生邻居，是长辈或晚辈，是领导或下属。不同角色应该有怎样的言行举止？我们往往是通过生活经验的观察，形成潜移默化的规则。我们从父母身上学习，从身边的人身上学习，从书本和影视剧中学习。有时是学到了某个角色应该是什么样的，有时是看到"反面教材"，然后告诫自己一定不能那样做。这些规则形成后，会被我们用于约束自己。

觉察内隐规则

如何察觉内隐规则的影响？有一个很简单的办法。

当你在生活中认为一件事明显要做或者不能做时，请你问自己："违反了这个限制，最严重的后果是什么？"如果你能立刻回答上来，比如"随地吐痰，罚款 5 元"，或者"工作没有完成好，老板会把我骂一顿"，这就是外显规则。但如果你的答案比较模糊，只是觉得"那样当然不行"，这往往就是你对当下这个角色的内隐规则。

"当然不行""就该这样"或者"那样不太好吧"，一旦听到内心发出这样的声音，你就要知道，这些都是系统 1 的自动判断。虽然它会提高我们的反应速度，同时也会划定出无形的禁区。如果用理性做一下判断，就会发现很多规则存在商榷的余地。

我在大学开过一门必修课，布置了一份期中作业，是读书报告。有一个同学问我，这份报告在总成绩中占多少分，我告诉他 15 分。他说："不交的话只会扣 15 分，对吗？"我完全没想过这个问题，我说："你当然得交了，这是课程任务。"他说："我知道这是课程任务，但如果我就是不交呢？除了扣 15 分，还有别的惩罚吗？"我想了想，确实没有。他说："那我就不交了。"后来我才知道，他那段时间在准备另一个重要的项目，时间分配不过来，必须做出取舍。价值 15 分的读书报告，是他可以舍弃的。

这件事对我造成了很大震撼，我自己一直以为，"学生"这个角色是不能不交作业的！迟交两天没问题，质量草率一点也可以，但如果彻底不交，我会觉得：那怎么行？

你看，这就是我的内隐规则。我根本问不出"不交的代价是什么"这个问题。只有跳出这个规则，才会发现，不交的代价不过如此，必要时是可以承担的。

生活中有多少我们想当然的、天经地义的"应该"或"不可以"，其实只是没有被有意识地思考过。无意当中，内隐规则让我们错过了多少原本存在的选项呢？

减少内隐规则的限制

怎么才能尽量减少内隐规则的限制呢？

你可以做一个日常的功课，让内隐规则进入有意识的思考。一共分成 4 步。

第一步，找一张纸，罗列出你在生活中最常扮演的角色，包括不同的层面。比如在职业层面，你是老板还是员工？上级还是下属？甲方还是乙方？家庭层面，你是父母、子女或夫妻中的哪一方？以及社会生活层面，你是朋友、邻居、一个好公民……

把这些角色列出来之后，第二步是思考：你对每一个角色都有哪些想象？有哪些典型的事情是你认为这个角色"应该"做到或"绝对不能"做的？

比如，"平时上班，周末陪伴孩子"也许就是一个人对"妈妈"这个角色的想象。另一个人可能会把"爸爸"的角色想象为：每天都在外面忙，但他必须满足家庭的一切物质需求。这些想象没有正确错误之分，它们只是被你当作天经地义的要求，你先把它们不加评判地写下来。一个角色可以写出好几条。

第三步，你对每一条都有意识地思考一遍：如果没有做到，最坏的后果是什么？

这时候请运用系统 2，慢一点，用理性逻辑思考后再做出回答。哪怕你的第一反应会觉得不可思议：怎么可能不这么做！别急，用你的想象力把故事补充完整，假如确实没有这么做，接下来会发生什么？妈妈周末去忙自己的事了，然后呢？回到家好像也没什么，孩子跟爸爸度过了快乐的一天，只不过妈妈心里"咯噔"一下：我这样是不是有点不称职？你就把想象中的结果写下来：没有什么严重后果，只是妈妈会有一些内疚。

最后一步，请为每个后果打分。1 到 10 分，代表从"完全不重要"到"至关重要"，借此评估一下它在你心里的重要程度。这是一个完全主观的评分，同样没有对错之分。

如果你拒绝了一个朋友的请求，后果是对方认为你不够意思，"被朋友看成不够意思的人"这件事对你的重要程度是 1 分还是 10 分？都有可能。但无论如何，经过这个练习，你会把自动认定的"不可以"

变成一个理性评估过的分数。

　　做完这件事，你可能会发现日常并没有什么变化。这很正常，认识到角色和规则并不意味着一定要做出改变。大多数时候你还是你，只是意识到了自己在遵守怎样的规则。但如果有一天不得不做出取舍时，你就有了一个判断标准，会更容易做决定。

　　如果你觉得这个功课太费时，我再教你一个简单的技巧，是我做心理咨询时经常用的。那就是在做选择时，有意识地加一句话，说出自己受到了哪个角色的规则影响。

　　比如，妻子问丈夫为什么把那么多工作带回家，丈夫不能只说"老板让我做"，还要说出"作为一个下属，老板让我做，我不能拒绝"。再比如，妈妈可以跟孩子解释，周末为什么不能陪他："作为一个职业人士，妈妈想多学一点东西，对职业发展有好处。"

　　培养出这种习惯，就可以避免一些无意识的角色混淆。比如，男女在沟通时经常发生情感上的错位。女生对伴侣倾诉自己的困扰，男生会习惯性地认为自己应该指出她的问题所在。如果男生这时候有意识地说上一句"作为你的男朋友／老公，我想……"，他就会立刻意识到，作为伴侣，这个角色要做的是提供理解和安慰，而不是教导。

▶▶▷ 第三讲
文化：集体的无意识

01 跨文化对比：如何发现思考方式的盲区

讲到不被觉察的心理机制，就不能不提文化。

你有没有发现，现在讲到的大多数心理机制都是欧美国家研究发现的，而且被试往往来自大学生群体。为什么呢？因为大多数心理学家都在大学工作，最方便的研究样本就是大学生。这是有问题的，从这群人身上得到的结论，一定是放之四海而皆准的吗？

为了弄明白这一点，心理学家开始进行跨文化对比研究，就是对不同文化背景下的人群样本进行对比。不比不知道，文化对心理机制的影响比想象中的大多了。它就像房间里的大象，看不见摸不着，但潜移默化地影响着我们思维和决策的机制。精神分析学家荣格认为，文化也是一种无意识，叫作"集体无意识"。

不同文化下的"自我"

文化会怎样影响人的心理过程呢？你可以先做个简单的测试感受一下。

请你拿出一张纸，迅速写出关于自己的 20 个陈述，它们都用"我……"开头，内容上没有任何限制，只要是关于你自己的介绍，无论是你的身份、职业、个性、爱好……什么都可以。唯一的要求是，角度要有差别，涵盖的角度越多越好。

写完后，请你对这些陈述做一个分类。有些陈述指向你个人的特征，比如，"我喜欢音乐""我在学习心理学"或"我是一个有执行力的人"。另一些陈述涉及你和别人的关系，比如，"我没有结婚""我爱我的父母"或"我在单位当领导"。请注意，对职业的描述也牵扯到了关系，就像"我是一个老师"，虽然看上去只有我一个人，但它描述了我在社会中的位置。如果没有其他人听我讲课，那我当然就不是老师了。

接下来，请你统计一下，在 20 条自我陈述中，即你用来定位"我是谁"的坐标里，有多少条跟你个人有关，又有多少条跟你的社会关系有关。

这是一个著名的跨文化心理测验，叫作"20 项陈述测验"，研究的是不同文化下的人有何不同的自我陈述方式。

美国大学生做这个测试，90% 以上的条目都在描述自己的特质，比如"我很勇敢""我喜欢打篮球""我有抑郁症"……这意味着他们对自我的建构是独立的：我是怎样一个人，这一点只跟我自己有关，不受其他因素的影响。这叫"独立型自我"。

但在另一些被试那里，比如非洲肯尼亚的原住民，60% 以上的自我陈述都是关于自己的家庭、职业、社会地位，比如"我是家里的老大""我有很多朋友""我乐于助人"……他们对自我的定义包含了自己跟周围人的关系，离开了那些人，他就不知道怎么描述自己了。这叫"互依型自我"。

在一个群体中，多数人都是互依型自我，他们形成的文化就叫集体主义文化。中国人就是这种文化。传统思想的"忠孝节悌""三纲五常"，都是从关系定义一个人。

既然连"我是谁"这么基础的问题在不同文化中都有不同表现，那么知觉、图式、动机、思维方式……这些更复杂的心理机制，当然也会受到文化的影响。

文化对知觉的影响

你看到一个画面时，通常会看到一个需要重点识别的主体信息，和附带的背景信息。比如，鱼在水中游，鱼就是主体，而海草、珊瑚、漂浮的泡泡还有其他鱼就成了背景。那么当你看到这样一幅图的时候，你是会重点关注中间那条鱼，还是会同时加工它周围的背景信息，把它们知觉为一个整体呢？不同文化下的人，知觉的习惯是不一样的。

有研究对比了美国和日本的大学生，发现日本学生会自动把主体的鱼和其他背景信息一起描述出来，比如"我看到了 1 条红色大鱼，5 条黑色小鱼，3 根海草"；而美国被试往往只会在图上"看到 1 条红色大鱼"，背景信息就是他们的知觉盲区。

研究者还发现，假如换一张图片，主体的鱼不变，放到了不同的背景里，让被试识别哪些鱼是刚才看到过的。这时候美国大学生的准确率会更高，因为他们只记得中间那条鱼；而日本大学生会更容易出错，因为他们更关注整体，背景换了，原来的鱼也认不出来了。

在这方面，中国人与日本人类似，偏向于互依型自我。我们在加工一个事物时，很容易就会把它的背景信息一起算进去。举个例子，有一位父亲给我留言求助，说他不看好儿子新找的女朋友，他想知道怎么跟孩子沟通。为什么不看好这个女孩呢？他没有给出具体的理由，只是说："春节时儿子带女朋友回家，亲戚们聊过之后都不太看好。"

这很有意思。明明应该讨论关系本身的问题，但我们不知不觉就纳入了别人的看法。可以想象，假如当时亲戚们交口称赞，这位父亲对女孩的印象就会随之改善。

那么，抛开其他人的评价，一个人自己的判断是什么呢？这一点，习惯于互依型自我的人尤其要有意识地多想一想。

文化对思维方式的影响

文化也会影响我们的思考方式，本章后面会讲到"归因风格"，意思是，一个人习惯从哪些角度解释一件事的成因。这种思维方式也会潜移默化受到文化的影响。

在个体主义文化下，人们更倾向于把一件事归因于当事人自身的品质，而受集体主义文化影响的人，会考虑更多当事人之外的因素。比如，作为中国人，我们取得成就的同时一定会先感谢集体，什么领导指挥得好，团队配合得好。而西方人就会毫不谦虚地把一切看作"我"个人的成功，虽然也感谢别人的帮助，但首先是我自己很了不起。

互依型自我的特质会让我们在成功面前更谦逊，心态更平和，但当坏事发生的时候，我们也更倾向于先从环境中找原因。我们会想，一个人犯错误，说不定是受到了教唆，或者迫于压力，没办法。

清华大学的彭凯平教授做过很多跨文化比较研究。他发现，不同国家的人对同一起校园枪击案有截然不同的看法。中国学生更关注外部因素，他们了解到凶手曾经有一个女朋友，第一反应就是"假如那个女孩没跟他分手，说不定悲剧就不会发生"。美国学生的反应刚好相反，"幸亏他们分手了，否则这个女孩也会惨遭毒手"。

你看，美国人首先把罪行归因为当事人的个体因素，这个人做了坏事，这说明他就是一个坏人，跟谁在一起，他都会干坏事；而互依型文化的特质则会关注他经历了什么，这能让我们更全面地理解一个人，同时也可能模糊当事人行为的责任边界。

对矛盾的耐受

除了集体主义文化之外，还有一种文化基因对中国人，甚至整个东亚地区影响至深，那就是辩证主义文化。它的象征就是那幅著名的

"阴阳图"——两条阴阳鱼，黑中有白，白中有黑，相互流动和转换。这个形象早就扎根在我们的无意识当中。

我们常常说"吃亏是福"，这个道理似乎再好理解不过了，但西方人就会觉得莫名其妙：到底是吃亏了，还是占便宜了？这是因为他们没办法同时处理"矛盾"。

阴和阳既是一对矛盾，又是一个整体，所以东方人把矛盾的事物看作是对立统一的，万事万物都在不断变化，没有纯粹的黑或白。这让我们在内心深处就耐受矛盾，甚至喜欢矛盾。而西方文化对矛盾的处理受到了亚里士多德哲学的影响，"A 不等于非 A"。换句话说，只要对一个事物做出判断，也就否定了对立的判断。

精神分析对西方思想界造成的颠覆之一，就是揭示了人性的矛盾之处：意识层面的 A，可能反映了无意识层面的非 A。一个看上去强硬的人，无意识当中说不定刚好有软弱的一面。但在中国，我们根本不需要学习精神分析理论，就会认为这是一个常识。

我们不仅能够容忍矛盾，甚至对它还有所偏好。你可能在上小学的时候就意识到了，只要阅读理解题里的某个选项出现了"一定""永远""绝对"，那它多半是错误选项；但如果出现了"可能""相对""有时候"，那多半就是正确的。我们发自内心地相信，对任何一边倒的信息，都要留一个心眼。今天在网上看到一些社会新闻，你感到义愤填膺的同时也会提醒自己：别急，等反转。这几乎已经成了当代网民的一种基本素养。

彭凯平教授还做过一个跨文化的对比研究，给中国和美国的大学生依次呈现两条相反的观点：吸烟会导致体重下降，以及吸烟会导致体重增加。然后观察被试会怎样处理这种矛盾的信息。他发现，美国大学生的处理方式是"回避矛盾"，也就是迅速站队，旗帜鲜明地支持一边，同时反对另一边——这样一来，不就没有矛盾了吗？

有趣的是，当美国大学生选择站队之后，再给他们呈现一些对立的证据，他们就会拼命地否认这些证据。这也是为了回避矛盾，不但不改票，还会愈发坚持先前的观点。

中国大学生处理矛盾的方式就要有弹性得多。就算他们支持一个观点，也会承认对立的观点说不定也有道理。正反两方面的声音他们都会听，认为"兼听则明"。

他们甚至还会"打圆场"，哪怕是一开始就不赞成的观点，如果不断增加反对的证据，他们反而会退一步，说："不要那么极端……"这是什么意思呢？打个比方，如果我说这本《心理学讲义》很好，你一开始是反对的："李老师是在自卖自夸，哪有那么好？"但如果你接收到更多的负面评价，比如"没错！这本书糟透了！"你就会反过来打圆场："是不是有人在故意黑李老师？他也没那么糟吧？"反方的强大，反倒稀释了你的对立。

你看，这就是"阴阳图"揭示的思维结构：**我们面对矛盾信息的此消彼长，始终倾向于回到中间的位置上。**只要是某一方强烈支持的观点，你就会觉得不那么可信；而你反对一个观点到了某个程度，又担心走极端，会反过来想：它是不是也有可取之处？

看到这里，你有没有觉得很累？这也不行，那也不行，最后到底要怎样？好像没有定论。这恰恰是我们这种文化的认知偏好。好处在于，它让我们想问题更全面；缺点则是把事情想得太复杂，会增加我们的认知负荷，尤其是在需要快速行动的时候。

对整体性的把握

跟集体主义文化一样，辩证主义也会强调对整体性的关注。

阴阳就是一个整体，没有阴，就没有阳。这种"互为一体"的模型让我们在考虑问题时往往会从全局出发，而不只看到线性的因果关系，只会"头痛医头，脚痛医脚"。

有一个故事是，有人发现家里有老鼠，于是养了一只猫。可是，尽管猫非常努力，却始终不能把老鼠抓干净，原因是什么？

如果用线性思维分析，原因只能出在猫或老鼠身上，要么是猫太笨，要么就是老鼠太狡猾了。但我估计，你很快就想到了一个更复杂的故事，那就是：如果猫把老鼠抓干净了，主人就不会再养猫了。也许是因为这一点，猫和老鼠会达成某种平衡。

你看，这是多么复杂的逻辑，不仅有猫和老鼠，还有主人，有猫对主人心思的揣摩，有未来的变化，三方的博弈。只有纵观全局，才能做出如此复杂的推演。

中国人的直觉中包含很多反线性的智慧，像是"欲擒故纵""以退为进"。有一些父母看到孩子取得成就，明明感到骄傲，却故意给孩子"泼冷水"。他们的解释是，不能只看孩子这一刻的成就，还要考虑他长远的心态养成。他们认为适度的打压能帮助孩子保持谦虚，过度的表扬反而让他失去斗志。要说明的是，对于这种做法，我个人并没有赞同的意思。

不过，我们关注整体的同时，免不了减少对局部细节的加工。这一点，只要看中西方的绘画风格就一目了然。中国的山水画只用寥寥几笔就可以勾勒出一座山，但是画面中的石头和树的位置是否准确？山顶的凉亭和山下的树，真的可以在同一个视角中看到吗？这些并不重要，因为画家想呈现出的是整体的格局。西方的油画就会专注于描绘细节，也许画面中只有一棵树，但是画家对树枝的形状、树叶的颜色、树干与树冠的比例都力求画得精准。

整体思维也会影响我们的沟通方式。西方人推崇的表达是清晰、准确，减少误解。而东方人说话也像画画一样，点到为止，听的人得自己结合语境补充出完整的意思。就好像夏目漱石那句著名的情话："今晚的月色真美。"你想想，要脑补多少层，才能得出"月亮每天都一样，但今晚跟你一起看月亮的心情不同，说明我喜欢你"这层意思！

02 跨文化沟通：如何理解那些"不可理喻"的人

人们是如此容易受到文化的影响。如果你在国外上学或工作，或者在跨国公司，会经常注意到文化差异的存在。但如果你平常并不需要跟外国人打交道，是不是就不用关注文化的影响了呢？也不一定。就算是在中国人内部，也存在不同的亚文化。

随着城市化的进程，很多人去到远离家乡的城市生活，身边的伴侣、朋友、同事都有可能具有不同的亚文化背景。比如，不同的成长经历、教育背景、职业经验，来自南方或北方，城市或乡村。这种碰撞也许不像在异国他乡那么激烈，但你有时候仍然会感叹："这个人怎么这么不可理喻？"这时候，你就需要学一些跨文化沟通的技巧。

按照我的经验，当你觉得某个人"不可理喻"的时候，大部分情况下他其实都有自己的道理，只是这个道理必须放在他的文化背景中才能讲得通，而我们常常忽视了这一点。甚至亲密关系中的伴侣，看似非常了解对方，但如果发生冲突，一方就会习惯于从自己的文化出发，觉得：这个人怎么会这样想？也许谁都没有错，只是文化不同。

面对一个来自不同文化背景的人，怎样才能更好地沟通？要分3种情况来讨论：你是游客，你是主人，或者你是沟通双方的"翻译"。

视角一：游客

游客视角指的是，你作为一个外来者要怎样理解、融入不同的文化。比如，你作为一个新员工入职，新加入一个圈子，空降到一个新的部门，或者跟伴侣一起回他/她的老家过年，这些时候，你就会经历这种挑战。

如果你有出国旅行的经验，一定有过这种感触：在一个陌生的国度，生活的方方面面都必须从头学起，这常常让你感到不知所措。但其实，作为游客，你有一个最大的优势，就是能清楚地意识到差异。只要能主动意识，任何差异都不可怕。

你可以随时向当地人请教这个问题："在你们这里，这意味着什么？"这个问题足以解决一切跨文化沟通的困难。你要相信，任何一个你不熟悉的行为，背后都有特定的含义。提问时不要带着评判的眼光，这不是为了比较谁好、谁坏，只是在学习跟之前不一样的视角。比如，一个习惯了集体主义文化的人来到独立型自我的国度，他试图对别人表达热情时，有些方式也许会被别人当成一种"越界"；而深受辩证主义文化影响的人要学会在表达个人态度时更直接，如果说得太委婉，对方可能会听不懂。

作为游客，刚开始接触一种新的文化，会觉得处处是惊奇和趣味。这段时间叫作"蜜月期"，通常至多持续 3 个月时间。一旦超过这个时间，就会进入文化冲击期，这之后你会感觉越来越糟。为什么呢？因为你对新的文化开始有了一种抵触。你过去一直在用含蓄、委婉的方式表达意见，现在你融入了一个表达情感非常直接的环境，虽然一开始觉得新鲜，但长期用这种方式表达还是会有一些别扭，会觉得"这不是真实的我"。

不用担心，有研究发现，文化冲击是可以随着时间逐步缓解的，差不多在 6 ~ 18 个月之后，你会经历文化整合。文化整合的意思是，你可以自如地在两种不同的文化之间切换，既保留从前的文化认同，也能熟练应对新的文化要求。

视角二：主人

那么，如果你不是那个游客，而是主人，事情又会怎样发展呢？

主人和客人的差别在哪里？作为主人，你待在自己熟悉的环境里，对于文化因素就会更不敏感。面对那些来自其他文化的"少数派"，你常常更难意识到对方有一些反应需要放在他们自己的文化当中去理解，否则就会产生不必要的误解和冲突。

我先举一个自己的例子。我上大学时，有一次参加一位德国老师的培训。他是一位老教授，一边讲课，一边拿出卫生纸呼哧呼哧地擤鼻涕。那个声音被麦克风放大之后，回荡在整个教室里，但他一点儿都不觉得不自然。我当时非常震惊，心想：他完全不在乎社交礼仪吗？一个大学教授，擤鼻涕这么私密的事情，他怎么能做得这么嚣张？

但我后来意识到，这肯定不是他不讲礼貌，而是在他的文化里，这个行为不需要藏起来。而我能意识到这一点，是因为能一目了然地看出对方是一个"老外"。如果他长着一张中国人的脸，我就不一定能想到用文化去理解了。

这种差异在生活中比比皆是。比如，一个豪爽好客的北方人跟一位来自南方的朋友吃饭，南方朋友要求 AA 制，北方的主人也许就会嘀咕："他是对我有意见吗？"但在对方看来，这反而是一种礼节和尊重。再比如，夫妻俩回男方老家过年，在那些习惯由女性承担家务的地方，老两口看到饭后儿子主动刷碗，就会猜"儿子是不是在婚姻里受气"。

这就提醒我们，生活中如果看到别人做出我们无法理解的事，先不要用自己的思路对这些行为下判断。想一想，这个行为在对方的文化背景下有没有不同的解释？

作为主人，我们虽然不需要去迁就对方，但要注意到客人在陌生情境中的不安，帮助他们理解背后的文化差异。

举个例子，我们招待来中国访学的外国老师，经常带他们去一家地道的北京饭馆。但很多"老外"坐下来后常常表现得局促不安。后来我才知道原因：那里的服务员从客人进门开始就大着嗓门吆喝，还有的服务员收拾碗碟非常用力，发出乒乒乓乓的响声，客人们吃高兴了，还会高声劝酒。习惯了在安静就餐环境的人就会把这些声音理解为：这里有人在吵架。我告诉他们，这种声音在中国文化里代表热情，他们就安心多了。

你看，主人习以为常的很多事，对于来自另一种文化的客人来说，都需要解释和适应。从我们的自动反应里跳出来，澄清这些差异，也会增加我们对自己的觉知。

视角三：翻译

不过，随着跨文化交流越来越常见，有时候我们也分不清自己究竟是主人还是游客了。面对生活中随处可见的文化碰撞，我们还需要扮演一个重要角色，就是翻译。

翻译要做的只有一件事，就是不断把一种文化的习惯用另一种文化的语言阐述出来。两个不同文化背景的人相处，都觉得对方不可理喻，这时候需要有一个人提出这个问题：有没有可能，我这样做是在表达这个意思，但在你的理解里却是另一种意思？

这种碰撞不只发生在来自不同国家、不同背景的两个人，甚至在朝夕相处的人身上也常常发生。比如，我做夫妻咨询时常常遇到这种情况，妻子一提离婚，丈夫就非常生气。妻子不理解为什么不能谈这个话题，而丈夫认为妻子说这种话过于任性。

其实，我们可以用文化差异的视角把夫妻俩想象成在不同"文化"背景长大的人。我问他们："在你们各自的成长经验里，夫妻一般在哪些场合下会谈到离婚？"妻子说："讨论离婚的可能性，说明这对夫妻在开诚布公地面对彼此，而不是真的要离。"丈夫会说："我认为最绝望的夫妻才会谈到离婚，这代表他们的婚姻已经没希望了，离婚是解决问题的最后手段。"所以，妻子一提到"离婚"这个词，丈夫就觉得她在否定他们的婚姻。

谁才是对的呢？无所谓，只要他们看到这种差异，问题就解决了一大半。

我们永远不能假定，对方表达的一定是你理解到的那个意思，要知道亲如夫妻的人也可能相互误解。所以，每当你觉得对方不可理喻，想说"你怎么能这样"的时候，就提醒自己翻译一下：在他的文化里，他这样会不会是在表达什么不同的意思？

有人讲话很刻薄，也许在他的文化里，这是在表达亲密，他把你看成了自己人。但你听完之后不舒服，就要让他知道：在你的文化里，你感受到的是不被尊重。

随着社会越来越多元化，我们每个人都需要增加自己对于跨文化沟通的经验，并时刻提醒自己：**我认为的天经地义，对方的理解也许是不一样的。**洞察了这个无意识的机制，无论是增进人际关系，还是认识自我，都会非常有帮助。

▶▶▷ 第四讲
情绪：可控的不可控

01 象与骑象人：理智可以控制情绪吗

学完了那些常常不被觉察的心理机制，这一讲，我们来学习一种你每天都要接触的心理过程，那就是情绪。

虽然对情绪司空见惯，但我们常常觉得情绪介于可控和不可控之间，既包含了自动化的生理唤起，也包含了日复一日的觉察、引导和行动。比如，突然听到一声巨响，我们并不需要任何思考，就会启动恐惧的情绪。可是另一方面，我们并不满足于情绪的自动发生，更希望通过理智的引导，对自己的情绪过程加以约束。甚至有时候，我们把控制情绪当作"成熟"的标志，会说出"你已经是一个成年人了，不要老陷在自己的情绪里"这种话。还有很多关于情商的理论，教你如何更有技巧地表达情绪、改善人际关系。

但是，我们真的可以掌控自己的情绪吗？

你可能听说过"象与骑象人"的比喻，它把情绪比作一头古老而强壮的大象，我们的理智则像是那个骑在大象背上辨识方向的人。

这是一位叫乔纳森·海特（Jonathan Haidt）的心理学家提出的比喻。我认为这是对情绪这一心理机制，最精辟和富有智慧的一个比喻。它不但可以阐释情绪与理智的关系，也可以帮助你理解身体和心灵、系统 1 和系统 2、自动反应和可控反应之间的关系。

接下来，我就用这个隐喻来帮助你理解情绪。

情绪为何如此强大

为什么要把情绪比作大象呢？因为情绪是原始的、莽撞的，也是力量巨大的。

想想人类幼崽，他们的情绪来得快又莫名其妙。你陪一个小孩子玩儿，上一分钟他还好好的，这一分钟就号啕大哭。任何一件事不如他的意，都可能酿成一场灾难。这时候，你会无比希望他快点长大，学会控制情绪。这也是为什么"情绪化"在很多人看来带点贬义，它就像是说一个人像小孩子一样不讲道理，随时可能出现难以预料的反应。

不仅别人的情绪会给我们带来麻烦，我们自身的情绪也是一个问题。比如，有人考试时会不受控制地感到紧张，而在紧张状态下，系统 1 会犯更多不该犯的错。

但问题是，尽管我们知道情绪会带来这些影响，仍然难以跟它巨大的力量抗衡。为什么呢？从自然演化的角度看，因为理性脑比情绪脑出现得更晚，也更薄弱。

脊椎动物最先进化出的是原始的大脑。接下来，哺乳动物在原始大脑的基础上发展出了下丘脑、海马、杏仁核等结构。这些结构被统称为"边缘系统"，也是情绪的大本营。所以，哺乳动物有情绪，会恐惧，会愤怒，会冲动。然后，大脑进一步演化，逐步发展出前额叶皮层，也就是所谓的"理性脑"——这已经是最近几百万年的事了，是灵长类动物的专利。无论是系统 2，还是理智、推理、自我控制这些心理功能，都集中在这个新出现的区域。所以，尽管它很高级、很精密，但远远不如情绪更原始和强大。

情绪到底强大在哪儿呢？你看，它是自动的，不需要刻意地训练和启动，而理智必须通过主观意志力的调动才能起作用。节食的时候，你必须有意识地控制自己吃一些低热量的食物。而当你看到一块奶油蛋糕、一把烤串或一锅小龙虾的时候，那种欲望简直是与生俱来的。你确实能克制一两次。但是心理学实验发现，你在这里消耗了意志力，接下来在别的事情上就没那么容易控制住自己了。换句话说，理性的力量是有限的。

谁也不能每时每刻都在监控自己。所以，短期内可以理性做决定，但长期来看，还是抵挡不过情绪的力量。这就是为什么我们总说"道理都懂，但就是做不到"。

理性不足以和情绪对抗

理性就像骑在大象身上的人，它必须意识到自己跟大象在力量对比上的悬殊。

理性层面上，谁都希望自己能够成熟、智慧、有远见，永远做出正确的选择。比如，亚里士多德就曾经把理性比喻成一个骑手。他认为，人类文明的发展方向就要像驯马一样，学会用理性驯服欲望；如果驯服不了，说明你付出的努力还不够。

这个想象误导了人类很多年。现在我们知道了，理性没有这样的力量。如果说，人和马的力量对比没有那么悬殊，人还可以幻想通过"锻炼"增加对马的掌控力，那么，人在大象身上就完全没有抗衡的可能。对大象使蛮力，吃亏的只能是你自己。

所谓的情绪控制，本质不过是否认和隔离。我还是用例子来解释。

有的人明明受了委屈，却咬着牙说"我不气"。他真的没有生气吗？不是，他只是假装自己的愤怒不存在。这就像小孩子在面对一块饼干的时候告诉自己"我不馋"，或者一个成年人在失落的同时自我安慰"没什么值得难过的"，都是出于假自我的要求：真实的感受分明不是这样，但为了被社会认可，只能装作看不到那些感受。

这是扬汤止沸，等到忍无可忍的那一天，情绪就会爆发得更厉害。

口头不承认情绪还算是好的，更糟糕的情况是，根本意识不到情绪。无论是面对巨大的危险、失去重要的关系，还是遭遇不公正的对待，都心如止水。在精神分析的术语里，这叫"压抑"，也就是彻底把感受埋藏到无意识中去。这样的人看上去很淡定，骂不还口、打不还手，但那些被压抑的情绪会以更隐蔽的方式伤害他自己。他们更容易罹患抑郁症、滥用物质，甚至是得癌症。从身心健康和长期发展的角度看，这都得不偿失。

既然如此，不如早一点承认：大象很强，我的理性控制不了。这样，就算我们控制不住情绪，至少不会把它当作自己的软弱或失败，令自己陷入更大的痛苦。

理性与情绪的合作

可是，承认了情绪的强大，我们就只能接受它横行无忌吗？我们的生活不就乱了套吗？别急，尽管骑象人的力量不足以战胜大象，他仍然可以跟大象和谐相处。

放下对抗，理智需要找到新的方式跟情绪相处。

"象与骑象人"这个比喻，来自于乔纳森·海特某次骑马的经验。他在一个自然公园，骑马走到一段陡峭的山路，快转弯时，突然不知道该怎么控制马匹转弯。这让他无比恐惧：万一马径直往前走掉下悬崖，怎么办？但他担心的事并没有发生，这匹马自然地转了弯。海特意识到：马知道自己在做什么！人不需要操控它的每一步。

骑象人也一样，不需要用自己的力量控制大象向前走，只要跟它合作就好了。

你想想真实世界里的骑象人，他们稳稳地坐在大象背上，就像多年的老友。他们想去哪里，只要一个口令、一个动作，大象就心领神会。这是因为他们比大象更有力量吗？当然不是，是他们喂大象吃香蕉，给它刷毛，陪它玩耍，与大象逐步建立起了合作关系。

这是一种新的关系：既不是战胜，也不是屈从，而是合作。合作的基础在于双方相互尊重、了解与沟通。骑象人没有与大象抗衡的力量，却有足够的智慧去理解对方，比如它喜欢什么，讨厌什么，哪些原则它一定要坚持，哪些刺激会触碰它的"逆鳞"，它日常行动有哪些模式，作息有何规律，如果要跟它沟通，它会对怎样的信号做出回应，等等。

掌握了这些规律，骑象人就可以轻松自如地坐在大象背上，不需要与它对抗，就可以跟它一起安稳地前往想去的方向。这就是我们期望理智与情绪达成的关系。**情绪并不是被理智"驯服"，而是充分顺着自己的性子，与理智在合作中达到默契与平衡。**

02 情绪管理：如何跟你的情绪和平共处

理智不能靠"蛮力"控制情绪，而要与情绪建立一种信任与合作的关系。这种关系具体是什么样的呢？这就涉及一个近些年非常流行的概念，叫作"情绪管理"。

请注意"管理"这个词，它不是"控制"。只有承认自己无法控制一件事，你才需要学习管理。比如，老板要承认每一个员工的个性，才得升级管理方法，激发员工的工作热情。如果是控制关系，那就是奴隶主跟奴隶，只要发号施令和服从就够了。

如何更好地管理情绪？我会从 3 个方面展开。

把情绪当成朋友

第一个方面是基本态度，你要学会把情绪看成自己的朋友。

上一章我们提到过不同的建构，这个社会有一种潜移默化的建构，就是害怕情绪。你想，有多少次你跟别人表达自己有压力时，对方的第一反应是"不要这么想，不需要有压力"，或者是"振作一点，这种事没什么好郁闷的"。也许他的语气真诚又恳切，他说这些话也不是为了否定你，但他确实传递了一个信息：你的情绪是不好的。

我们经常把情绪建构为一个捣蛋鬼。我们给情绪贴标签，分成"正面情绪"和"负面情绪"。负面情绪就不用说了，生气、紧张、难过……我们一直想努力避开。但可怕就可怕在，连正面情绪我们都害怕它过度。就像特别开心的时候，亲近的人会提醒我们：不要得意忘形，小心乐极生悲。明明是好情绪，我们却担心肆意表达就成了坏事。

为什么我们会如此地害怕情绪？

本质上，现代社会期待更高的效率，需要对不同人的行为进行预测，而情绪恰恰是一个不可预测的变量。你想，我们总觉得小孩子很麻烦，不就是因为他们喜怒莫测，随时可能制造问题嘛！所以我们才把"懂事"作为一种褒奖。懂事的意思就是，别人让你干什么你就干什么。当你变得可预测之后，相处起来就让人省心，效率自然就高了。

但你肯定发现哪里不对劲了吧！这个目标从一开始就舍弃了一部分自我的意志：如果只能做出符合别人期待的事，那自己的利益如何保障呢？小孩子的玩具被父母送给别人，父母说："哭什么哭？你是个大孩子了，要懂事。"那成年了，碰到利益分配不公平的状况，我们是不是也要接受"你是个老员工了，要懂事"这种说法呢？

情绪才是真正站在你这边的。愤怒也罢，悲伤也罢，虽然它们可能会给接下来的事态造成麻烦，但它们是真的在为你的利益操心啊！反倒是对于指责这些情绪的声音，你要留个心眼：它们会不会是站在外界的效率的角度，而没有充分考虑你的立场？外人当然不希望我们成为太难搞的人。但有没有一种可能，难搞的人才能把自己保护好？

理解了这一点，你就明白了，情绪不但不是你的敌人，反而是你最忠实的朋友。它很简单，也很直接——心愿满足我就高兴，遇到损失我就难过，看到危险我就紧张，被人欺负我就生气。但也正因为简单，所以不好糊弄。因此，情绪管理的目标，并不是为了对付你的情绪，而是让你关注并表达情绪，同时还要学会和情绪一起并肩作战。

学会觉察和表达情绪

转换基本态度之后，下一个方面是，你要学习觉察和表达情绪。

什么叫觉察？就是你能清晰地意识到：我这一刻产生的情绪叫什么？它给我的身体和行为带来了哪些影响？这是一种名为"心智化"的能力，意思是，一个人可以对内心的变化形成清晰的认知，还能用语言表达出来。心智化的过程，就是在有意识地使用理智加工的系统2去理解自动发生的系统1，它是感性与理智两种心理机制的联结。

婴儿没有心智化的能力，他不舒服只会哇哇大哭。当他长大一点，就可以用语言表达情绪："刚才没人理我，我在害怕。"这需要他对自己有更深的理解。父母要像教孩子认字和算数一样，教孩子命名情绪，这是幼儿教育中常常被忽略的一环。

作为成年人，我们也要时不时地关注一下自己的感受，看看这一刻心情如何？具体是什么样的情绪，怎么命名？它强烈还是温和？可能跟什么样的事情有关？

你肯定有过这样的经验：难过的时候，你会想找个朋友打电话聊一聊，在把那些混乱的感受组织成语言的同时，情绪也会逐渐稳定下来。在那一刻，骑象人和大象之间有了交流，你在用一种社会化的方式处理那些原始的情绪。这样一来，情绪就被看见了。

不要小看"被看见"这件事，它很重要。如果说大象需要的是香蕉，那么情绪渴望的就是被看见。光是自己看见还不够，还要说出来，让亲近的人也知道，你很生气，你最近很疲倦，你在恐惧……当你告诉朋友自己为什么难过，他在电话那头听你诉说时，也许他没办法解决那些问题，但你还是会觉得自己被"接住了"，这就已经是很大的慰藉。

我再举个有点伤感的反例。面对一个绝症病人时，很多人会习惯性地安慰他："别多想，一定能治好的。"其实，我们何尝不知道这是一句善意的谎言呢？但它并不能真的起到安慰作用，因为它表达的是：

我们假装这件事还有希望吧，因为我不想面对你的绝望。病人听到之后也会想：是啊，没人能理解我的处境。这会让他更孤独，更痛苦。

无法解决的绝症是这样，生活中的小事也是这样。很多时候，我们会认为有事说事就好，谈情绪是在浪费时间。换句话说，我们更倾向于解决问题，而不是面对背后的情绪。就像你在表达自己的难过，别人却纷纷建议你应该怎么做更好。理智上，你知道他们说的是对的，但在解决问题之前，你还是希望有人可以理解你的感受，陪你待一会儿。很可能当你的情绪被充分看见之后，你不需要他们的建议，也知道该怎么办了。

学会使用情绪

除了觉察和表达情绪，我们还要学会使用情绪，这里我要讲的最后一个方面。

别忘了，情绪永远是想帮助你的。当你感到疲倦时，它是一个警报：是不是最近事情太多，压力太大了？需不需要停下来休息一下？如果是，你就要告诉老板："我太累了，需要减少工作量！我的身体已经在敲警钟了。"这种表达就是在使用情绪。

你可能会习惯性地反思：但我也没干多少事啊，怎么会那么累？是不是我太娇气了？你看，你又开始怀疑情绪了。疲倦是真实存在的，它没有骗你。既然你看到了它，就要跟它好好聊一聊：为什么我客观上好像没干多少事，却感觉那么累？是不是有些看不见的压力在增加我的负担？请你光明正大地使用这份情绪，更好地理解和照顾自己。

很多时候，情绪往往比理智更敏锐。有人可能有这种经验，涉及利益分配时，虽然领导有一套合情合理的逻辑，你也说不出有什么不对，但你的情绪就是觉得不太对劲，这说明你的利益就是受到了不公正的损害。你要敢于表达："我还是很生气！"

当然，表达生气不是最终目的，你要争取更公正的分配。在与对方谈判的过程中，你可以心平气和、有礼有节地沟通，同时也要让他们意识到，你是有情绪的。你在必要时是一个会发火的人。那所有人在做决定时，就会更在意你的感受。

情绪除了可以保护自己，也能够影响别人。无论马丁·路德·金还是丘吉尔，他们都是情绪管理的大师。那些改变历史的演讲都是通过对情绪的充分传达，才会带来如此广泛的共鸣。哪怕在日常沟通中，如果你想获得一个人的信任，那表达真情实感，向对方暴露你的脆弱，要远比讲道理的效果好得多。

另外，更真实地看到自己的情绪，还可以提高我们对人性的洞察。很多品牌的溢价就在于它们提供了情绪价值。所以，不要把情绪当成没用的东西，认为只有理性才能带来事业的成功。你也可以把情绪变成一个独特的触角，联结和感召更多的人。

03 调节：情绪失控的时候怎么办

情绪是有功能、有意义的，我们要学会跟情绪合作。但是，过于激烈的情绪也有可能越过边界，给我们带来麻烦。比如，你有一份工作一直拖着没有完成，它会让你很烦躁。而你烦躁起来，就宁可把时间花在打游戏、刷短视频上面，陷入"越烦越不想干，越不干就越烦"的恶性循环。再比如，有一些人，尤其是青少年，在产生空虚或难过的情绪时，可能会通过伤害自己来获得解脱，像是划伤手腕、酗酒，给自己造成危险。

情绪的负面影响，在数量上也许没有那么多，引发的困扰却非常大。久而久之，情绪这种自然反应就背上了某种"坏名声"。

最麻烦的一点在于，情绪的唤起是双通道的。这是什么意思？系统

1 的自动唤起总是更快，也更有冲击力，系统 2 的理智判断却总是姗姗来迟。我们往往会在情绪爆发后懊悔不已，心想：如果当时能够理智一点，也许会做出更好的选择。可是又有什么用呢？下次你遇到类似的事情，情绪一"上头"，又把那些冷静状态下的思考抛到一边了。

如何才能让情绪不要冲动，避免那些我们不想要的后果呢？在过去几十年里，这也是情绪研究的一个热门话题，叫作"情绪调节"。

建立对情绪的完整认知

要调节情绪，你先要对那些容易惹麻烦的情绪建立更细节的认知。

这里的"建立认知"，跟前面讲过的"心智化"还不太一样。心智化只是要你知道自己处在什么情绪状态中，比如，孩子顶嘴让你很生气，只要你知道自己在生气，甚至还能辨别出生气里带着一点委屈，因为你对孩子的善意没有被尊重，就够了。

但若是为了调节情绪，你就要对情绪变化的来龙去脉、前因后果都建立更完整的认知。这个认知由 4 个环节构成：场景、自动唤起、认知解释和应对。下面我一个一个解释。

先是场景。你给孩子提出一个要求，被拒绝了，这是客观事实。

然后你的情绪被自动唤起。被拒绝后，你会立刻产生一点挫败感。你可以给这个情绪打个分，从 1 分到 10 分，那一刻也许是 3 分。

接下来，你会在认知上寻求一个解释。你可能把这件事解释为"孩子大了，有自己的主意"，这么一想，挫败感可能很快就消失了。你也可能解释为"孩子对我不尊重"，你从他的语气里品出了轻蔑和不屑。这种情况下，你会越想越气，甚至从挫败变成愤怒。

前面讲过，认知上的解释会比自动的情绪唤起慢一拍，但它们往往可以决定你最后的应对方式——你是会选择忍下来呢？还是跟孩子好好聊聊？还是冲孩子大吼？

任何情绪都可以拆解成这 4 个环节。不过，生活中的真实事件往往更复杂，因为它通常不只一件事，而是一环扣着一环。也许孩子第一次跟你冲突之后，你已经没那么生气了，可是接下来，孩子又提到他跟一个同伴之间的交流，这时候你的不满提升到了 6 分。你会想：这些小屁孩说的话他都言听计从，却不接受我的意见。你甚至开始联想：万一这些同伴把他带坏了呢？这时候，除了不满，还增加了担心。

你应对这份情绪的方式是提醒他："同伴说的不一定全对，你要有自己的判断。"但是这句话一出口，你又一次在孩子脸上看到那种轻蔑的、"你又来了"的表情，你的愤怒"腾"地一下就变成了 10 分！

这样一来，你就找到了愤怒背后的链条。它不是突然失控的，而有一个积累的过程。

但是请注意，做这样的复盘，你必须要处在系统 2 的工作状态中。假如你余怒未消，就不需要这么做，那时候你只会想"我就是很气啊，这有什么值得拆解的"。你当然可以生气，但冷静下来之后，如果你评估这个情绪已经对生活带来了一些破坏性，就要做一个复盘，让自己更好地认识它。

调节情绪的 4 个机会窗口

认识到情绪爆发的整个过程有什么好处呢？它会拓宽你情绪调节的时间窗口。通常来讲，4 个环节上的每一个节点，都有你干预的机会。

情绪唤起的强度越低，理智能介入的机会就越多。如果你已经到了 10 分的愤怒，拍着桌子冲孩子大吼，那一刻就算有人拽着你让你冷静，你也冷静不下来。你要在更早的时候做出情绪调节。比如从场景入手，如果你意识到，自己跟孩子聊到同伴这个话题时就容易情绪失控，那么你就可以在事情发展到这一步之前，立刻离开这个场景。

如果就是没办法离开呢？别忘了，一共有 4 个环节——场景、自动唤起、认知解释、应对。虽然场景和自动唤起没法改变，但你还有两次机会，那就是认知解释和应对。

要干预认知解释，就得有意识地改变你解释一件事的框架。

具体怎么做呢？你可以在冷静下来的时候复盘：对于这件事，还有没有其他的解释？或者问问身边的人，听听他们的意见。比如，同样是孩子顶嘴，有人会说："青春期都是这样，正常的。"还有人会说："这说明你们家孩子有个性，不盲从。"甚至有人会说："孩子跟爸爸犯冲，换妈妈跟他聊可能会好一点。"他们说的不一定对，但都是一种可能性。换句话说，你认为"孩子顶嘴是对我不尊重"，就不再是唯一的解释了。

只要你意识到自己的解释不唯一，就可以在出现这个想法时增加一个停顿，告诉自己：我又习惯性地这么想了。你未必能立刻相信其他解释，没关系。重要的是你意识到，当前的想法只是你的一种习惯，不是绝对的事实，你的情绪强度就会降低。

后面会讲到，这是一门心理治疗方法的基础，叫作"认知治疗"。

最后再来看看，对于情绪最后的一个环节——应对，我们还能做些什么。

应对是你在情绪之下的行为。这也是最具有决定性的一环。要知道，情绪本身不会带来破坏，重要的是它会导向什么行为。你要评估的是，你还有没有更好的选择。

你肯定积累了很多熟悉的情绪应对方式，比如，烦躁的时候出门跑跑步，压力大的时候"买买买"，难过的时候大哭一场，生气的时候找朋友喝酒吐槽……只要能有效地处理情绪，又不妨碍其他人，就是好应对。

觉察和表达情绪，即"言语化"，也是一种常见的应对。把情绪说出来，告诉身边的人你因为什么事产生了怎样的情绪，既可以改善情绪，也有助于解决问题。

可能有人觉得自己什么应对方式都没有，每次只能等情绪自然平复。其实，让情绪静置一段时间，也是一种应对。

但你要评估一下，在那些情绪失控的经验里，有没有一些不假思索的应对动作给你带来过惨痛教训？在情绪调节中，这叫"非建设性应对"。我举几个例子，你看看自己在生活中有没有类似的应对方式。

在焦虑情绪下，常见的非建设性应对是"逃避"。就是明知道有问题还没有解决，却不断把注意力转到别的地方，越拖越焦虑，问题也越拖越严重。

在愤怒情绪下，有两种常见的非建设性应对，一种是"压抑"，另一种是"破坏"。压抑就是明明不舒服却不表达，劝自己忍一口气，导致愤怒被积累起来。破坏则是通过极端方式发泄情绪，摔东西、骂人，甚至和别人大打出手，导致不可收拾的结果。有时候，压抑和破坏是成对出现的，被长期压抑的愤怒更有可能以破坏的形式被发泄出来。

在面对悲伤情绪时，常见的非建设性应对叫作"自我惩罚"。明明自己没有任何错，却通过不吃饭、不睡觉，甚至在身体上折磨自己的方式，来让自己感觉好一点。

这些情况都很常见，而你需要找到自己最麻烦的应对，然后通过刻意练习学会更有建设性的应对方式。比如，焦虑的时候，你要尽快面对问题，能解决就解决，解决不了就及时求助；愤怒的时候，你可以据理力争，在不造成破坏的前提下维护自己的权益；悲伤的时候，待在舒服一点的环境里，给自己更好的照料。

不过，新的应对动作总归是看着简单、做起来难。因为很多应对都形成了稳态，改变起来确实不容易。我会在后面的内容里教你一些降低难度的方法，但有一条是所有改变的共性，那就是：需要耐心和重复练习。你可以用上一点成长型思维：**我不是改变不了，只是还需要更多的练习**。继续练下去，直到建立新的习惯。

最后，我整理了一份表格，作为一个自助工具。如果你想要调节自己的某种情绪，可以利用这个表格，复盘一次情绪失控的过程（表 2-1）。

表 2-1

序列	场景	自动唤起	认知解释	应对
1	孩子拒绝了我的建议	挫败（3分）	他对我不尊重	忍一忍
2	孩子开始大谈特谈他对一个同伴的欣赏	不满（6分）担心（5分）	他尊重别人多于我：他会不会被带坏？	指出"你要有自己的判断"
3	孩子对我翻白眼	愤怒（10分）	他已经无法无天了	拍桌子大吼
……	……	……	……	……

你可以对着这份表格，找到自己入手改变的环节。记住，你不一定要改变所有环节，只要从最容易的一两个点入手，切断反应的链条就可以了（表 2-2）。

表 2-2

这只是一种解释的角度，还有其他可能

序列	场景	自动唤起	认知解释	应对
1	孩子拒绝了我的建议	挫败（3分）	他对我不尊重	忍一忍
2	孩子开始大谈特谈他对一个同伴的欣赏	不满（6分）担心（5分）	他尊重别人多于我：他会不会被带坏？	指出"你要有自己的判断"
3	孩子对我翻白眼	愤怒（10分）	他已经无法无天了	拍桌子大吼
……	……	……	……	……

此时可以离开　　　　　　　　　　可以用语言表达"我很生气，也很担心"

▶▶▷ 第五讲
记忆：被建构的真实

01 记忆：好记性是可以训练的吗

前面我们讨论了好几类自动发生的、存在于意识之外的心理过程，从这一讲开始，我们要学习那些刻意的、受我们主观调控的心理机制。我先从记忆讲起。

你可能还记得，记忆分为两类：一类是无心插柳，自己都不知道自己记得的信息，叫内隐记忆，我们在这一章开头就讨论过了；另一类，是我们出于某种目的，刻意要求自己记住的信息，不但要记住，还能随时随地提取，这种记忆叫外显记忆。

人只能记住一小部分信息

关于记忆，我想先告诉你一个基本事实：在每天经历的事情里，我们刻意记住的永远只有一小部分信息。

为什么会这样呢？因为记忆是一个分阶段的过程，在每一个阶段，信息都会经过筛选，最终能留下来的只有一点点。接下来，我来详细拆解这个过程。

最初的阶段叫"感觉登记"。我们接收到新信息后，会把它们一股脑儿地送到一个叫感觉登记的中转站。这时候，大脑还来不及加工，它们只能等待被大脑"翻牌"。有点像在酒店大堂，住客刚抵达，但是办理入住需要排队，只能先等一等。可这些"客人"没什么耐性，只要时间稍微一长还没人理他们，他们就头也不回地走掉了。

那这些没耐心的信息能等多长时间呢？最短的只有 1/4 秒，最长的也不超过 5 秒钟。也就是说，几秒之后，没来得及处理的信息就会立刻从记忆里消失。它们也许会进入系统 1，但那就是内隐记忆的事了。在我们有意识的记忆里，它们从未存在过。大脑这个忙碌的前台不管多努力，都有很大一部分信息在感觉登记这一关就被筛掉了。

那留下来的信息是不是就进入了记忆呢？并不是，它们只是进入了下一个流程，叫作"工作记忆"。它有点像电脑的内存，可以储存一些信息，但不多，随时用完随时删。

举个例子。老板给你布置了一个新任务，你听完之后把它写在记事本上，写的同时就要调用之前听到的信息——它是通过工作记忆被保存下来的。但你写出来之后，它就要被删掉了。工作记忆的"翻台率"很高，每段记忆其实也就只能保持几十秒。你肯定有过这样的经验，如果当时没写下来，10 分钟之后再回忆，很多细节可能就忘了。

当然，有一个办法可以让记忆保持得久一点，那就是在嘴里不停地念叨，但这也只能把记忆延长几分钟。

有些重要信息，我们就是想把它们牢牢记在脑子里，怎么办呢？处理这种情况可就费事了。我们需要对信息进行更精细的加工，它才会转移到一个叫"长程记忆"的新系统里去。这个精细加工的过程叫作"编码"，背单词、记公式的过程都属于编码。

信息一旦进入长程记忆，就可以保存很久很久，甚至可以持续终身。就像小学时背过的九九乘法表，我们现在也能够倒背如流。唯一的问题是，编码需要付出大量的时间和精力。所以，被认真编码过的信息少之又少。

你看，从感觉登记到工作记忆，信息已经折损了一大半；在工作记忆中，又有大量的信息没有被精细编码；剩下能进入长程记忆的，只有一点点了。

到这儿，你作为大脑的主人可能会想：可以了吧？折腾了这么久，到了长程记忆，信息就能随用随取了吧！还不一定。考试的时候，你明明记得某一句古诗是背过的，就是死活想不起来。这说明什么？有些信息就算编码了，储存了，却无法提取，那其实还是用不上。

究竟什么样的信息才能从这一层一层的筛选中脱颖而出呢？你肯定会脱口而出："重要的信息！"没错。接下来的问题就是：什么样的信息最重要？

每个人的知识、经验、社会角色不同，对"重要"的判断标准也不同。不过，有一个特征你肯定会同意：重要的信息，对你而言必须是新奇的。举个例子，假设你之前听说过"工作记忆""长程记忆"这些名词，看到这里的时候就会觉得：哦，这些我都知道。验证已知的东西，就会进入到节省资源的模式，这个信息的加工就不充分。

反过来，如果你的印象是：我从来不知道记忆这么复杂！带着这种惊奇感，对于这一篇的内容你就会加工得更深入。它对你已经形成的知识结构来说，是一次微小的颠覆。这在系统 2 的判断里，可是一件"大事"，有限的资源就会被更多地分配到这件大事上。

如何提升记忆力

理解了这一点，再来看"如何提升记忆力"，答案就呼之而出了：你需要在面对新信息的时候，想方设法提高"惊奇感"。

什么叫惊奇感？就是从一个信息当中挖掘出那些不熟悉的、新鲜的方面。比如，一张桌子没什么好新鲜的，但如果它只有 3 只脚，你就会对"这张桌子"有更深刻的记忆，因为它打破了你头脑当中熟悉的"桌子有 4 只脚"的图式。所以，要记住一样东西，最好的办法就是注意到：它跟我想的不一样！

再举个例子。网上曾经热议，"天将降大任于是人也"这句话的原文，究竟是"是人"还是"斯人"。这句古文你从小就背诵过，没什么新奇的，但你一问自己：到底是"是人"还是"斯人"呢？这就会给你带来惊奇感，你的记忆就会更深刻。

你上学的时候可能有过这种体验，一个知识点明明学过，换个角度问你，你就会想：天啊，我从来没有这么想！比如，一个孩子背下来 10 首古诗，我既不请他默写，也不让他填空，而是问他："哪几首诗在描写秋天？"这个角度就会让他产生惊奇感。如果再问他："哪几首诗在写秋天的同时，没有用到'秋'这个字？"他又要重新想一想。等他从这些角度学过几遍古诗，记忆就会更牢固。如果你在辅导孩子学习，也可以试试看。

总之，记忆时的加工越复杂、越深入，效果就越好。认知心理学家弗格斯·克雷克（Fergus Craik）和恩德尔·托尔文（Endel Tulving）设计过一个经典实验：让人在学单词的时候进行不同层次的加工。第一种层次最简单，只关注视觉。比如，让被试看到 bear（熊）这个单词时请回答，4 个字母是否都是大写字母。被试一眼就能做出反应。稍微难一点的叫语音加工，比如，问被试 bear 跟 chair（椅子）是押韵的吗？被试要把这两个词念出来才能反应。最复杂的是语义加工，比如，bear 是不是属于哺乳动物？这种加工虽然最麻烦，但记忆效果最好。

越是重要的信息，越要想方设法挖掘出惊奇感。你可以怎么做呢？我有一个推荐的办法，叫作：模拟 5 种不同的场景，对同样的信息，在不同的场景下都使用一遍。

比如，你想记住这一篇的知识，就可以设想：

如果出题考你，我可能会出哪些题？

如果要写一篇文章向别人介绍记忆，你会怎么写？

你跟朋友闲聊，这篇书稿里有哪些聊天用的素材？

孩子跟你抱怨他记忆力不好，你会怎么帮助他？

你要背单词的时候，会用哪些方法提高记忆的效果？

只要把这几个问题想过一遍，这一篇的内容，我担保你忘不掉。

最简单的方法是重复

除了精细加工，还有一种提高记忆的方法，就是重复。一遍记不住，就多来几遍，这一点肯定不用我多解释。但你不一定知道，重复记忆的效果也跟惊奇感有关。

比如，与其连续花两个小时去学习，不如分成两段，先学一个小时，做点别的事，换一换脑子，然后再学一个小时。有人可能会担心，中间打断一次之后，不会把前面学的内容都忘了吗？会，所以第二个时段，你必须花一些时间回顾前面的内容。但正因为经过这样的重复曝光，记忆效果才会更好。研究发现，在总时长不变的前提下，用这种分段学习的节奏，一个人能记住的知识量是一口气学下来的两倍以上。

为什么这会跟惊奇感有关呢？当你连续学习的时候，同样的信息再怎么重复，都很难塞进脑子里。但隔上一段时间，前面学的内容已经没那么鲜明了，重复一遍，就会产生之前没有的加工。但你要注意，可不能隔上半年、一年那么久，都把之前学的忘光了，那就彻底变成"从头开始"了。

总之，大脑接收的信息会经过层层筛选，最终能被刻意记住的只有一小部分。要想提高记忆力，就要想方设法提高自己的惊奇感，以及有意识地重复记忆的过程。

02 遗忘：为什么想忘的事情忘不掉

我们总想提高记忆力，希望记住的东西越多越好，而遗忘更多地被看成是一件坏事。其实，这是一种偏见。遗忘是一种跟记忆刚好相反的心理机制，但它跟记忆一样，都是人在进化过程中适应环境的产物。我们要想正常生活，就需要有遗忘的功能。

想想看，假如你得了一种"怪病"，生活中发生的每一件小事都忘不掉，比如上个月叫过的外卖，领导的每一句发言，还有你跟前任、前前任伴侣去过的每个地方，说过的每一句话，这会不会也是一种折磨？每当你想做一件事的时候，就会冒出来一大堆跟当下无关却牢牢印刻在你头脑里的回忆，你的注意力就没法聚焦在眼前的事情上了。

最理想的情况是，对需要记住的事情，我们能记得很牢；而对那些没什么用，甚至会带来打扰的信息，我们能轻松地遗忘。

要想接近这种理想，就得了解遗忘的心理机制。前面讲过，进入工作记忆的信息通过编码转为长程记忆，才能被存储下来，最终被提取出来才能满足我们的使用需求。相应地，编码、存储、提取这 3 个阶段当中的每一个，都有可能发生遗忘。

编码阶段的遗忘

信息在编码阶段是怎么被遗忘的呢？很简单，就是漏掉了编码。用大白话说就是"不走心"，这事儿你根本就没往心里放。

你肯定经常遇到这种情况：手里拿着手机，来回跑了几个地方，突然发现手机不见了，你忘了把它放在哪里了。严格来说不叫"忘"，而是根本就没"记"。但凡你当时想一想，"现在我把手机收进包里了啊，千万别忘了"，你就不会忘掉这件事。

漏掉编码这件事看起来有点蠢，但它能被保留下来，说明一定是利大于弊。最大的好处就是节省了你的认知空间。当你把手机收起来的时候，脑子里一定在琢磨更重要的事，因此，手机放在哪里不重要。反正我们生活在稳态的框架里，日常行为都交给了系统1。这些稳态框架下的行为已经形成了惯性，记不记住都没什么太大的影响。

比如我问你："今天出门锁门了吗？"你多半没有去记。但我相信你仍然习惯性地锁了门。再比如，你找不到钥匙了，不用急，忘掉它的地方总共就几个可能，要么在家，要么在办公室，要么在车里。只要挨着找一遍，就能找到。在熟悉的生活里，不用事事牢记。

那什么时候会有麻烦呢？在陌生的环境里，像是出差或度假。面对大量的新鲜刺激，如果你继续依赖系统1，有一些琐事不经过编码，可能就会带来麻烦。比如，你也许会忘记把身份证放哪里了，那就糟糕了。你要提醒自己，这些事情要刻意进行编码。

存储阶段的遗忘

遗忘最高发的阶段，是信息的存储阶段。你曾经下了很大功夫让自己记住一些信息，一段时间之后，它们却从你的大脑里凭空消失了！就像考英语四级时背过的单词。

在这方面，最著名的研究者是前文提过的艾宾浩斯，他就是那个发明遗忘曲线的人，也是结构主义心理学的代表人物。艾宾浩斯发现，一组信息如果只经过一次编码，不再重复学习，就会逐渐被我们淡忘。遗忘的速度是不平均的。你背完一组单词的最初1个小时内，会忘掉50%左右。假如一整天都不去复习，遗忘率可以高达70%。越往后，遗忘的速度就越慢。根据这个观察，艾宾浩斯制订了一种学习策略，叫"艾宾浩斯记忆法"。这种策略的关键在于重复学习，根据遗忘的时间规律，在不同时间设置不同的学习节奏。

如果你刚学完一个知识，最好在24小时之内重复2~3次；后面几天降低一点频率，每天重复 1 次；1 周之后，差不多就可以每隔几天再重复 1 次。这样学完之后，1 个月内的遗忘率可以控制到 2%。接下来，每隔一两个月巩固 1 次就行了。这是在用最少的重复次数，换取最牢固的保持效果。这种记忆策略被大量应用在外语学习中。

不过，艾宾浩斯使用的实验材料是他生造出来的音节，这些音节在生活中是用不到的。不好好复习，忘得就很快。但如果你学到的内容需要在生活中频繁使用，每用一次就加强一次记忆，那么你根本不需要按照艾宾浩斯的策略复习，也能达到效果。

所以，遗忘也有积极意义，它可以帮助我们筛选出使用频率更高的信息。

一条旧的记忆，重复次数越多，就越能在竞争中脱颖而出。那些长久不用的信息，与其说是被遗忘了，不如说是被新的记忆"替代"了。长程记忆像一个筛选器，最终被保存下来的是那些频繁用到的记忆。而那些事物会被忘掉，是因为用到的机会太少，也说明它们对我们的生活没那么重要。所以，你不必为遗忘这些信息而感到自责。

提取阶段的遗忘

最后，提取信息这个阶段的遗忘表现为记忆的"阻断"。

你肯定经历过"提笔忘字"的情况，或者在看电影的时候，明明认出了那个演员，却怎么都想不起他的名字，这叫"舌尖效应"。这种遗忘最可惜。那些信息明明被认真编码过，也有好好储存，可是偏偏在使用的那一刻提取不出来，功亏一篑。

有什么办法能解决这个问题呢？最简单的办法就是换一种提取方式，或者叫换一种提取线索。比如，我不是请你凭空回忆，而是通过"再认"的方式，让你从 ABCD 几个选项中辨认哪一个跟你的记忆相符，这时候，你的记忆就会畅通无阻。

研究发现，如果提取记忆的场景跟编码时的场景一致，提取就会更容易。比如，你边喝咖啡边看这一篇内容，假如你进了考场，要在考卷上写出遗忘的几种类型，你不一定能想起来，但下次你在咖啡店跟别人聊到这个话题，就有可能侃侃而谈。

前文我给过一个建议，让你在编码一段记忆的同时设想 5 个不同的使用场景，这是因为编码的场景越丰富，你能创造的相似场景就越多，提取就越顺利。

但这也太费劲了！为什么提取这个步骤非得增加一个门槛呢？

其实这是一种非常有用的心理功能，叫"提取抑制"。意思就是，不该想的东西别去想。如果没有这个功能，我们在一个特定场景中会自动激活很多记忆，其中绝大部分跟当前要做的事情毫不相干，甚至还有负面影响。想想看，你正在跟客户讲方案，看到客户的衣服，突然回想起前任也有一件同样的，这下就一发不可收拾了，过去的回忆开始"暴击"你。你不仅从当前的工作中分心，还有一些本该被封存的记忆开始带来强烈的痛苦。其实，有些人遭遇了重大灾难后会经历短暂的失忆，就是大脑在进行自我保护。

所以，提取抑制很可能是大脑的一种保护机制。只是，它偶尔也把我们需要的信息一起抑制住了，那是一种误伤。

如何忘掉想忘掉的事

遗忘其实是一个自发的过程。我们想记住一个信息，需要主动编码、存储和提取；但要忘掉它，什么都不用做，自然就发生了，反而刻意想遗忘一件事却做不到。

在心理咨询中，常常有经历过失恋的人问我："怎样才能把那个人忘掉？"我告诉他："首先，你不可能真的忘掉一个人。其次，你越是想忘，就越是在强化这段记忆。"

如果确实有一些不愉快的记忆，应该怎么遗忘？我给你一个简单的建议，就是尽快让生活常态化，该干什么干什么。不需要刻意遗忘，只要常态化地生活，自然就会有新的信息涌入，覆盖掉过去的记忆。比如，你跟前任一起在某家电影院看了很多电影，如果分手之后你再也不去这家电影院了，它就会成为一个特殊的提取线索。你每一次路过这家电影院，就会想起前任。但如果你常常过来，反而不会把它跟过去那段回忆联系起来。

所以，**最好的遗忘不是停在一个地方想方设法地忘掉一件事，而是大大方方向前走。**生活永远在更新，过去的记忆也许还在，但永远是当下的生活更值得珍惜。

03 重构：你的记忆一定是真的吗

无论记忆还是遗忘，针对的对象都是真实发生过的事情。可是，你有没有过这样的经历：一件事明明没有发生，你却一口咬定它发生过，还能煞有介事地说出各种细节。这是记忆的另一个功能，叫作"重构"。

重构跟遗忘相反。遗忘的意思是，有些事情发生过，但我们没有记住，或者记住之后又忘了。可重构就不那么让人愉快了，有一点"睁眼说瞎话"的味道。事实上，重构也是记忆的一种正常功能。记忆，就是有能力建构出一些并没有真正发生的事情。

重构是什么

我们先来看看重构是怎么回事。在这一点上，魔术师最有发言权。他们向你展示一枚硬币，再展示一个空杯子，然后一只手把杯子接到桌板下面，另一只手往桌上一拍，再用力一按，只听"啪"的一声，你就"看"见那枚硬币穿过桌板，掉落到杯子里。

硬币怎么会穿过桌板呢？仔细想想，你看到的只是魔术师把手按在了桌子上，你甚至都不确定那只手里有没有硬币。接下来，一枚硬币从桌板下方掉落到杯子里。而你的大脑自动把这两个片段拼接到一起，看成一个连贯过程，好像硬币真的"穿过"了桌板。

如果把眼睛比作一部摄像机，那么记忆并不是一个硬盘，不能如实地把拍摄内容完整储存下来。更恰当的比喻是，大脑是一个高速运转的创作中心，记忆不断地接收到碎片式的素材，然后把这些素材剪辑成一组连贯的画面。在剪辑过程中，有一些素材被丢掉了，还有的碎片连不起来，必须做一些润色、修改，甚至"无中生有"地编出一些细节，才能串连成一段有意义的故事。这就是重构，也就是俗话说的"脑补"。

但我们往往意识不到自己在脑补，反而认为记得的东西就是真相。

脑补的麻烦

了解这件事有什么用呢？最大的意义在于，知道自己的记忆是靠不住的。

这种靠不住的记忆，有时候会带来巨大的麻烦。20 世纪 70 年代，有一位澳大利亚的心理学家唐纳德·汤姆森（Donald Thomson）被作为一宗入室强奸案的嫌疑人逮捕。这是因为有一名女性遭遇了入室袭击和强奸。她醒来之后报案，清晰地说出了汤姆森的面容特征，并且从一组照片中确定地指出汤姆森的脸。

但汤姆森真是无辜的，因为在罪行发生的同时，他正在悉尼的一个电视直播节目上接受采访。这名女子之所以指认他是嫌犯，恰恰是因为她在罪行发生时从电视上看到了汤姆森的直播，记住了这张脸，还把它"安"在了嫌犯的身上。

这个新闻在心理学界轰动一时，它让人们开始重视记忆重构的现象。在心理治疗中，很多人会回忆起自己的童年创伤，但这一定是真实发生的吗？我们只能确定，当事人并没有说谎的意图。这些记忆真实存在于他们的头脑中，细节栩栩如生，但它们不一定能作为证据，因为我们太容易"记得"并没有真实发生过的事了。

美国认知心理学家伊丽莎白·洛夫特斯（Elizabeth Loftus）做过这样一个实验。研究者联系了一些大学生的父母，收集了这些学生的一些童年趣事，再用这些事件采访当事人。但是，他们偷偷在里面加入了一些没发生过的事，比如在商场里走丢，在迪士尼乐园遇到兔八哥——这是不可能的，兔八哥甚至不是迪士尼的角色。结果发现，有1/4左右的学生不但没能识别出这些未发生的事，在研究者的反复询问下，他们甚至还能回想出具体的细节。

你看，记忆就是这么不可靠。

记忆重构的作用

记忆重构看上去像是一个麻烦，但它同样也是大脑的一种适应机制。

记忆重构之所以会发生，就像遗忘一样，有帮助我们节省认知资源的作用。这是字面意义上的"得意忘形"：因为认知资源有限，我们没办法事无巨细地加工所有经历，只需要选取一件事的"大意"，具体的形态和细节留待自行发挥。

除此之外，重构还可以帮助我们对世界形成更稳固的认知。我们遵循着固定的框架生成和巩固记忆，相比于细节的准确度，框架本身的意义更为重大。

比如，一个来访者在心理咨询中会反复回忆起自己小时候没有得到父母的爱。如果他的父母听到了，可能会说这些记忆有很多地方是不准确的。但我们更关心的不是真相，而是对来访者来说，他不被爱的体验是真实的，他用这样的框架选取了记忆。我们虽然不能认为一个人讲述的都是真相，但也不能否认，这对当事人来说是有意义的故事。

在心理咨询中，这些故事被称为"内在现实"。我们需要把一个人的内在现实和客观现实分开看。很多时候，客观发生了什么已经不可考了，但在生活中，重要的不是去复盘"真相是什么"，而是探究"他记住了怎样的真相，那对他意味着什么"。

我们可以通过重构的记忆，走进一个人的主观世界。

如何判断哪些信息是重构

虽然重构有其价值，但我们还是希望能够分辨出哪些记忆是真实发生过，哪些是重构出来的。对比，有什么方式呢？很遗憾，无法判断。每个人的记忆规律都不一样，假如没有更多的细节佐证，光凭头脑，很难分辨有没有重构。

但认知心理学总结了几条规律，供你参考。

什么样的记忆更准确、更贴近真相呢？如果事件发生的时候，你刻意提醒自己"要好好记住现在的一切"，保持着高度清醒的觉知状态，这时候，你就启动了有意识的系统 2 进行加工，记忆相对会比较准确。

另外，被深度编码的信息往往更加准确。比如，你在考前复习的时候会把重要的公式重复好几遍，这部分记忆就不容易出错。

前面还讲到过，让你有惊奇感的信息也会让加工更仔细。

哪些记忆更可能是重构出来的呢？

首先，一件事被讲出来的次数越多，里面的细节信息就越有可能是重构出来的。

不知道你有没有这样的经验：你有一些保留的"经典故事"，你喜欢把它讲给不同的人听。虽然故事的主线情节不变，但每讲述一次，你都会补充进来一些新的细节，比如"那时天已经黑下来了，我心里很慌"。其实你并不记得真实的天色如何，但为了烘托气氛，你重构了这个细节。说的次数一多，你就会把这些脑补当作新的素材融合到原来的故事里。最后，你讲出的故事绘声绘色，但它跟真实经历已经不是一码事了。

其次，那些"事后诸葛亮"的记忆往往带有一定比例的重构。比如，你跟伴侣大吵一架之后，越想越伤心。复盘之前的事情，你发现：他对我的态度其实早有问题了。这样的复盘靠谱吗？伊莱恩·沙尔夫（Elaine Scharfe）和金·巴塞洛缪（Kim Bartholomew）两位学者做了一个针对情侣的访谈，先让每个人描述自己对伴侣的印象，两个月后再找到他们，问他们还记不记得当初自己是怎么说的。结果发现，所有人的回忆都发生了一些偏差——这种偏差跟他们最近的感情状况有关。如果这两个月感情进展顺利，回忆就是"当时我对他的评价就很高"；如果关系出了问题，他们就会说："我记得两个月前就跟你说过，这个人不行。"

你想，这还只是两个月的记忆，如果是几年、几十年前的记忆呢？我们也会信誓旦旦地说："我10年前就是这么想的。"但它们很可能是我们根据当前的想法重构出的记忆。

最后一点是，我们对一个信息"内容"的记忆相对准确，但是对记忆形成的过程更容易产生重构。比如，你记得在某节课上学到了一个知识点，这个知识点本身可能没有错，但不一定真的是在这节课上学到的。再比如前面的例子，那个说汤姆森是嫌犯的女性确实记住了汤姆森的脸，但把它安在嫌犯身上，这个过程就错了。

你可以只记住这一句话：**在回忆和真相之间，不要太快地画等号。**尤其是那些重要的信息，你在回忆时最好补充一句："这只是我头脑中的印象。"至于在细节上是否足够准确，足够有参考价值，还要打个问号。

▶▶▷ 第六讲
内驱：想不想和能不能

01 内部动机：为什么奖励并不总是有效

这一讲要讨论的心理机制叫作动机，它是驱动一个人做出行动的力量。

这里的行动，不只是指一个偶然的行为。你在广场上散步，有人把球踢到你脚边，你不假思索地来一脚，这只是无意识的冲动。但有的人在踢球这件事情上投入了大量的钱和时间，甚至风雨无阻，是什么驱动他一直这么做？这就是我们要讨论的动机。

你可能还记得，前一章我们讲过人有不同的需求，有人需要被认可，有人需要创造价值，这是跟他自身发展阶段相关的变量。可是，尽管人人都有需求，却有无数人存在这个困惑：为什么我觉得生活没有意思？我应该如何找到自己想做的事？

这时候，你需要了解一些跟动机相关的理论。

看到内驱力

动机分为内部动机和外部动机。内部动机也叫内驱力，它指的是，一个人做事情的动机是出于做这件事本身，而不是追求做完这件事带来的结果，比如奖励、报酬、名誉——后者叫外部动机。显然，内部动机比外部动机更有利于行为的坚持。

关于外部动机，有一个著名的故事。几个孩子每天下午都聚在一起玩踢罐子的游戏，罐子会发出很大的声音，吵到了附近的一位老人家。老人家知道，他就算抗议，孩子们也不会当一回事。于是他想了一个办法，给孩子们每人一块钱，说："我喜欢听到你们玩耍的声音，以后请你们每天踢一个小时罐子，这一块钱就是报酬。"孩子们没想到玩游戏还有钱赚，当然很开心。几天之后，老人的钱不多了，给孩子们的报酬减到 5 毛。孩子们踢罐子的时候，就觉得有点吃亏。又过了一段时间，老人家连 5 毛钱都给不起了，想请孩子们免费踢罐子。孩子们说："你想得美！"于是再也没有在附近玩耍过。

这个故事不只是为了赞美老人家的机智，而是作为反面教材给我们提个醒。

在生活中，人们经常用外部动机管理他人的行为。比如，很多管理者认为，提高员工的工作热情就要多发钱，钱给得越多，员工就越热爱工作。可是员工不一定会这么想，他也许只把工作看成一种赚钱的方式，钱拿到手了，对工作就不抱有什么热情了。如果有一天，他对报酬感到失望，这份工作对他来说就会变成一份苦差事。

奖励有可能弱化一个人的内部动机。有的父母会用奖励来吸引孩子从事兴趣爱好，像是练习一小时钢琴，奖励他一块巧克力。这种契约能让孩子练琴，却没法让他产生真正的热爱。有一天他不想吃巧克力了，也就没有练琴的兴致了。

你可能有点糊涂了：上一章讲到操作条件作用时，明明说奖励可以强化行为，现在怎么又说奖励反而会弱化一个人的动机呢？

这是因为，动机常常是人在主观上给行为赋予的"理由"，甚至是先有了行为，再在头脑里找理由。比如，你可能会一边吃零食，一边问自己：为什么要吃零食？然后你找了这样一个理由：因为我饿了，需要充饥。但其实你可能并没有那么饿。只是因为有这样一个理由，行为就变得合理了。你就不会进一步探索：有没有可能，还有其他原因？

对很多人来说，一个行为的理由就是它能带来什么"好处"，这时候就不会进一步探索内部的兴趣和热情。但后者明明是更值得探索的，它比外部动机更为强大。

要看到内驱力，就需要先排除外部动机，再问自己想要什么。如果一个爬山的人说："我爬山就是为了看到山顶上的风景。"这是用外部结果来解释爬山的行为。你可以继续问他："假设有一条缆车直通山顶，你还会不会一步一步走上去呢？"这时他才会意识到："啊，我要的不只是到达山顶这个结果，同时也享受爬山这个过程。"

你看，外部动机简化了人对自己的理解，它让我们在向内探索时有了一个"方便"的借口——把行为附带的奖励解释成行为的全部动机。结论就是：为了这点回报，随便做做而已。看上去合情合理，但对于手头这件事，却感到越来越没意思。

如何培养内驱力

难道只有不求回报，才会产生内驱力吗？这又走到了矫枉过正的另一端。不求回报，行为本身都难以继续，内驱力就更不可能产生了。

我们确实要弱化"奖励"的概念。尤其一个人明明不想做一件事，还把奖励当作唯一的激励，这会扼杀他的内部动机。孩子抱怨不想练琴，假如父母用讨价还价的语气说"你不练琴，就没有巧克力吃"，这肯定不行。这种说法本身就是在暗示：练琴没有意义，就是为了换巧克力。还不如直接对孩子说："没关系，累了就好好休息一下，调整好状态咱们再来。"后一种说法至少把孩子当成一个真实的人，承认他的感受。

但你可能会想：练琴就是很辛苦啊，父母难道不能适当地给孩子一点"甜头"，帮他建立这个习惯吗？当然可以，这就是操作条件作用讲到的强化。

　　但是请注意，强化只能培养行为习惯。强化之外，仍然需要对动机做工作。比如，父母可以在孩子练完琴之后，给他一块巧克力，同时这样对他说："你今天做得很好，进步很大，说明你的辛苦没有白费，给你点好吃的犒劳一下！"

　　这句话跟前一种说法完全不同。首先，它指出了孩子做这件事是出于他的主动性；其次，它让孩子看到练习的成就感；最后，把奖励说成一种"犒劳"，孩子会把奖励看成一个惊喜，而不是做这件事的目的。收到惊喜会让人开心，也更有强化的效果。

　　成年人管理团队也可以用这个原则：**在动机上强调内驱，在物质上给予回报**。用大白话说就是，该给的钱和前途都要给够，否则别说内驱力了，人家还愿不愿意跟你干都不一定。在给出回报的同时，管理者还要强调内驱力："大家在工作中有付出、有成长，我很欣赏咱们团队。这些激励不是根本目的，只是大家辛苦一场应得的犒劳。"

　　奖励本身不是坏东西，它的风险在于，把动机变得"浅薄"了。它让人们过多地关注结果，却忽视了过程。对于内部动机来说，过程比结果更重要。小孩子读书的时候，如果有大人一起讨论："给我讲讲这个故事，它给你带来了什么感受？"这时候阅读就是一个快乐的过程。但如果父母只看重结果，读一小时书，就给一块钱奖励，孩子就会像踢罐子的小朋友一样，觉得读书是为了赚钱，要是大人不给钱，自己就不读书了。

　　这一点甚至可以反向利用。有时候给一个行为设置适度的障碍，增加阻力，反而更有助于激发内驱力。拿我自己来说，我小时候没钱买书，只能坐在书店的角落，厚着脸皮光看不买。每当营业员经过我身边，我都有点尴尬。但反而是这种阻力让我更确定，看书是幸福的事——宁可顶着别人的白眼都要看书，可见我有多享受这份乐趣！

如何调节内驱力

不过，前面这些方法都建立在一个人并不排斥做一件事的基础上。万一这个人本来就很抗拒做这件事，能不能让他在这个领域产生内驱力呢？

这是我们千万要避免的思维误区。如果你不喜欢做一件事，别人找到了一种方法扭转你的意志，这能是发自内心的喜欢，能叫内驱力吗？当然不能，只不过是一种更精巧的外部操控手段罢了。无论从外部获得多少诱惑、引导、鼓励，没兴趣就是没兴趣。内驱力，一定是来自你内心的真实渴望。面对一件没兴趣却不得不做的事，你不如考虑怎样把它作为一个单纯的任务来完成，而不是强己所难，非要自己对它感兴趣。

我知道，这个答案可能并不令你满意。有些内驱力太重要了。比如，孩子如果不喜欢学习，父母真的不能改变孩子吗？但我们也许应该反思的是：孩子喜欢做什么？为什么不能接受他做已经有内驱力的事情，非要让他接受我们认为重要的事呢？

家长可能会说："那是因为考试成绩太重要了，比孩子自己喜欢的事更重要。"这种说法本身就在把学习这件事工具化。现代人习惯了工具理性的逻辑，做每件事都要算一算结果，换回"好"结果的事才值得热爱。我们并不真的鼓励人有自己的喜好，只希望对那些有回报的事情保持内驱，这种逻辑本身就是反内驱力的。

可能孩子不"感冒"学习，反而对音乐有兴趣。如果身边的人千方百计地遏制孩子学音乐，由此引发旷日持久的对抗，最终的结果大多是两败俱伤。与其如此，还不如允许孩子追求他的热爱，同时告诉他，学习是需要完成的任务，哪怕没兴趣，至少要把作业写完。

人活在这个社会上，不得不让步很多热爱，好去交换生活所需的工资、房子、职位……但我觉得，人不能完全臣服于工具理性。你总要拥有一些自己享受却未必有什么实际价值的个人空间。这就是内驱力的意义，它是我们最后的堡垒。也许是上完一天班，回到家，弹一首曲子。这首曲子带不来什么回报，但你会因此感到自己在作为一个"人"而活着。**只要你还有一些发自内心喜欢的事，无所谓有用与否，它都是生命的一份馈赠。**

02 自我决定：如何确定一件事是"我"想做的

关于动机，有的人的问题是：我不知道自己想做什么，该怎么办？

我们的动力从哪里来？这就涉及另一个关于动机的理论，叫自我决定理论。它是在 20 世纪 80 年代，由心理学家爱德华·德西（Edward Deci）和理查德·瑞安（Richard Ryan）提出的。这个理论把影响动机的因素概括为 3 个部分：自主，胜任，以及归属。自主的意思是，在这件事情里我能充分感受到主体性；胜任的意思是，我有能力做这件事，它带给我成就感；归属的意思是，我做这件事是跟更多的人有联系的，我能感受到这件事对别人的意义。

我们先讨论自主和胜任；而人际关系是下一章的主题，我们后面再来讨论归属。

自主的意义

我在讲青春期心理特点时就提到过自主性，用大白话说，就是一个人自己做主，不受外力逼迫。不具备自主性的人，做事是什么状态呢？你回想一下自己小时候被父母逼着写作业是什么样子的：虽然被迫打开了书本文具，可是能拖就拖，能磨就磨。因为你一点也不想做这件事，做它的唯一理由就是"不能违抗父母"，那这个过程当然会让你很痛苦。

如果你是父母，看到这里可能会困惑：小孩子的天性就是爱玩，很多事情如果不要求他做，他就不会做啊！就算成年人，完成任务时也需要监督，不是吗？没错，我不是说这种方法完全不可取，但它有一个适用范围，就是只能针对简单的、标准化的行为。

对于不需要发挥个性和创造力的事，一个人可以在外力的督促下把事情做好。最典型的例子就是劳动密集型的工厂流水线，工人们没有什么自主性，他们做的动作往往都有标准化的操作流程，只要放空自己，机械地做就可以了，心里有多少热情其实不重要。甚至可以说，如果他们在这种事情上太有自己的个性了，反而是一个麻烦。

周星驰在电影《喜剧之王》里扮演了一个龙套演员，导演只要求他完成规定动作，他却老想在角色里加入自己的创意。对龙套演员来说，这反而是不好的。

在农业社会和早期工业社会，大多数人只要从事重复的、标准化的劳动就可以了，就像干农活、学手艺、背四书五经。至于有没有自主性，差别没那么大。

但在今天，我们面对的挑战升级了。人在跟人工智能抢饭碗，能够体现人类价值的工作往往需要一个人投入自己的情感和主观能动性。无论做研发的、做内容的还是做设计的，都不能被老板逼着，像流水线上的工人那样 5 分钟产出一个创意。人在有压迫感的时候会自动进入系统 1，只有在放松、安全的情境下，才能启动慢系统，产生更多好点子。

人为什么感受不到自主性

不受人逼迫，就一定是在自主的状态里吗？有人会说："我现在做的事情确实是我主动想做的，并没有人要求我做，可我在做的时候还是很磨蹭。这是怎么一回事？"

　　我想反问一个问题："你确定，这件事是'你'想做的吗？"

　　这个问题背后有一个灵魂拷问：我们真有随心所欲的自由吗？比如，领导让我在一个星期之后交一份报告。表面上看我是自由的：我可以先刷一部剧，甚至拖到最后一天再写，没人监督我；完成的质量也有一定的弹性空间；最后，退一万步来说，我真的不想写，那就算了，大不了换一份工作呗！怎么看都比流水线的工人更自由。那我在痛苦什么呢？原因你我都心知肚明：这仍然不是我自己想做的事，我只是不得不做。

　　如果问自己：是什么限制了我的自由？我相信你立刻能想出 100个答案，比如"这是领导交代下来的任务""我要给自己争取更好的前途""这么简单的事我都做不好，别人会怎么看""我是一个名校的毕业生，要对得起自己身上的光环"……

　　这些答案总结起来就是一句话：我必须符合某种隐性的要求。所以很多时候，我们看似自由，却感受不到切实的自主性。就像前面讲过的内隐规则：作为什么样的人，我们就该做什么样的事。它是一种潜移默化的、隐性的限制。

　　要打破这些限制，第一步就是看到限制的存在。

　　我们常常一边受到潜在限制的影响，一边又不知道自己被什么限制住了。举个例子，很多来访者问我："李老师，我明明没有受到任何限制，为什么还过得这么平庸？"我说："如果你真的没有被限制，为什么在说到'平庸'的时候，看起来这么难过？不被限制的人，不可以自由自在地度过'平庸'的一生吗？"他说："啊，这是我不能接受的，我希望成为更好的自己。"我说："你看，成为更好的自己，这个声音就是你的限制。"

　　我这么说，不是在反对追求卓越，只是想提醒一点：我们没有想象中那么"自主"。虽然不再有一个具体的人举着小鞭子逼迫我们做什么，但我们心里仍然会模模糊糊感受到某种要求，也就没办法发挥充分的自主性。最难受的是，我们在这种情况下，甚至连借口都没有了。我们没有办法再说"我什么都做不好，是因为我被要求做自己不喜欢的事"，因为立刻会有一个声音跳出来反驳：谁要求你了？难道一切不都是你自己选择的吗？

所以，你要先接受一个事实：活在人际社会里，绝对的自由只是一种理想。要想真切地感受到自主性，仍然需要你从内心深处解放自己。

如何确定我想做一件事

那怎么才能确定我真的想做一件事呢？最简单的办法就是告诉自己："可以不做。"

我知道，光是看到这句话，都让人有一点惊恐：难道我能告诉自己"可以不上班/上学"吗？或者我好不容易才做到坚持吃健康餐，要告诉自己"可以吃烤肉"吗？又或者我调用全身的力气做完一组推举，难道告诉自己"可以不练了"吗？那我就垮了啊！

是的，你确实可以不做。但是还有后半句："也可以做。"

为什么我要补充这后半句话呢？因为只有确认了你拥有不做一件事的权利，你做它，才是完全出于自主性。这跟内驱力是一脉相承的。如果你做一件事是为了某个你需要的结果，那就是被外部动机驱动的。只有不在乎结果，才能激发内驱力。

为什么玩游戏那么让人快乐？就是因为它不带来任何结果，玩不玩，都没有人逼你。这样一来，玩游戏就是内驱和自主的。但是我们开个脑洞，如果高考加入游戏这个科目，每人每天必须像刷题一样刷副本，很多孩子就会把游戏也看成苦差事。

理解了这一点，你就可以自己寻找"自主"，甚至是在那些不情愿的任务当中。比如，你在写报告时，知道这当中有一部分是"不得不完成"的——至少你得写一篇能交差的东西。但在此基础之上，你仍然有选择：要不要精益求精，把它改得更漂亮点呢？这就是"可以不做，也可以做"的部分，这部分工作对你来说就完全出于自主性。

你可以把很多事情变成一种自我探索，就像在做实验一样。比如，健身的时候，某个动作快要坚持不下去了，你就告诉自己：我随时可以停下来。但你可以出于对自己的好奇心再坚持一下——这只是看看自己的极限在哪里，这个动作并不是非做不可。很可能你会发现，当你允许自己"不做一件事"之后，反而会带来更多的活力与好奇。

有人担心："我不敢！我怕一旦允许自己什么都不做，我就真的'躺平'了。"对此，我想问一句："你确定吗？你能心安理得地'躺平'吗？有没有可能，你只是对自己的了解还不够深？"

我在成都探访过一个很有趣的创新教育社区，叫先锋学校。很多学生对学习失去了兴趣，被送到这个学校之后，他们被允许：只要不妨碍别人，什么都不做也可以。你猜孩子们有了选择权之后，真的再也不学习了吗？答案恰恰相反。他们一开始很兴奋，但是待不了多长时间就感到无聊、空虚，想去听一听不同的课。

你也一样，只要你允许自己什么都不做，你就会想要找点事情做做看。

自我效能感

你已经知道自主是如何影响动机的。接下来，我们再来看胜任。

胜任是一种主观感受：你感觉这件事自己能不能做到？以健身为例，自主就是你知道健身是自己想做的，不是出于别人的要求。但在自主的基础上，你就一定能坚持下去吗？也不一定。有可能你尝试了几天，感觉效果不明显，便觉得：算了吧！我就不是这块料。

"是不是这块料"，心理学上有一个专业术语，叫"自我效能感"，它是心理学家班杜拉提出的一个概念。作为横跨行为主义与认知科学两界的著名心理学家，班杜拉除了提出上一章讲过的社会学习理论，另一个重要贡献就是提出了自我效能感的概念。

自我效能感的定义是：个人对完成某方面任务能力的主观评估。请注意，任务还没开始做，所以客观难度不好说，但是在主观感受上，我们相信一定能搞得定。

看起来，这不就是自信吗？确实，自信和自我效能有一定相关性，但它们不完全是一回事。还是以健身为例。当你对健身有自我效能感时，其实有 3 个方面的意思：首先，你对健身这件事不发怵，觉得没那么"难"；其次，你掌握了相关知识，知道自己按照特定的方案坚持训练就能出效果；最后，才是你相信自己有能力把方案执行下去。

用学术一点的语言说，这 3 个方面分别是：主观经验的唤起，对任务要求的客观分析，还有对自身能力的评估。

你注意到了吗？好像只有第三个方面跟自信有一点关系，但它也不是盲目的自信。如果一个人并不了解任务难度，就武断地说"以我的能力，什么困难都搞得定"，这就算不上是自我效能感。当然，这也不算自信，而是自大。

自我效能感是针对具体的"事"而言的。你可能见过一些不自信的人，做起自己擅长的事，整个人就散发出不一样的"气场"。比如，一个在生活中羞怯的，甚至自卑的人，有一天他做饭招待你，你看他颠勺的架势就像换了一个人，你就知道，这顿饭交给他，妥了。反过来，一些自信满满的人在特定的事情上也会认怂，承认自己搞不定。

所以，自我效能感不等于全面自信，它是面对特定挑战的一种主观评估。

自我效能感更高的人，不光动机水平高，做一件事的实际结果也会更好。原理就是前面讲过的自证。你想，如果你对一件事有信心，做的时候就会更投入、更放松，遇到困难会积极寻求解决办法；反过来，如果你自己都不确定能不能做到，就会紧张、动作变形，一有困难就想打退堂鼓，最后的结果当然不会太理想。不止如此，以后你再面对类似的挑战，心里会更没底。这种情况还有一个名称，叫作"低效能的陷阱"。

我跟很多父母讲过，我们在孩子小时候能给他们最好的礼物就是自我效能。这可能是决定一个孩子未来成就最核心的几个因素之一，甚至比他的天赋、受到的教育更重要。**天赋和教育只能决定他的起点，但自我效能感决定的是，他在未来这一生当中有没有勇气尝试新的挑战**。假如他有这样一份底气——"哪怕一件事我没做过，但只要别人能做到，我做起来也不会太难"，在他未来的人生里就不会有那么多迈不过去的坎儿。

如何培养自我效能感

自我效能感要怎么培养呢？是不是多鼓励一个人就可以？

并非如此，自我效能感必须建立在具体经验的基础上。也就是当事人自己遇到问题，想办法解决问题，一次又一次地成功应对过，才能知道自己面对挑战是一种怎样的状态。所以，**自我效能是在经验中磨砺出来的**。

那么，只要多去做容易的事，积累成功经验，自我效能不就起来了吗？这种方法可能适得其反。一个人老做容易的事，就会想：我只能解决简单的问题，换成正常水平的任务，我是不是就不行了？这样一来，自我效能感反而更低了。

我在这本书一开始讲过一个案例，我朋友家的孩子从国外回来，对数学不适应。我给他们的建议是，先让孩子做低一年级的数学题，等他培养起对数学的自我效能感，再把难度加上去。这个方法效果很好。

　　但请注意，我这个方法是有讲究的。这个孩子的问题在于，他害怕自己在国外学的数学知识不足以解决国内的数学题，因此我要让他知道：只要循序渐进地做起，国内的数学并不可怕。这可不是告诉他"你这水平不行，只能做简单的题目"，而是告诉他"你能力没问题，只是对自己有一些误解，你可以从简单的题目开始挑战它"。

　　要培养自我效能，核心就是挑战。用到的任务必须恰到好处：太难做不到，太简单又失去了意义，最好是那种踮踮脚才能够到的高度。

　　班杜拉认为，自我效能感的本质就是面对不确定的挑战，发挥自身潜力，获得局部的"掌控"感。这个说法既强调挑战的难度，又强调克服挑战的能动性。

　　对于喜欢挑战的人，困难的任务反而有助于他们提升自我效能。比如，一个攀岩爱好者每次都会制定超出极限的目标。虽然他感觉很难，但他不害怕这种感觉，因为他已经积累了无数次战胜困难的经验。知道自己会从"怀疑做不到"到一步一步"尝试去做"，最终发现"居然做到了"。这种经验过程又会强化这种信念：刚开始的困难都是纸老虎。

　　很多父母反对小孩玩游戏，其实，玩游戏可能是帮助孩子建立自我效能的手段。我会问这些孩子："你最擅长什么游戏？游戏中遇到挑战的时候，你会用哪些方法解决？"他们在游戏里获得的自我效能感，也许可以迁移到学习和生活的其他方面。

摆脱低自我效能陷阱

　　面对挑战，能通过成功经验培养起自我效能当然很好。可是有一些事情，还没做，我们心里就已经"怯"了，怎么办？

　　这其实就是陷入了低效能的陷阱：在同类事情上有过太多次失败的经验，导致你带着怯意进入新的挑战，结果往往不会太好，而这个结果又一次证明了你不擅长这样的事情。最终，这一类任务就成了"老大难"。

如果你恰好处在类似的状态中，我想建议你，先把问题定位准确。问题并不是你真的缺乏天赋，也不是你就跟这种任务"八字不合"，只是你在类似的问题上失去了自我效能感。你要告诉自己：我没有任何问题，只是需要改变在这件事情上的信念。

怎么改变呢？很简单，请你再尝试几次类似的挑战。但这几次的目标不太一样：不要急于获得成功，而是放平心态，仔细观察一下自己是怎么"失败"的。

这个方法有点奇怪，自我效能不是应该建立在成功经验基础上的嘛，怎么又要多体验失败呢？但问题就是，你想让自己体验成功，就一定能成功吗？如果你对这件事已经失去了信心，再给自己定一个不确定的目标，反而让人更没有底气。与其这样，还不如允许自己多"失败"几次，至少面对这个目标时，你心里不慌了。

但失败不是目的，这样做是为了让你从中获得更具体的觉察，发现问题出在哪儿：任务的哪一个环节是最难的？你是缺乏必要的技能，还是有错误的反应习惯？你是需要更多练习，还是需要更有经验的人指导？先把问题出在哪里搞清楚，再有针对性地解决。而不是只下一个笼统的结论：这件事我就是做不好。

这样还有一个额外的好处，就是你反而会对这件事获得一种奇怪的掌控感。失去自我效能感的终极表现是承认结果的随机性，也就是我们对于自己"能够产生影响"这件事都失去了信心。而这种刻意的"失败"反而可以让你从中获得掌控感。比如，对厨艺没有信心的人，要先相信自己有能力把每道菜都做得很难吃。他有能力把事情搞砸，就代表他的行为是有效的。有了这份"信心"，再有针对性地纠正行为，就容易了。

▶▶▷ 第七讲
归因：真相并非只有一个

01 归因：为什么我们热衷于找"谁的错"

在人类的心理机制中，为发生的事寻求解释一直是最重要的任务之一。心理学把这种机制叫作"归因"。我们经历任何事情，都会有意识地想一想为什么。

最早研究归因方式的是社会心理学家弗里茨·海德（Fritz Heider），他在 1958 年出版的著作《人际关系心理学》（*The Psychology of Interpersonal Relations*）中提出了这个概念。他说，生活中每件事发生之后，我们都会下意识地给出因果解释。比如，这个学生考上重点大学是因为他的父母教育有方；那家公司成功上市，是因为创始人英明神武；新闻里的嫌疑人犯下罪行，是因为他小时候没有跟父母一起生活……

姑且不论这些归因是否正确，人为什么这么迷恋因果关系呢？海德认为，归因有助于获得对世界的掌控感。我们必须相信自己能理解一件事的前因后果，这个世界对我们来说才不是随机的，我们才有能力趋利避害。

但是，归因并不等同于找到唯一的真相。生活中任何一件事的发生，背后的因素都是千头万绪的。创业成功究竟是因为创始人的个人魅力高，还是因为团队厉害，还是赛道选得好？都有可能。或者说，所有因素叠加在一起导致了这件事的发生。

但我们会按自己的认知习惯提炼出自认为重要的因素。这有时候会带来便利，有时候也可能增加困扰。人们偏好的归因方式可以分为两种：外部归因和内部归因。

外部归因

先来看外部归因，它认为一件事的发生主要由外界环境因素导致。可能是天时地利，也可能是贵人扶持，总之，跟当事人自己关系不大。荣誉归于别人，错误也跟我没关系。它看上去有一点像是"甩锅"，但这种归因方式是有意义的——可以拓宽我们的视野，帮助我们看到一件事情发生，除了当事人的因素外，背后还有大千世界。

举个例子。你走进一家商场，地板湿滑，你摔了一跤。如果用内部归因把它解释为"我走路不小心"，就会忽略跟其他人相关的因素。比如，可能清洁人员刚刚擦过地板，走在上面比平时更容易摔跤，但是没有人提醒你这一点——这就是外部归因。这样想，不一定是要追究对方的责任，但为了避免同样的事再发生，我们就可以建议这家商场，刚擦完地板之后在醒目的地方放一个标识，提醒人们走路时小心地滑。

不同的心理学流派会给出不同的归因思路。结构主义认为，心理特点取决于神经和心理结构；行为主义认为，你做出什么样的行为，是由外部刺激决定的，你只是习得了刺激和反应的关联模式；精神分析就更绝了，认为一切无法用常理解释的反应都来自内心的神秘地带（无意识），你无法控制，当然就不是你的错。

在遇到倒霉事的时候，建议你多使用外部归因，告诉自己"发生这样的事，并不是因为我做错了什么"，这有助于维护你的自尊，带来更好的心理体验。

你可能会担心：把责任都推给外部因素，会不会造成一些困扰？确实有可能。比如，一个人陷入一段痛苦的婚姻，归因为自己遇到了一个糟糕的伴侣。这时候，他把解决婚姻问题等同于指控对方。如果夫妻俩都这样想，就会陷入无休止的争执。根据我做婚姻咨询的经验，这种指控发展到一定程度，反而让人陷入另一种绝望：我的人生是否幸福，仿佛完全取决于伴侣什么时候愿意改变，单靠我自己是没有希望的。

内部归因

我们试图通过外部归因获得掌控感，可当这种归因方式超出必要的界限后，就等于把掌控的开关送到了别人手里。这时候应该怎么办呢？我们就可以学习另一种归因方式——内部归因，就是把一件事跟"个人的因素"建立关联。

还是拿婚姻举例子。内部归因也许是：我那么痛苦，是因为我没有离开这段婚姻的勇气。你看，这是不是会带来不一样的希望感？虽然此刻的痛苦没有改变，但解除痛苦的开关就掌握在自己手中，等到哪一天下定了决心，事情不就出现转机了吗？

内部归因可以带给人更强的掌控感。只要改变自己的选择就可以影响一件事是否发生，这会让我们感到世界更安全、更稳定，也会给我们增加"我可以做点什么"的主动性。比如，项目没有及时完成，虽然是耽搁在同事身上，但你也没有在关键节点及时提醒，这是你的责任。这样一来，下次你就知道能够做些什么避免这种局面，而不用只是被动地祈祷"希望同事这一次不要掉链子"。

但使用内部归因的时候，我要提醒一句：**归因不等于归咎。可以为一件事承担责任，但不要把什么罪责都揽到自己身上。**

举个例子。一个人半夜出门，在黑灯瞎火的地方被抢了钱包，这是谁的错呢？当然是抢匪的错。但我们确实有可能会这么想：下次，我不能再半夜出门去危险的地方。当一件坏事发生，我们探讨自己可以做些什么，是为了避免它再次发生，但不是为了自责。只是有时候，我们很容易模糊"获得掌控感"和"追究罪责"之间的边界。

比如，有人可能会这么劝你："谁叫你半夜出门呢，还是去那么危险的地方！"也许他的用意是想帮助你避免再碰到这种事情，但他这种语气仿佛是在指责你：会发生这样的不幸，都是因为你做出了错误的行为。这就对你造成了二次伤害。

我们在互联网上经常看到类似的争论。当一件不幸的事情发生后，总有人建议当事人应该怎么做，以避免伤害。另一些人则会很愤怒："你是在谴责受害者吗？"

这就是模糊了"获得掌控感"和"追究罪责"之间的边界。如果要追究罪责，当然应该追究施害者。但作为无罪责的一方，每个人也有权利想一想：虽然不是我的错，但如果我想在这些不确定的情况里增加一点掌控感，我可以做些什么？

如何在两种归因中取得平衡

一件事发生，到底要用外部归因还是内部归因呢？

答案是，你有权利自己决定。这句话其实暗示了，事情背后并不只有唯一正确的原因。**不同的归因方式，本质上是一种主观偏好的建构。**

每个人可以有不一样的建构风格。对同一件事，你既可以全部归结于环境因素，获得多一点自我安慰；也可以把自己看成是能够掌控这件事的人，通过自主的行为改变事情的走向。当然，你给自己分派的责任越大，你对结果的影响力也就越大。

这样看，内部归因好像是一种更有力量、能带来掌控感的建构，但它也不是越多越好。极端的内部归因就是在暗示：我遇到的每件事都是自己一手造成的。这不仅会带来巨大的压力，还会让我们对可能存在的外部因素视而不见。

想想看，如果有一个绑匪逼迫你做选择：要么给钱，要么剁手指。你能怎么选？这时候你不用觉得"这是我主动做出的选择"，绑匪也不可能用一句"这是你的决定"就撇清他的责任。**明明存在外部因素，却只强调自己的选择，这也是一种偏见。**

日本社会学家上野千鹤子提出过一个概念，叫"恐弱"。她发现，很多精英女性害怕把自己放在无能为力的"受害者"位置上，所以会刻意强调个体的选择权，认为人生中的所有遭遇都应该由自己承担责任。这就是用内部归因取代外部归因。而上野千鹤子认为，这种心态反倒会让这些女性在原本就不公平的社会中遭遇更不公平的对待。

所以，做出外部归因有时候也需要勇气。你必须直面自己的无力感，承认自己在某些事情上就是"受害者"。这不是长他人志气，灭自己威风。你仍然可以努力改变这件事，但这必须建立在全面了解形势的基础上。

在今天，"一切都是你的选择"是更主流，似乎也更正确的声音。这种价值观不只影响了我们普通人，也影响了心理学这门学科，当代心理学越来越走向内部归因。你肯定看过这种话，"你不能决定外界发生了什么，只能选择用什么方式去回应"，或"不能改变别人，只能改变自己"。这些道理没错，但不要忘了，内外归因是一个连续体的两极，你不承认外部因素，不代表它不存在。一味地苛求自己，有时未必是最好的解决方式。

在遇到糟糕的事情时，外部归因会带来安慰，同时会让我们陷入受害者的角色；内部归因可以带来更高的掌控感，同时要求我们承担更多的责任。在内外归因的两极之间，哪个位置是最适合你的？你可

以根据自己的需要，做出灵活调整。

02 归因偏差：认清形势有多难

面对变化万千的世界，我们常常会做出错误的归因。不过，这些不可靠的归因背后也反映了我们共同的心理需求。心理学家研究了人们归因方式上的偏差，提炼了一些普遍规律。我想介绍两种常见的归因偏差，你可以看看，自己是不是也有类似的倾向？

这两种偏差，一个叫"基本归因错误"，一个叫"自我服务偏差"。

基本归因错误

提出归因理论的海德发现，在解释别人的行为时，无论好坏，我们都更倾向于内部归因，也就是认为这些事是由他这个"人"，而不是环境因素决定的。他成功了，我们会说"这是个干大事儿的人"；他失败了，我们则会说"这个人不怎么样"。

想想看，你是不是也经常做出这样的归因？比如，陌生人突然插队，你是不是倾向于解释为这个人"没素质"，而不是"他也许只是临时遇到了什么事"。

这种信念，被海德叫作基本归因错误。

虽然叫"错误"，但它不一定跟事实相违背。比如，你相信某个人的成功来自他的个人努力，很可能他确实是个努力的人，这个归因没有错。只是，把他的成功全部归功于性格，而没有考虑其他因素，这种解释偏向是不够全面的。

会出现这种归因错误，是因为我们希望在认知中构筑一个稳定可预期的世界。最稳定的解释方式，就是忽略掉环境的复杂多变，聚焦于当事人的个人特质。个人特质是稳定的，从这个角度理解复杂的世界，就会带来某种"可控感"。比如，一个人成功了一次，你就可以推测他做下一件事还会成功，仿佛这个人具有某种成功的"素质"。

反过来，对别人的行为做出外部归因，事情就麻烦了。我们怎么知道外部环境因素都有哪些呢？想一想那个插队的人，他确实可能遇到了急事，但我们又不是他肚子里的蛔虫，没法掌握这样的信息。更关键的是，这个人下次还会不会做出破坏规则的行为呢？这一点我们也不能确定。反过来，只要认定"这个人有问题"，我们心里就释然了。我们做出了决定，把这个行为看成他的稳定特征，以后尽量防范和远离他，这样就会感到可控。

当然，基本归因错误很可能只是一种偏见。过度放大当事人的个性因素，低估环境的影响，说不定会让我们做出错误的判断。比如，朋友投资奶茶店失败了，你会想：那是因为他没有经营头脑，换我来做就不一样。但如果他的失败背后还有环境因素的影响，你贸然尝试，就很可能重蹈覆辙。

同样的道理，基本归因错误也让我们不太敢复制别人的成功经验。我们会想，别人把事情做成了，主要还是跟他的能力有关，让我做同样的事，不一定能做得一样好。

还有一些时候，基本归因错误会影响我们跟他人相处的方式。你看到家人、同事或者领导的表现，会对他们的个性做出归因。在这种关系中，你并不只是一个观察者，而是会按照自己的理解展开互动，有可能形成自证的循环，也就是"当局者迷"。

举个例子，伴侣之间的很多争吵都来自基本归因错误。丈夫认为：老婆之所以跟我吵，是因为"她脾气不好"，而不是"我惹怒了她"。这么一想，他会怎样对待妻子呢？大多是指责："你怎么就不能好好说话！"这显然会进一步激发妻子的愤怒。但妻子的愤怒不但不能让丈夫理解她的委屈，反而进一步印证了"她脾气不好"的归因。最后，两个人继续互相指责，不断印证彼此的猜想，维持痛苦的局面，大家身心俱疲。

所以，虽然在某种程度上，基本归因错误帮助我们构筑了一个"稳定可预期"的世界，但这样的世界未必让我们感到幸福。对于那些痛苦的关系，稳定的建构甚至会让我们越发绝望：一切都因为他是这样一个"人"，无法改变。

增加弹性

如何打破这种不幸福的稳态呢？我有两个建议。

第一个建议是，给你的归因增加一些弹性。弹性就是不确定性。对别人的行为做出归因时，尽量提醒自己：我只是偏好于这么认为，但它不一定是事实。任何一件事背后都有数不清的因素，时间、场景、前因后果、别人的影响……究竟是不是他的个人因素导致了这件事？我也不知道。"不知道"这个结论虽然有些令人沮丧，但至少不会犯错。

第二个建议叫作设身处地。当你要理解另一个人的行为时，你就想：如果是我做出来同样的事，影响我的因素可能有哪些呢？这样一来，你就能看到更多。

甚至，为了更有效地思考和理解对方，两个人可以尝试玩一下"角色互换"的游戏。丈夫一直以为妻子发脾气是她的性格问题，当他扮演妻子的角色，就会为这些行为找到许多外部解释，像是身体不舒服、工作不顺、孩子不听话，以及——丈夫不理解我！这样一来，不仅丈夫能够更理解妻子，妻子也能理解丈夫为什么不理解自己。这不是为了给对方找理由，而是帮助我们看到更全面的因素，更好地解决问题。

你可能会想，每件事都站在别人的角度想，还要找那么多因素，这不会让自己很累吗？确实不轻松。所以，这个方法更适用于那些你觉得很重要的，需要多一点理解的关系。**你希望这段关系变得更好，就要在头脑中尝试一些更复杂的思考。**

自我服务偏差

基本归因错误是说，我们在解释别人的行为时更倾向于内部归因。与之相对地，我们在解释自己行为时，也有一种归因方式上的偏差，叫自我服务偏差。

顾名思义，自我服务偏差是为了让自己感觉更好，它致力于建构一个好的、正确的、有力量的"自我"形象。为了维持这样一种形象，同一件事情发生在自己身上和别人身上，我们会采取两套不一样的解释方式。

网上有一个流行词叫"双标"，意思是双重标准，自我服务偏差就是一种双标的归因方式。当然，这不是要对它进行道德上的指责。这是一种自然的偏差，每个人在日常生活中都无法完全避免。

自我服务偏差具体表现是什么样的呢？当事情发生在自己身上时，如果是我成功了，我倾向于做出内部归因——是因为我很棒；如果我失败了，就做出外部归因——是外部环境不利于我。

你看，我们解释别人的事时，考虑的都是"这个人"，不管好坏，都可以不带感情色彩地给别人下结论。但如果是自己把事情搞砸了，别人悄悄议论你"这个人能力不行……"你会怎么想？你认为他们评价得对吗？

你肯定很委屈：怎么都成了我的问题呢？你会解释说："事情很复杂，听我慢慢跟你讲。"然后，你会把前因后果掰开揉碎讲清楚，甚至会强调，你在整个过程中只扮演了一部分的角色。比如，"这件事是领导做出的决策，我只是负责执行"。

可是反过来，如果这件事成功了，你一定会觉得"与有荣焉"。虽然还是领导决策你执行，但你就会想：领导布置任务的时候，我就大力支持；在执行过程中，我加入了很多自己的想法，为最终的结果增色不少。所以，这件事成功了，我有很大贡献。

请注意，这些心态并不是罔顾事实。无论是"与我无关"还是"我有很大贡献"，都是真相。**自我服务偏差只是一种加工真相的视角，把真相按照对自己有利的方式进行解读**。这种偏差常常是隐蔽的，当事人往往意识不到自己有这样的加工倾向。

如果把每个人心目中的自我形象放在一起，会得出一些很荒谬的结论。有一种心理学现象叫作"优于常人效应"，意思是，绝大多数人都相信自己比平均值更聪明、更健康、更有道德。有一项对司机的调研显示，绝大多数司机都认为自己的驾驶水平高于平均水平，甚至那些遭遇了交通事故正在住院的司机也是这样认为的。

如果每个人都像自己认为的那么优秀，世界上就不会出现那么多的失败、麻烦、事故，甚至罪恶。但是，每个人都很难客观地看到自己的不足。所以才需要不断地反思，还需要有一些忠言逆耳的人一针见血地指出：你有一些视而不见的问题。

对自己"双标"，怎么办

你可能会想：这也太"双标"了吧！我怎么才能改掉这样的错误呢？

请注意，自我服务偏差不是一个要改掉的错误，它是有价值的，我们必须这么做。因为我们需要一些良好的自我感觉，才会有积极面对生活的勇气。比如，你刚开始挑战一个有难度的任务时，多半会经历失败。虽然理性上知道失败是暂时的，但你还是有可能失去继续尝试的勇气。你要怎么对抗那个"也许我就是做不成"的自我怀疑呢？

这时候，自我服务偏差就可以帮助你肯定自己。

如果你对现在的工作很不满意，正在考虑换一份工作，有人对你说："有没有可能，如果你自己的问题不解决，你换了一份工作还是做不好？"你会怎么想？他的话也许有道理，可是说这种话的人真的有点讨厌，我都没有尝试，怎么知道自己行不行？做事情的顺序不是先在理智上证明"我能行"、再行动，而是在无法确定结果时先采取行动，在行动中发现问题，解决问题。它需要勇气。我们要勇于告诉自己：这一次没有成功，不是我的错，我要换一个地方好好开始！带着这种信念，人生才会有更多可能。

当然，你可以在这个基础上通过自我反省减少盲区。怎么做呢？就是**在情感上相信我这个"人"是好的，同时在理性上看到自我服务偏差，看看在做"事"的时候我能怎样再进一步**。这就叫建设性的反思。

当然，自我服务偏差也会带来一些麻烦。尤其在与人沟通时，常常导致冲突。

我还是拿伴侣关系举例。一对夫妻在争吵，丈夫抱怨："我每天回到家都吃外卖，我早就不想吃外卖了。"妻子说："可是你从来没有告诉过我啊！"丈夫说："我上周问过你能不能在家做顿饭，你都没听。"这在生活中是非常常见的小摩擦，但你不要小看了它，稍不注意，它就会上升到相互指责的程度，甚至酿成关系中的危机。

这个摩擦中存在什么样的自我服务偏差呢？先是丈夫遇到了一个问题：他已经不想吃外卖了。他把这个问题直接归因为"妻子不做饭"。可是对这件事情，妻子是怎么看的呢？她看到的是"丈夫没有直接表达需求"，也就是说，丈夫自己应该为这件事承担责任。丈夫则再一次把球踢回来：我是表达过的，问题还是在你，你没有懂。

你完全可以想象，这个对话进一步发展下去只会让妻子更委屈：

"你当时也没表达清楚啊！如果我没有理解，你为什么不能跟我好好说呢？"丈夫又会进一步找出论据："有多少事情我好好跟你说过，有什么用呢？最后你还是没做到……"

你看，他们都在做同一件事，那就是证明"造成这件事，不是我的原因"。为了证明这一点，就要把对方推出来，让对方成为这件事的主要责任人。可是谁也不想负责。他们都认为自己该做的都做了，事情却没有往好的方向发展，那只能是对方的错。

我们很少去想，自己在某件事上还可不可以多做一点，因为这样想就意味着认输。在这一点上，这对夫妻是"对称"的，都在使用自我服务的归因，同时又拒绝对方的归因。他们对同一件事的解读就会越偏越远。你发现了吗？这时候，他们已经不知不觉把"如何解决问题"变成了"如何证明自己没有错"。看似是在理性探讨，其实是在酝酿更大的矛盾。双方都在想：你话里话外都在说自己没错，意思都是我的错呗？

这种情况要怎么办呢？其实，换一个思路就简单了：**不要去证明一件事是谁的错，而是面对一个共同的目标，去思考谁可以做什么。**在实现目标的过程中，不要纠缠"原因"出在谁的身上，而是承认原因不唯一，现在只讨论如何解决问题。

丈夫表达需求，妻子没有在意。这件事的原因既可能是丈夫没表达清楚，也可能是妻子没认真听。但抱着解决问题的心态，丈夫就要改进自己的表达，妻子则可以多问一句。

为了更好地探讨解决方案，还有一个方法是请中立的第三方介入。第三方不受自我服务偏差的影响，他听到任何一方在为自己辩解，都可以提醒：这不是我们要讨论的方向，回到主题，想一想，为了把这件事做成，下一次你可以多做些什么？

这样，我们就进入这一章要讨论的最后一个心理机制——问题解决。

▶▶▷ 第八讲
问题解决：总可以做点什么

01 决策：如何化繁为简地解决问题

归因关注的是我们如何解释一件事的发生。可光有解释还不够，我们还要采取有效的行动。因此，接下来我要跟你讨论的就是如何决策和解决问题。

通过有意识的思考、推演、决策，找到复杂问题的解决方案，这是理性思维极其重要的一种功能。小到打牌时，决定手里的"炸弹"是现在丢出去，还是再等一轮；大到政府开会讨论经济政策的调整，企业家思考公司未来的战略，医生决定疑难病症的治疗方案……这些都需要我们不断地做出决策。

那么，怎样才能做出更好的决策？除了需要具备特定领域的专业知识，我们还要掌握跟决策有关的策略。我会介绍 3 种决策的心理机制，也是 3 种决策策略，希望对你有所启发。

策略一：算法

第一个策略是使用算法。随着专业领域不断细分，我们越来越多地用标准化的算法替代个体决策。专业人士提供的一部分服务价值，就来自更先进的算法。

什么叫算法？简单来说，就是一套解决问题的流程，当你给出特定问题后，它会按照一定的程序得出结果。比如，我们解数学题时，每道题都有标准的计算公式，只要列出正确的式子，一步一步计算，就会得出正确答案，它不需要个人的决策。

但生活中的问题可比数学题复杂多了，难道也有算法吗？有的，人类为大多数问题找到了算法。比如，你头疼脑热，去看医生，医生听你说完症状，会给出一个"标准"应对方案，比如该做什么检查，看哪些指标，下什么诊断。每个诊断又都有治疗方案，吃什么药，平时注意哪些事项，多久再来复查。这些都是有"算法"可依的。理想状况下，你去找这个医生和那个医生，得到的结论都差不多，这是最让人安心的。毕竟谁都不希望生病时碰到医生之间的意见不一致，他们还需要讨论决策的情况，这多吓人。

当然，即便是标准算法也不一定百分百有效，它只是综合考虑效率、性价比、风险因素之后，得出的相对最优的方案。随着人类的知识越来越丰富，专业分工越来越细致，各行各业都有这样的方案，目的就是减少个体决策的不确定性。

甚至在充满不确定的领域里，算法也能派上用场。比如炒股，如果只是靠个人的判断决定买哪只股票，判断对了就大赚一笔，判断错了就赔钱，这太依赖于个人决策的准确度了。而专业人士会提供一种更安全的算法，同时买好几支股票进行风险对冲，或者对投入资金的比例进行控制。这样一来，结果就不会那么依赖于个体的决策。

今天，在大多数领域，你都可以寻求专业人士的帮助，无论是法律、理财、健康、公司管理，还是个人的心理状况，都有相关顾问运用标准化的算法为你提供最佳方案。

请注意，我说的是"大多数"领域。人生当中仍然有一些重大决策是不能通过算法解决的。比如，你该不该换工作？要不要结婚？在这段婚姻中感到不开心，是努力调整自己还是下决心离开？让孩子接受怎样的教育……这些问题没有唯一的算法，更没有确定性的答案。你去问专业人士，他们也会说："靠你自己决定。"

尽管需要自己做出的重大决策没那么多，但每一个重大决策都会影响我们的人生，让人为难。

策略二：个性化地定义问题

在个体决策上，有没有什么建议呢？这就是我想跟你分享的第二个策略：定义问题。

你可能会想：定义问题不是每个人都具备的能力吗？其实不然。

举个例子。很多人认为，自己的问题就是"没钱"。你是不是也深有同感？但如果要把它当成一个问题来解决，你就要想一想："没钱"是一个清晰、准确的定义吗？

其实，"没钱"是一种情绪化的说法，它真正表达的是：我没有足够多的钱买到自己想要的东西。要解决这个问题，就要进一步追问："你想买什么？"这就涉及问题的个性化。你也许会说："我想在工作的城市买一套房子，没存够买房的钱。"这就比"没钱"清晰了一大截。在这个基础上，还可以问："暂时买不起房，对你为什么会是一个问题呢？"

请记住这个提问的句式：某个问题对你，为什么是一个问题？

这就是在个性化地定义问题。同一个问题会给不同的人带来不一样的麻烦，对应的解决方案自然也不一样。比如，同样是没房，有人可能是对租房的体验不满意，要解决的是居住体验问题；有人是每年都得搬家，太累了，要解决的是如何固定住所的问题；还有人会说，"买了房，父母才会放心"，要解决的问题就变成怎么跟父母沟通。

你看，分析到这里，跟一开始的"没钱"相比，问题是不是完全不一样了？对问题的定义越清晰，你就会看到越多的解决途径，而不用真等到买得起房的那一天再做决策。

除了要定义"问题为什么是问题",还需要定义"这是谁的问题"。

举个常见的例子。我在心理咨询中会遇到很多厌学青少年的父母,他们的问题是:孩子不想上学。我问会他们:"这是谁的问题?"其实这不是孩子的问题,孩子就是不想上学,只有父母单方面想解决这个问题。所以,不妨换个角度想:对孩子来说,问题是什么?也许孩子更在意的是,长期待在家里打游戏,越来越无聊,跟社会脱节,怎么办?对于这个问题,父母就可以跟孩子一起解决:如何利用好在家的时间,做一些更有意义的事。

策略三:启发式

你可能会想,并不是所有事都这么简单。有些问题就算定义得很清楚,但还是难以做出决策,也不存在现成可以用的算法,怎么办?别的不说,就拿职业来说,"我希望找到一条最优的职业发展路线",这种高度复杂又高度个性化的问题要怎么解决?

这就需要用到第三个策略,叫作"启发式"。在心理学里,启发式是一种经验法则,它不提供最终的解决方案,只是推动我们先做点什么。虽然不准确,但有用。

举个例子。我们小时候考试,碰到 4 个选项不知道选什么的时候,会默念"三短一长选一长,三长一短选一短",然后做出选择。这个选项可能不对,但至少能避免我们在这道题上浪费太多时间。在想不出答案的问题上,猜答案就是一个有意义的启发式。

现实生活中,很多决策都是这样连蒙带猜做出来的,俗话叫"走一步看一步"。先采取一点行动,哪怕不能解决问题,至少可以促成一点变化,问题也许会出现转机。

《津巴多普通心理学》(*Psychology: Core Concepts*)这本书里介绍

了 3 种常用的启发式，分别是：拆分问题，类比，逆向作业。我也推荐给你。

拆分问题就是把大问题拆解成很多个小问题，一次先解决一个小问题。这是我特别喜欢的一种启发式。回到"如何规划最优的职业发展路线"这个问题上，这是个巨大的难题，因为涉及几十年的发展和变化，但我们可以把大问题拆成小问题。

第一步，你总要先了解自己擅长和喜欢做什么吧！解决这个问题相对容易一些，你可以先用未来的几年时间，在不同行业、不同岗位上都做一做看。几年之后，你一定能做出理想的职业规划吗？也不一定，但至少会比最初的时候更接近这个目标。

类比则是把陌生的问题转变成结构类似的、你更熟悉的问题。

我先澄清一个概念。前面介绍系统 1 的心理机制时，我提到一种机制叫作"启发"，也是把复杂问题类比为简单问题，以便快速形成判断。不过，那是系统 1 在一瞬间的自动反应。它跟类比启发式不是同一个东西，后者是系统 2 的理性思考，是你在有意识地把新的问题类比为自己熟悉的、有解决方案的情境。比如，我把青春期的孩子比作"不靠谱的领导"，这就是一个类比启发式。每当你不知道怎么跟孩子沟通时，可以代入跟单位领导沟通的情境，就会找到一些灵感。

逆向作业，顾名思义，不是从起点往后解决问题，而是从终点往前倒推，还原之前的步骤。走迷宫的时候经常用这种方法：眼前有好几个入口，不知道从哪里开始的时候，就从终点入手，往回倒推，可以获得更大的确定性。要解决职业生涯规划这样的问题，也可以用这种启发式：先设想一个完美的职业生涯的结局是什么样，然后倒推，为了实现这个结果，哪些条件是必需的。

除了这几个常用的启发式，你也许会有自己的方法去面对那些复杂问题。共通的秘诀是：**不需要一步到位地找到正确的解法，只要让自己距离解决问题更近一步就好。**

你可能发现了，前面介绍的这些策略都有一个前提，那就是你有充分的时间进行理性思考。可在现实生活中，很多时候时间有限，不允许我们深思熟虑。这时候，我建议你在系统 2 的条分缕析的思考之外，引入系统 1 的直觉。毕竟前面讲过，系统 1 的功能之一就是可以进行阈下的复杂运算，甚至捕捉到某种理性不足以掌握的规律。

决策心理学家艾普·迪克斯特霍伊斯（Ap Dijksterhuis）提出过一个建议：面对举棋不定的问题，可以先用理性分析，然后静待一段时间，把注意力转移到别的事情上，再用直觉做选择。他用实验证明，这种机制可以最大概率做出让人满意的决策。你不妨试试看。

02 破局：如何在不可能的地方发现可能性

你肯定看过很多这样的故事：在一个巨大的挑战面前，主人公被逼到山穷水尽、无路可走了，这时候他突然灵光一闪，绝处逢生。比如在《流浪地球 2》里，图恒宇要在水下重启互联网根服务器，当时他的生命已经所剩无几，眼看这个问题已经不可能解决了，但他突然想到，可以把自己转化成数字生命，继续完成任务。

但这毕竟是虚构出来的剧本情节，换到现实生活中，如果遇到一些无解的问题，无论算法还是启发式的经验对此都束手无策，我们要怎么找到"柳暗花明又一村"的解法呢？

心理学研究了人类解决"不可能"问题的经验，发现确实有一些方法藏在我们看不见的地方。我选了 3 种你也许没有考虑过，但能够帮你破局而出的方向。

重新审视问题

第一个破局的方向，是重新审视我们对问题和对解决条件的定义。

什么意思呢？我们先来做个思维练习。图 2-2 画的是一个房间的天花板上垂下了两根绳子，它们之间的距离相当远，超出了你伸直双臂所能触及的范畴。现在，你必须用自己的双手把这两根绳子连在一起，而你能使用的工具有一把螺丝刀、几个钉子、一杯水、一个纸袋和一个乒乓球。想想看，你要怎么解决这个问题？

图 2-2

有的人看到螺丝刀和钉子，可能会想：在墙上钉几个钉子会不会有用？这是非常自然的一种想法。但我可以告诉你，没用。

那正确的方法是什么呢？很简单，给其中一条绳子系上重物，也就是那把螺丝刀。把螺丝刀系在某条绳子的底端，绳子就成了一个单摆，你把它摆动起来，然后抓住另一条绳子。等到刚才那条绳子摆到你身边的时候，把它接住——你不就同时够着两条绳子了吗？

答案如此简单，那你的思路卡在了哪里？就是螺丝刀的功能。如果把螺丝刀换成其他重物，比如一块石头，也许你分分钟就能想到答案。但你对螺丝刀太熟悉了，以至于一看到它和钉子的组合，想到的就是拧螺丝，完全忽略了它可以只是一个"重物"。

前面讲过，大脑会对熟悉的事物形成固定的图式，而图式中往往包含了正确的用法，这叫思维定势。但事实上，任何事物的用法都不存在明确限定。想打破定式，就要重新审视我们对事物的定义。

比如，你管一个人叫"竞争对手"，就默认自己跟他是利益冲突的关系：一方赢，另一方就只能输。但你是不是可以把他定义为"合作伙伴"呢？这样一想，你也许就会在彼此之间发现共同利益，你们就有可能实现共赢。

再比如，SWOT 分析会让我们在审视一个问题的同时，自动完成对不同因素的命名：什么是优势，什么是劣势，哪些是机会，哪些是威胁。这个过程看上去是系统 2 的理性分析，但分析的前提都建立在系统 1 的默认框架之上。有没有可能，所谓的"劣势"其实也是"优势"？原来的"威胁"也可能是"机会"呢？

现在很多人都在担心，AI（人工智能）的迅速发展会增加我们失业的风险。这里有个前提：AI 被定义成了"威胁"。如果把它定义为一个"机会"呢？AI 提供的生产力，能否在你的职业领域提供降本增效的助力？从这个角度出发，你是不是就会看到完全不同的方向？

减少无形的限制

重新审视问题，是我们在决策之前可以做的事情。我要介绍的第二个破局方向，是在解决问题的过程中反思一下：你有没有给自己增加无形的限制？

什么叫无形的限制？还是以系绳子的任务为例，题目限制了你不能离开这个房间，不能找人来帮忙，也不能使用图片上没画出来的其他工具，才会那么困难。如果解除了这些限制，比如你可以找人协作，那问题就迎刃而解了。

当然，系绳子的限制是题目明确呈现出来的。更麻烦的情况是存在内隐规则，它一边在限制我们的思想和解决方案，一边又藏在暗处，令我们无法意识到它的存在。意识不到，当然就没法打破了。

我还是请你先做一个小游戏。这是一个经典的数学问题，叫作九点问题。图 2-3 上有 9 个规律排列的圆点，请你用 4 条以内的直线段把这 9 个点连到一起。要求是：笔不能离开纸面，一笔完成，线可以交叉，但不能重复。你可以自己尝试一下。

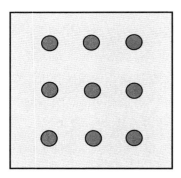

图 2-3

你是不是发现，无论如何都需要 5 条线段才能做到？（图 2-4 ）

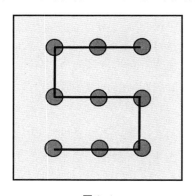

图 2-4

那我们来看正确答案，其实 4 条线段是完全足够的（图 2-5），甚至 3 条也没问题（图 2-6）。

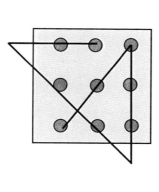

图 2-5

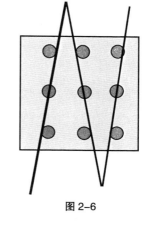

图 2-6

你会不会惊呼：原来还有这种解法！我怎么没想到？其实，之所以想不到，很可能是因为你在解题过程中自己施加了一个默认的限制：这几条线必须在 9 个点围成的正方形范围内。但你仔细想想，我可从来没给出这样的规则。

这就是内隐规则的狡猾之处，它让你在不知不觉中限制自己。

如何从这个框架中破局呢？其实，只要把头脑中存在的规则说出来，把内隐规则还原成外显规则，问题就明朗了。比如，你画线时直接说出："我要画 4 条线，连 9 个点，但我想把 4 条线限定在正方形的范围之内。"你会恍然大悟：原来，我在给问题人为地增加难度。生活中也有很多内隐规则："我想完成这个任务，前提是不能向别人求助""我想跟伴侣好好相处，但必须按我的生活习惯来""我想对领导提建议，但不能让领导感觉不舒服"……对这些在规则范围之内无解的问题，打破规则，就是它们的解决方案。

在看不见的规则范围内思考，是理性思维的盲区。要是我问你："你是想要躺平呢，还是继续内卷？"如果两个选项你都不喜欢，你就想一想：会不会"两个选项"本身就是陷阱？明明可以选择第三条路：既不躺平，也不内卷，只是做好自己喜欢的事。

不解决问题

前面两个破局方向都默认了一个大前提，那就是问题还是存在解决的方法。但是，有没有那么一种可能：解决方法压根就不存在呢？当然有。

所以，第三个破局的方向就是不解决问题。

不解决问题，难道是要摆烂吗？你看，"有问题就要解决"本身也是一个隐蔽的限制条件。实际上，很多问题在"不解决"的前提之下，是可以跟我们共存的。

典型的例子就是糖尿病。在现有的医疗技术下，它是治不好的。但我们可以通过定期的血糖监测、饮食管理，再配合药物，让这种病不对身体造成进一步的伤害。虽然这个问题没解决，但它跟解决了也差不多。所以别忘了，**不解决也是一种解决的思路。**

有人可能会说："这不就是放弃治疗的意思吗？"请注意，不解决并不等于"放弃"——你看，你又陷入了两难选择，**你不是只能在解决和放弃当中二选一，实际上还有第三条路，那就是跟问题和平共存。**放弃是什么都不做，而选择跟问题和平共存的人仍然需要付出努力，想办法减轻问题带来的困扰，甚至把问题转化成资源。就像糖尿病患者通过吃降糖药维持健康，也是一种积极的健康管理策略。

即使面对可以解决的问题，如果解决它的成本太高，我们也需要考虑"死磕"的性价比。你愿意旷日持久地投入精力解决问题，这是你的勇气。但你要意识到，这不是唯一的路。解决还是共存，这是我们理性权衡之后可以做的选择。

讲一个我自己的例子。我上小学的时候眼睛开始近视。我父母都不是近视眼，所以他们认为近视是一个必须解决的问题。那时候，矫正手术还没有那么普及，他们到处打听各种偏方。从按摩到热敷，还有各种中草药制剂，整整折腾了一两年的时间，效果都不好。我逐渐意识到，"治疗"给我带来的痛苦甚至超过了近视本身。最终我们决定，不治了！接受近视这个问题，不就是戴眼镜嘛！你看，戴眼镜就是在"解决"和"放弃"之外的第三条路。用这么一种成本极低的方式，就可以让问题不再对我的生活产生影响。

不过，并不是所有问题都有降糖药或者戴眼镜这样的替代方案，有些问题不解决，确实会给我们的生活造成损失。比如，会妨碍我们完成重要的目标。这该怎么办呢？我建议，相比于没有答案的"怎么解决问题"，你不妨换一个方向思考：有什么办法能带着问题完成目标？沿着这个新的角度思考下去，也许会带给你新的灵感。

这种思维方式，就是"接纳问题"的基础。在本书第四章，我们还会进一步讨论。

第三章

关系

第一讲 ▶▶▷
社会化：人为什么不能随心所欲

01 期待：人际关系如何塑造一个人

这一章之前的绝大部分内容，都可以叫作"个体心理学"。无论系统 1 还是系统 2、看得见还是看不见，我们探讨的心理变量和心理机制都发生在一个人的内心。这是心理学从结构主义开始就指向的一条不言自明的路线。举个例子，我说"这个人很风趣"或"脾气不好"，你就可以从人格、图式、动机、情绪、行为模式等角度理解他。

但我也可以换一种说法，比如"这个人跟朋友在一起，会表现出风趣的一面"，或"他只在下属面前发脾气"。这样一来，你的关注点是不是就不一样了？

这两种思考的角度，是不是有点像上一章提到的内部归因和外部归因？确实如此。只不过，这里讨论的不是一个人，而是一门学科的归因风格。

一个人的表现取决于其自身的心理特点，同时也会受到外部环境，尤其是他人的影响。这一章，我们就把人放在"社会"中，研究人和人的互动会如何影响个体心理。

人际关系有多大影响

先要解答的问题是：人际关系对我们的心理真有那么大影响吗？

作为中国人，我猜你很容易认同这一点，毕竟中国文化是以互依型自我为基础的。我们常说，"人在江湖，身不由己"。西方人也许倾向认为：我就是我，与别人无关。但是，人会受到他人影响这一点，虽然存在文化差异，本质上都是一样的。

1961 年，纳粹军官阿道夫·艾希曼（Adolf Eichmann）在以色列受到审判。他是在犹太人大屠杀中执行"最终方案"的主要负责者，需要为上千万人的死亡承担责任。但他为自己辩护说："我不是恶魔，我只是谬论的受害者。"这是什么意思？他认为他"本人"并没有反犹太主义倾向，他之所以犯下这样的罪恶，只是作为一个军人必须执行上级的命令而已。这份自我辩护在当时的思想界引起了轩然大波。你可能听过一个名词，叫"平庸之恶"，它就是政治哲学家汉娜·阿伦特（Hannah Arendt）对这种行为的定性。

这件事极大地推动了心理学的一个分支——社会心理学的发展。后面我还会介绍一些在普通人身上验证平庸之恶的著名实验。总之，哪怕是那些自认为独立、理性、不容易受他人影响的人，也可能在特定社交情境之下做出邪恶、疯狂的行为。

当然，这些研究绝不是为艾希曼这样的人开脱。恰恰相反，正是为了避免自己做出错误的选择，我们才需要认清人际影响的存在：它是客观的，也是力量惊人的。

除了这种极端情况，更多时候，人际关系的影响是潜移默化的，暗藏在生活的每一个角落。上级不会让你执行大屠杀，他对你的要求只不过是周末加个班。你个人也许对工作没那么热爱，但你能拒绝吗？于是，你多少会"表现成"爱工作的样子。

之所以说"表现成"，是因为我描述的不是你这个人的本质——其实也看不到所谓的"本质"。但在受到人际关系的影响时，一个人的本质是什么，没那么重要。

人际关系如何影响我们

人际关系是怎么影响我们的？这个影响的核心途径叫作"感知到的期待"，指的是你在各种各样的互动中建立起来的，对于"对方期待我怎么做"的认知。

这种期待有时会被直接表达出来，比如领导要你加班，这是他红口白牙说出来的，你当然会听从。还有一些时候，没有人明确表达出来，但你仍然能感知到。比如，你去了一家新公司，下班时间到了，没有一个同事离开工位，你会怎么做？不出意外，你也会默默地在自己的工位上磨蹭一会儿，哪怕无事可做。因为你会觉得，一个人走掉不太好。哪里不好呢？就因为你感受到了一种社会的压力。这种压力是通过"多数人"的行为传达给你的。

关于这一点，日语里有一个非常准确的表达，叫作"读空气"（空気を読む）。我们每时每刻都在人际关系中读取某种像"空气"一样的东西，从而判断当下怎么表现才是符合"大多数人"期待的。这些期待可能来自别人的语言、行为，也可能源于他们的表情或说话的语气，甚至是某种更微妙的、说不清道不明的气氛。

你参加聚会时有没有遇过这种情况：你说了不该说的话之后，空气中立刻漂浮起某种尴尬。于是你知道，在这个场合下，这种话题是不能说的。除此之外，你会感知到的期待还有很多：我可以开玩笑吗，还是应该一本正经？什么样的话题我必须参与，又有哪些话题我最好假装没听见？坐姿是应该端正一些，还是放松一些？什么时候可以吃，什么时候必须放下筷子？不想喝酒的话，我能不能直接说，还是无论如何必须喝一点……

你会让自己的表现尽可能地得体。理论上来说，同样是你，同样在吃饭，不同的场合足以让你表现得判若两人：这个"你"外向，那个"你"内向；这个"你"慷慨激昂，那个"你"唯唯诺诺。它们都是你，也不完全是你，更准确地说，它们是你被规训成的不同状态。

为什么我们会接受影响

你可能会觉得这太蠢了：为什么非要按别人的期待规训自己呢？老板都没要求加班，我却"听话"地坐在工位上，不是太傻了吗？

你当然可以试试不遵从这些期待，在众目睽睽之下帅气地站起来，大步走出公司。但这样做的同时，你很可能会感到身后同事和领导的眼光在盯着你，把你当作异类——你能顶住这份压力吗？现在你就会理解，为什么我们非要遵从别人的期待了。

因为，谁都不希望受到"人际共同体"的排斥。

人际共同体不是一般意义上的人际关系，而是有确定规则的人际体系。我举一个生活中的例子。我们几乎每天都要过十字路口，走在马路中间时，你会担心左右两边突然有车开过来吗？不会的，因为你相信别人都会遵守交通规则。这个规则让所有可能横冲直撞的人和车形成了共同体：每个人都能掌握其他人的行动规律，过马路也就安全可控。但你想想看：如果没有规则，行人只能见缝插针地靠灵活和运气过马路，谁还有勇气做这件事呢？所以，虽然在红灯前驻足的人选择让渡了一部分自由，或者说接受了社会规范的约束，但这样做是值得的。通过这种交换，他和其他人一起提高了交通的效率。

过马路如此，其他一切涉及人际关系的事也都如此。我们为什么有信心跟别人交朋友、做生意、合伙开公司？怎么就能确定对方跟自己想的一样，而不会出尔反尔、伤害我们？说实话，我们无法确定，只能相信，信任就来自人际共同体。

人际共同体负责提供确定性——共同体内的人不是随机的变量，而是行为可以被预测的社会人。你希望别人符合你的期待，你就也要符合他们对你的期待。这种相互满足的过程就是在互相释放信号：请不用担心，我的行为是有规矩的。

所以，我们确实会被人际关系所约束，但不要因为平庸之恶或自我规训，就把这种影响看成一件坏事，一种对自由的剥夺。**我们自愿让渡一部分自由，成为接受社会约束的角色，这是一个健康社会必不可少的一部分。**一个人从"自由人"成为"社会人"的过程，本身也意味着一种心理能力的成熟。这种能力，叫作"社会化"。

社会化是一种能力

有人觉得，社会化意味着一种"堕落"。曾经无忧无虑的小孩，却不得不学会看别人脸色，遵从别人的期望，做自己不一定愿意做的事，这怎么能是一种能力呢？

其实，只要换一种说法，你就知道这种能力有多大的价值了。我把社会化的能力拆解成 3 个关键词，分别是：分工合作的能力，输出确定性的能力，建立信任的能力。

先来看第一个能力，分工合作。"分工"是一个经济学概念：每个人做自己擅长的事，相互配合，构成整体的生产系统。假如没有分工，你就会像瓦尔登湖畔的梭罗一样，搭房子、打猎、伐木、开荒种地，全都靠自己。这种生活虽然无拘无束，但效率太低。在一个合作的经济结构里，每个人都不需要，也不可能成为全能型人才。你舍弃了自己在其他领域的可能性，专注从事生产链条上的某一环节，再与他人交换。这会让所有人的生产效率都得以最大化。

同样的原理也适用于心理学。我们在生活中也有分工，这叫作角色分化。比如，夫妻俩一个主外、一个主内，一个管钱、一个管事；父母在孩子面前一个唱红脸、一个唱黑脸，这些都是不同的角色。下一篇我就会详细介绍。

社会化的第二种能力，叫作输出确定性。

输出确定性的含义，其实就是大白话说的——靠谱！当我们说一个人靠谱的时候，不一定有多了解他的内心。你想，前面讲一个人的内心活动，什么系统 1、系统 2、情绪、动机、记忆的变化……何其复杂，但他展现在外的却是有规律、可预测的行为。我们相信他能稳定地按自己的角色做事。对社会来说，这个人就是一个可靠的存在。

我们家楼下的早点摊就很靠谱。我有把握，每天早上 7 点都可以在那里买到热腾腾的包子和豆浆。为了保证这一点，摊主每天天不亮就得起床做准备。会不会有一天他累了，想多睡一会儿，晚两个钟头出摊呢？我猜他说不定有过这种念头，但他在行为上仍旧雷打不动。为什么呢？因为他知道，7 点有人等着买他的早点。假如有顾客白跑一趟，认为"这家卖早点的不靠谱"，就会动摇到他在社会共同体中的地位。

一个人的内心可能很脆弱，我们要承受命运无常、心事幽微，但是上班的时间到了，那一刻就要穿上职业装，雷打不动地走上岗位——我认为那是一个伟大的瞬间。

人可以在心里做自己，同时你也知道自己是一个社会人，需要把最可靠的行为展示给外界。**社会化的过程，就是把不稳定的个体自我转化成确定的公共自我的过程。**

社会化的第三种能力，就是建立信任的能力。

有人觉得建立信任很容易，其实，信任别人是一件"反本能"的事。你想，系统 1 对风险是高度敏感的。而让渡个人自由，遵从他人期待，就是最大的风险。你怎么保证它一定能获得比"独行侠"更好的回报？比如，你每天努力工作，老板一定会给你升职加薪吗？

有没有可能，你向社会输出了确定性，社会却不以同样的确定性回报你呢？

先告诉你结论：有可能。但你并没有那么介意这种风险，这是因为你克服了本能。在涉及社会关系的时候，你优先关注的不是风险，而是合作。

演化心理学发现，"不信任别人"虽然有利于个体生存，但只有发展出信任的能力，人们才可以形成更大的族群，生产力和战斗力也都更强，继而才能在演化中胜出。这种能力让我们在跟别人打交道时，愿意选择冒险，率先给出诚意。虽然我们可能会吃亏上当，但总体而言，仍然是利大于弊——信任把多数人联结起来，从而带来了整体的繁荣。

02 角色："男主外、女主内"的分工合理吗

社会化的一个用途在于，让人们扮演不同的角色。前文讲到，经济学里通过分工组成了更有效率的经济体，一个健康的社会系统也需要不同角色的配合。无论国家、企业，还是家庭，都一样。哪怕只有两个人，这两个人也要有所取舍，相互成就。

你有没有尝试过跟朋友一起出门旅游？就算是跟最亲密的朋友出行，肯定也不如一个人更自在。毕竟人一多，需求就多。你希望把行程安排得满一点，他希望多睡会儿懒觉；你喜欢看自然风景，他更喜欢看博物馆；你希望把预算都花在美食上，他倾向于提升住宿的档次。如果你们俩谁都不让步，都想完全满足自己，这趟旅行就一定会泡汤。要想玩得开心，你们当中只能有一个人说了算。这就是角色的不同。前3天你当领队，后3天他当领队。谁当领队，谁就有话语权。你看，分化成不同角色，你们才会有效率。

当然，肯定有人会嫌麻烦，选择一个人出门。但正如前面所说，人多有人多的好处。除了提升效率，人多还可以分摊成本、降低风险，一路上还能增添很多乐趣。按照不同角色分工合作，就可以把更多人组织起来，让这些好处最大化。

但是，社会分工也有代价，它限制了人们发展个性的空间。即使是自愿的让渡，也可能造成不合理的损失，更何况，"自愿"的边界会不知不觉中被模糊。这一篇，我就以一种常见的社会分工——基于性

别角色的分工为例，和你一起讨论这个话题。

天生性别差异没那么大

你肯定听过这样的话，什么"男主外，女主内""男人就应该有男人的担当"，或者"女孩不用学习太好，嫁一个好人家最重要"。在传统的社会化框架里，性别是一种角色分配的依据。根据天生的性征，我们会被分配应该做什么和不能做什么。比如，女性就要承担养育孩子和做家务的重任，而男性需要为一家老小提供物质和安全保障。

但是，很多性别分工都经不起推敲。除了生育这件事确实受到生理的限制，为什么像养育小孩、操持家务这些事，也天经地义地由女性承担呢？为什么在面对职场女性时，我们才会好奇要如何平衡事业与家庭？为什么招聘男性员工就无须考虑他的婚育情况？我们是默认，男性就不能成为花更多时间照顾孩子的那一方吗？

有人认为，这是因为两性各自有适合的专长，他们甚至能找出一些似是而非的心理学资料，举证两性之间不仅存在生理上的差异，也在认知、情绪、沟通方式上存在本质不同。什么"男人来自火星，女人来自金星"；男性的理性思维更发达，擅长数学、逻辑、决策，所以更适合从事科研、经商这样的高难度任务，而女性更温和、更有耐心，擅于情绪表达，这些特点更适合养育孩子……

但真的是这样吗？针对性别差异，心理学家做过海量的实证研究。最终结论是，男性和女性在整体心理变量上都是相似的，个体之间的差异远比性别差异大得多。

这可不是一两个研究的结论，而是一位叫珍妮特·海德（Janet Hyde）的心理学家综合了 46 项在性别差异领域的元分析后，在 2005 年发表的重量级结论。元分析是把同一个主题的大量研究收集起来，综合得出的趋势性结论，它比普通研究更有说服力。海德发现，在语言能力、数学能力、逻辑推理能力、沟通能力、情绪表达、对亲密关系的需求、攻击性等诸多方面，尽管普遍观念认为两性之间存在明显的差异，但研究数据并不支持这一点。

所以，你在社会化过程中做出的重要选择，都不需要考虑天生的性别限制。

性别角色和自我塑造

虽然有数据为证，有人还是会认为，现实中性别之间的差异很明显。在职场上叱咤风云的多半是男性，女性也确实会展现出更温柔、更耐心的情绪特质，这些难道只是错觉吗？差异确实存在，但之所以会有这些差异，不是因为生理性别，而是性别角色。

性别角色，是社会对于"男性/女性该是什么样"的一种想象。男性被描述为具有理性、果敢、富有进取心、不擅于表达感情、有攻击性等特质，女性则被想象为感性、温柔，在情感上富于理解力，对亲密关系有更高的需求。

每一天，我们都在潜移默化地接受这种认知。当一个女性在事业上取得成功时，新闻说她"巾帼不让须眉"，意思是，她在做男人该做的事；电视广告里永远是妈妈在笑眯眯地做饭和洗衣服；一个男性在事业上不如自己的伴侣成功，会被说成"软饭男"；女性如果对孩子表现得缺乏耐心，很多人就会批评她，"哪有这样当妈的"。

当一个人感受到身边绝大多数人都有这种期待，TA 可能就会做出符合期待的表现。所以，现实中的两性差异很可能是自证的产物。并不是先有差异，才有了分工；而是先有了性别分工，才塑造出不同的角色和差异。

但是，这种对性别角色的期望给很多人带来了困扰。很多男性在表达负面情绪时，常常有种自卑感，认为自己不够"男子气"。他们对工作成就的高期待也会带来高压力，事业不好就觉得抬不起头。反过来，一个女性投身于自己热爱的事业，可能会因为自己的进取心太强，被评价为"没有女人味";也可能因为花在家庭的时间太少,被指责"不是个好妻子/好妈妈"。这些痛苦背后,是一个真实的人和他/她背负的角色期望有冲突。

20世纪70年代,研究者发现,一个人展现出来的性别特质可以跟他/她的生理性别"脱钩",专业的说法是"男性化"或"女性化"。意思是说,生理男性完全可以具有女性化的气质,温柔、有耐心;生理女性也可以具有强硬、果敢的男性气质。这个发现帮助人们进一步打破了对性别的偏见。

不过,"男性化"和"女性化"的说法本身还是在维持性别刻板印象。也许更好的方式是直接描述一个人的个性特点,比如"这是一位温和的男性""那是一位有进取心的女性"。特点就是特点,不需要用性别作为它们的代名词。

不要让分工与性别挂钩

请你注意,我不是在反对社会分工。正如前面讲到的,社会化就是一种进入不同角色、分工合作的能力。家庭也好,原始部落也好,现代化的企业也好,都需要让不同的人做不同的事,达到最优效率。

我们要主张的是,不让分工与性别挂钩。这是什么意思?两个人组成一个家庭,他们可以自主决定谁主外、谁主内,那是他们两个人的事。谁来做哪一个角色,可以综合考虑两个人的个性、习惯、自我认同……最终做出决策。而在所有决策依据中,我觉得最没有道理的一种就是:因为一个人的生理性别,他/她就该赚钱养家或操持家务。

请注意,只要用性别这个元素限制一个人的发展,不管往哪个方向限制,都值得警惕。今天人们在谈到性别角色时,有一种反向的思潮,把事业成功的、更像所谓传统男性角色的那类女性树立为进步的榜样,但这会给愿意照顾家庭的女性带来压力。确实,有进取心的女性打破了传统叙事,呈现出了女性"可以"如此,但这并不代表女性

"只能"如此。

如果一对夫妻经过协商，决定就像传统的分工一样，丈夫在事业上投入更多，正好他热爱工作，妻子承担更多的家务，她也喜欢这样的生活，这种分工方式对两个人来说就是理想的。好的社会，就要为他们这种分工提供舆论上的支持和法律上的保障。

不只是事业和家庭的取舍，分工还可以体现在方方面面。比如合伙做生意，一方负责大胆开拓，另一方负责平衡风险；人际关系上，一方强硬，另一方就去维护关系。家庭内部的分工也可以更加细化，一个人做饭，另一个人刷锅；一个人打扫卫生，另一个人就去管孩子。甚至辅导孩子学习，也可以一个讲语文，另一个讲数学；一个人严格要求孩子，另一个给孩子提供情绪支持。

也许你头脑里会自动冒出"这个是男性，那个是女性"这种对号入座的想法，不要这样想。你可以试着打破自己的图式，把它们看成单纯的分工，与性别毫无关系。一个人偏好或擅长什么，就可以做什么。**分工是个体的选择，而不是性别的选择。**

新的可能性

看到这里，有人可能会有点失望。在性别这个话题上，心理学的探索太温和了。讲来讲去，也只是打破一些刻板印象，好像没有带来明显的改变。一对夫妻看完这一篇内容，完全有可能继续维持原有的分工。但我认为，这种学习仍然是一种重要的进步。打破性别角色带来的刻板印象，就可以产生那个看不见摸不着的变量——可能性。

你想想看，同样是丈夫加班、妻子在家照顾孩子，如果他们是主动选择这种分工，他们对自己的选择就会更接纳，对于对方的付出也更有感恩之心。如果他们对这种分工不满意，还可以换过来。

但如果他们认为这一切是因为没得选，男性和女性天经地义就该这么干，他们看自己就会觉得身不由己，看对方还会觉得理所当然。

丈夫会说："我工作这么辛苦，你做点家务有什么可抱怨的！"妻子也会说："你也没挣多少钱啊！"

为什么性别是一个容易引发冲突的议题？因为一般来讲，我们不能选择自己的性别，当我们说男性或女性"应该怎么样"的时候，它就成了一种强制的规则，常常跟一个人自身的意愿产生冲突。一旦你能意识到自己还有其他可能性，就会松一口气。

意识到可能性的存在，还能让我们有机会体验到更丰富的人生。 比如，一个女性在孩子尚小的时候，愿意多花点时间在孩子的养育上，可是几年之后，她想在事业上有所发展。这时候，她就可以跟伴侣商量，分工方式上两个人需要怎么调整。不出意外的话，每个人的性别只有一种，但永远有机会尝试不同的角色。

现在，请你梳理一下你在各种关系中的角色：职场上，家庭中，朋友圈子里……有没有不讲道理、完全依据性别作出的分工？如果有另一种可能性，它会是什么呢？

03 从众：为什么获得"被讨厌的勇气"那么难

对于我们受到的人际关系的影响，人数的多少是一个重要变量。有一种人际影响机制叫"从众"，它指的是，我们有意无意地希望自己与多数人保持一致。当你在人群中属于"少数派"的时候，哪怕没有人直接对你表达什么期待，你也会感受到一种无形的压力，从而调整自己的行为、认知，向多数人看齐。

很多人会把"从众"跟"服从"搞混，其实二者很好区分。服从是别人明确地告诉我们要做什么、不能做什么，外部指令是明确存在的，所以我们不太容易混淆自己的行为和真实的态度。举个例子，老板命令你加班。你一边服从，一边在心里抱怨：老板真是太讨厌了。

而从众的压力是，没有人要求你，但别人都在加班，你也就跟着"卷"。你甚至不知道这是什么原因导致的。你会编一个理由，比如"我喜欢工作"。这是下一篇会讲到的心理机制，叫认知失调。我们最好时刻警醒"多数人"带来的隐蔽影响。

从众效应的起因

我们先来看，从众行为是怎么发生的。

你可以观察一下每天乘坐的电梯，电梯里的人往往会保持同样的朝向。你只要加入他们，也会自然地跟他们保持相同的方向。理论上，你也可以硬要让自己不一样：所有人都面向电梯门，你偏要背门而站，迎接所有人的目光。虽然他们都是陌生人，目光中也没有什么质疑或谴责。不过，我猜时间一长，你就会有一点如坐针毡的感觉。如果你没有特别的理由要坚持下去，那这份压力就会推动你默默转过身，跟他们保持一致。

当然，你在加入"多数人"之后，也构成了群体规范的一部分。新进入电梯的人也会从你身上获得从众的压力。一部电梯上上下下，最初在电梯里的人早就离开了，但他们当初形成的群体规范很可能会通过新加入的人一直延续下去。

所罗门·阿希通过实验发现，从众效应的大小跟 3 个因素有关：群体规模，群体性质，以及做出反应的方式。

先看群体规模。只要有 3 ~ 5 个人保持一致，就会对新来的人形成从众压力。除非新来的人足够多，比如，之前有 3 个人面向电梯门而站，突然挤上来 20 个人，都背对门站，那最初的 3 个人就变成了少数派，他们可能会自觉地转过身去。

再是群体本身的性质。更有凝聚力的集体比陌生人组成的群体更有影响力。比如老乡聚会，其他人都用方言说话，只有你自己说普通话，你就会觉得很别扭。

做出反应的方式也很重要。电梯中的行为是暴露在众目睽睽之下的，你就会有更大的从众压力。但如果不被别人看到，你就更容易坚持自己的想法，比如无记名投票。

另外，如果你事先做出过公开承诺，那么当你的行为跟主流不一致时，你会更愿意坚持。打个比方，你告诉我，你坐电梯就是喜欢背对着门。接下来一起坐电梯，即使别人都面对门，你也更可能坚持之前的说辞。这就是为什么跳水或体操比赛的裁判在公开打完分之后，即使跟其他裁判的评分有较大差异，他们也很少改变自己的评分标准。

从众效应的影响

前面列举的都是行为上的改变，阿希发现，从众带来的影响不止如此，它甚至可能改写我们的知觉，也就是所谓的颠倒黑白、指鹿为马，导致某种群体性错乱。

阿希自己就经历过这种知觉错乱的过程。他出生于一个犹太家庭，按照习俗，每年的逾越节宴席，他们都要迎接传说中的先知以利亚。全家人都相信以利亚造访时会从杯子里喝一口葡萄酒。童年时期，阿希对这个传说半信半疑，他会一直盯着酒杯看。当家人们都说以利亚已经来过了，阿希就真的感觉酒变少了一点。等到接受了现代科学的教育，他当然知道那是不可能的。可是，他当年又实实在在地"看见"酒变少了。

我猜，这就是阿希对从众效应着迷的起点之一。后来他一直致力于弄清楚，从众对人的改变可以达到怎样的程度。

阿希最经典的从众实验是这样的：先给一个人看一条线段，然后让他从 ABC 3 条线段中选出哪一条跟刚才这条一样长。很明显，图 3-1 里右边线段 C 跟左边的一样长。

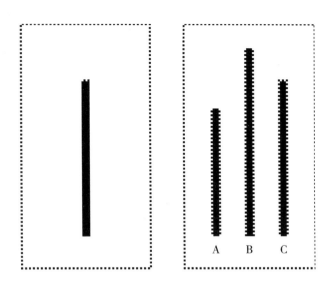

图 3-1

　　但阿希把 7 个人安排在同一个房间里，让他们依次做判断。在前面几轮，毫不意外，7 个人的判断都是一致的。但问题出现在下一轮：前面几个人都选了另一条明显不一样长的线段，比如 B，后面的人简直不敢相信自己的眼睛。

　　其实，前面几个人都是"托儿"，他们故意用一种信心满满的姿态做了错误的选择。可是对于不知情的人来说，看到第一个人选错，会相信肯定是对方有问题；随着第二个、第三个……每个人都做出同样的选择，而且胸有成竹，好像在说："这也太简单了吧！"换作你，也不免开始怀疑：世界和我之间，肯定有一方出了问题。既然他们如此一致，出问题的难道是我吗？你会试图去理解，他们为什么会判断这两条线段一样长？直到你"发现"：哦……说不定它们真的一样长。就这样，你的知觉产生了扭曲。

　　在阿希的实验中，有多少人最后做出错误的判断呢？排在第六位的人里，有 37% 都会因为前面 5 个人的影响出错。表面上看，这个概率不算太高，可是别忘了，这只是比较线段长短，对一个如此客观、确定、一目了然的任务来说，37% 已经是一个让人震惊的数字了。

如果一件事没有那么确定，产生错误知觉的概率显然会更高。比如，语文老师也许会用一份错误的答案向学生讲解某道阅读理解题，讲着讲着，老师和学生都觉得这个错误答案确实有道理。再比如，在有一些新闻里，人们信誓旦旦地说自己看到了水怪或 UFO，都是"亲眼所见"。所以，群体会让人"降智"，甚至产生"幻觉"。

打破从众的框架

对个体来说，为什么"一群人的选择"会有如此强大的影响力？从众效应背后有两种不同的影响路径：一条路径叫信息影响，另一条叫群体规范影响。

什么是信息影响？我们在面对很多模糊的问题时，并没有准确、全面的知识，只能靠观察别人来获得"应该怎么做"的提示。举个例子，我刚来北京时，第一次去现场听相声，发现演员抛梗时，观众们都在用"吁"的声音起哄。几分钟之后我就被传染了。尽管都不知道这是什么意思，我也起劲地"吁"。同样的道理，当你面对一个任务不知道怎么做时，最安全的做法就是模仿别人，而不是独立思考：这种做法真的适合我吗？

如何打破这条路径？最简单的办法就是提醒自己：我也许不知道该怎么做，但别人的答案也可能是错的。事实上，在人类历史中，群体性错误造成的悲剧比比皆是。别人的判断可以作为参考，但它是不是百分之百准确？你最好还是独立判断一遍。

不过，你有了独立判断，就一定能够坚持吗？也不一定，你可能还会受制于从众效应的另一种机制——群体规范影响。阿希的线段实验揭示了这一点。排第六位的人明明知道线段的长短，并不需要其他参考信息，还是会在跟别人不一致时感到某种焦虑。

这种焦虑感从何而来呢？就是我们讲到的社会化。你跟大家不一致，就意味着你有可能被社会孤立。就像你走进一家餐厅，别人都在小声说话，哪怕没有明确的规则，你也会情不自禁地降低音量。否则，你就会担心自己在这里是不受欢迎的人。

如果是无伤大雅的行为，遵从群体规范是最简单、也最安全的做法。但还有一些事情是重要的、是你不能让步的，这时候，你就要有勇气坚持跟主流不一样的选择。

阿希在做实验的时候发现，打破从众效应很简单：哪怕你前面有 5 个人都在坚持错误的选择，只要有 1 个人给出正确判断，你就会一下子觉得自己没那么势单力孤，就会更有力量坚持自己的信念。你会想：这才对嘛！看来不是只有我一个人是这么想的。

反过来，在错误的群体规范下，如果你是第一个给出正确判断的人，你也许会发现：给出这个判断之前，它很危险；但你给出它之后，你的表达就会一呼百应。也许很多人都在心里觉得不对劲儿，他们在等待一个勇敢的声音，而你就是那个声音。

04 认知失调：屁股决定脑袋是怎样发生的

有时候，我们无法完全拒绝人际关系带来的影响，但觉察到这种影响的存在，也是有意义的。否则，它不但会影响我们的行为，甚至还会进一步扭曲认知。

这种扭曲认知的心理机制的名字你一定不陌生，叫作"认知失调"。它恐怕是社会心理学中最有大众影响力的概念之一。但很多人对它的理解就是"屁股决定脑袋"，你在行为上怎么做，观念上就会怎么想。究竟它跟人际关系的影响有什么联系呢？

认知失调实验

其实，认知失调是在社会化关系中才会出现的复杂心理机制。我们先来看看关于认知失调最经典的实验。

假设我邀请你来做一场实验的被试，结果，就是请你帮忙绕一个小时的毛线球——不复杂，无非是个有点枯燥的劳动。你肯定不会很喜欢这件事，但大概率会耐着性子做完。你正准备离开时，我对你说："门外还有一些被试正在等候参加实验，如果他们问你实验的感受，希望你帮我美言一两句，我会非常非常感谢你。你可以帮我这个忙吗？"

你心里可能有点别扭，说白了，这是在让你说谎。不过，你感知到了我的期待；毕竟这不是什么伤天害理的大事，配合一下也无伤大雅。所以，虽然有一点勉强，当被其他人问到"怎么样"的时候，你还是帮我说了几句好话。

可是，真正有趣的事情才刚刚开始：现在我请你填一份问卷，询问你是否愿意重复一次这样的任务，你会选择什么？你会写"我愿意"。要知道，这一刻我并没有要求你故意说好话，而你确实感觉，这个任务没有那么差。

这是一个非常有名的实验。研究者叫利昂·费斯廷格（Leon Festinger），是一位美国的社会心理学家。他用这个实验证明了认知失调现象，即一个人在自己的行为与认知对立时，会在不知不觉中修改认知，让它与行为的方向保持一致。也就是说，我们引以为傲的理性很容易在不知不觉中受到行为的摆布，我们没办法完全相信自己的认知。

费斯廷格提出这个理论是在1956年，最早来自他对美国一个邪教组织的观察。这个组织的教徒相信一个荒谬的预言：某一天会有大洪水到来，守护神会驾驶飞船来解救那些虔诚的信仰者。当然，预言的那一天什么都没有发生，既没有洪水，也没有飞船。

按理说，这应该是梦醒时刻，但费斯廷格发现，多数信众反而更加深信不疑。他们有的是办法自圆其说，像是"我们的虔诚产生了神迹"。还有那些为此辞去工作、变卖家产的人，他们明明是损失最惨重的，在捍卫信仰的时候却最坚决。

费斯廷格由此发现了认知失调这一现象。人很难容忍自相矛盾：我都已经为世界末日做了那么多准备，怎么可能再接受"世界末日是假的"这个可能性呢？假如世界末日不成立，那我之前支付的代价算什么呢？

绕毛线的实验也是同样的道理。如果你明知道自己完成的任务很枯燥，却告诉别人体验还不错，你不就是一个不诚实的人吗？不可能。你宁可改变对任务的评价，也要说服自己相信：我没有说谎，这个任务确实还不错。

认知失调什么时候会发生

那么，是不是一个人无论做了什么事，都会打肿脸充胖子，非要坚持这件事是对的呢？好像也不全是。很多人一边上着班，一边不想上班，行为跟认知不就相反吗？

事实上，并不是行为和认知相反就会引发认知失调，还必须加上一个条件：只有这个行为找不到合理解释，只能被解读为"个人意志"的时候，认知失调才会发生。

这是什么意思？还是拿前面的实验来解释。如果你是在我的威逼利诱下，迫于压力不得不说了几句好话，虽然心里很不爽，但你同时会觉得：我是因为李老师的逼迫才说出了违心话。你知道原因出在我这里，你就没有认知负担，心里反而轻松。

费斯廷格在实验中也设计了一个类似的对照：他同样请被试帮自己说好话，可是给的报酬不一样。他给一些被试 20 美元，这在当年算是一笔丰厚的外快；另一些被试只得到 1 美元，作为象征性的感谢。

之后再调查他们对任务的看法，你猜结果什么样？拿 20 美元的被试会实事求是地说任务很无聊，而拿到 1 美元的被试则认为任务更有趣。

有人会以为我写反了：什么？拿钱更多的人给的评价反而不好？原因很简单：拿钱多的人很清楚地知道，自己是看在钱的面子上说谎；可是拿钱少的人总不能说自己"为了 1 美元而说谎"吧？这个价钱不足以提供充分的理由，他们就只能调整自己的认知。

这样一看，事情就很明了了：当一个人找不到别的原因解释自己的行为，又不得不面对"行为是自己做出来的"这一事实时，认知失调就发生了。

看到这里，你就理解为什么认知失调跟人际关系有关了。因为人际关系常常就是那个让你不得不做出一些行为，又不提供有效解释的"原因"。它看似隐蔽，却影响巨大。

你很可能有过这样的经历。你们部门要在年会上做一些"羞耻表演"，理论上没人强迫你，实在不愿意，你可以不上台。但最终你还是上去了——那不就是自愿的吗？可正因为没人强迫，反倒进一步促成了认知失调，你只能用个人意志来解释这个行为。也许你会把羞耻表演看成一种自我突破，或者是自己在想办法融入集体。久而久之，这种痛苦就会作为公司文化传承下去。当新人熬成了老人，他们还会这样要求新的新人。

这是一个隐蔽的逻辑陷阱：确实没人强迫你，但人际关系只有"强迫"这一条路径才能产生影响吗？人际关系是"空气"，有没有可能你是被空气胁迫了，不得不上台呢？就像费斯廷格的实验，实验者看上去没有强迫你，但他送你走出门，你碍于情面，是不是也不好意思当着他的面告诉别人"这任务很垃圾"？你不是为了钱，也没人逼你，可你活在人际关系的空气里，虽然它看不见、摸不着，但就是会实实在在地影响你。

如何解决认知失调

认知失调如此常见，我们怎么才能解决或者规避这个问题呢？

先介绍两种"狠人"的方法。

方法一：从一开始就遵从自己的本心。如果不喜欢一件事，行动上就绝不为它做任何妥协，谁的面子也不给。时刻保持行为和认知一致，当然就不会认知失调。

方法二：随时认怂。不管你做出什么行为，都随时准备好"不认账"：我也不知道当时为什么那么做，可能是脑子进水了吧！这也能保持行为和认知一致。

但这两种方法都需要很大的勇气。第一种就不用说了，第二种方法看上去圆滑，但很无厘头，你必须有勇气面对自己是一个不稳定的、朝令夕改的人。

不过，还有第三种方法，那就是：**承认你在人际关系中的不自由。**

我们就是会被人际关系影响，哪怕有时候自己都不知道影响是怎么来的。但在这个问题上，最重要的不是知识，而是态度。也就是说，你是否愿意承认，自己有时候会因为"人在江湖，身不由己"，而做出一些口不对心的事？

我在上一章提过，当代心理学更推崇内部归因，承认一切都是个人意志的选择，这是拥有更强大内心的表现；反之，把事情推给别人，这好像是在"甩锅"。但我同时也强调了，明明存在外部因素，却执意认为是由自己掌控一切，这是一种恐弱心态，源于我们不希望自己被看成受害者，而这种心态反而会令我们受到更多剥削。

所以，**我们要敢于承认，自己就是没那么自由。**生活在人际关系中，别人甚至不需要真的提出要求，只要给一个眼神，或者咳嗽一声，甚至一句话也不说，只是沉默一小段时间，我们就会勉强自己去顺应那些或明或暗的期待。只要你觉得某个行为有些勉强，不用怀疑，你就是被别人勉强了。哪怕你一时无法证明谁在用什么方式勉强你，你也要相信，这种事就是这么常见。如果你遇到了这种勉强，不要在头脑里给这个行为找理由。

这是一个有趣的悖论：当你承认人际关系的力量，承认自己有可能在关系中身不由己、任人摆布，这反而有助于你变得更清醒，没那么容易被摆布。

05 恶意：群体如何放大个人的攻击性

我们都体验过社会压力带来的身不由己——因为害怕被孤立，有可能做出违心之举。就像聚餐时别人都在举杯喝酒，你虽然并不想喝，也不得不应酬一杯。这种事情是有一些让人不快，但还在我们的底线之内。假如有一些事完全突破人的底线呢？比如，有人要你伤害一个无辜的人，你会因为社会压力就服从这样的要求吗？你肯定会说："这不可能，这种事违背了根本的道德观。"

但是，先不要这么确定。一些社会心理学家对这个问题很好奇，他们在模拟的情境下尝试了这样的研究，结果让他们自己都大吃一惊：社会压力不仅可以让人做出小小的违心之举，还可能颠覆根本的道德，甚至把人变成野兽。

接下来，我会介绍一些"打破底线"的实验。这是希望你了解人性的弱点，从而对自己更加警觉，因为你的洞察能力就是对抗这些恶意的武器。

电击实验

有一个非常著名的实验，叫作"米尔格拉姆电击实验"。它证明了人在权威要求下，可以在多大程度上突破道德底线，做出对他人构成伤害的残忍行为。

这是由耶鲁大学的心理学家斯坦利·米尔格拉姆（Stanly Milgram）于 1965 年设计的实验。研究者先对被试解释，这个实验是为了探究惩罚对学习效果的影响，然后安排每组两个人共同参与实验：一个扮演老师，另一个扮演学生，角色由抽签分配。学生的任务是记单词，如果回答错了，老师就要对他进行惩罚。所谓惩罚，就是给他越来越强烈的电击。

实际上，这些角色并不是随机分配的。真实的被试抽到的永远都是"老师"，抽到"学生"角色的其实是事先安排的演员。研究者在"学生"的手腕上绑好电极，请"老师"——也就是被试在隔壁房间操作这样一台机器：上面有 30 个开关，分别对应不同强度的电压，从 15 伏一直升到 450 伏。老师按下开关，就是对学生实施一次相应强度的电击。根据生活常识我们知道，450 伏已经远远超出安全电压的程度。

当然，这一切都是扮演的。当老师在房间里按开关的时候，隔壁传来的声音实际上只是录音，学生并不会受到任何真实的电击。但老师并不知道，他们遵照研究者的要求，只要学生一出错，就提高电击强度。前几次是轻微电击，当电压升级到 75 伏之后，老师会听到隔壁传来呻吟声，但他不能手软，还要继续升级。升级到 120 伏时，他会听到学生求饶："太疼了！"到 150 伏的时候，学生开始大喊："我要出去！我不参加这个鬼实验了！"老师转头看研究者，研究者面无表情地说："回答错误，电击。"

老师的压力越来越大了。升级到 270 伏，隔壁的抗议变成了痛苦的惨叫。但研究者毫不留情地告诉老师，只要对方不背单词，就继续升级电压。升级到 330 伏之后，隔壁房间再也没有传出声音了。老师还要继续惩罚下去吗？升级到什么程度才会收手呢？

看到这里，你可以先问问自己：假如你不知道真相的话，会坚持到哪一步？米尔格拉姆也问过一些人，他们普遍觉得，100 伏以上的电击就已经是人命关天的大事，自己不可能再服从，一定会立刻退出研究，说不定还会报警。

米尔格拉姆又请他们预测，其他参加实验的人可能会坚持到多少伏？人们对别人的估计普遍更悲观，他们猜想也许有人会升级到 300 伏，这是极限了。只有一位精神病学家猜想，会有千分之一极端病态的人会升级到最高强度的电压，也就是 450 伏。

但精神病学家的这个预测也过于保守了。事实上，米尔格拉姆的实验请了 40 个被试，有 26 个人一路升级到了 450 伏，占全部被试的 65%。后来米尔格拉姆又重复了一次实验，只是这次他让录音的惨叫声变得更惨烈，但结果并没有太大变化，40 个被试当中有 25 个人会坚持把电压升级到最高，占总人数的 62.5%。

斯坦福监狱实验

这个实验结果已经让人非常震撼了，但这只是证明了人们比想象中更容易服从权威。就像纳粹军官艾希曼的自我辩护，"我只是遵从了别人的指令"。

假如没有权威的指令呢？

有位心理学家对人类最后这块遮羞布做出了挑战。他就是米尔格拉姆的高中同学菲利普·津巴多（Philip Zimbardo），大名鼎鼎的《心理学与生活》（*Psychology and Life*）的作者。他设计了一个研究，叫斯坦福监狱实验，证明了在没有权威指令的情况下，人们也会因为群体关系激发出恶意。

1971 年夏天，津巴多和同事们用斯坦福大学的一间地下室搭建了一个模拟监狱。他们征集了 24 名心智正常的大学生志愿者，完成 14 天的实验。这些志愿者被随机分成两组，12 个人扮演狱警，另外 12 个人扮演囚犯。囚犯们被"警车"押送到监狱，接受搜身、清洗后，右脚被戴上脚镣。扮演囚犯的志愿者不能自由行动，每个人没有名字，只有一个编号。而扮演狱警的志愿者被告知，他们可以做任何维持监狱秩序和法律的事。

你可能觉得这像是在玩"过家家"游戏。"囚犯"又不是真的坏人，"狱警"也不必如临大敌，他们会在模拟的监狱里相安无事地度过两周。但事实真的如我们所想吗？

实验第一天晚上，狱警就开始树立自己的权威。他们半夜吹起床哨，让囚犯起来排队。囚犯要是不服从，狱警就会用关禁闭、做俯卧撑的方式惩罚他们，还在囚犯做俯卧撑时骑在他们身上。这时候，他们的状态已经不再是角色扮演的大学生，双方都越来越像是"玩真的"。囚犯开始反抗，但这换来了更残酷的"管理"：狱警用灭火器喷射囚犯，不允许他们休息，不让他们洗澡，强迫他们在房间里如厕，等等。

情况越来越失控，实验到第六天就不得不提前终止。当时，地下室里充斥着难闻的气味，"囚犯"们脑袋上套着袋子，被脚镣连在一起，"狱警"们吆喝着命令他们跑来跑去——只看这一幕，你会觉得这就是发生在真实监狱里的虐囚事件。这件事在 2015 年被改编成一部电影，就叫《斯坦福监狱实验》，你有兴趣的话可以看看。

你看，扮演狱警的人已经远远超出了正常的道德边界。一些人折磨另一些人，没有必然的理由，只因为他们刚好处在"有权力"折磨他人的位置上。这个实验让我们看到不加遏制的权力有多么可怕，也证明了人的行为可以在多大程度上受到社会关系的影响：一个正常的人，被分配到一个抽象的角色，就会一步一步变成这个角色要求的样子。

如何阻止恶意转化为行动

无论电击实验还是斯坦福监狱实验，都是对所有人的警醒：这些实验参与者只是普通人，他们能做出来的事，其他人也有可能做出来。这是人类共通的恶意。

这种恶意是从哪里来的？按照精神分析的无意识理论，攻击性是人的两种本能欲望之一，只是在正常的社会生活中，这种欲望会受到超我的压抑。而群体似乎提供了一种免责机制，让人们为自己的行为找到合理化的辩解，比如"研究者要求我电击"，或"我的犯人不服管，我只能维持秩序"。他们就有了安全的借口去释放内心的"恶"。

但重要的不只是探索这种恶意，还要探究如何去阻止这种恶意转化成真实的破坏。通过对这些研究的复盘，心理学家发现，最重要的保护因素是，意识到对方是"人"。

在电击实验中，老师只是面对机器按按钮，听到的声音来自另一个房间。对方究竟在经历怎样的痛苦，他们并不能感同身受。在斯坦福监狱实验中，所有囚犯的扮演者都不再用之前的姓名，而是被一串数字编号取代了。当人变成一串数字代号，就成了一个相对抽象的概念。在这种情况下进行残酷的操作，狱警就会少一些心理负担。

只有当你近距离地接触另一个真实的人，盯着他的眼睛，感受到他的痛苦，才会产生强烈的情感反应——这时候，系统 1 被激活了，你可以感同身受地理解他的处境。如果隔着一定的距离，把对方当成一个抽象的概念，就会启动理智的系统 2，你就会陷入抽象的思考而感受不到具体的人性。这一点也可以帮助我们理解网络暴力。残酷的网暴往往发生在抽象的空间中，一个人在键盘上打字："你怎么不去死。"这时候，他没有面对一个活生生的人，还认为这些话可能是在维护正义，可是对于另一个人受到的真实伤害，他一无所知。

这不是因为这个人有多么愚蠢或邪恶，恰恰是因为他很正常。所以，你千万不要觉得"我才不会像他们那么蠢"。越自信的人，反而越容易犯错还不自知。我们看到人性的弱点，对自己警觉一些，犯错的概率才会低一些。

这一篇的主题有点沉重，但我们只有了解这些，才能从另一个角度警醒自己。

亲密关系：恋爱那么麻烦，为什么还要谈

01 依恋：我们为什么需要爱

人际关系里有一种特殊形式，亲密关系。狭义的亲密关系就是婚姻和伴侣关系。广义地说，哪怕一个人不进入婚姻，也没有伴侣，他／她也不太可能一个人独来独往地活着。在这个世界上，总有一些能让你感到不孤独的、特殊的情感联结。

但是这几年，一提起亲密关系，很多人会觉得"麻烦"。网上这几年流行一种说法，叫作"智者不入爱河"。前面讲到，人际关系对人有那么复杂的影响，可能也会让人顾虑，活在关系中是一件有风险的事，尤其是亲密关系。有多少人曾经因为亲密关系受伤，没有这种关系，我们是不是反而活得更好呢？我想告诉你，那更痛苦。

人为什么需要爱

为什么更痛苦？我先从一些对猴子的研究讲起。

美国有一对动物学家哈洛夫妇，在房间里养了一些小猴子，他们用钢丝和保温灯组装了两个跟大猴子差不多大小的装置。一个装置叫"钢丝妈妈"，冷硬的钢丝暴露在外面，但胸前的位置挂着一个奶瓶，小猴子可以在那里喝奶。另一个叫"绒布妈妈"，钢丝外面包裹着海绵、橡胶和绒布，接触起来是柔软的、有弹性的。（图 3-2）

图 3-2

　　哈洛夫妇想弄清楚一个问题：对灵长类动物幼崽来说，是不是"有奶就是娘"？当时的心理学界有一个主流观点，认为婴儿对父母有需求，是出于生存焦虑，他们需要父母提供食物。如果是这样，这些小猴子就应该一直和"钢丝妈妈"待在一起。

　　可是，正如你从图上看到的，小猴子大多数时间趴在绒布妈妈身上。它们饿了，会去钢丝妈妈那里吃奶，但只是把这个冰冷的装置看成"食堂"，吃饱之后又趴回绒布妈妈身上。当它们受到惊吓时，第一反应也是跑向绒布妈妈，依偎在它身边，小猴子的心情才会平复。显然，除了获得食物，小猴子对于"妈妈"还有更高级的情感需求。这种需求就是"依恋"，它是跟特定对象之间强烈、亲密并持久的联结。

　　动物如此，人也一样。如果一个人只是被满足了生理需求，却跟其他人缺乏情感层面的深度关联，这个人轻则感到孤独、恐慌，严重时还会产生心理疾病。

　　英国精神病学家约翰·鲍比（John Bowlby）在"二战"之后，对一家孤儿院里的孤儿做过研究。鲍比发现，孤儿们就算有充分的食物，但是由于缺乏照料者的抚触和拥抱，在情绪上也会陷入巨大的不安。

长大以后，这些孤儿的身体虽然是健康的，但行为模式往往表现得冷漠、退缩、自我防御。

鲍比提出，依恋最重要的功能就是在人们内心建立一个情感上的"安全基地"。什么叫安全基地？你小时候肯定玩过躲猫猫的游戏，在这种游戏中，会设置一个类似"基地"的场所：当你被人追逐时，只要回到这个地方就安全了。情感上的安全基地也有这个功能，它让人在一生之中，无论遇到什么困难，内心都有安全感。

一个人只有在安全的基础上，才有勇气探索未知。你可以观察一个两三岁小孩的日常生活，看他平时是怎么玩耍的。通常是玩一会儿，就回头看一眼，确认父母在不远的地方，然后继续玩。万一不小心磕到、碰到哪里，他就会大哭着跑回父母身边求安慰。父母稍微抱一抱、哄一哄，他的情绪就平复下来，很快又专注在自己的事情上。

一段好的依恋关系，对一个人的成长至关重要。爱不是心灵鸡汤，而是一份实实在在的渴望，甚至是一种动物性的本能。人是一种社会性动物，通过跟他人的情感联结来获取安全感。婴儿最初的依恋对象也许是父母，等长大之后，依恋对象会扩展到其他亲密的人。**好的亲密关系，是我们生命中重要的勇气和能量来源。**

爱的三元素

你可能觉得这种感受有点太笼统了。心理学有没有更具体的理论，能进一步拆解我们亲密关系中的体验呢？我想以爱情为例，介绍一个"三元素模型"。它是由美国认知心理学家罗伯特·斯滕伯格（Robert Sternberg）提出的，通过3个相互独立的维度来定义亲密关系。

这3个元素分别叫作激情、亲密和承诺。我们一个一个来看。

什么是激情？它来自系统1，是人们在爱情中，尤其是爱情刚开始的那段时间，体验到的生理性的唤起。每个人大概都在人生某个阶段经历过极端美妙的激情之爱。你强烈地渴望跟对方在一起，你们的情绪像过山车一样大起大落，跟爱人相拥时你会感到无比喜悦和满足，见不到对方的时候又躁动不安。你们可能会因为一个小小的误解产生爆炸一般的委屈和愤怒，下一秒钟你们又紧紧地抱在一起，觉得一切矛盾都不再重要。

不过，激情最大的问题在于不能持久。研究发现，一开始山崩海啸般的感情，在3个月到1年之后，激情就会褪去。

然后是亲密，它需要双方互相了解，彼此看见。你可以想象以自己为圆心，划分出不同半径的圈子。有一些人站得很远，跟你只是点头之交，你不了解他，也不想让他了解你，甚至连朋友圈都会相互屏蔽；近一些的朋友，你们可以分享各自的兴趣爱好；再近一些，你们会讨论更私人的生活和情感。最亲密的人几乎已经站在了圆心上，你们可以分享一切，哪怕是负面的、私密的、伤痛的感受。你愿意把最真实的自己完全暴露在他面前，他也能接纳你的一切。这种体验就叫亲密。

所以，最重要的促进亲密的手段是自我表露，就是把你的感受说出来，让对方看到真实的你。一开始在别人面前袒露自己，哪怕是面对爱人，说出自己那些隐秘的感受时，我们会觉得像是在冒险。比如，你告诉一个人："虽然别人都觉得我事业有成，但我每天都在担心自己不够好。"对方听到这样真实的表达，也会愿意说出更多他的感受。这叫"自我表露的互惠效应"。你们会聊得越来越投入，彼此的亲密度也会不断加深。对很多老夫老妻来讲，相互之间几乎没有秘密，只要一个眼神，就知道对方在想什么。

最后是承诺，即这段关系是否值得信任。承诺需要在系统2的理智层面做出约束。最具有现实意义的承诺就是婚姻。进入婚姻代表两个人要接受法律和道德的双重监管，从而放心地在生育、财务、养老等方面共享责任、共担风险。

信任建立在时间的基础上。所以，激情会随着时间而褪色，承诺

却会越来越深厚。

超现实的完美关系

在斯滕伯格看来，如果一段亲密关系能在 3 种元素之间达到平衡，就可以被称为完美。不过，我要泼一点冷水：在关系中最好不要把"完美"当作追求的目标。

为什么呢？因为对完美关系的想象，本身就是一种超现实的存在。

一方面，三元素的平衡本身就难以长久。不同元素会随着时间而变化，尤其是激情，它可以迅速达到高峰，又在几个月的时间内逐步褪色，而亲密和承诺反而会随着时间的维持历久弥新。一段恋爱刚开始的 3 个月里，你可能感觉自己遇到了上天注定的完美伴侣。但你要知道，最好的一段时间过去之后，体验就会趋于平淡。你们会在对方身上发现之前没注意到的缺点，争吵越来越多，幻灭感越来越强。一半以上的恋爱关系都维持不过 1 年。

要怎样才能更好地维持这段感情呢？很简单，降低期待，提前做好心理准备。你知道迟早会有这种幻灭感，那就在感情浓烈时多一些珍惜，在激情褪去后多一些平常心。

另一方面，如果把完美关系作为一种理想，会很容易陷入挫败。你想想，3 个考评标准，总会在这一条或那一条上丢分。刚在一起的时候担心：这个人有情趣、懂浪漫，我们也谈得来，但不知道能不能长久过日子。相处久了又想：再没有当时怦然心动的感觉了。太求全责备，我们就会过于注意缺了什么，而不是珍惜那些已有的东西。有人看多了韩剧或者恋综里的爱情，反而对真实恋爱提不起兴趣，就是因为参考的标准太高。

有人会说："为什么不可以把标准设定得高一点？既然亲密关系那么重要，我就不想凑合。不够完美的关系我宁可不要，可不可以？"当然可以。但我们同样需要一定的心理弹性，完美的关系也不可避免地包含冲突、失望和挫败，同时也涉及对负面感受的处理。

亲密关系常常让人失望，但它仍然是我们生命中最重要的体验之一。放下一些对完美的想象，设法沟通、调整、解决问题，我们就有机会探索关系中更深处的风景。

02 相似 vs 互补：为什么喜欢的人，日子过不到一块

关于亲密关系，几乎每个人都好奇这样一个问题：什么样的两个人适合一起生活？

要知道，这跟找到喜欢的人还不太一样。我们遇到心仪的对象，除了心生欢喜，有时也会惴惴不安，担心将来有一天可能会为这段关系后悔。我怎么知道自己看人的眼光准不准？甚至有人会借助生辰八字、星座这些玄学，来预测一段关系的走向。

那么，有没有科学手段来回答这个问题呢？还真有。我给你介绍两个重要的心理学指标——相似性和互补性，它们对于预测亲密关系的质量非常重要。

相似性让人靠近

先看相似性。相似性就是看两个人在兴趣、人格特质、价值观等方面有多少是一致的。研究发现，两个人要互相吸引，相似性是一个重要的预测指标。相似性高的两个人，在建立关系的初期阶段会体验到更高的幸福感。

这一点跟我们的日常经验非常符合。你肯定听过这样的说法：两个人在一起，最重要的是"三观一致"，或者叫"有共同语言"。老一辈的人还会说"门当户对"。这可不是单纯的门户观念，他们的意思是，两个家庭背景相似的人，更容易在价值观和生活方式上保持一致，这种组合更可能拥有高质量的亲密关系。

但是，就像前文讲到的，亲密关系是一种多维度的心理体验。有人选择对象跟相似性无关，就是纯纯的"外貌协会"，只会被那些颜值或身材赏心悦目的异性吸引。还有人认为，好的关系要建立在一定的物质基础上，家境更好、更擅于赚钱的人会带来更多的安全感。这些观点看上去也有道理，但它们对于亲密关系是不是那么重要呢？

对此，要用证据来说话。研究证明，亲密关系中最重要的预测变量就是相似性。

这个研究的做法是请刚入学的大学新生填写量表，调查他们的人格特点、兴趣爱好、家庭背景等方方面面的变量。虽然他们这时彼此都是陌生人，但一个学期之后，有些人就进入了恋爱关系。这时候拿出他们当初填写的量表对照一下，就会发现：预测谁和谁会进入恋爱关系，相似性就是最重要的那个指标。无论是外表的吸引力，还是经济条件，都不像一般人所猜想的那样，有那么大的决定作用。

有一部日本电影叫《花束般的恋爱》，很好地描述了相似性带来的冲击。有一对青年男女，互相不认识的时候，各自觉得自己在人群中有些格格不入，一个人生活得很辛苦。直到他们见面之后，很快就发现对方跟自己在音乐、文学、电影等方面具有一模一样的审美，在生活中也有很多心照不宣的感受——自己说话，对方完全能听懂！这个体验太震撼了，它抚慰到了男女主角内心深处的孤独感。我们自己又何尝不是如此？我们每个人都在一边接受社会化的塑造，一边希望自己那些个性化的体验能被这个世界承认。你想想，困惑的时候，有一个人告诉你，他跟你是一样的，你的感受他都懂，你会不会有一种发自内心的感动？这是亲密关系最重要的意义，它是一种依恋的纽带，让我们觉得自己在世界上并不孤独。

你在生活中还可能有过一种经验：看到一个各方面条件都非常优秀的人，对 TA 很欣赏，但这是一种旁观者式的欣赏——这个人很优秀，只是跟你没什么关系。但如果这个人跟你有一些相似，你会觉得这个 TA 对"你"来说，具有非同一般的意义。

互补性解决问题

你可能会想，既然相似性这么好，不如把它作为一项普遍原则，所有人都找跟自己相似的人谈恋爱，是不是亲密关系的问题就全都解决了？没有这么简单。虽然相似的人容易相互吸引，但相处的时间一长，相似性也可能制造新的麻烦。

举个简单的例子。两个人都很要强，不服输，这是他们性格上的相似性。但如果有一天发生矛盾，谁都不想妥协，小矛盾就有可能酿成大问题。

有时候，我们会看到两个人过不好，就是因为他们太像了。双方都是文艺青年，追求精神世界的满足，喜欢音乐，喜欢诗歌，但是谁都不喜欢上班挣钱。这种相似性反而会给他们的生活带来危机，因为只靠音乐和诗歌是吃不饱饭的。两个人有共同的优点，往往也意味着他们有相似的缺陷。而在很多相处和谐的伴侣身上，我们往往可以看到一些差异和分工：一方强势的时候，另一方知道怎么服软；一方追求精神，另一方就相对更多地考虑物质；一方脾气冲动，另一方就会更有耐心。这样的关系更稳定。

明明是背道而驰，按理说应该矛盾重重，为什么反而相处得更好？因为这种"相反"不是单纯地对着干，而是两个人作为一个整体，在角色上互相补充和配合。这种功能层面互相补位的差异，叫作互补性。互补性的核心，就是前面讲到的社会分工。

两个人各有所长，共同体才会具有更强的适应性。就像武侠小说里的郭靖和黄蓉，他俩的个性几乎没有相似之处：黄蓉灵活，会来事；郭靖憨直，认死理。但他们在一起优势互补，反而产生了"1+1>2"的效果。你可以想象，如果两个人同样都聪慧狡黠，虽然彼此会觉得"你懂我"，但在大是大非的问题上，就有可能得不到对方的信任；反过来，如果两个人都是"一根筋"，在那些需要灵活应变的情境中，他们的组合就会吃亏。这就是为什么，很多恩爱夫妻身上反而会有特别大的差异。

不过，对互补性的研究结论并不像相似性那么明确，统计数据比较分散：有些伴侣因为互补形成了更好的配合；但也有些伴侣，明明具备互补性，却产生了更多冲突。这是因为，他们眼中的互补并不是相互的补位，而是"你为什么跟我不一样"。所以，导致问题的不是互补性本身，而是两个人没有用正确的方式使用互补性。

更好地使用互补性

既然互补性如此重要，那要怎样才能更好地使用互补性呢？我想给你几个建议。

第一个建议：亲密关系是一个共同体，需要形成共同体意识。

为什么有人看到"你跟我不一样"，想到的不是互补，而是冲突？因为他们心里仍然有对关系本身的担忧：你跟我不一样，我发火的时候你那么冷静；我想跟你单独相处的时候，你却希望拓展社交圈子。这些时刻他们就会担心，自己会被另一半抛下。

这时候要解决的是关系问题。你们能否相信彼此是安全的、稳定的、互相信任的共同体？如果能，你们就要站在共同体的角度考虑问题：怎么使用这些差异对"我们"才是最有利的？如果不能，你们就要先解决这段关系中的信任问题。

形成共同体意识之后，第二个建议就是：拥抱变化，接受角色的分化。

一段关系要健康发展，意味着两个人需要分工进入不同的角色，要接受这样的变化很难。尤其是两个人起初因为相似性走到一起，现在却要接受对方跟自己是相反的，这会带来一种幻灭感，让两个人觉得彼此关系没有刚开始时那么好了，甚至觉得另一方变了。在《花束般的恋爱》里，男女主人公就是因为这个原因，关系急转直下。他们各自都在做出改变，同时又对对方的变化感到失望。这是爱情故事中永恒的一个悲剧类型。

要解决这个问题，我们可以用更积极的心态拥抱变化。只要把亲密关系看成一个共同体，那么，双方就只是在这个整体中承担不同的角色。每个人表现出的变化都是一种角色意义上的分工，而不是"对方变成了我不认识的人"。

最后一个建议很小，但是很有用，就是调整我们的语言习惯。当你描述自己和伴侣的差异时，不要只强调个体层面上的差异，比如"我是急脾气，而 TA 是慢性子"。这种说法带有一种暗示：好像你们两个人在这两种个性上存在分歧，这是一个要解决的麻烦。此时，应该引入共同体的视角。你可以这么说："为了达到平衡，我们两个需要有个人急一点，另一个人慢一点。"这就凸显了互补性的功能，可以消解很多关系中的张力。

第三讲 ▶▶▷
家庭：社会关系的最小模块

01 家庭角色：进入家庭意味着什么

在社会心理学中，家庭关系是最热门的研究领域之一，甚至有专门的学术期刊就叫《家庭过程研究》（*Family Process*）。这一点让很多人不理解。家庭明明是一个私密的空间，它远离了社会的喧嚣，怎么会被当作一种社会关系呢？

这是因为，家庭中的关系模式可以看作社会关系的一个缩影。前面讲过的社会心理学中的一切原理，比如社会化、角色，期待、配合、互补……也全都存在于家庭关系中。接下来，我会带你用社会关系的角度，重新认识一下你熟悉的家。

让渡自由，扮演角色

我们从家庭诞生的那一刻讲起。

所谓家庭，就是在情感或血缘上相互关联的几个人一起生活足够长的时间，形成的一种稳定状态。进入家庭，就像社会化一样，意味着个体要让渡一部分自由，开始扮演某种角色。这是什么意思呢？

我给你一个直观的体验：请你在有空的时候，找一张你妈妈结婚以前的照片，那时候她还是一个少女。你看着这张照片想象一下，在那个时间点，这个少女在做什么？她有哪些梦想？哪些天赋和爱好？未来的人生有多少可能性？然后，请你回到现实，看看这个被你称为

"妈妈"的女人跟那个少女相比，有哪些变化？

这种变化不只是年龄带来的。电影《你好，李焕英》里，贾玲扮演的女儿穿越回妈妈的年轻时代，看到一个意气风发的少女，很难想象她就是几十年后那个忙于操持家务的中年女性。你可能还记得电影里的一个关键细节——针线活。本来李焕英是一个不擅长家务的女孩，当妈妈后，她才学会了缝缝补补，还能在女儿的补丁上随手绣一朵小花。

为什么会这样呢？因为在一个家庭中，就是要有人负责做饭，有人负责洗衣服，没钱了要有人想办法挣，东西坏了要有人修。每件事都会带来固定的角色分工。

孩子衣服破了，想都不用想，就会去找妈妈。如果问爸爸，爸爸会说"去找你妈"。妈妈如果要扮演"好妈妈"的角色，就不能再推脱，哪怕不会针线活，她也必须从头学起。一个少女进入"妈妈"的位置，在反复塑造下，就会成为标准"妈妈"的样子。

无论是男是女，进入家庭，就要让渡一部分个体发展的自由。

你让渡的自由可能很重大，像是在职业发展与照顾家庭之间做出抉择。也可以很小，比如，一家人谁负责开车？谁决定周末去哪里玩？两个人想去不同的饭馆，想看不一样的电影，听谁的？孩子写作业的时候妈妈能不能看电视？爸爸和儿子闹矛盾，谁会先道歉？单身的时候你可以夜夜笙歌，每天晚上看演出、看电影，跟朋友们聚会。一旦成家有了孩子，朋友再邀请你晚上出门，你就会说："对不起，我得在家里陪孩子。"

请注意，在这些事情上，一家人很少在具体问题上进行具体分析，他们有固定的角色和模式。通过多年的互动，家人之间形成了惯例，不容更改。有些父母从来没有想过：晚上孩子写作业，我们夫妻能不能出门看场电影？他们会下意识地认为：作为父母，当然要把孩子的学习放在第一位，自己的需求不重要。这时候，家庭就成了一种束缚。

这就是为什么很多年轻人会谈恋爱，但迟迟不肯进入婚姻。恋爱是相对灵活的，一切以自己的感受为依据，任何一方感觉不自在，随时可以说出来，两个人一起想办法。进入婚姻之后，就没有这么自由了。

作为家庭咨询师，我见过各种各样痛苦的家庭，一个或几个家庭成员承受着枯燥、辛苦、不堪重负的生活，又无力摆脱。局外人经常替他们想办法："你就不能按照自己的意愿，换一种生活方式吗？"他们会告诉你："没办法。"为什么呢？因为家庭已经用这种方式运转了很多年，也习惯了这样运转下去。别人会按照你的角色期待你，你也只能一直扮演同样的角色，从而失去了自由的选择权。

约束带来安全

这样看来，家庭好像是一种对个体的束缚。有人也许会问：为什么非要接受这样一种约束呢？原因很简单，每一个催你结婚的长辈都在反复念叨："进入家庭，意味着更稳定、更安全的人生。"

这跟社会化的原理一样。进入婚姻就是进入一个共同体，你付出了代价，也会有回报。

先从外在的回报讲起。最早的婚姻制度并非出于亲密关系的需要，而是部落之间需要联姻。两个人是否相爱，生活幸不幸福，不重要，重要的是他们一起生活，一起抚养孩子，他们就成了"自己人"。这种通过姻亲关系形成的强联结像一把牢固的大锁，把部落和部落连成更大的共同体。无论是互相建交，还是共同抵御外敌，一段密不可分的关系都可以给他们带来实实在在的好处。所以，约束不见得是坏事，约束也可以带来安全。

到了农业社会，出现了家族的概念，家庭的保障作用就更明显了。一个家族人丁兴旺，代表他们有更多劳动力，在经济和社会上拥有更大的话语权。你为家族贡献自己的力量，当你有需要的时候，家族也会成为你的后盾，为你提供资源。

今天的年轻人可能会说："我一个人就能照顾好自己，不需要别人的支持。"但老一辈会劝说："等你老了，头疼脑热的时候身边没个人，你就知道家庭有多重要了。"言下之意，家庭的保障作用不但包括当下，还有未来。

除了这些外在的保障，从心理体验看，家庭还是我们内在安全感的源泉。人最早的依恋对象是父母，长大之后就是自己的伴侣，他们有一个共同的名字，就是"家人"。家是我们的情感纽带，一想到这些人，你就感到安心。甚至我们的家乡、乡音、家里的食物、小时候的记忆，都会带给我们情感上的抚慰。为什么会这样？因为在我们的经验里，家庭意味着回应、安全、忠诚与和谐。世界是不确定的，但家庭永远确定。你接受角色的束缚，作为回报，就会换来每一个家庭成员对家庭的承诺、忠诚，以及对彼此的陪伴。

协同成长

你看，家庭跟社会一样限制着我们，也都以共同体的方式提供了便利。那我们究竟应该接受这种角色的限制，还是追求个体的自由呢？其实，在二选一的立场之外，还有一种更现实的选择，这也是绝大多数家庭的发展之路，叫作"协同成长"。

什么叫协同成长呢？我举一个咨询中的例子。有一个年轻的来访者，大学毕业之后她还跟父母住在一起，父母也继续把她当成小孩子照顾。她每天下班，父母都做好饭在家等她；如果她有特殊原因不回家吃饭，必须打电话跟父母报备。她的工作、朋友、生活圈子，都会被父母过问。对一个成年人来讲，这种生活一点也不自由。但她觉得，父母的生活圈子很小，他们在情感上那么依赖自己，如果自己想要独立，他们会无法承受。

这样过了几年，她实在忍不住了，决定搬出去一个人租房子住。

一开始，父母是坚决反对的，但她的态度很坚定。她搬出去之后，父母确实经历了一段时间的痛苦，可不久之后，他们就找到了其他事做。母亲在社区做志愿者，从事公益服务；父亲迷上了摄影，每天去各大公园拍花鸟。老两口还经常一起出去自驾游。

你看，当女儿突破了原来的角色，父亲和母亲就会相应地做出改变。这是我觉得家庭最神奇的地方：家庭角色之间是环环相扣的，一个人打破了原来的角色，就会像多米诺骨牌一样，带来一系列连锁反应。也有反过来的例子：有的家庭中，是父母不想再承担照顾孩子的责任了，他们先关注自己的生活，子女也变得独立，迈入下一个人生阶段。

这有点像是发展心理学中的演化停滞，家庭角色会在一段时期内保持相对的稳定，然后逐步出现危机，经历动荡，再找到新的平衡点。家庭中的改变不但可行，而且是一种必然。每次改变，都需要一个人下决心打破旧角色，这也是一家人成长的契机。

02 自我分化：如何在爱家人的同时保持自我

家庭关系是越亲密越好吗？并非如此。有一种正好相反的能力——自我分化，也就是个人在家庭中如何与家庭保持距离。

自我分化这个概念是由一位叫默瑞·鲍恩（Murray Bowen）的家庭治疗师提出的。他在向他寻求帮助的家庭中常常看到：一个家庭成员的情绪很容易被其他家庭成员影响。妈妈焦虑时，孩子也跟着烦躁不安；父亲一段时间工作压力大，其他人在家里大气都不敢出。鲍恩把它描述为"自我未分化"。他认为，这是家庭中出现心理问题的核心原因。

你可能会觉得奇怪，家人因为家庭成员的难受而难受，这不是情感上的关心吗？这种家庭更紧密，成员间的关系更密切，为什么会有问题呢？

什么是自我分化

事实上，情绪容易受家人的影响只是表象，真正的问题是把自己的感受和家人的感受混为一谈，模糊了真实的自我和家庭角色之间的边界。

举个例子，孩子生病发烧躺在床上，当父母的肯定会心疼，这是自然反应。但如果画风变成这样：父母两个人什么都做不了，只是默默叹气。到了饭点，一个问"吃点不"，另一个说"孩子还生着病呢，谁还吃得下东西"，你是不是就觉得不对劲了？孩子一个人的病，却变成了一个枷锁，捆绑了整个家庭。除了为孩子的病而感到焦虑、痛苦，家庭成员不允许自己有其他的感受。这就是一种自我未分化的状态。

那自我分化的状态是什么样的呢？一句话概括就是：他是他，我是我。我当然会为孩子担心，也要分配一些时间照顾他，但作为健康的人，我还要继续生活，该吃吃，该睡睡，该放松还得放松。这样照顾孩子的时候，自己才有力气。

在英文里，differentiation（分化）这个词的词源本义就是"差异"，直观的意思就是从浑然一体的整体变成有差别的个体。每个人在胎儿时期都跟妈妈同呼吸共命运，用精神分析的术语来讲，这叫"共生"状态。当我们离开母体、脐带被剪断的那一刻，就完成了最初的分化。接下来，分化会在更漫长的时间里一点一滴地发生，从近乎 24 小时被父母无微不至地照料，到逐步要求有自己的空间。你肯定经历过这种事，父母说天气冷，要你多穿一件衣服，你说"我不冷"。其实你是在表达：你们觉得冷，但我有我的感受。

如果你是父母，发现孩子跟自己有不一样的感受，你应该感到高兴。因为共生状态虽然是极致的温暖，但不能持续太久。想一想前面讲过的安全型依恋：照料者适度地离开婴儿，去做自己的事，孩子才会慢慢培养出一个信念——哪怕暂时看不到父母，我们仍然保持着一种内在的联系。在这种信念的基础上，小孩子才有底气离开家庭的庇护，去学习、去冒险、去交朋友，而不是整天黏在父母身边。

在亲密关系中，人们也会经历一种类似从共生到分化的过程。前面讲过，亲密关系三元素中最早出现，也是持续时间最短的元素，叫激情。刚谈恋爱的情侣，往往恨不得每时每刻都黏在一起。几个月之后，就会你忙你的，我忙我的。这并不是因为感情疏远了，而是他们的关系更安全了，开始自我分化。所以，健康的关系既包含亲密，也包含自我分化。我们关心家人，同时也要把自己的感受和家人的感受区分开。

未分化的危害

那么，没有完成自我分化会怎么样？不只是个人会被家人传染情绪，更大的危害在于，个人的成长被限制了。

我经常遇到年轻人找我咨询，说自己跟老一辈有观念冲突。比如恋爱、结婚、生育这些大事，年轻人希望按自己的步调进行，但老一辈有刻板的时间观念，认为到了特定的年龄没有启动这些事情，就是问题。当然，时代在发展，大多数父母除了念叨两句，也不会强行改变孩子的人生。可是我注意到，当我对这些年轻人说："你就当耳旁风听一听。"他们连连摇头说："那怎么行，他们会伤心的。"

表面上看，他们的麻烦来自家人的固执，但更大的麻烦是，他们没有分化，把父母的痛苦当成自己的痛苦。他们相信自己"必须在获得其他家庭成员允许的前提下，才能追求自己想要的生活"。哪怕生理上成年了，经济上独立了，他们在角色上还是"听话的孩子"。甚至有人会违背自己的心意，服从家庭的安排，进入一段并没准备好的婚姻。

除了对个体的限制，自我未分化还会在整体上放大家庭的情绪痛苦。

不知道你听没听过麦克风发出的啸叫声？那是一种尖利、刺耳的声音。你对着话筒讲话，你的声音通过音箱放大出来，音箱发出的声音再次传回到话筒里，形成新的音源，又进一步放大出来，于是构成了声音的恶性循环。某种意义上，自我未分化的家庭就是一个类似的恶性循环系统。

回想一下那个画面：孩子生病，父母跟着茶饭不思，家庭的感受相互捆绑，孩子的病痛就像输入话筒里的声音，通过父母这对音箱扩大。如果到此为止，痛苦倒也不算严重。但假如孩子也处在未分化的状态里，他会因为过于体恤父母而感到心疼、自责，甚至还会惩罚自己，这就像是话筒再次吸收了音箱传出的声音。恶性循环就此形成：父母越痛苦，孩子越自责；孩子越自责，父母更痛苦。谁都不能脱身。

过于紧密的关系里经常出现这种悲剧：家庭成员出于相互关心，彼此做出让步。看上去像是一种美德，但如果超出限度，反而会让每个人都不舒服。我们都很熟悉这个故事：丈夫明明喜欢吃鱼，却只吃鱼头和鱼尾，把鱼身夹给妻子；妻子不喜欢吃鱼，又不能违抗丈夫的好意。两个人都不满意。丈夫能看出妻子并不享受，他的好意被浪费了；妻子能感受到丈夫出力不讨好的郁闷，但她自己又确实不喜欢。这种关系会带来无限遗憾，就像《麦琪的礼物》这篇小说，每一方都是牺牲者，没有真正的受益者。

要切断这种痛苦的循环，就需要有一方先"自私"一点。丈夫可以说："我喜欢吃鱼，今天要满足我。"妻子也可以说："我不喜欢吃鱼，我只是为了陪你。"只要有一方亮出自己的感受，其他就都自由了。在这个家庭中有人是可以先顾自己的，别人也就可以理直气壮地照顾自己的需要。能够各取所需当然好，但如果不能事事完美，哪怕有人必须妥协，至少其他人如愿以偿，那么这个家庭就不会陷入相互放大痛苦的循环。

这就是前面讲过的协同成长，一个人解脱了，全家都会松口气。

家庭与自我的平衡发展

到此，我要打一个预防针。自我分化追求的是家庭角色与自我的平衡发展，但不是对抗家庭，甚至逃离家庭。青春期时追求自主性，家人说什么你都反对，这不是自我分化。把这种状态延续到成年以后，跟家人老死不相往来，井水不犯河水，可能是另一种缺乏自我分化的表现。鲍恩把这种情况称作"情感隔离"。

为什么说情感隔离是自我没有分化的表现呢？你想想看，对一个充分社会化的个体来说，保持独立并不妨碍他自由地跟别人建立关系。如果谁让他不舒服了，他随时拒绝就是了。如果一个人认为"想保持自我，就不能跟别人走得太近"，这说明什么呢？说明他对自己拒绝的能力没信心。他害怕靠近一段关系就会被吞噬，只好一刀切：要么失去自我，要么彻底没有关系。这样的人恰恰在独立这件事上没有发展出最好的能力。

在家庭中也是一样。有些人必须通过跟家人切断情感联系才能保持自己的独立性，说明他的独立性并不独立。而在健康的关系中，我们并不害怕承认关系带给自己的影响。

自我分化像一道有弹性的边界。一方面，它切实地拦在了我们和别人之间。我是我，家人是家人，我们保持着一些距离。另一方面，这个边界又是一座桥梁。家人间相互的关心、支持、思念，甚至冲突时产生的一部分痛苦，都可以跨过这道边界。个体是家庭中相互关心的个体，家庭是由独立个体组成的家庭，两者达到平衡，才是一种健康的自我分化。

03 家庭生命周期：如何推动家庭进入新阶段

在一个家庭中，个人的角色和规则是稳定的。但就像前面讲到的，这种稳定持续一段时间之后，就会发生变化。长远来看，家庭和个人都会经历生命周期的更迭。

美国人类学家保罗·格里克（Paul Glick）提出了"家庭生命周期"这个概念。他认为，家庭作为一个整体，有其发展演变规律，家庭中的个体也会随其改变而改变。

家庭生命周期 6 阶段

家庭会按什么规律发展呢？就像一个人会出生、成长、成熟、衰老，一个家庭也要经历类似的过程，大致可以分成 6 个阶段。

首先，一个家庭是怎么诞生的？就像人是从胚胎变成婴儿的，所有家庭的"胚胎"都来自两个成年人的结合。请注意，这里的"成年"不仅是指生理意义上的，更包含了两个人在心理层面的成年，它的标志就是与原生家庭的分化。一个人跟父母分开了，是独立的成年人了，他独自面对这个世界，就会产生与其他个体联结的渴望。

接下来，两个独立的人通过婚姻的形式建立契约，家庭就诞生了。这是一个非常关键的转折，意味着人们需要分配家庭角色，同时让渡个人的自由。同时，两个人的工作习惯、职业发展、朋友圈子、跟原生家庭的关系都要有所调整，从独立个体形成二元的结构。

二元结构稳定之后，很多家庭就有生孩子的打算。孩子的出生让家庭从二元结构转向三元，夫妻的角色从单纯的伴侣变成了时刻要为第三个人负责的"队友"。以前两个人有冲突，吵一架就好了，大不了就离婚。可有了孩子以后，吵架要顾忌对孩子的影响，对待离婚也会更慎重。现实层面上会有更多经济压力，照顾孩子也要花更多时间，这些新的责任怎么分配？家庭必须经历新的挑战，同时也是成长的契机。

十几年之后，夫妻俩步入中年，孩子也进入了青春期，开始争自己的"地盘"，家庭就会面临又一次挑战。这时候的三元结构跟孩子小时候相比，变得更复杂，冲突更激烈。正如本书第一章讲到的，这个阶段的孩子甚至会故意跟父母制造冲突，以彰显他的自主性。如果家庭选择要第二、第三个孩子，这个阶段还要处理兄弟姐妹的关系变化。

等到孩子因为上大学或工作离家，家庭又会发生新的变化：夫妻两个人面对空巢，之前遗留的关系问题会在这个阶段集中爆发。这时候，家庭虽然整体上退回到二元结构，但面临的挑战比最初的二元结构更大。比如，妻子曾经把很多时间和精力用于扮演"母亲"这个角色，现在她就算是正式"离职"了，对人生会有新的打算。对于在职人士，这段时期往往也是职业成就达到天花板、由盛转衰的平台期。有些家庭这时还会面临家中老人身体健康出现问题的情况。你看，这段时期既有个体层面的中年危机，也有家庭的转折。

再往后，孩子也组建了自己的家庭，家庭就进入老年期了。老年夫妻可能既要一起承担衰老和疾病的压力，又要学会建立新的亲子关系。有的老人会跟子女一起生活，帮忙照看下一代；有的老人会选择跟子女保持距离，只在逢年过节有一些来往。

这就是家庭生命周期的 6 个阶段（表 3–1）。

表 3–1　家庭生命周期

阶段	标志事件	关系形态	核心挑战
求偶	成年并独立	自由人	孤独与亲密
成家	结婚	二元结构	契约与权责划分
养育子女	第一个子女出生	三元结构	为第三方承担责任
中年	子女进入青春期	复杂三元关系	冲突与放权
空巢	子女离家	复杂二元结构	再适应
老年	衰老	面临丧失	整合生命意义

当然，家庭还有更多的可能。有的文献会划分出第 7 个阶段——鳏寡期，也就是当一方伴侣去世之后的时期。有的家庭还可能经历离婚、重组家庭等变化；还有很多特殊的家庭形态，比如独身、丁克、

集体养老；有一些地方还有家族式的聚居；等等。

用系统视角理解个体变化

你可能会问，了解家庭的变化规律有什么用处呢？作为家庭咨询师，我想告诉你，这个洞察的作用可太大了。因为家庭的变化不是独立的，它也与个体的心理社会发展状况相辅相成。换句话说，有了家庭这个系统性的视角，我们就能更好地理解个体的变化。

举个例子，一个20多岁的成年人当同龄人都在上大学时，留在家里。他的表现可能是拒绝学习，也可能是不断复读，但总是高考失利，甚至有可能考上大学又反复退学回家。如果仅从个体角度理解这种现象，就会只关注他的学业或者心理问题。但从家庭的角度看，我们会认为，这个家庭卡在了"子女离家"的阶段，孩子没法离开原生家庭。这时候，我们的目光就要转向父母的关系。也许孩子在担心，自己离开家，爸爸或妈妈会陷入抑郁，或者他们的婚姻会走向破裂——他在用"不离家"的方式维持这对夫妻的稳定。

这就是为什么，家庭治疗里经常有一些看起来"隔山打牛"的操作：明明是孩子出现问题，咨询师却关心父母的婚姻；或者明明在处理妻子的产后抑郁，咨询师却要求丈夫把一部分时间从工作转向家庭。**一个人的变化关联着一家人的改变，牵一发而动全身。**

甚至有些时候，我们以为一个人出了问题，但把问题放到家庭生命周期的视角下，反倒是这个人成长的征兆。比如，一个母亲在家全职照顾孩子，多年来任劳任怨，某天突然出现抑郁情绪，怀疑生活的意义。这不见得是一种病态，也许是因为孩子长大了，她开始感受不到被需要，家庭生命周期的变化就会感召她做出生活方式上的调整。

不过，当转变发生时，有的家庭能很顺利就进入新阶段，有的家庭会遇到困难。接下来，我就以"孩子进入青春期"为例，跟你探讨下这种困难背后的心理机制。在家庭面对的各种转变中，这几乎是最复杂的一种。如果你家有青春期的孩子，你马上就能用上。即使你没有孩子，了解这个问题的机制后，你再面对其他转变的情况也能举一反三。

概括起来，一个家庭进入新阶段后面临的困难包括 3 种。

困难一：路径依赖

第一，人们熟悉了原来解决问题的方式，形成了路径依赖。

家庭治疗大师萨尔瓦多·米纽秦（Salvador Minuchin）在治疗中有一句名言："你是很好的 4 岁孩子的父母，但你现在要学习做一个 14 岁孩子的父母了。"这句话我在咨询里也经常用。

4 岁孩子的父母怎么解决问题呢？基本上只要把道理讲清楚，孩子都能听进去。实在不行，表情严厉点，调门提高一度："想挨揍了是不是？"孩子也就乖乖去做了。可是同样的招数对青春期的孩子就不灵了。

在父母眼中，青春期的问题有很多名字，叛逆，厌学，手机成瘾，亲子关系恶劣……但本质上都是：孩子变了，曾经管用的方法现在都不管用了。有趣的是，只有很少的父母会意识到应该升级自己的方法。更多的情况是，父母仍然没有准备好面对这个事实：孩子已经不是以前的孩子了。而这种变化其实根本不是问题，这是成长。

一个 14 岁的孩子有自己的主见，想做自己喜欢的事情，对于外界强加给自己的期望感到抵触，想法一会儿一变，满心烦恼又感觉不被父母理解——请问，这是他的问题吗？当然不是，这就是十几岁正常的状态。真正的问题在于，父母对这种状态往往不知道如何应对。我在咨询室里经常听到他们说"爸妈都是为你好""我在跟你说话呢，你把手机放下"——你看，这些说法还停留在面对一个 4 岁孩子的状态。

心理咨询有时候要做一件有点残酷的事：我会让他们意识到，**"问题"背后的问题，是时间。时间是一条单行线，一旦流逝，就不可能**

被还原或清空。

解决问题的关键在父母身上，他们需要改变自己的养育态度，比如本书第一章讲到的，把青春期孩子当作"不靠谱的领导"去相处。而这意味着整个沟通模式的升级，要启动这么大的工程，父母要先发自内心地承认自己需要改变，也就是认识到"14岁不等于4岁"。道理上，父母当然知道孩子长大了，但情感上仍然留恋过去的记忆：以前不是说一句就会听吗，现在怎么这么费劲？他们必须睁开眼睛，看看这个说不定比自己都高的小伙子、大姑娘，哪里还有4岁的影子？父母也要跟着成长，每个人都要学习新东西。

困难二：推诿责任

家庭进入新阶段的第二个困难在于，每个人都抗拒迈出改变的第一步，于是陷入这样一个僵局：在道理上证明"我没做错"，从而把改变的责任推到另一个人身上。

人有抗拒改变的本能。原来稳定的家庭结构出现危机，意味着稳态被颠覆，原来的认知和行为模式需要打碎重组。我们忍不住回避如此重大的挑战，然后会转为追究：问题出在谁的身上？只要有一个人为此负责，我们自己就能多一点掌控感。

在咨询室里，爸爸会怪妈妈："都怪她以前太惯着孩子了。"妈妈会反唇相讥："你只会嘴上说，也不见你管孩子啊！"这些争吵的潜台词都是："我又没错，为什么我要承受这些？"如果夫妻本来就有矛盾，这种讨论最终会变成两个人的拉锯。为了较劲，谁都不可能认输，他们把改变看成输赢之争：他不改，我凭什么改！甚至忘记了，他们一开始关心的根本不是彼此的输赢，而是共同营造健康的家庭环境。

遇到这种对错和责任之争，必须及时打断。

究竟谁有错呢？谁都没错。如果一定要找责任人，唯一的责任人就是时间。要学习新的技能，是因为我们已经进入了新的阶段，时间不等人。米纽秦的那句话先肯定了父母的价值，两个人都没有错，只是，他们的方法对孩子 4 岁那个阶段非常管用，而现在来到 14 岁的阶段了——不是谁错了，只是到时间了。

我一般会邀请来访者想象：在新的阶段，你们希望每个人有哪些变化？比如，哪些事情孩子可以说了算？父母要在哪些方面提供支持？谁来负责设定边界？如果孩子的发展方向跟父母期待的方向不一致，怎么办？

你看，我们是在设想未来，落实到具体行为就绕开了"谁对谁错"这样的送命题，变成了"谁来改变、怎么改"的目标讨论。

到了这一步你就会看到，真正的矛盾是"谁都不想改"。

改变意味着失去很多原来的好处。如果妈妈的重点不再是"爸爸有错"，而是直接表达"希望爸爸以后花更多时间陪孩子"，爸爸就会说："可是我的工作也很忙啊！"爸爸想表达的是：我习惯了之前的生活，我还不想被颠覆。这才是根本原因。

可是没办法，时间到了，就要变。生活永远会带来新的问题。孩子开始不听自己的了，父母年纪大了，夫妻的矛盾增加了，经济下行了，体力变差了，公司要裁员了，擅长的工作技能已经过时了……这些层出不穷的烦恼，不是谁的错，全都只是因为时间在前进。

时间流逝，万物生长。我们只能接受这个事实：**无论我们有多么熟悉和依赖一种生活，它都会消失。没有人做错什么，只是它无法永远维持下去，改变在所难免。**

困难三：回避痛苦

如果你看到这里，心想：我没问题，我可以一步到位地变好！那你可要小心最后这个困难：我们有可能只是做出表面的改变，为了回避真正改变的痛苦。

　　这是什么意思呢？我还是拿青春期举例。我在咨询室里有这样一个观察：在孩子青春期时直接发生冲突的家庭，虽然争吵得很激烈，但好起来也很快。最怕的反而是父母说："我们从来不给你压力，你尽力就好。"然后补上一句："但你也要想好以后怎么办。"

　　孩子当然可以感觉到父母只是换了一种新的话术，关系本质换汤不换药——父母眼中的亲子关系还停留在孩子4岁的关系结构里。他们不过是期待，换一种沟通方法，就能让孩子回到他们设定好的轨道上。

　　这会让孩子更难受。一方面，自己的处境并没有实际的改善；另一方面，连抱怨的路都被堵死了。孩子好像一拳打到棉花里。他指出父母任何一个问题，父母都会说："你要我怎么改，我都能改！"责任全在孩子身上，这比父母完全不改更让孩子无奈。

　　这时，孩子就会陷入彷徨。他知道，"我都能改"背后，父母的期待并没有减少，同时父母回避了一切被指责的可能。孩子既没法解决问题，又没法再寻求父母的帮助。孩子甚至会责怪自己，觉得是自己一个人的问题。

　　父母可能很迷惑：给压力也不行，不给压力也不行，要怎么才行呢？这就是我要讲的：**怎么做都不会"没问题"，改变不可避免地会带来痛苦。**还记得前面讲过的"生长痛"吗？痛苦就是成长的一部分，父母也只能老老实实地面对。日本导演北野武曾说："做父母的，不应该畏惧被孩子憎恨。"这话有点"中二"，但也有几分道理。他的意思是，孩子长大后，免不了要跟父母干一架，不要奢望有什么轻松的解决办法。与其说这个阶段的父母需要学习一种技巧，倒不如说，真正要学习的是态度——接受事情会超出自己的掌控，陪孩子一起熬过这段艰难的时间，诚实地分享自己的困惑与无奈。

　　这个原则不仅适用于青春期。**每次面临转换，我们都要做好全力以赴的准备。但努力的方向不是为了"不疼"，而是为了更坦然地面对疼痛。**没有任何一种技巧能保证改变会按你设计好的方向发展。接受这一点反而会让事情变得简单。有时你会听到这样的故事：孩子坚决不服从父母的意志，狠狠吵过几年，等父母死心了，孩子反而开始理解父母的想法。你可以说这是一段弯路，这段弯路又是非走不可的。**没有破碎，也就没有成长。**

▶▶▷ 第四讲
异常：当我和世界不一样

01 异常：与众不同意味着什么

社会中的人，总有"多数"和"少数"之分。当一个人发现自己跟大多数人不一样的时候，他要如何面对自己那些特殊之处呢？

有人可能会想：人本来就是千奇百怪的，不一样就不一样，做自己就好了嘛！如果人和人之间不构成社会关系，这个看法当然没问题。可惜，人是社会化的人。如何在社会中应对自己的与众不同甚至格格不入，成了一个越来越值得讨论的话题。

这就涉及心理学的另一个分支学科——异常心理学。这个学科还有一个不太好听的名字，叫"变态心理学"。这个翻译看上去有点贬义，实际上，"异常"和"变态"都没有骂人的意思，它是一个中性的概念，与之相反的概念是"常态心理学"。可以说，这本书前面讲的知识，都属于常态心理学，关注的是所谓"正常人"的心理规律。

虽然"异常"并不等于"不好"，但我们多多少少对它有点警惕。我不确定你会不会学到前面某个心理学规律的时候，心里咯噔一下：糟糕！我好像不太符合，会不会是我的心理出了什么问题？如果真的有，先不用紧张，这恰恰说明你很正常。在今天，随着价值体系越来越多元，我们对心理规律的了解越来越细致，每个人在生命中的某个时刻一定都有过"我好像跟别人不一样，我该怎么办"的疑问。

所以，异常心理学不再只是服务于少数人的学科，它要解决的恰恰是大多数人都可能遭遇过的"异常体验"。面对这样的体验，你需要思考 3 个问题：

一、是什么，也就是如何对异常心理进行定位；

二、为什么，也就是这些异常心理跟哪些因素相关联；

三、怎么办，也就是我们能做什么，是接纳这些心理特点，还是朝什么方向改变？

这 3 个问题也将成为你接下来学习异常心理学的主线。我先带你初步认识一下它们。

什么是异常心理

要理解异常心理现象，我们最熟知的类比是医学，把异常的心理表现看成精神层面的病理性状态。由此还产生了一个医学分支，叫作"精神病学"。普通人看到那些不可理喻的人和事，也经常会说："你是不是有病？你该去看心理医生！"

但是，用疾病的概念定位心理现象，是一个需要反复考虑和权衡的选择。

几年前，我在咨询室里遇到过一对母女。女儿刚做了妈妈，但是她一点儿都不开心，每天哭，睡不好觉，看不到生活的希望。你可能立刻联想到了一种病——产后抑郁，很多科普文章里都会讲到它。这位女士也是这么想的。她描述病情的时候，老太太在一旁插嘴说，自己刚做妈妈时遇到过跟女儿现在一模一样的情况，只是有一点不同，老太太年轻时可没听说过产后抑郁，所以压根不觉得自己在生病。她们那一代好多人生完孩子后都有情绪波动，所以她打心眼儿里相信，这是生育后的一种正常现象。

接下来，老太太对我提了一个问题，非常有意思。你也可以想一想。

她说："我当时没觉得这是一种病，稀里糊涂就过来了。现在才知道那可能就是产后抑郁症。但你看，我们不觉得这是病，其实也没什么事。现在知识这么发达，孩子非说自己病了，又是吃药，又是心理咨询，全家跟着紧张，这会不会是在小题大做呢？"

你看，用"病"来定位异常心理，未必是天经地义的结论，而是一种观念的选择。

在这个案例里，我们可以这样回答老太太："您说的这种现象，假如不把它看成一种病，不寻求帮助，是有可能过一段时间就好了。但是也有一种风险，随着时间的推移，一些人的痛苦并不会好转，还会更严重，甚至会出现生命危险。为了避免这种悲剧，我们希望有这种痛苦的人能把这件事看成一种病，主动向外界寻求帮助。这才是更稳妥的。"

那么，如果不用生病的观念，还有其他看待异常的方式吗？还真有。在古代，无论中国还是西方，有一些异常心理现象会被看成"中邪"。在那种情况下，当事人有可能受到悲惨的对待，被看作被恶魔附身的载体，要接受驱逐或酷刑。直到 1883 年，一位叫埃米尔·克雷佩林（Emil Kraepelin）的德国医生出版了《精神病学纲要》（*Compendium der Psychiatrie*），人们才开始把精神异常看成一种疾病。克雷丕林也被称为"精神病学之父"。

异常心理是怎么来的

一说起病，我们往往觉得是生理上发生了病变。那么，异常心理背后的成因是否也存在生理性因素呢？不一定。你可能过听这种说法，"我没病，只是最近压力太大了"，或者"他不是生病，他只是性格不好"，甚至"他没病，有病的是他身边的人"。这是一种对传统医学观念的拓展：除了生理层面的病变，还有其他原因。

今天，异常心理更主流的模型叫作"心理社会模型"。造成异常心理的原因，除了有生理方面的影响，还有个体心理原因、环境原因，以及特殊的成长经历。下面我们一个一个来了解。

生理原因都有什么呢？包括基因、大脑、神经递质和激素水平的变化。个体心理原因则包括个人的认知图式、信念、行为模式以及精神分析假设的无意识。这两类因素是我们很容易就能想到的，第三类因素——环境原因则相对更隐蔽。有些异常心理现象并不是因为当事人自己有什么问题，只是因为他置身于异常的环境中。例如，从事一份超出正常压力水平的工作，就会给一个人的情绪带来消极的影响。他如果从自己身上找原因，可能百思不得其解；但只要换一份工作，问题就全都解决了。还有一些特殊经历也会对人的心理造成影响，比如经历创伤事件，哪怕过去了很多年，当事人仍然可能出现应激障碍。

在同一个异常现象的背后，往往同时存在几类原因。就以产后抑郁为例，生理的原因当然存在，生育会给一个妈妈的身体带来伤害，她的荷尔蒙水平也会因此发生剧烈的变化。而在心理层面，角色转换也会带来一定的冲击，当事人可能觉得自己无法胜任妈妈的角色。从环境的角度考量，她还有可能面临更大的经济压力、职业发展困难，或者在家庭中得不到充分的情感支持。此外，过去的成长经历也可能会加剧她的悲观。所有这些因素叠加在一起，才构成了这种被称为"抑郁"的疾病。

找到了这些原因，我们就可以有针对性地调节和避免病症。

最后我想提醒一句：心理学的出发点是为了助人。所以，找原因不是为了指责原因。举个例子，抑郁背后有个体认知的因素，这没错。但我们不能说："都是因为你自己的认知，才导致了抑郁症！你好好反思一下。"这不但没有帮助，反而会雪上加霜。

如何应对异常心理

看到了心理障碍背后综合的因素，下一个问题就是：怎么办？是把它当成问题去解决，还是接纳问题的存在？对这个问题，异常心理学同样经历了上百年的思考和实践，最终提出了一个工作方向——改善当事人的功能水平。

请注意，改善功能水平并不等于治病。二者有什么区别呢？治病是一种跟问题"死磕"的思路，只关心如何消除问题；而改善功能水平的含义则更有弹性。

弗洛伊德提出，人最重要的能力有两种，一是工作能力，二是爱的能力。一个人有事做，能为社会创造价值，这就是工作能力；能缔结重要的人际关系，跟亲人、朋友产生情感联结，这就是爱的能力。按照这两种能力的标准，异常心理学提出了一个更广义的改善目标：心理异常的人，最终要成为能在社会上立足，能跟他人保持情感关系的人。

如果治病（矫正异常心理）有助于实现这个目标，那就治病；如果不治病，通过其他方法也能实现这个目标，那为什么非要把异常心理矫正过来呢？只要保持正常的生活功能，不就可以了吗？之所以采取这样的理念，是因为有些问题越是被当成问题去解决，反而越严重。比如失眠，偶尔睡不着觉对生活本来没有多大影响，但如果把它当成失眠症，每天入睡都如临大敌，反而会增加更多压力，让人更难入睡。

所以，针对不同类型的异常心理现象，我们要具体问题具体分析，提出更有针对性的应对思路。有些问题需要尽早发现，尽早治疗；有些问题适合"带病生存"，我们要把关注点放在生活中更重要的方面，而不是跟问题较劲。

02 污名：如何改善对心理障碍的污名

如果你是一个幸运儿，你可能觉得，异常心理现象跟自己无关。但你说不定需要跟那些有异常心理的亲人、朋友、同事打交道。因此我觉得，正常社会应该用怎样的方式看待"异常"，这是一个跟每个人都息息相关，也需要每个人都有所了解的话题。

你可能会想，其他人的看法有什么好讨论的呢？但是社会心理学揭示了，一个人的心理状态会受到他人期待的影响。而且，异常心理学的工作目标是改善当事人的功能水平，它包括工作能力和爱的能力——这两方面的改善都离不开当事人和他人的关系。

比如，一个抑郁症患者去找工作，他要面对的不只是症状本身对自己工作能力的损害，还必须面对用人单位对抑郁症可能带有的偏见。他的能力也许足以胜任一个岗位，但只要得不到对方的信任，他就根本没机会证明自己。久而久之，"抑郁症"这3个字会成为他的主要压力。甚至有可能，他的症状已经痊愈了，但仍然会遭到别人的另眼相待。比如，"听说这个人得过抑郁症，容易走极端，还是不要跟这种人走得太近了"。

你看，异常者的生存困难很多时候是由观念造成的。可惜，即使在今天，只要一提到抑郁症、焦虑障碍、创伤、成瘾……这些心理障碍的名称就会让普通人产生某些既不科学、也不友好的印象。假如我们用一种更恰当的方式，不带污名地看待这些心理障碍，哪怕客观上的异常不变，心理障碍者的生存处境也会改善很多。

接下来，我将介绍4种常见的污名，分别是威胁、怪异、能力不足和有问题。对照一下，你心里会不会也有这样的影子？

污名一：威胁

第一种污名叫作"威胁"。很多人把心理障碍者看成是不友善的，认为他们可能伤害别人。事实上，心理障碍者和普通人一样友善，情绪能被理解，行为也具有建设性。

很多影视作品在表现心理障碍时，经常会出现疯人院的画面。在那里，精神障碍患者要么是诡异地盯着你笑，要么是被绑在床上，情绪激动。在一些罪案报道中，对于凶手的描述往往也会突出他们异于常人的心理特征。久而久之，我们就形成了一种印象：对于那些被诊断出有心理障碍的人要小心提防，因为他们有可能做出可怕的事。

这种对待异常心理的污名由来已久。精神病院最早的功能不是用来治病，而是作为一个隔离机构，把少数"不正常"的人跟多数人分开，以保证多数人的安全。所以在过去，对那些被诊断为异于常人的人来说，等待他们的不是治疗，很可能是终身监禁。

这种污名是怎么来的？一方面，他们的一些心理状态确实跟多数人有差异。比如有情绪障碍的人在某些情绪上更敏感。敏感本身不是问题，问题是，这些反应难以被其他人预料。你看到一个人"不按常理出牌"——上一秒兴高采烈，下一秒就阴云密布，是不是会担心：这些难以预料的反应当中会不会包括什么出格的事？

另一方面，群体性偏见会导致自证。就算你是一个情绪稳定的正常人，假如有一天身边的人说你是异类，不由分说地把你关进医院，无论你怎么解释，他们都不相信你，你会不会想冲着他们发火？哪怕一个人本身没有危险，但只要被当成危险人物对待，这种对待方式就足以制造对立冲突。

事实上，如果我们愿意去理解异常心理，就会发现它其实是可理解、可预测的。心理障碍者只是跟多数人"不一样"，并不是"有敌意"。一个人处在抑郁情绪中，他可能对别人感兴趣的事缺乏兴趣，表现得有些冷淡，但这只是他抑郁时的一种自然反应，而不是他对别人有任何不满。一旦他的特别之处能被我们理解，这些反应就不会让我们受伤。

反过来，当我们认为一个人的情绪和行为不可理喻时，也不要先急着采取防范的姿态。试着想一想，问题会不会出在自己的理解上？这样，多数和少数之间才能建立一种友善的关系，而不是彼此对立，让少数人本来就不容易的生活雪上加霜。

污名二：怪异

第二种污名叫作"怪异"，意思是，正常人不愿意跟心理障碍的人交流，认为这是一群不可理喻的怪人。事实上，心理障碍者当然是可以跟人交流的。

确实，某一部分精神障碍会造成真正意义上的交流障碍，比如精神分裂症的症状中包含了思维层面的障碍，这类患者表达出的想法是破裂的，甚至连一句话的语法结构都有问题，但这是非常少数的情况。在多数情况下，所谓的"无法交流"不是我们真的无法理解对方表达的内容，只是我们不能把这些表达纳入正常人的逻辑中。

问题是，为什么非要把另一个人的想法纳入一套所谓正常的逻辑中呢？举个例子，抑郁的人可能会因为一件在正常人看来不值一提的事而产生强烈的沮丧感。他可以向别人解释这种沮丧感是怎么回事，但正常人听到他努力的表达后，仍可能这样回应："你怎么会这么想？无法理解。"其实，正常人真的想"理解"吗？抑或，他们只是按自己的思维定式，认为对方的想法只要跟自己不一样，就是不值一提的？

实际上，两个人看法不同是再正常不过的事，并不妨碍互相交流。我们完全可以对一个想法和自己不一致的人说："我听明白了你的意思，我能理解你对这件事的看法，但我的看法跟你不一样。"这不就是交流吗？平等的交流就是彼此分享差异。从这个意义上看，把心理障碍者看作无法交流的怪人，也是一种急需打破的污名。

污名三：无能

第三种污名叫作"无能"。当一个人与众不同时，我们会默认他缺乏解决问题的能力，需要接受正常人的关照。这种看法貌似充满了人文关怀，本质却是一种歧视。

有人觉得：这不是给心理障碍的人带去更多关照吗，有什么不好呢？但你想想看，假如公司老板认为有心理障碍的员工是能力不足的，不聪明、不抗压、不稳定，无法胜任有挑战性的工作……虽然短期来看，他会想办法给这些员工多一些关照，但未来招聘新员工的时候，他就会把心理障碍看成不利因素，这损害了这个群体的长远利益。

事实上，没有证据表明，有异常心理的人在解决问题和应对挑战的能力上存在更大的缺陷。他们会像普通人一样遇到困难，也会像普通人一样设法解决困难。

跟前两种污名比起来，"无能"的污名更隐蔽。有时候，有心理障碍的人自己也会迎合这种偏见，遇到困难时拿"生病"为自己开脱，比如会说："我的业绩不好，是因为我今年得了抑郁症。"毕竟，生病是一种合情合理的推卸责任的理由。就像我们在感冒发烧时会表现得格外虚弱，想给自己放几天假。但请注意，心理障碍跟头疼脑热不一样。心理障碍的本质是异常，所以，它会被看作某一类人的整体"品质"。也许你只是想请假休息两天，但在污名化的视角里，这就成了你这个"人"不够稳定的证据。所以，心理障碍者自身也要有意识地反抗这样的污名，让更多人看到：我是有自己的问题，但我也有能力与人建立关系，胜任社会的要求，以及输出确定的工作结果。

污名四：有问题

最后一种污名，概括起来有点笼统，就叫"有问题"。什么意思呢？它就是一种模模糊糊的感受：只要心理异常，就是有问题！一个有心理障碍的人，哪怕没有任何威胁性，能跟人好好沟通，也有足够的工作能力，但有些人还是会在心里觉得他差了点什么，会隐隐地期待这些异常者改变自己，向大多数正常人靠拢。

举个例子。有一种心理障碍叫作社交焦虑障碍，也就是俗话说的"社恐"。今天，人们已经可以理直气壮地给自己贴社恐的标签。但在过去，如果一个人说自己社恐，别人就会劝他："社交有什么可怕的！你只要多社交几次，自然就不怕了。"

在这种认知中，社恐就是一个问题。哪怕我们说不出它具体有什么影响——不妨碍别人，也不影响工作，但一个人只要跟周围的人不一样，就是一种"原罪"。这就像在几十年前，结婚的人会去劝那些没结婚的人："差不多也该考虑一下自己的事了！"他们未必有什么恶意，甚至是出于热情和友善，想帮助没结婚的人生活得更"好"，但那种表述也是在暗示不结婚好像"有问题"。

有问题是一种价值观层面的污名。它潜在地认为，少数必须向多数看齐，符合多数人的生活才是有价值的、值得一过的。但**我们需要接受那些与众不同的人生。只要在法律允许的范围内，只要不妨碍其他人，任何一种生活态度都可以被祝福。**

03 诊断：如何判断心理生病了没有

异常心理被定位成一种心理社会层面的疾病，被称为"心理疾病"或者"心理障碍"。那么，怎样才能判断一个人是不是生病了？这就涉及一个医学程序，叫作"诊断"。

有人会觉得，诊断还不简单吗？对照书本一查，看看哪些心理属于异常现象，再对号入座，有病就是有病，没病就是正常，不就一清二楚了吗？如果还不能判断，就在网上找一套自测题，填写完成后计算得分，不就能判断自己有没有生病了吗？

其实，这两种方法都不可靠。在异常心理学领域，诊断是一门专业技术，只能由受过专业训练的医生开展。用得好，它有助于我们在判断心理障碍时更准确、更有效；但如果用不好或被滥用，反而会给我们带来更大的麻烦。

为什么不能自行判断

为什么对于心理疾病，我们不能自行诊断？因为诊断不像数学题，给定条件就能得出唯一正确的结论。它需要诊断者灵活假设、慎重判断，有极大的主观经验的发挥空间。

异常心理学历史上有一个著名公案，叫作"罗森汉实验"，这是美国一位名叫大卫·罗森汉（David Rosenhan）的心理学家于 1973 年发表在《科学》（*Science*）杂志上的实验。实验的目的，是为了验证精神病院的医生可以在多大程度上准确识别出"病人"和"正常人"。罗森汉招募了 8 名志愿者，包括他自己，全都伪装成精神病人去寻求诊治。伪装的方法很简单，只要声称自己能听见不存在的声音就可以了。这是一种典型的精神病性症状，叫作"幻听"。结果，8 名健康的志愿者都被诊断为精神分裂症。

等这些志愿者住院接受治疗，他们就对医生说实话了，自己没有幻听。而且，他们的言行举止都很正常。但没有任何一个医生相信他们。最后，有志愿者直接摊牌，承认自己是伪装成病人的研究人员，可医生不但不相信，甚至觉得他们病得更重了！

这是因为，精神分裂症的诊断里还有一个典型症状，叫作"自知力障碍"。这个症状的意思是：病人否认自己生病了。在医生眼里，志愿者坚持说自己没病，不就是出现自知力障碍的实锤吗？

你可能觉得很荒谬：按这个逻辑，任何人只要被当成病人，岂不是再也没法证明自己是正常人了？确实如此，这个实验在当年狠狠"打脸"了美国的精神病学诊断体系。它证明了，照本宣科地核对症状会带来多么严重的误判。

经过几十年的迭代，异常心理的诊断越来越成为一门精细的手艺。按照法律规定，只有受过严格专业训练的人才拥有诊断的权力。普通人通过看书听课得来的对于症状的简单描述，不足以作为诊断依据。

举个例子，抑郁症的诊断中有一条症状叫作"心境低落"。只看这一点，你说不定会猜想：我最近一直不太开心，会不会就是心境低落？但这只是你的主观感受。究竟这里的"心境"指的是什么？多低才算低落？低落多长时间才够得上严重？你统统没有数。你自认为的症状与诊断标准可能相差甚远。

退一步说，就算你对症状的理解是准确的，从症状到诊断仍然有一道知识的鸿沟。症状就好比一个人在咳嗽，它是一个现象。而诊断需要对现象的原因进行假设：是过敏，还是哮喘？是咽炎，还是肺炎？再结合其他指标来验证。它需要一个综合的知识体系：某一种症状可能和哪些症状同时出现？病程规律如何？有哪些容易混淆的诊断……

那有没有可能把这些问题设计成一套量表，填完就可以算出有参考意义的分数？很遗憾，到目前为止，任何量表得分都不能替代专业人士的诊断。这个分数的参考价值仅限于初步筛查。比如，要在1000个人中找出可能患有抑郁症的个体，一种提高效率的方式就是先用抑郁量表筛选出得分较高的一部分人，再请专家对选出来的人进一步诊断。换句话说，量表得分只能提供一个参考。得分高的人是不是一定会被确诊？也不见得。

前面讲过，异常心理学的整体工作目标是服务于一个人的功能水平。所以，专业人士在诊断心理障碍时，不仅要考虑症状的匹配度，还要综合考虑一个人在工作和人际关系等方面的表现。同样是容易在陌生人面前感到紧张，这对一个写代码的程序员和一个把人脉视作生命的销售经理的影响，有天壤之别。这就是为什么诊断必须因人而异。好的医生为了做出一个诊断，要有耐心地提很多问题，综合评估一个人的职业、健康状况、经济条件、社会支持水平，这样谨慎作出的诊断，才能避免陷入罗森汉实验的荒谬处境。

诊断是一种权力

为了得出一个诊断，要考虑这么多复杂的因素，会不会太小题大做了呢？要回答这个问题，我们就要理解诊断为什么如此重要。

诊断意味着一种权力。对一个人做出有心理障碍的诊断，就等于在社会意义上把他划分到"异常"的一边。什么叫社会意义上的"异常"？不仅是跟多数人不一样，还意味着他要被别人看成特殊对象，受到不一样的待遇。在罗森汉实验里，拿到诊断的人可不只是获得了一个书面的结论，而是必须穿上病号服、活动范围受到限制。如果他们不服气，表现出激动情绪，也许就要接受强制的保护措施，被束缚以及注射镇静剂。

你看，这就是诊断的含义：在社会意义上被判定为"异常"的人需要接受社会的某种安排。它是由法律赋予的，对人群中的异常者进行合法处置的权力。既可能是某种限制，比如，禁止某些心理障碍的人从事某些工种，要求处于精神障碍发作期的人接受陪护；也可能是某种优待，比如，拿到特定精神障碍诊断的人可以在司法上免除刑责。假如你觉得这些离生活太过遥远，那么，一张抑郁症的诊断证明可以给你几天假期，这也是一种优待。这么重要的权力，当然需要专业人士经过审慎判断才能给出来。

诊断的语言就是具备这样的魔力。哪怕不是医生，只是普通人随口一说，"你老这么悲观，会不会是一种病"，你心里也会"咯噔"一下。尽管他们没有权力对你进行事实层面的"处置"，但在观念层面上，你很难再像过去一样坦然地面对自己，那种关于疾病的污名就有可能降临到你身上。别人对待你的方式，包括你自己对自己的态度，都会在异常的框架之下展开。所以，不要滥用诊断标签，它的影响很可能超乎想象。

普通人如何看待诊断

那普通人应该用怎样的态度看待心理障碍的诊断呢？我用一句话概括：**把自己放在第一位，让诊断为自己服务。**

什么叫"让诊断为自己服务"？就像我们在不舒服的时候去医院看病，医生做出诊断是为了找到合适的治疗方案，减轻我们的病痛。本质上，我们在意的并不是诊断本身，而是有没有真的感到自己在变好。但如果我们自己本来并不觉得有问题，却因为一个诊断患得患失：我这样算是有问题还是没问题呢？这就是因为诊断失去了自我。

在后面的内容中，你会学到很多关于心理障碍的概念。可能有时候你会忍不住对号入座：这是不是在说我？或者会担心：我的孩子会不会就有这个问题？甚至你会忍不住想找个量表测一测，问题到底有多严重。万一测出来的分数比较高，就坐实了你的担心，你开始焦虑去哪里看病，万一治不好又该怎么办……你的生活本来好端端的，但因为了解了"异常"这个概念，就开始担心自己可能成为人群中的异类，这就得不偿失了。

所以，我先给你打一个预防针：**不要因为学习异常心理学就过度迷信诊断。重要的不是一个人在人群中要被贴上怎样的标签，而是他自己喜不喜欢现在的生活。**只要你觉得生活没有问题，就算是专业医生给出了某种诊断，你也不用过度迷信。有时对同一个问题，不同医生之间的判断也不一致。他们的意见只是一种参考，只是建议你从病理的角度看待自己。是否接受这种参考，很大程度上仍然取决于你的感受。

▶▶▷ 第五讲
抑郁：是医学的病，还是关系的病

01 抑郁症的症状：为什么"心灵的感冒"如此棘手

异常心理学中，关注度最高的主题可以说非抑郁症莫属。几十年前，"抑郁症"这个词还默默无闻，但是最近它频繁出现在媒体、影视作品以及很多人的生活里，甚至有些人到了谈"抑郁"而色变的程度。

但也有人觉得，抑郁症根本不可怕，只不过是一种心灵的感冒，是媒体过度渲染，放大了它的存在感。还有一种论调认为，根本没有那么多临床意义上的抑郁症，很多给自己贴"抑郁症"标签的人，只是在给自己的软弱找借口。真的是这样吗？

实际上，抑郁症这个概念的内涵非常复杂，甚至自相矛盾。不同的人常常用它指代完全不同的情况。我从实际的工作经验出发做了一个划分，把"抑郁症"的影响分为 3 种不同的状态：

第一种状态，是抑郁发作；

第二种状态，是抑郁发作的间歇期；

第三种状态，是正常的抑郁情绪。

把这 3 种状态弄清楚，我们才能相对全面地理解抑郁症。

状态一：抑郁发作

先来看人们最关注的状态，也就是抑郁发作。

大多数人说的抑郁症，其实就是抑郁发作。这是一种病理性的状态，跟平常所谓的抑郁情绪完全是两回事，它包含了我们对抑郁症的所有可怕想象。其核心症状简称"三低"，即长期的情绪低落、思维迟缓、对事物的兴趣减退。你可以想象一个人从早到晚躺在床上，觉得活着没有意思，什么都不想做，连起床、洗漱、吃饭都觉得无比艰难。他知道自己的状态很糟糕，严重时甚至觉得自己不配活着。这就是典型的抑郁发作状态。

我担心有人会对号入座：完了，我经常有这样的感觉！别急，就算符合这些描述，也可能只是正常的抑郁情绪。就像前面讲的，诊断不是只靠文字信息的对号入座就能完成的，必须交给专业的医生。普通人感到状态不好，很难自行判断它究竟是正常的抑郁情绪，还是病态的抑郁发作。你只要记得，要是感觉状态不对，就去医院精神科就诊，请医生给你做一个专业评估：是已经达到生病的程度，还是回家休息两天就好了。

关于病理性的抑郁发作，我教给你一个特别有用的知识，那就是，绝大多数抑郁发作是可以缓解的。无论这段时间多难受，它只是一个阶段，通常持续几周到几个月。所以，在抑郁发作期，最关键的任务就是保证人身安全，活着最重要。重度抑郁发作时，一般需要 24 小时有人陪护，医生也会建议住院，安排专门的监护病房。

只要保证活着，难受的时候总能过去。现在已经有非常成熟的医学手段，能帮助人们尽早度过抑郁发作期。这样看，抑郁发作是不是也没那么可怕了？

状态二：抑郁发作的间歇期

但不幸的是，度过了第一次抑郁发作期，不等于抑郁症就治好了。大概有 50% 的人只需要经历一次抑郁发作，剩下的 50%，则会反复发作。而最大的问题是，当事人并不知道自己究竟属于哪 50%。

所以，我们要讨论的第二种状态，叫作"抑郁发作的间歇期"。意思是，虽然抑郁发作的症状缓解了，但保不准什么时候会复发。哪怕过去几个月，甚至几年，一直都没有明显的抑郁症状，病人还是不敢掉以轻心。这种状态其实更难应付，用一句老话形容，就是"明枪易躲，暗箭难防"。

这段时期，病人的状态因人而异。有些人情绪还是很低落，不时地还会有类似抑郁发作的症状出现。有些人看上去一切正常，没有抑郁的影子。甚至有些病人的情绪状态变得更高亢了，身上仿佛有使不完的劲儿。最后这种情况其实更危险，可能涉及另一种诊断，叫作"双相情感障碍"。而且这种情况很容易被人忽视，所以需要定期复查。

简单说，在间歇期，任何表现都有可能。这就导致它的时长不确定，也让集中治疗的努力变得不现实。生了别的病，患者出院以后可以说："我在家休养几天，等彻底好了再去上班。"但一个人结束了抑郁发作，打算休养一段时间，他很难判断什么才算"彻底好"。有可能今天好一点，明天又不好了。就算情绪一直平稳，也不敢保证问题就不会再来。

那要休息到什么时候呢？我见过最长的一个案例休息了整整 17 年——当事人从一个意气风发的大学生，变成一个在家啃老、每天只能上网打发时间的中年潦倒者。他也找过工作，只是每次都坚持不了多久。这倒不是因为抑郁本身，而是他害怕自己不能像健康人一样承担工作压力，所以一次次退回到"休养"状态。父母说他没病，抑郁症是他用来逃避生活的借口。他很委屈："我这 10 多年过得这么'废'，难道还不是一种病吗？"

这就是抑郁间歇期的挑战——病人和身边的人看到的不一样。身边的人看到的是，这段时间，这个人确实没有集中和强烈的症状，不像有抑郁症。但在本人看来，抑郁随时可能复发，这种"可能性"妨碍了他工作和爱的能力。在几年、十几年对抑郁的恐惧中，人就"废"了。这种对于抑郁的恐惧，其伤害甚至比单纯的抑郁发作更大。

所以有人说，间歇期最重要的任务就是准备好回归正常生活。我认为这句话还不够，更准确的说法是，间歇期本身就是"正常生活"，病人要做好一辈子带着症状生活的准备。很多抑郁症病人在期待，等什么时候病"好"了，生活会很美好，但这种期待本身就把当下从美好生活中割裂出去了。所以我的建议是，**不要等，期待的美好生活是什么样，现在就要带着症状实现它。**

"带着症状生活"不是一句空话，它需要病人熟悉自己身体的规律，用最小的代价对付症状。有的人服药，有的人坚持运动，有的人调整工作节律和生活方式。这样就能保证抑郁永不复发吗？诚实地说，不一定。但是换个角度想：就算复发了又怎么样？还可以再治嘛！**重点不是担忧将来无法控制的事，而是回到眼下的生活，把日子过好。**

状态三：正常抑郁情绪

现在我们有了两条原则：抑郁发作就去医院，抑郁发作结束就回归生活，别再把抑郁当回事。这样是不是就够了呢？还不够，还要补充一种状态——正常的抑郁情绪。

情绪是一种正常的生理体验。人在受挫时会沮丧；离开了熟悉的人、熟悉的环境会难过；长时间待在自己的世界不跟人接触，会担心自己被抛弃。这些是人人都有的情绪体验。患抑郁症的人，当然也会有这些反应。

可是这些正常的抑郁情绪让抑郁症变得更复杂了，因为它会跟"症状"混淆，甚至当事人自己都没法判断：我的反应究竟是正常情绪，还是一种"病"呢？

我做过一对夫妻的咨询，妻子既有产后抑郁，又对婚姻不满。婚姻的问题当然应该跟丈夫讨论，但她每次跟丈夫谈，丈夫都说："你的病又重了，吃药了吗？"他就是把两种反应混淆了。究竟是因为真实的婚姻问题，妻子产生了正常的抑郁情绪？还是婚姻没问题，但因为妻子有抑郁症，她才对婚姻小题大做？在这一点上，夫妻双方始终达不成一致。这让妻子更绝望，觉得因为有"抑郁症"的标签，她的真实情绪反而不被看到了。

情绪是有功能的。抑郁情绪可以让人放慢生活节奏，和身边的人建立深度的情感联结，获得关心和照顾。但只要一个人被诊断为抑郁症，人们就会默认他没有"正常"的抑郁，只要不开心，就是"病态"。普通人难过的时候大家会关心："怎么了？遇到什么事了？"而抑郁症病人难过的时候，大家就会想：又来了，他的病还没好。

所以，"回归正常生活，不要把抑郁当回事"，这种说法不全对。因为正常生活也有正常的抑郁，这些情绪是必须被当回事的。那个丈夫把妻子的所有情绪都看成病态，反而会带来更多问题。这也是抑郁症治疗最复杂的地方，它没有一刀切的判断标准，治疗过程中的态度是动态的、灵活调整的：有时候必须把它当成一种病，看病吃药；有时候要把它看成一种正常情绪，关心照顾；还有的时候，不当一回事反而会更好。

02　成因：抑郁是因为"想不开"，还是"有好处"

前面讲过，心理障碍背后有多方面的因素，生理因素、个体心理因素、环境因素。

今天，抑郁症已经有明确的、可以检测到的生理因素：抑郁发作时，一种叫 5-羟色胺的神经递质分泌不足，影响了神经系统的活动。这就是为什么病人需要接受医学治疗。

社会心理学则帮我们认识到了抑郁的环境因素，比如污名化。哪怕一个人已经从抑郁症状中缓解了，身边的人还可能不信任他在工作和人际关系中的能力，他本人也可能在潜移默化中认同这种看法，其整体功能水平陷入一种较低的状态。

那么，抑郁症会不会受到心理因素的影响呢？答案是肯定的。但心理因素的影响比重有多少，就存在争议了。最极端的看法是，抑郁症就是心理因素导致的！持这种观点的人认为，病人只要改变自己的认知，抑郁状态就会随之好转。这可比改变神经系统或社会环境简单多了。这也是为什么很多人被诊断为抑郁后，最先想到的是心理咨询。

负面自我认知图式

心理学家从内在和外在两个角度研究抑郁症的心理因素。我们先看内在的角度。

100 多年前，弗洛伊德从精神分析的角度对抑郁提出过一种心理解释，他认为抑郁是一种内投的攻击性。为什么是攻击性？抑郁的人失去了生命的活力，像行尸走肉一样活着，甚至想要结束生命，这就是他们对自己的攻击。按照无意识的理论，这说明他们压抑了很多愤怒的能量，但又不敢把这种愤怒指向外界，这些没有渠道释放的愤怒最终指向了他们自己——"我没法对别人生气，我折磨自己还不行吗？"折磨自己的结果，就是抑郁了。

这种理论确实可以帮我们理解一部分抑郁心理。举个例子，有些小孩子在父母那里受了委屈，又说不过父母，他们就会在头脑中想象：我要是被你们给"逼死"了，看看你们会有多后悔！这就是通过内投的攻击来释放愤怒。我们会看到，很多抑郁的人在生活中一边遭受外界的不公，一边无力回击，他们会采用相似的逻辑，用自我伤害的方式来报复对方：我都病了，你还能拿我怎么办？所以，抑郁也可以被看作弱者的武器。

但是这个理论很快遇到了挑战。最重要的一位挑战者叫阿伦·贝克（Aaron Beck），他是认知疗法的创始人。他年轻时受过精神分析的训练，后来成为一名住院医生。他打算用实证科学的态度，通过记录抑郁症病人的梦境，来验证精神分析的假设。可是，贝克花了很长时间，记录了上百个抑郁症病人的梦境，都没有找到支持弗洛伊德假设中的攻击性元素。但他有了另外的发现，就是病人无论在梦境中还是现实的交流中，都会反复提到一种"弱小的、无能为力的、只能眼睁睁看着坏事发生"的体验。

贝克认为，比起攻击性，这才是抑郁症更核心的心理体验。在此基础上，他提出了一个新的理论，认为抑郁症病人在心理上陷入了3种相互关联的认知，维持了抑郁。

第一种认知是对当下的负面感受，即对负面信息的关注和夸大，会觉得"我身边没有一件好事"。第二种认知是跟自我相关联，"之所以没有好事，是因为我这个人很差劲，我把事情搞糟了"。那么，他们能不能激励自己奋斗一下，改变这种糟糕的状况呢？第三种认知堵住了这个可能，那就是看不到未来。病人不仅认为这一刻很糟，也不仅是自己很糟，同时还认定这种状态不可能改变，无论怎么做，一辈子都这样了。

这是一种稳定的负面认知图式。生活中，有人把抑郁症理解为"想不开"，这是一种误解。图式不是一个简单的想法，而是一套严丝合缝、难以撬动的信息加工框架。如果你鼓励一个抑郁症病人从积极的角度想问题，他会说："你可以，我不行。"你劝他："你要努力改变啊！"他回复你："我努力了也没有用。"在这种认知图式之下，他既觉得生活是无意义的，又觉得自己是无力的，同时还觉得未来是无望的。贝克发现，无论抑郁一开始的成因是什么，最终都会陷入无意义、无力与无望的"认知三连"中。

习得性无助

这种认知是怎么形成的呢？接下来，我要介绍一个著名的研究，叫作"习得性无助"。一位叫马丁·塞利格曼的研究者用动物实验证明，抑郁的认知来自持续的挫败经验。

塞利格曼正是大名鼎鼎的积极心理学的创始人。1967 年，他年仅 25 岁，就发表了习得性无助的实验，从而在抑郁症研究领域崭露头角。研究了多年抑郁之后，他决定关注一些更积极的心理品质，才有了今天的积极心理学。

这是题外话，我们还是回到他对抑郁症的贡献上。塞利格曼的实验对象是狗。他把狗放在金属地板上，铃声响起，地板就通上轻微的电流，给狗带去一定的痛苦。遭受这些刺激之后，狗会一路狂奔，迅速跑到没有电流的安全地带。这是一个简单的逃避反射。但如果把狗绑住，令它们在被电击时无法移动，它们一开始会挣扎、狂吠，但一段时间之后就会安静下来，好像对脚底传来的痛苦"认命"了。这些狗陷入了一种无助的状态。

接下来，如果给这些狗解下束缚，再让它们接受电击，会怎么样呢？一开始，它们还会惊恐地跳起来、奔跑，这是身体的一种本能反应。但是地板很长，它们的奔跑只能持续一小段时间，还没有跑到安全地带，它们就停下来呜咽哀号，直到电击结束。

这意味着，它们从之前默默的忍受中学到了一个信念，那就是"做什么都是没有用的"。这就是习得性无助。那一刻的痛苦令狗形成了一种稳定的记忆，而且它们记得的不只是痛苦，还有"我做什么都于事无补"的无力感。

后来的实验者进一步在狗身边设置了电流开关，让它们学习通过触碰开关来停止电流。结果发现，习得性无助的狗在学习上更困难，它们学不会，或者说根本就不想学，它们已经不相信当前的处境是可以用行动改变的了。也就是说，虽然它们只经历了一段时间的痛苦，但习得性无助把那种痛苦放大成一种持续的、无力摆脱的永恒体验。

动物如此，人也一样。我认为，人们在习得性无助的同时，还会经历一段自我合理化的说服：同样是忍受痛苦，相信"痛苦是无法避免的"要比"感觉我还能做点什么"在某种程度上更让人感到确定，它能提升我们对痛苦的耐受力，而代价是强化了抑郁体验。

如果这种经历发生在小时候，我们甚至会因为一些并不重要的小事就形成习得性无助的图式。未来某一刻遇到挫败时，这个图式就被激活了。于是，一个人会停留在自怨自艾中，总抱怨自己一事无成，却从来不采取行动改变，这反过来再一次证明了他的无能。

这就是认知学派对抑郁的解释，也是目前对抑郁症最主流的心理学解释。

如何打破习得性无助

那么，我们能不能有针对性地做些什么来打破习得性无助呢？

打破习得性无助的关键在于行动：从小到大，由易到难，在行动中不断积累自我效能感。道理虽然简单，但说实话，涉及图式的改变，可不是简单讲道理就够了，它是一个需要长期积累的大工程。如果一个人已经抑郁发作，我的建议仍然跟前面讲过的一样，他要在医院心理科接受专业的心理治疗，而不是在头脑层面给自己讲道理。

我们在生活中也常常会有轻度的抑郁体验：感觉自己怎么努力都没有用，越想越沮丧，越沮丧就越不想做事，越不做事就更觉得自己没用……还不知道如何走出这种循环。当你被这种感觉偷袭时，你可以给自己制订 3 个简单的目标，比如跑 100 米步，看 3 页书，写 100 个字，等等。这些都是简单的任务，然后验证它是否能够实现。

你头脑中可能会有一个沮丧的声音："没用的，做什么都没用。"你可以告诉自己，这只是一个习得性无助的图式，它既不正确，你也没有必要听从。硬着头皮让自己做出一点努力，说不定好事就会发生。就好像让塞利格曼的狗不断地体验到，只要触碰开关，就可以停止电击的痛苦。这种体验多一点，你的图式就会增加一些弹性。

但是不要苛责自己。这也是抑郁的人经常承受的一种压力。总有一些轻飘飘的声音对他们说："你不要这么想，不就好了吗？"想法不是说改就能改的，知道怎么做不等于马上就能做到，对不对？更好的方式是先告诉自己："又来了！"只要意识到这个想法的存在，就已经是一个进步了。接下来是通过经验的点滴积累，做出力所能及的改变。

抑郁的获益

另一种对抑郁心理因素的假设，是从外在角度出发。这类观点在心理学中有一个专门的说法，叫作"获益"。意思是，某些心理上的疾病或痛苦虽然会带来麻烦，但也会在人际关系上给病人带来某些潜在的好处，从而令症状被维持，甚至加强。

从社会心理学的角度看，获益是真实存在的，因为生病会改变人际关系的结构。设想这样一个场景：你跟同事一起完成一个项目，说好了一人承担一半的工作量。但他最近情绪状态不好，去了医院，拿回来一张抑郁症的诊断证明——你们的关系结构从这一刻开始就改变了。明明是平起平坐的两个人，但在工作责任上，你好像不知不觉就要比他多承担一些。工作做好了，他的功劳比你大，因为他是带病坚持；稍微出点状况，他可以获得谅解，你不能；他挖的"坑"还需要你替他填上，因为他生病了。

你心里虽然委屈，但又不能怪对方。所有这一切，只是因为一种心照不宣的对于疾病的看法——被诊断的病人往往可以获得更大的特权。

不仅抑郁症如此，"疾病"的概念多多少少都带有这种功能。前面讲过，很多人会把病人视作能力不足的个体，这既是污名，换个角度也可以将其看成一种权力。你想，如果一个小朋友早上起床后告诉父母："我今天不想上学，因为心情不好。"父母肯定不答应。但如果他不想上学是因为头疼或肚子痛，父母就会给他请假，让他好好休息一天，晚上还会给他做点好吃的补一补。生病这件事就具有打破常规的权力。

而在大多数人际关系中，抑郁症就是把"心情不好"提升到一种有权力的、不容置疑的高度。在我做家庭咨询的经验里，抑郁症甚至被青少年用作对抗父母的方式。什么意思呢？在没有抑郁症之前，父母给孩子施加压力："你愿意也得学，不愿意也得学！"权力是一边倒的，孩子只能乖乖听话。直到有一天抑郁症来了，孩子不学习不是因为不想学，而是因为生病了。这一下，父母的权力撞到了"钢板"：总不能命令疾病消失吧？换句话说，因为病的存在，孩子获得了跟父母分庭抗礼的权力。

康复的难度提升

对获益的研究常常带给人一种误解，那就是抑郁症是"故意"的。我经常在网上看到一种似是而非的"清醒"言论："为什么现在抑郁的人越来越多？就是因为我们给抑郁症的关注太多了！"言下之意是，有人本来没病，为了获得关注，强行让自己抑郁。

可是，这中间有一个重大的逻辑漏洞，"客观上存在好处"跟"为了好处才得病"根本是两回事。病理状态是多因素联合作用的结果，而不是一个人的主观选择。关于获益，更符合事实的表述是：**一个疾病存在的获益越大，康复起来越困难。**

这两种说法有什么差异呢？我讲一个真实的案例。

有一个女生处在一段痛苦的恋爱关系中，反复跟男朋友提分手。但对方有抑郁症，每次分手后，男生都会陷入抑郁发作状态。女生觉得于情于理都不能扔下生病的他不管，在生活中就会持续照顾他，说话也不敢太绝情。于是，两个人就在男生时好时坏的抑郁症状中维持着一种纠缠的关系：既不是正常谈恋爱，又没有彻底分开。

你看，在这个案例里，"生病"改变了关系的结构，病人获得了关心和陪伴。可是我们能说男生是为了不和女生分手，故意让自己生病吗？显然不是。男生很清楚这样下去不是办法，他把女生对自己的照顾看成一种施舍，这让他感到很屈辱，甚至痛恨自己的抑郁。可是他越痛苦，女生越不敢离开；女生越不敢离开，他的痛苦就越严重。

可以说，疾病的获益令这个男生的抑郁症远远超出了纯粹的"生病"本身，变成了一种交织着生理病痛、情感关系、自我价值的综合性痛苦。要摆脱这样一种复杂的处境，可比单纯看病吃药困难得多。例如，病情稍有好转，女生就会要求分手，说"你可以自己照顾自己了"；男生会因此陷入自责，再次激活抑郁的症状。

"因为症状获益，于是强化并导致了更多的症状"，这种逻辑虽然看上去像是一种直击本质的"洞察"，却带有一种潜在的污名化的暗示：病人似乎是在有意识地"控制"生病这件事。这种指控既不公平，也不正确，同时还令病人群体的生活状况雪上加霜。

这个误解必须被澄清，否则，新的污名就会在社会上流传。抑郁症患者既要忍受病痛的折磨，还要担心自己不被理解，甚至承受被恶意揣测的苦痛。

如何减轻获益的影响

你可能会想：那么我们能做些什么呢？有没有更好的方式能减轻症状获益带给他们的影响，从而让康复变得更容易？其实，答案很简单，而且跟我们每个人都有关，那就是：调整"疾病"在人际关系中的位置，从而创造一个更有利于康复的环境。

什么是更有利于康复的环境？一言以蔽之，就是让"生病"不那么有影响力。

我来详细解释一下。就拿前面的例子来说，男生有没有抑郁发作，女生对待他的态度是完全不同的。这意味着，"生病"在他们的关系中很有影响力。换一种情况，无论男生有没有生病，女生对待他的方式都差不多：如果分手之后还是朋友，男生生病，女生就站在朋友立场上表达关心；如果分手之后连朋友都没得做，那就彻底分开，哪怕男生抑郁发作，女生也可以当作跟自己没关系。这样一来，无论男生是否生病，这个关系都不会发生太大的变化。这就削弱了生病的影响力，也就是我们提倡的对待抑郁症的态度。

代入女生的立场上，她也许会担心：假如他病得很重，我却不闻不问，这会不会对他造成更大的伤害？请放心，健康的环境是所有人一起营造的。没有"你"，他也有其他的朋友、家人、医生、邻居、同事……这些人会共同促进他的康复，而不是非要"你"本人出于对病的担心，而提供额外的帮助。这样一来，这件事就没那么复杂了。

如果在一段关系中，病人通过抑郁症获得了特殊权力，我们要做的不是责备这个人"不可以从中获益"，而是要看他所在的环境，是不是无形中形成了只能在生病时，他才能为自己争取权益的困境？那么需要调整的就不是这个人，而是周遭的人际结构。

我们对一个人好，是因为这个"人"本身，而不是因为他的"病"。同样地，我们跟病人建立的关系也只跟他这个"人"有关。不要生病时一个样，病好了就变成另一个样。让病成为单纯的病，不附加太多人际层面的复杂度。在这种状态下，康复会变得更简单。

03 应对指南：如何帮助抑郁症患者

2019 年，北京大学第六医院黄悦勤教授的团队在医学期刊《柳叶刀》（*The Lancet*）上发布了一项数据：在中国，每 16 个成年人里，差不多就有 1 个人具有罹患抑郁症的风险。也就是说，每个人的一生中，几乎一定会接触到抑郁症患者。

如果你在生活中遇到抑郁症患者，作为非专业人士，可以如何帮助他们呢？我给你 3 条建议，分别是：寻求医学帮助，为病人创造更有利于康复的环境，还有帮助他们去病理化。

寻求医学帮助

"就医"是最重要的一条建议。

抑郁症是一种病，生病了就要看医生。任何人担心自己有抑郁症，这都是我们可以给他们的第一条建议。在医院精神科，他可以获得标准化的诊断和治疗，包括抗抑郁药物的医学治疗和心理治疗。如果抑郁发作期有生命风险，当事人还可以住院接受监护。

你可能认为这是人人都知道的常识。但黄悦勤教授在另一篇文章中指出，到 2021 年左右，抑郁症患者寻求精神心理专科治疗的比例只有 4.7%；并且在就诊的患者中，只有 7.1% 的人接受了完整治疗，其他人都在没有充分好转时就自行停药或停止就诊。

为什么看病吃药这么基础的动作，在抑郁症这件事上如此困难呢？背后的核心问题就是，对抑郁症或广义的精神心理障碍的污名——人们不愿意从"病"的角度看待自己在情绪方面的痛苦。你平时可能遇到过很多人有疑虑，"我不想去精神科""抑郁症的药物有副作用"，或者"我就是最近压力太大了，没到看病那么严重"。

要怎样才能推动他们寻求医学帮助呢？一方面需要普及医学和心理学常识，另一方面要回到他们自己的感受上。

面对在精神类疾病上讳疾忌医的朋友，推荐你一个我经常用的话术："医生不是在给你找麻烦，而是在帮你解决麻烦。"我会告诉他们，**痛苦时能够获得一个诊断，其实是一件幸运的事**。如果医生判断一个人患有抑郁症，这个人就会知道后面该怎么办，医生会提供标准化的、有证据支持的治疗方案，比如药物治疗、心理治疗；如果病人有自杀风险，住院能提供 24 小时的安全保护。反倒是如果一个人的痛苦被判断为"不属于抑郁症"，这意味着痛苦还在，却没有标准化的应对方法，那才是另一种麻烦。

要特别强调的是，我这里说的心理治疗不等于医院之外的心理咨询。心理治疗只能在医院的心理科进行，而心理咨询是在医院之外的机构开展的，只能作为一种辅助，无法取代标准化的治疗。

我知道，很多病人会偏好在医院之外获得"治疗"。除了做心理咨询，还有冥想、禅修，甚至还有人打算通过看书学习的方式"自愈"。如果你身边患抑郁症的朋友有这些打算，你要告诉他，这些都不是标准意义上的治疗。

那有没有可能，其他方法也是有用的？就像前面讲过的那位曾经产后抑郁的老太太，因为年轻时不知道这个病，稀里糊涂地就扛过来了。当然有可能，但我们不确定这种可能性有多大。在一切未知的前提下，如果要找一种方法，你要建议你的朋友先从最大概率有效且安全性有保障的方法入手，那就是去医院寻求正规的医学帮助。

我还要提醒一下，医学治疗需要坚持。有人吃了几天药，看不到效果就放弃了；也有人刚好相反，状态刚好一点，就自行停药了。无论哪种情况，我们都要建议他们：最好不要自己决定，跟医生讨论之后，才知道下一步该怎么办。

创造利于康复的环境

治病可以放心地交给医生，但如果身边的人已经接受了治疗，在他们康复的过程中，我们如何创造更有利于康复的环境，帮助他们度过这段时间呢？

对于康复，我们多少有一些生活经验，比如需要充分休息，加强营养，多运动，多去室外呼吸新鲜空气，多晒太阳……但这些是外在表现，从个人感受出发，有利于康复的环境还要让病人感到安全、自主、可控。比起我们能做什么，更重要的也许是不做什么。

举个例子。刻意鼓励在抑郁状态中的人"开心一点！事情没有你想的那么糟，一切都会好的"，这不但不会让他的情绪好转，反而会让他更烦躁。因为你的积极乐观并不能感染对方，反而会给他一种暗示：

你现在的这些情绪是有问题的。有时候，病人甚至还要强打精神反过来安抚亲人、朋友："我没事，别担心。"

接下来我的话也许有一点严厉，但我认为这是一个必要的视角。**有时候我们思考"怎样帮助抑郁的人"，并不是因为看到了病人的需要，而是我们自己对病人的症状不耐受，又觉得不能眼睁睁地看着，于是拼命地想做点什么，让自己有点用。**可你看，这个想法完全是为自己服务的。也许人家只想安静地待一会儿，我们却非要拽着他出去运动。这就像笑话里讲的，为了做好事，老奶奶不想过马路，我们却非要把她扶过去。

所以，更合适的姿态或许是告诉对方："你现在很难过，没关系，我陪着你。"很多人在抑郁发作时都喜欢独处，你可以在一旁安静地坐着，不说话，这本身也是在提供支持。虽然他们的抑郁不会一下子得到缓解，但他们会知道，自己的状态是被接受的，有人在陪着自己、支持自己，而且随时准备好为自己提供帮助。这就已经很好了。

我理解，在某些情况下，你还是想要推动他们做点什么。比如，你觉得运动对病人有好处，但他始终没有迈出第一步的动力。这时候，你可以适度推动一下："咱们出去动一动，散散心，可能心情会好一点。"也许他勉为其难地被你带出去，就可以启动行动的第一步；也许他仍然很抗拒，你就要注意分寸，不要一味地较劲。

另外，我得提醒一下，抑郁情绪有一定的"传染性"。长期跟抑郁的人相处，你也会觉得被"低气压"笼罩。所以在照顾别人的时候，记得花一些时间照顾自己的身心健康。

去病理化

如果病人已经从抑郁发作状态中好转了，没有明显的症状了，也就是处于抑郁发作的间歇期，我们又应该采取什么样的做法呢？病人在这时需要回归正常的工作状态，建立正常的人际关系。围绕这个目标，作为他们身边的人，我们可以调整对待他们的方式，帮助他们去病理化。

什么是"去病理化"呢？简单地说，就是不把他们当病人。

可他们毕竟在生病啊，我们难道不要关心一下吗？当然需要，但问题是，你关心的是对方这个"人"，还是他的"病"？有时候，我们会习惯性地这样开场："最近有没有好一点？注意身体，别让自己太累了！"如果你把自己代入对方的立场，有没有感觉这种关心带着一种压力：好像自己和别人最重要的联结就是病情的康复。

如果不把对方当病人，你们还可以聊什么呢？有很多，他的工作、他的家庭、你们共同的兴趣、最近读的书、看过的电影……他作为一个"人"的方方面面都可以跟你有共鸣。当然，你们确实有可能聊到他最近的症状。但就像任何一个人都有可能生病一样，你可以关心他的症状，但这不是他全身上下唯一值得关心的话题。

经常有人问我："跟抑郁症病人交流时，有哪些话不能说？"我理解提问者是出于关心才会这样问，但我觉得这种小心本身就带有一种偏见，好像认定抑郁症病人格外脆弱，以至于不适用正常的社交法则。我觉得，更舒服的态度是把他们当作普通人，想说什么说什么。有时你会说错话，惹得他们不开心，没关系。你在其他朋友身上就没有遇过这种敏感或悲观的性格吗？你可以向他道歉，也可以解释，甚至可以发火："你的情绪也太多了吧！"他只是一个普通的人，你也只是在用一种对待普通人的态度回应他。

所以，去病理化的交往方式就是不把"抑郁症"当成一个人的首要标签，你需要看到一个完整的朋友、爱人或工作中的同伴，在这个框架中与他互动。他像普通人一样有自己的优点，也有毛病，比如他可能时不时地出现情绪，需要一些时间和空间照顾身心。但只要能接受这一点，你和他都会更舒适。

第六讲 ▶▶▷
焦虑、创伤、成瘾：层出不穷的"时代病"

01 焦虑：担心为什么会成为一种病

虽然抑郁症很"有名"，但它所属的情感障碍在所有的心理障碍分类中，发病率只能排第二。那排名第一的是什么呢？焦虑障碍。

焦虑障碍的核心特征就是过度的焦虑情绪。发病率有多高呢？根据 2017 年美国国家精神卫生研究所的数据，31.1% 的成年人有过焦虑障碍的特征性症状，也就是几乎每 3 个人里就有 1 个。不过请注意，这些人不是被诊断的病人，他们只是出现过特征性的症状。了解一点与焦虑相关的知识，有很大概率可以帮助你自己或你身边的人。

焦虑情绪与焦虑障碍

什么是焦虑？焦虑就是担惊受怕，是我们在面临不确定时，体验到的紧张和忧虑。

这样看，焦虑跟恐惧有点像，但这两种情绪不太一样。恐惧往往有明确的指向。假设最近公司宣布要"优化"，HR 找你谈话的那一瞬间，你体验到的是恐惧。焦虑则不一定有明确的对象，你在为可能发生的一切担心。比如，公司没有裁员计划，但你一想到自己的年龄就满心焦虑。一切带有不确定性的场景都可能引发焦虑障碍，从跟人见面的"社交焦虑"，到一上考场就哆嗦的"考试焦虑"，担心健康的"疑病焦虑"，再到著名的"强迫症"……症状可以千差万别，但最核心的体验都和极端的焦虑情绪有关。

可是生活在现代社会，焦虑的事就是很多呀！一睁眼，我们就会想：会议发言有没有准备好？这个季度的业绩完成了多少？别人对我的看法如何？孩子在学校有没有惹麻烦？身体不舒服要不要去检查……焦虑在今天成了日常最普遍的情绪之一。

既然焦虑是一种正常情绪，为什么又会定义出"焦虑障碍"这种病呢？

一方面是，我们发现有些人的焦虑情绪在强度上超出了正常情绪的范畴，已经构成了一种生理性的痛苦体验，妨碍植物神经系统，对健康造成损害。

我先举个极端的例子。在焦虑障碍中，有一种症状叫作"惊恐发作"。它的痛苦有多强烈呢？第一次惊恐发作的人往往不是去医院精神科求助，而是直接去心脏内科。他们会突如其来地感到胸口不适，出现心悸、胸闷、呼吸困难或过度换气的症状。有些患者还会出现晕厥、颤抖、手脚发麻、胃肠不适等植物神经症状。这些症状持续几分钟到十几分钟后，会自行缓解，但患者早已筋疲力尽，觉得自己在"鬼门关"里走了一遭。你看，这种焦虑就已经不是单纯的情绪了，它实实在在地构成了生理性的威胁。

有一些患有焦虑障碍的病人，他们的情绪反应没有那么剧烈，但也会通过植物神经系统影响方方面面的身体功能，像是失眠、头晕、头痛、胃肠道反应、过敏反应。几十年前有一个诊断术语叫"神经衰弱"，现在已经不用了。就是病人看上去病病歪歪的，吃不香睡不好，做检查又查不出什么实质的病。这很可能就是焦虑情绪带来的生理反应。

焦虑障碍还可能跟抑郁共病。一位叫安德鲁·所罗门（Andrew Solomon）的作家，同时也是抑郁症患者。他做过一段TED演讲，给抑郁发作期被焦虑折磨的经历打了一个生动的比方："焦虑就好像你走在路上滑倒了，地面猛冲向你的感觉。但这种感觉不是半秒钟，而是持续 6 个月。"如果被告知接下来的 1 个月会一直抑郁，他会说："只要 1 个月后不抑郁了，我就能接受。"但如果有人告诉他接下来的 1 个月要忍受严重的焦虑，他无论如何都无法忍受。这种体验加剧了习得性无助，是一种持续弥漫的痛苦。

即使没有明显的生理性症状，焦虑也有可能妨碍我们的现实功能。比如考试焦虑，考生在考试过程中会产生过度的焦虑，像是紧张到手抖，甚至呼吸困难。而且越是事关重大的考试，焦虑越强烈。最要命的是，这还会令考生发挥不出正常水平。再如演讲焦虑，在给客户讲方案时，面对台下的目光，一个人情不自禁担心自己的表现。这种担心上升到演讲焦虑的程度，就会让他失常发挥。本来准备得很充分，私下练习时完全可以侃侃而谈，可一到重要场合，他就会面红耳赤，满脑子都是"完了，搞砸了"的念头，讲完上句忘了下句。

除此之外，焦虑障碍带来的另一种损害在于，人们为了回避引发焦虑的场景，会牺牲工作和生活上的便利。还拿这个演讲者举例子，他可能因为对演讲这件事太焦虑了，会在别人邀请他做演讲时，编出各种各样的谎言去逃避。这时候，焦虑带来的损害就不只是逃避一场演讲而已了，他的生活都有可能陷入一场接一场无法摆脱的噩梦。

再举个例子，飞行恐惧症也是焦虑障碍的一种亚型，病人在乘坐飞机时会唤起强烈的焦虑感。这个症状最大的影响其实不在飞机上——如果病人能坐上飞机，他再焦虑，最多就是在气流颠簸的时候大喊大叫，但飞机总会降落的。更大的问题在于，他们不敢坐飞机。不坐飞机就意味着他们的生活半径被大大局限了：没办法出国，去远一点的地方必须花费更多时间。这对他们生活的损害，比对于坐飞机的焦虑要严重得多。

所以，区分普通焦虑情绪和焦虑障碍的方法，就要看焦虑在多大程度上影响了生活。如果你承认它是生活的一部分，焦虑就是一种正常的、稍微带一些麻烦的情绪。但如果你太害怕这种情绪，以至于整个生活必须绕着它走，那它就会成为更大的问题。

焦虑的循环

对焦虑障碍的病人来说，焦虑之所以带来伤害，往往是因为不恰当的知识传播放大了它的危害。换句话说，**如果没人觉得焦虑是个问题，它本来可以不是问题。**

要理解这一点，就要引入一个新的概念：焦虑的循环。

所谓焦虑的循环，是人对焦虑情绪的认知又激发起了新的焦虑。单纯的焦虑不可怕，焦虑陷入这样的循环，才是导致问题的罪魁祸首。

我们先来回忆一下情绪调节的 4 个环节：进入特定的场景，情绪被自动唤起，系统 2 对情绪进行认知解释，最后是行为应对。

对应到焦虑障碍上，前两个环节都很容易理解。进入特定场景，焦虑被自动唤起——人会在这时候感到一种本能的紧张。接下来就是通过系统 2 进行认知解释：紧张意味着什么呢？如果把焦虑当成一种问题，人们就会因此产生新的焦虑，也就陷入了焦虑的循环。

我再拿一种典型的焦虑障碍举例，那就是强迫症。

强迫症的诊断包含两个条件。一个条件是强迫冲动，比如离开家之后，你强烈地怀疑自己没锁门。这种焦虑是系统 1 自发产生的。它带来的麻烦最多是耽误你几分钟，回去看一眼而已。另一个条件是反强迫。意思是，你把刚才的冲动解释成一种"病"，希望自己能克服这种冲动。这就构成了焦虑的循环：你本来只是因为担心没锁门焦虑，现在又因为这种焦虑而焦虑，就算确认上了锁，你又会对确认的行为产生焦虑……

你有没有看出这里的逻辑怪圈？之所以会有反强迫，恰恰是因为当事人有了强迫症的知识，把强迫冲动解释成一种病态。这就是为什么对焦虑障碍的过度宣传和强调反而可能放大它的危害，因为这种宣传让人把焦虑解释成"敌人"。你想想看，当你认定身体内部藏着一个

"敌人"，自己又对付不了，会有什么感觉？当然是更焦虑了！

如果不把焦虑解释成敌人，还有什么解释呢？很简单，就把它解释成一种情绪的自然起伏，它虽然令人不舒服，但也没什么大碍。这样一解释，我们就放松多了。

这些年，媒体上有越来越多关于焦虑情绪的渲染，把它说成现代人精神健康的头号大敌。我的建议是，辩证地看待这种宣传。作为科普，它讲的内容也许没问题；但作为一种缓解焦虑的观念，它的作用会南辕北辙。对普通人来说，面对这种观念，最好的态度就是懒洋洋地应一声"哦，真的吗"，而不是对号入座，反思自己的焦虑。

强调焦虑的危害是一个悖论：越防范，危害越大；反倒是你不把它当一回事，它也就不成为一回事。就像有的健身教练训斥学员："你太紧张了，放松！"话没有错，但他的语气太像一种警告了，反而让人更紧张，紧张被放大成了一种失控。有经验的教练会说："你做得很好，保持住！"他用鼓励的语气让学员更信任自己的身体，自然就会放松。

与焦虑和解

所以，虽然焦虑障碍患者确实很痛苦，心理学也发展出了很多针对焦虑的治疗方法，比如脱敏疗法、暴露疗法，还包括药物治疗，但都是在通过用治病的思路"消灭"焦虑，但这又可能让患者陷入焦虑的循环。一味地强调"克服焦虑"，会带来更多焦虑。

那应该怎么办呢？最近这些年，结合后现代哲学，心理学界发展出了一种新的治疗理念，那就是"与焦虑和解"。

上一章讲到过，**对有些问题，不解决也可以是一种解决方案。焦虑就是一种可以不解决的问题。与焦虑和解，目标不再是"克服焦虑"，而是"带着焦虑往前走"。**

往什么方向走呢？这就涉及重新定义目标。我们可以回到自己的人生，看看焦虑对生活最大的影响在哪里，然后想一想，能不能找到其他办法，在焦虑存在的大前提下，"绕开"这个障碍，把日子过成自己想要的样子。比如，一个社恐的人，只要跟人见面就会焦虑得说不出话，他必须克服这种焦虑吗？不一定。他的目标是想交朋友。也许当他在网上聊天时，他可以做到滔滔不绝，那就用网聊的方式拓展社交圈呗！

在今天，很多有社交焦虑的人都是通过线上社交的方式跟自己的达成取得了和解。焦虑的问题并没有消失，可是对他们来说已经不重要了。他们用自己擅长的方式跟别人建立关系，而不用在自己本来就不擅长的领域，按照所谓"正常人"的标准勉强自己。

甚至，如果一个人活在焦虑障碍的诊断中，回避生活中的重要功能，但他建立了一套自洽的生活模式，是不是也可以呢？没问题啊！比如飞行恐惧症，不能坐飞机好像是一个很大的损失，但换个角度想一想，哪条法律规定了每个人都必须坐飞机呢？有没有可能，他可以在陆地交通的范围内找到舒适的工作和生活，把日子过好呢？

你可能觉得这个说法难以接受：如果一个人的生活明显不"正常"，也可以放着不管吗？答案是，我们说了不算，当事人自己说的才算。只要当事人认同、喜欢这样的生活，又何必在乎外人怎么看？焦虑障碍只不过是某些权威制订的标准，一个人完全可以"保持"这种诊断，只要他不对自己的生活本身感到焦虑，焦虑的循环也就破解了。

这种和解的理念，不仅适用于焦虑障碍，也适用于更广泛的"异常"。它可以帮助异常者树立这样一种信心：**无论正常与否，我都可以把生活过好。**

我反复强调：诊断不重要，重要的是能不能"把日子过好"，只要用当事人喜欢的、自洽的，同时不妨碍别人的方式过上自己想要的生活，就可以。这样一来，我们就可以把注意力从"正常与否"这个问题上移开，去从更宏观的角度关注一个人的健康、功能、生活满意度。或者即使当事人没那么满意，有一些小不顺，只要不太碍事，也没问题。

我们很多时候搞错了敌人。焦虑不是我们要对付的主要敌人。它虽然会带来麻烦，但生活本来就有各种麻烦，绕过去就可以了。当我们明确定义出焦虑障碍后，好像必须停下来，非把这个麻烦消灭不可。这种态度反而会带来更大的麻烦——它不知不觉地把生活的主题变成了"治病"。很多时候，我们是被"异常"这个概念绑架了。

焦虑的本质是对于确定性的无限执着，而和解的思路是建立一个更大的关于确定性的模型：人生是有弹性的，我们在大体上往某一个方向走，就够了。在前进的过程中，我们会遇到各种各样小的不确定，比如心理症状，但我们总有办法继续往前走。

02 创伤：如何重建对世界的信任

最近几年，PTSD（post-traumatic stress disorder，创伤后应激障碍）成了一个网络热词。它指的是，经历过创伤的人，哪怕客观上脱离了危险，仍然可能出现一系列异常的心理反应。"创伤"指的是生活中的恶性事件，既可能是自然灾害，比如地震、海啸，也可能是人为侵害，比如战争、抢劫、暴力伤害。这些带来重大威胁的事件，我们本人无论是受害者，还是目睹身边的人经历了这类事件，甚至只是听到这样的事情，都可以称为创伤。

创伤除了会威胁我们的人身安全，还会在心理层面带来冲击。

创伤的心理冲击

想象这样一个场景：一个人走在路上，突然之间，一辆车向他迎面冲来，千钧一发之际，司机踩急刹车停了下来。从物理角度看，这个人没有受到任何真实的伤害。但我们代入一下他的心情，在精神层面上他一定会觉得受到了极大的冲击。不仅在那一刻吓得头皮发麻，而且在接下来好几个小时内都会有点恍惚，一想到当时的场景，他心里就"咯噔"一下。

这种精神层面的伤害该如何定义呢？他可能会说："我当时差点就死了！"虽然没有受伤，但存在受伤的可能性。这个"可能性"太吓人了：他只是规规矩矩地走路，如此日常的一个瞬间，横祸会毫无预警地降临！我们突然意识到世界不再是安全的。一个小小的意外，生活就会被颠覆。创伤会摧毁我们对于整个世界的安全假设。

在美国，创伤后应激障碍的研究集中爆发在 2001 年"9·11"事件之后。在那场震惊世界的灾难中，丧生的几乎都是普通人。他们像你我一样，吃完早饭，告别家人，去公司开始一天的工作。然后灾难就发生了，天崩地裂，生离死别，无数个家庭分崩离析。这对所有美国人都是当头一棒，哪怕一个人只是从电视新闻上听说了这件事，也会信念崩塌。他会想：虽然我还活着，但我也有可能这样死去，那个瞬间也可能会是我的遭遇。

在中国，创伤后应激障碍引起学术界广泛关注是在 2008 年的汶川大地震之后。我相信你对那个 5 月同样印象深刻。想一想，你在 2008 年的 5 月 12 日得知一场巨大的浩劫突然发生在同胞身上时，是什么心情？是不是觉得这件事有些荒谬：怎么可能呢？那么多人说没就没了？那一年我还在读研究生，我记得当天晚上很多同学一夜没睡，第二天怎么过这种事好像都不再值得考虑了，我们一边刷新闻，一边控制不住地流泪。

可以说，创伤的本质就是安全世界的假设被打破。

失去这个假设之后，我们会有什么反应呢？有 3 类典型的症状。

第一类，我们会有一种恍惚感，总觉得自己时时刻刻还处在创伤事件的阴影下。虽然理智上清楚事情已经过去了，但大脑无法再相信"现在安全了"。我们在生活中还会像做白日梦一样，控制不住地回想起灾难的画面，还能"听到"当时的声音，甚至"嗅到"现场的气味。这些知觉性体验常常让我们分不清真实和想象，仿佛这件事不是过去时，不是完成时，而是正在进行时。这种体验叫作"闪回"。

所以，对于刚刚经历了重大创伤的人来说，哪怕他没有受到身体的伤痛，在一两周内也不要开车，需要先评估一下有没有恍惚感和灾难画面的侵入。否则，一旦在驾驶过程中出现了闪回，注意力突然被创伤场景吸引，就很可能出危险。

第二类，我们会选择回避。为了应对无时无刻不在的恐惧感，我们会把自己缩到一个"壳"里，才能感觉稍微安全一些。所以，我们常常会看到，本来开朗活泼的人经历了创伤后，每天从早到晚都把自己锁在房间里。他们觉得，只有在很小的空间和单调重复的行为中才会相对安心一些。回避还会出现泛化，就像"一朝被蛇咬，十年怕井绳"，明明是安全无害的事物，他们也不敢看、不敢碰，觉得自己跟这个世界好像格格不入。

第三类，经历了创伤的人还会表现出警觉性的提高。我们一边通过回避来自我保护，一边又觉得危险无处不在，神经时刻紧绷，一有风吹草动就会有所反应。这些反应经常是过度的。这就是为什么很多经历过创伤的人常常在沉默寡言的同时，又散发出"不好惹"的气息。他们很容易把失控感迁怒于人，哪怕一点小事，也会令他们忍不住暴跳如雷。

当然，假如危险确实还潜伏在身边，这3类"症状"未必是问题，反而可以帮助我们更好地应对风险。所以，有人在创伤之后没几天就说自己出现了PTSD，这是不对的。一个月之内出现这些反应叫急性应激反应，不仅不是病，而且是一种保护性的自然反应，它会随着时间消退。只有反应持续一个月以上，才可能被诊断为创伤后应激障碍。

所以，导致创伤后应激障碍的不只是创伤本身，还有我们自身修复功能的停滞。它使得灾难对人的影响不只发生在当时，还会长期延续。最长的情况，创伤后应激障碍可以持续终生。事情早就结束了，未来的人生却还一直活在它的阴影下，这才是真正的问题。

重述：把创伤讲出来

对创伤的治疗，需要从更高的层面入手，帮助患者重新建立对世界的信任感。

怎么帮呢？有一种常用的方法，叫作"重述"，也就是把创伤讲出来。

这种方法不仅适用于心理治疗，也可以用在生活中。就算你没有心理治疗的专业技能，对于那些经历过简单创伤的人，也可以用它来帮助他们。

对创伤的重述包含 3 方面的内容，分别是：发生了什么，为什么会发生，以及我是如何应对的。

第一步是回顾创伤当时的客观经历，即"发生了什么"。

"发生了什么"这句话采用了完成时，因为那件事已经发生了，也结束了。鲁迅笔下的祥林嫂，逢人就说"我真傻，真的"，然后讲述自己失去儿子阿毛的经历。这有助于她从创伤中走出来吗？并没有。因为她用的是进行时："我一清早起来就开了门，拿小篮盛了一篮豆，叫我们的阿毛坐在门槛上剥豆去。他是很听话的，我的话句句听；他出去了。我就在屋后劈柴，淘米，米下了锅，要蒸豆。我叫阿毛，没有应……"（《祝福》，鲁迅）

这段话里充斥着大量的细节描摹，却没有时间线索。读者完全判断不出这件事是很多年前发生的呢，还是刚刚发生的。很多创伤受害者就处在这种创伤如影随形的体验中。

这跟创伤记忆的加工方式有关。上一章讲过，正常的记忆分为几个阶段，先是感觉登记，然后工作记忆，最后通过精细加工进入长程记忆。但是创伤来得太突然了，海量的爆炸式信息在一瞬间涌入大脑，大脑来不及有条不紊地分步整理，只能采取另一种策略——先把这些信息放进来，不处理。这就是为什么很多创伤受害者会有类似于"失忆"的表现：说起当时的经历，又像在场，又像是一片茫然，缺失了大量关键细节。这是大脑的一种保护机制。这些未经整理的创伤记忆，仍以知觉碎片的形式存在着。

打个比方，这就好像你在大学宿舍的地上扔了一大堆脏衣服、臭袜子，突然听说楼长要检查卫生，你用最快的速度把所有东西一股脑地塞进衣柜里。乍一看，整理好了，但它们处在一种很危险的状态下，随时有可能因为衣柜门被撞开而滚落一地。

创伤之人常常出现闪回体验，就是因为没有处理好的知觉碎片。事发时的画面、光线，现场的对白、尖叫，空气中飘来的气味，甚至皮肤的触感，这些都可能因为突然的触发，不受控制地被提取出来，让人又身临其境地回到了灾难现场。

所以在治疗性的重述中，要请当事人用一种已经结束的视角回顾一遍这些信息：当时是什么时间、什么地点、都有谁在场，事件的经过是怎么样的，我听到什么、看到什么，当时有什么想法，接下来又有哪些变化……为每一块知觉碎片重新编码、排序，将其串联成一段完整的回忆。就像把那些脏衣服从衣柜里拿出来，该洗的洗，该晒的晒，再分门别类叠整齐，收纳好。这样一来，就不至于一打开衣柜门，衣服全都掉出来滚落一地了。

我们开个脑洞，假如祥林嫂完成了这样的重述，会怎么样？我想她反而不会逢人就说孩子的事儿了。就算被人问起，她可能只会给一个结论性的回答："若干年前，在一次野兽进村的事故中，我的孩子遭遇了不幸。"她在心里与那件事拉开了距离，那都是多年前的往事了，此刻她还要面对新的生活。

重述的第二步是建构"为什么会发生"。

我们需要对一件事背后的逻辑复盘。这件事会发生，背后是有原因呢，还是单纯的意外？谁有可能做错了什么，或者是遗漏了什么吗？这不是为了追究责任，只是为了让当事人再度获得掌控感。否则，就算这一刻是安全的，谁能保证未来不再有这种事发生？

这也不是为了自责。祥林嫂一开头就说"我真傻"，她找到的原因是，儿子出意外是因为她缺乏常识。这样一来，她就把自己放在了罪孽深重、不能饶恕的位置上。这种心理叫作"幸存者内疚"，不但对当事人没有帮助，反而会造成长远的痛苦。

这时候，我们就要问她："除了你自己的原因，还有没有其他原因？"在祥林嫂的故事里，她被卖到一个随时会被野兽袭击的村庄，而且得不到左邻右舍的支持。我们要把这些因素也放到她的故事当中，让她看到命运的残忍与人情的冷漠。

创伤重述的第三步是建构"我是怎么应对的"。

每一个讲故事的人，不但是创伤的受害者、幸存者，也是过来人。作为过来人，他一定有自己劫后余生的经验。我们就要请他讲一讲，这份经验是什么。

我们之所以感觉不安全，是因为外界并不能百分百地被我们自己掌控。这是一个事实。好在还有另一个事实：万一真的出现意料之外的事情，我们是有能力应对的。

2008 年汶川大地震之后，我在灾区做过很长一段时间的调研和干预。看数据，当时创伤后应激障碍的发病率远远低于其他国家出现重大灾情后的数字。我们在走访中发现，很多灾民都提到了党和国家在灾后的全力救援，全国人民的紧密合作。当时全国有个救灾机制，集中每个省份的力量支援一个灾区城市，要钱给钱，要人给人。当灾民看到家园在不可思议的速度中重建，再被问到对未来的判断，虽然无法完全排除灾难发生的可能性，但他们对未来充满信心。他们体验到了，在这个国家，个体的灾难会得到整体的支援，而不必独自承担，"地震无情人有情"。这也是一种安全感的来源。

不过，尽管创伤重述是一种常用的疗愈方式，它有一个基本条件，那就是安全。不能创伤刚一结束，就要求受伤的人讲述他们的经历，也不能在他人判断"已经没事了"，当事人却还没准备好的时候，就强行启动这段对话。讲述的过程本身也有可能再次激活创伤记忆，给当事人带来情绪上的，甚至生理性的冲击，也就是二次创伤。

因此，当你试图推动身边的人重述创伤经历却发现对方有所抗拒时，千万不能用力过猛。请尊重他个人的意愿，或者索性交给专业人士，请他求助于心理咨询。

03 成瘾："快乐"中的自我伤害

还有一种心理问题，在当代生活中变得越来越常见，那就是成瘾。

提起成瘾，很多人最先想到的"罪魁祸首"就是成瘾物——那明明是生物化学问题，跟心理学有什么关系呢？这种对成瘾的认识，大都来自禁毒宣传，像是海洛因、大麻、摇头丸这类危险物质的成瘾。这些宣传强调的危害，往往在于毒品本身。

可是，成瘾物的本质是什么呢？它们能够快速地、确定地带给人强烈的欣快刺激。也就是说，成瘾背后隐藏着一种心理机制——人对短期快感不加节制地渴求。

滥用和依赖

只要这种渴求存在，这个社会总有办法输出可以提供快感的产品，即使不是危害强烈的毒品，只是普通的物质或行为，在这种心理机制的放大下，仍然有可能导致各种各样的成瘾问题。普通的快乐和成瘾之间的差异在哪里呢？最核心的差异在于是否滥用。

滥用就是过度使用。任何事物都有一个合适的"度"，这个"度"，就是代价和收益之间的权衡。再好的事物都会造成代价，牺牲的可能是时间，可能是金钱，也可能是健康。我们乐于支付一定程度的代价，但只要代价递增，就会有一个弊大于利的极限。

比如喝酒。酒精也是一种成瘾物，但它在大多数社会里都是合法的，为什么呢？每个喝酒的人都会告诉你答案："适当喝一点，没关系的。"少量酒精给身体带来的负担基本在可承受的范围内，价格也不贵，跟它造成的那点代价相比，其好处更一目了然：它可以活跃社交气氛，还会在你遇到烦心事时帮你把压力化解掉。

但前提是，酒精必须适量。喝酒超出限度，性质就不一样了。

那是不是只要控制住喝酒的度，就能保证安全了呢？问题没这么简单。刚开始喝酒的时候，谁都想控制在适度的范围内，但有人就会越喝越多。开始以杯为单位，后来是对瓶吹，最后甚至是以箱为单位，从小酌怡情变成大饮伤身。

为什么会有这种变化呢？因为成瘾物带给我们快乐的门槛会不断地提高，这叫"耐受度增加"。它跟大脑中的多巴胺受体有关。一开始，少剂量的成瘾物就足以让大脑释放多巴胺，带来愉悦感。随着这个模式不断重复，要产生相同的愉悦，对成瘾物的剂量需求就会提高，久而久之，麻烦越来越大。有一句话叫"脱离剂量谈毒性，都是耍流氓"，同一种物质，小剂量和大剂量的危害是完全不同的。偶尔吃一点甜食，让人心情愉快，没什么害处。但是长期摄入过量的糖分，就可能危及健康。

如果意识到滥用的风险，能够悬崖勒马，这算还好。但成瘾的另一个危害叫"依赖"：明知道这个东西不好，已经对自己造成伤害了，却没有办法停下来。

举个例子。你可能见过一些酒精滥用的人，身体已经敲响了警钟，家人朋友都多次劝他戒酒，他也经常下决心不再喝了。可是刚停没几天，他就会浑身不舒服，缺乏食欲、恶心、烦躁，严重的时候还会肢体抽搐。这些反应被统称为"戒断反应"。因为戒酒之后太难受了，坚持不了几天他就会破戒。这种情况，就叫"酒精依赖"。

滥用和依赖构成了成瘾的两大核心心理机制。滥用让一个事物从适度走向过度，从有益身心滑向伤人伤己；依赖则通过戒断反应，让人在明知有害的前提下还欲罢不能。只要同时满足这两个条件，任何事物或行为都可以叫作成瘾。

软成瘾

很多成瘾并不在精神障碍的诊断标准之中，它们被定义为"软成瘾"。生活中有很多可以给人带来乐趣的行为，比如购物、性行为、游戏，在适度的情况下，它们只是生活中的一个乐趣来源。可一旦形成滥用和依赖，它们也会像成瘾一样威胁我们的健康。

请注意，并不是沉迷一件事就叫成瘾。就拿购物为例，它可以给人带来兴奋感。我猜你一定体验过，在心情低落时打开直播间，看一个主播激情洋溢地介绍商品，然后就下单了一套护肤品——吸引你的不只是商品，购物也给你的生活制造了一些小惊喜、小期待。接下来的好几天，你都在微微的兴奋中等待快递上门。等到真的拿到快递开箱那一刻，你的快乐达到了顶峰……这是购物成瘾吗？不是，因为你的生活可以迅速恢复常态。作为爱好的"买买买"，就像喝点小酒一样，是一种调剂，但不是非它不可。

可假如你发现，随着购物越来越频繁，你只能从这一种行为中获得乐趣，除了这件事，别的你都不想做，那就要小心了。根据耐受度增加的原理，为了维持同样的刺激，你发生购买行为的频率会越来越高，金额越来越大。从好几天才收一个快递到每天都有好多快递在路上，那就有滥用的风险了。这时候，你就要让自己停下来。

那你能不能按照自己的意志停下来呢？有的人可能一段时间不看直播就心痒痒，仿佛生活失去了盼头，这种情况就是戒断反应。接下来，他会编出各种理由说服自己，比如"我就看一眼，不买"，或"我就买点生活常用品"，又或者"这东西简直太便宜了，不买白不买"。不知不觉中，他又恢复了购物习惯，甚至提前消费，欠下债务。这说明他已经养成了对购物行为的依赖。我们就可以判断，这种行为是一种软成瘾。

　　甚至有很多健康的、看上去有好处的行为，达到了滥用和依赖两条标准，也可以算是软成瘾。比如，有一种健身成瘾。健身本来是为了促进身心健康，但如果过度沉迷运动和饮食管理，反而会对健康造成伤害。你可能还听说过工作成瘾，俗称"工作狂"。工作当然是好事，但有人把大量时间投入到工作上，借此来逃避正常生活。当他们试图给自己放假，又会带来新的痛苦——他们不知道停下来之后，该如何面对生活的其他部分。

戒瘾 = 改变整体的生活方式

　　那么，面对形形色色的成瘾和软成瘾问题，我们应该怎么办？我先给出结论：**要解决成瘾问题，需要从整体的生活方式入手。**

　　1981 年，美国心理学家布鲁斯·亚历山大（Bruce Alexander）和同事们做了一个著名的"老鼠乐园"实验。当时已经有研究证明，老鼠可以对吗啡成瘾——放一碗自来水和一碗加入吗啡的水，老鼠倾向选择后者，让自己"嗨"一把。但是，亚历山大等人通过实验证明，这种成瘾性不但取决于吗啡本身，还取决于老鼠的生存状态。

　　他们给老鼠建造了一整个房间那么大的住所，足足有五六平方米。屋子里温度适中，墙壁粉刷上鲜艳的色彩，放了植物、流水、美味的松木刨花、滚轮，以及老鼠喜欢的其他玩具。房间里总共放进了 16 只老鼠，它们不再被关在通常实验用的小笼子里，而是可以在这个老鼠乐园里自由地玩耍嬉戏。在这个房间里同时放了自来水和吗啡水，而老鼠们更愿意喝自来水。有些老鼠偶尔也会去尝试一下加了糖的吗啡水，但很快又重新选择自来水，即使在吗啡水里加再多糖也没有用。

你看，没有任何人给这些老鼠做思想工作，劝它们选择更"健康"的饮料，但只要生活变得更舒适、更热闹，可选择的活动更丰富，它们对成瘾物的偏好就发生了自然的反转，就算接触也不会进一步沉迷。这个实验提醒我们，要摆脱成瘾，不能只从单一的成瘾物或成瘾行为本身入手，而要考虑整体的生活方式。

试想，被关在逼仄的小笼子里的老鼠，它们本来就找不到什么让自己愉快的刺激，这时候，喝一点带甜味的水，晕晕乎乎地躺下睡一觉，感受一些纯粹生理性的快感，这不是最好的打发时间的方式吗？在这种环境里，谁能抗拒快乐的诱惑？

我们现代人的生活，虽然看上去五光十色，但压力和诱惑也不小。比如，很多青少年和大学生都会遇到手机成瘾问题，每天浪费大量的时间看视频、玩游戏。乍一看，他们的日子没什么烦恼，衣食无忧，生活中也有各种丰富的选择，为什么还会这样呢？因为在日常生活中，大多数快乐都具有一定的延迟满足性。意思是，你在这一刻做出的努力，需要过一段时间才能获得回报，最典型的例子就是读书、写作业。

其实，这种慢节奏和长间隔的回报对人的大脑才是更平衡的节奏。因为大脑的神经活动也需要维持稳态，每一次多巴胺分泌带来的愉悦感都要经历一段自然的回落。如果愉悦感发生的频率太高，神经系统来不及调节，大脑就会产生整体性的变化——它会停止多巴胺的自然分泌，让你的感受变得麻木，从而更依赖从外部获得多巴胺的供应。

而现代人的苦恼在于：太容易获得轻松和愉悦了，以至于正常的生活反而失去了乐趣。比如在现实中，只要等待稍长一点的时间，你是不是就忍不住想要拿出手机？

手机产品的设计原则就是尽量快速地带来正面反馈。看短视频时我们不用动脑子，好玩的视频会一段接一段地自动往下播。有任何一段是我们不想看的，动动手指就能划掉，新的内容又会填充进来。就好像有一个魔法按钮，任何时候你觉得辛苦或无聊了，按一下它就可以省略这些辛苦，直达快乐。你想，你会不会对这个按钮越来越依赖？

理解了这一点，你也就知道现代人要如何摆脱成瘾带来的困扰了：它不能只靠单纯的戒断，必须关注整体生活状态的平衡。

成瘾就是饮鸩止渴。因为渴，才要喝有毒的水来解渴。要解决这个问题，就不能只是把"鸩"拿掉，还必须找到健康的"水源"。可以说，**戒瘾本身不是目的，真正的目的是从整体上建立一种更平衡的生活——一种节奏更慢、均衡度更高，对大脑负担更小的日常生活模式。**

应对成瘾的误区

成瘾与当事人的整体生活状态有关。成瘾者身边每一个"恨铁不成钢"的人，都会构成他生活状态的一部分。几乎所有成瘾问题的解决都离不开人际关系的改善。所以，如果你想帮助成瘾的亲人或朋友，也可以从你们之间的关系入手。

不过，在帮助身边的成瘾者时，我们经常有一个误区，就是跟对方斗智斗勇、严防死守，用尽一切手段不让他们有机会接触成瘾物。尤其是青少年的父母，断网、没收手机、设置密码……从前用台式机上网的时候，有的父母会把家里的鼠标、键盘拔掉，每天随身携带。他们的认知是，只要当事人一段时间接触不到成瘾物，自然就好了。

为什么说这是一种误区呢？因为从现实的角度讲，绝大多数软成瘾行为是没法跟生活一刀切的。你想，现代人怎么可能不上网呢？如果是十几年前，不给孩子买电脑，不让他去网吧，也许还行得通。但现在网络已经是生活中不可缺少的一部分，孩子还得查资料、上网课，再用一刀切的方法已经不现实了。越限制，成瘾物的诱惑反而越强。比如，明明是让小孩子用手机查资料，可他好不容易碰到手机，当然要偷偷玩几局游戏再说。

更严重的是，成瘾行为影响的不是一个人，而是一整个家庭的功能。每个人都盯着成瘾本身，整个家庭就会陷入日复一日地追查和躲藏的泥潭中。且不说控制一个人的行为很难做到滴水不漏，就算真的以巨大的代价控制住了，这种控制又要持续到什么时候呢？问题被定位在当事人之外，就好像当事人不再具有自控的能力，只能屈从于成瘾物的摆布。而手机、酒精、网络和游戏成了罪魁祸首，亲朋好友是在和成瘾物"抢人"，要把误入歧途的人挽救回来。这样一来，当事人反而被免责了，他会想：反正我都病入膏肓了，不用承担任何责任，倒不如抓紧一切能享受的机会，破罐子破摔。

但是，如果过度强调成瘾者的意志力，又会陷入另一种误区。

很多人面对有成瘾问题的人，会有一点指责的态度：你怎么就不能管好自己呢？好像他是因为不够坚定才会成瘾。这同样是一种误解。如果你有过戒烟或戒酒的经历就知道，处在有意识的状态下，你是可以控制自己的。你明确告诉自己"不能抽烟"，把烟收回去，这不难。但很多时候，你根本觉察不到，"不知不觉"就叼起了烟。大脑在多数时间是由系统1主宰的，不需要理性的审批就可以自动运行。成瘾行为处于这个系统里，一有情绪波动，就会自动被触发。你总不能年年月月、每天24小时都对自己严防死守吧？

把成瘾问题全都指向外界的成瘾物，或者全都指向内在的意志力，这两种态度的内核是一致的——都是在期待一种轻而易举的解决方案。

这种心态本身就是在逃避现实。在真实的生活中，哪有那么绝对的控制呢？想象一下，你今天有重要的任务没完成，但还是忍不住打开手机摸了会儿鱼，本来没什么关系，你只是倦怠时想转换一下心情。但假如这时有人批评你："你怎么连这点意志力都没有？"你因此感到挫败，就会对自己说："算了算了！反正都开始玩了，多玩一会儿再面对工作吧！"你有100种借口可以说服自己磨蹭下去——反正时间都浪费了，反正自己有问题。

当一个人被要求成为一个绝对自控的人，他反而会陷入对现实的不耐受。

关于现实生活，有一个悖论是：**一个人越能接受现实的起伏，就越能保持心态的平稳；而期待绝对控制的人反而更难持之以恒地投入，更渴望短期快感的沉迷。**

有时候，身边的人对成瘾者太过"怒其不争"，一抓到他们打游戏、抽烟、喝酒，就气不打一处来，怪他们明知故犯。这种怨恨往往会把他们推得更远。于是，成瘾者在孤独中自怜自伤，认定自己不属于"正常人"的世界，不被理解，得不到尊重，这会让他们更难以抵抗成瘾物的慰藉。就像那些深夜买醉的酗酒者，其实他们已经不想喝了，但就算回到家，也只能看家人的冷脸。那么除了在外面多喝两杯，他们还能做什么呢？

态度上接纳，行为上减压

到这里，正确帮助成瘾者的思路就呼之欲出了：**帮他们用更具有现实感的方式，面对工作和关系中的种种挑战，接受不完美的生活，也接受有问题的自己。**

不过，陷入成瘾的人已经觉得现实破碎不堪，他们不但不相信自己能改变，还会把别人的帮助看成一种冒犯：你帮我，不就是为了显示你的优越感吗？有时候，他们会故意做出一些自暴自弃的行为，来证明自己已经不可救药。

改善是一个缓慢、波折，需要持之以恒的过程。对此，我有两个建议：**在态度上接纳他们，在行为上帮他们减压。**

态度上接纳，就是把对方看成正常人，把成瘾看作对方在压力状态下的一种正常反应。请注意，这并不是在为成瘾行为开脱，它仍然是一种会带来伤害的行为，但我们能够理解成瘾者的处境：任何人处在他的状态之下，都会难以自控，他并不需要被指责。很多时候，成瘾者自己就在指责自己，他们需要获得一个更善意的解释。

我被邀请参加过一档婚姻纪实真人秀节目《再见爱人》。在这档节目里，一对老年夫妻因为妻子麻将成瘾的问题闹到要离婚的程度。丈夫怎么都无法接受：为什么妻子的身体明明出现了健康问题，需要保证睡眠，但她还控制不住熬夜打麻将？妻子对此也很愧疚。后来，我让他们看到，妻子这样做恰恰是因为她遭遇了健康危机，为了回避对疾病的恐惧，才让自己沉浸在打麻将的快乐中。两个人获得了这样的接纳之后，关系也出现了转机。

那行为上的减压是什么意思呢？既然成瘾的最终解决方案是过上一种更健康和平衡的生活，成瘾者身边的人就要为此提供力所能及的帮助，在工作、学业、人际关系上支持他。支持的关键就在于，让他们觉得，现实生活没有那么困难。

很多时候，我们对成瘾者有一种下意识的"抗拒"，无论是哀其不幸还是怒其不争，我们对待他们的方式都像在对待有问题的特殊人群。这造成了一种暗示：他们是不受正常社会欢迎的，是需要被严厉审视的。要真正帮助他们，就要弱化这些不必要的压力。

青少年控制不住地玩游戏，背后很可能是他无力承受的学业压力。减压的方式就是让他知道，学习是一个长期的、持续积累的过程，达不到期望很正常。他确实需要减少对游戏的依赖，找到合适的学习节奏。但这并不是一蹴而就的，需要一点一点地来。要帮助家里的老人戒烟戒酒，就要理解他们对衰老的恐惧，他们的孤独感和无意义感，帮他们培养丰富的兴趣爱好，自己有时间时多回家看看，多关心他们，而不是严词批评。

生活中到处是困难，但处在一种轻松的、充满关爱的人际氛围里，困难就会变得没那么难以应对。这是我们可以为身边人提供的一份支持：让他们知道，无论如何，都有人爱着他们。这会帮助他们增加一些勇气，而不再依赖那些碎片式的麻醉。

切断成瘾行为不是核心目的，真正的目的是用更大的耐受力认真生活。无论工作还是人际关系，都会很辛苦。但是，当你不需要用成瘾物提供麻痹之后，你会发现，辛苦的同时也有一种充实感。这不是多巴胺碎片，而是一种只有认真生活才能体验到的踏实感。喝酒和打游戏的快乐，只是生活中的一种调剂，它们不能成为幸福的主要来源。

第七讲 ▶▶▷
人格障碍：关系"生病"是什么样子

01 人格障碍：是否存在"有病"的性格

这一章的最后一讲，我们来讨论一种不太一样的心理障碍，叫"人格障碍"。

世界上有不同的人格维度，每一种人格都可以找到它独特的优势。可是，一旦人格后面跟上"障碍"两个字，似乎就有了"好"与"不好"之分。好像某一类性格在越过某条界限之后，我们就不再采取中立的态度，而是把它标记成某种心理问题。如果一个人遇事喜欢往最坏的角度想，这叫"神经质"，它只是一种人格特点。但如果他疑心"总有刁民想害朕"，把身边的人当敌人，这就有问题了，有可能被诊断为偏执型人格障碍。

但你发现了吗？这种命名逻辑跟大多数心理疾病不太一样。前面讲的抑郁、焦虑、创伤，都是因为当事人本身存在困扰，才寻求心理障碍的诊断。只有人格障碍是可以在当事人自己不觉得有问题——"我就是这样的人，怎么了！"——但因为身边其他人感到痛苦而作出诊断。换句话说，人格障碍不是"个人"的病，而是人际关系的疾病。

人格障碍的病因

人格障碍的病根出在哪里呢？在于当事人看待自己和他人的图式。前面讲过，图式是人用于认知加工的基本框架。沟通分析理论的创始人埃里克·伯恩（Eric Berne）把人的图式分为 4 类，对应命名了 4 种不同的"人生脚本"。第一种脚本叫"我不好—你不好"，有这种脚本的人，看自己、看别人都很负面。第二种叫"我好—你不好"，这是一种对他人带有贬低和敌意的图式。跟这个相反的是第三种脚本，叫"我不好—你好"，是一种对自己缺乏信心、渴望从外界获得力量的图式。最后是相对最好的一种图式，叫"我好—你好"，有这种脚本的人看自己、看外界都是正面的，不卑不亢。

　　这当然是一种粗糙的划分，针对不同种类的人格障碍，我们可以提炼出更具指向性的图式。但万变不离其宗，**所有图式都包含两个部分：一是如何看待自己，它影响一个人的自我认同；二是如何看别人，影响一个人跟别人交往的人际模式。**而人格障碍患者的痛苦不外乎也是这两个问题：在人际社会中，他们能否正确认识自己？能否用一种恰当的方式与别人打交道？任何一个问题没解决好，他们跟别人的关系就有可能出问题。

　　举个例子。有一篇关于弑母凶手吴谢宇的报道，说他尽管考上了顶尖大学，人人羡慕，他却把自己描述成一个体弱多病的、卑微的、前途黯淡的可怜人。他还发展出了离群索居的关系模式，即便在大学宿舍，他总是一个人躲在床上，拉起帘子，室友不知道他在里面做什么。按他的自诉，他一直活在一种惶惶不安的状态里。这意味着，他对自我和对他人的图式都有问题。他不仅是一个十恶不赦的凶手，也是深受折磨的患者。

　　图式带来的影响太大了，它覆盖了生活的方方面面，让患者活成了一个不受欢迎的，甚至有破坏性的人。这里我得澄清一下，这不是在为他们开脱。如果一个人伤害了别人，法律会惩罚他。但我们了解了人格障碍的病因，就能更好地应对病症。

人格障碍的症状

这些关系中的症状，是如何通过有问题的图式一步步发展出来的呢？

人格障碍患者不仅看自己和看外界的方式不一样，同时还会发展出僵化的策略来应对自己的生活。这些策略对短期或局部问题是有效的。但长期来看，这会进一步破坏他们的自我意象和人际功能，加固歪曲的图式，从而形成症状。

这一点理解起来可能有点抽象，我们来做个想象练习。

有个普通人，因为存在"我不好—你好"的图式，就会不自觉地把自己想成一个弱小无助的个体，认为别人都比他强。这种想象虽然会让他痛苦，但本不至于影响到他跟别人的关系。可是，当他开始对这种想象采取策略时，情况就不一样了。

比如，他会找一个理想化的对象，跟对方保持紧密的关系，亦步亦趋。只要跟这个人在一起，他就感到自己是安全的。代价则是，稍微拉开一点距离他都万分痛苦。但对方迟早会不耐烦，毕竟对方不可能只有一个朋友，也需要关系中有独立空间。这个人则把自己放在卑微的位置上，争取留住一段关系。这是"依赖型人格障碍"，有点像这几年流行的一种说法——讨好型人格。但无论他本人还是他讨好的对象，在这种关系中都很痛苦。

除了过度依赖对方，另一种应对"我不好—你好"的策略是逃避。只要不与其他人建立关系，当事人就不用担心有人伤害自己。所以，他选择躲在安全的角落里，拒绝一切跟人有关的活动。他心里其实渴望人际关系，但是实在太害怕在关系中受伤了，必须让自己装出不在乎的样子。这种回避如果造成正常功能的损害，就成了"回避型人格障碍"。

所以，人格障碍患者那些破坏关系的行为，放在普通人的视角下也许是不可理喻的，但用他们自己的图式来看，那些所谓的症状就是他们自我保护的策略。

如何应对人格障碍

有什么治疗人格障碍的方法呢?

很遗憾,因为涉及一个人最根本的认知和行为模式,到目前为止,人格障碍的治疗都是一个世界性难题。现实情况是,很多人不喜欢自己的个性,甚至知道自己人格的某些方面是病态的,但仍旧难以改变。还是那句老话,江山易改,本性难移。

你可能会疑惑:既然能看到问题,解决问题有什么难的呢?如果一个人因为图式就把自己看成弱小的一方,那么只要他不再这么看,自信一点,不就好了吗?

但是改变没有这么简单。图式不是一个单纯的念头,而是一个人生活的底色。他每时每刻的想法,包括这一刻对自我图式的否定,都是他图式的一部分。当一个人小心翼翼地想着"我要自信"的时候,他实际上还是在重复不自信的图式。并不是我们猛地想明白了什么道理就能改变图式,只能在生活经验的积累中,一点一点地松动。

那么,我们面对这种病态就彻底没办法了吗?也不是。到目前为止,相对有实证支持的方法是长程的精神分析治疗。"长程"就意味着不是三次五次,而是动辄需要好几年。在这种治疗中,最重要的工具就是治疗师和来访者之间的关系。来访者会尝试用不同的方式跟治疗师打交道,摸索更健康的关系模式,再把新的模式迁移到生活中。

这种治疗理念带给我们一个启发:**人格障碍作为一种关系中的病,对它的治疗也是要通过关系完成的**。假如一个人身边有人格障碍患者,一方面他会承担来自患者个性中的压力;另一方面,他也会成为患者的疗愈因素。后文会讲到,只要患者身边的人跟患者一起磨合,找到相安无事的相处方式,就已经是非常理想的结局了。

人格障碍本身并不是问题,只是人格障碍患者的个性跟别人找不

到舒适的相处方式，时常产生龃龉。如果他们能够建立一段安全稳定的关系，就可能在关系中越变越好。当然，如果你身处这类关系中，发现它带来的困扰超出你可承受的范围，还是要寻求专业人士的帮助。

02 自恋：为什么有的人很优秀，你还是不喜欢

在美国的精神疾病诊断体系中，人格障碍一共被分成了10种，包括偏执型、分裂样型、分裂型、反社会型、边缘型、表演型、自恋型、依赖型、回避型和强迫型。我认为，人格障碍的共性比它们的差异更重要，因此，我仅挑选两种有代表性的来介绍。只要你能够看到病人如何用自己的方式应对想象中的世界，你就会理解这类疾病最核心的特征。

这一篇，我们先来了解自恋型人格。

"自恋"这个词你一定不陌生。在成长过程中，我们都曾经处于自恋的不同阶段。最原始的阶段是婴儿时期，婴儿心里只有自己，根本不存在"别人"的概念。对婴儿来说，这种心理状态很正常，但如果成年人也是这种心智，就太可怕了。在日常生活中，我们经常用"自恋"这个词批评一个成年人自私自利。其实，这里的"自恋"就是自恋型人格障碍。

什么是自恋型人格障碍

你已经知道，人格障碍是因为一个人看待自己和外界的图式有问题。那自恋型人格障碍患者的图式是什么样的呢？就是典型的"我好—你不好"。他们看自己是理想的，至高无上的；看别人则是充满贬低的，除了为我所用之外，别人没有其他价值。

"自恋"的英文narcissism源自希腊神话中的那喀索斯（Narcissus），他因为迷恋上自己在水中的倒影溺水而死，最后变成了水仙花。自恋

者眼中的自己，就是如此值得迷恋。

我们平时经常说要培养自信，难道不是要培养这种心态吗？

请注意，自恋型人格障碍的自恋跟通常说的自信不一样。自信的人接受自己有缺点，也接受有些事自己做不到，他们只是没有太多挫败感，觉得失败没关系，继续努力就好了。自信的人反而没把自我看得太重，他们的关注点在具体的事情上。

但是自恋的人心态不一样，他们的关注点就在自己身上。不管成功还是失败，他们都认定自己就是比其他人更优秀。你可能遇过这种人，一开始给你一种光芒四射、无所不能的印象，但是接触得久一点，你会发现他其实没那么牛，只不过是他自己一厢情愿而已。

自恋型人格障碍的人常常让身边的人感到不适，不仅是因为他们觉得自己好，还因为他们心里看不上别人。这种看不上，不是认为他人不好，而是认为他人根本"不重要"。这种发自内心的"无视"，在他们的举手投足中经常会流露出来。

举个例子。我做咨询的时候，我的座位在窗户旁边。来访者想打开窗户透气的话，通常会问我一声："李老师，介意我开一下窗户吗？"他们能意识到房间里还有另一个人，自己的需求要顾及一下对别人的影响。但我有一个自恋型人格的来访者，他走进房间后，会直接走到我身边，一把推开窗户，说："这屋子太闷了。"

你看，自恋的人不会为你考虑，在他们心里，你作为一个真实个体的感受不重要。如果你遇到一个自恋的人，他表现得对你嘘寒问暖，你要小心：他对你好，很可能只是对你有所贪图。一旦他觉得你失去了利用价值，会立刻翻脸不认人。

自恋者的人际关系往往就是这种拜高踩低、工具化的利用关系。有趣的是，在今天这个时代，这种性格在某些时候是有好处的。一个人夸张地表现、抬高自己，反而会给他带来更多的追随者。他对别人进行工具化利用时，也更容易快速地赚取利益。不过，哪怕这些人混得再风生水起，你心里还是不喜欢他们。

自恋的人为什么会痛苦

看完前面的描述，你会不会觉得：虽然别人不喜欢，不过，自恋型的人自己活得还挺爽的。既然如此，为什么要把自恋定义成一种病呢？他们自己是不是并不在乎这种定义？人家就是"一时自恋一时爽，一直自恋一直爽"？

我想告诉你：自恋型人格障碍确实是一种病，因为自恋也会给他们带来痛苦。

为什么会痛苦呢？就是因为他们不招人喜欢，难以跟重要他人保持长期关系。在现代社会，大部分岗位和角色都需要与人深度合作，这一点是自恋者的"死穴"。如果你跟这样的人合作过，可能有这种体验，一开始你被他的表象吸引，心甘情愿地追随他。可是随着关系深入，你越来越觉得不对劲儿：为什么我要忍受他那么多有意无意的贬损呢？为什么我只付出没回报，越来越痛苦呢？最终，你会下定决心远离这个人。

也就是说，自恋者很难维持一段长期的信任关系，他只能不断地换老板，换下属，换合伙人，换伴侣。无论内心怎么防御，这些关系上的频繁变动还是会带给他打击。

一些心理学书籍会把自恋者分成高功能自恋和低功能自恋。高功能自恋者就是那种在自己的领域"混得好"的佼佼者。但即使混得风生水起，他们也未必快乐。虽然被鲜花和掌声簇拥着，但那都是远距离的认可和崇拜，他们跟身边人的关系并不亲近，经常会有一种"高处不胜寒"的孤独。

高功能的尚且如此，低功能自恋者就更不快乐了。一方面，他们对自己有不切实际的期待；另一方面，他们又会频繁地被现实打脸。他们既没有能力做出令自己满意的成就，又得不到他们认为理所应当的认可，这种落差有时会让他们暴怒。他们把怒火倾洒在周围的人身上，导致众叛亲离。还有人会长期处在落落寡欢的情绪中，陷入抑郁。

但是，自恋型人格障碍的人很少主动求助，甚至不会承认自己"病了"。因为在他们的认知里，自己的痛苦都是别人的问题造成的。他们会想：我能有什么错呢？有错的是这个世界，我只不过是怀才不遇。严重自恋的人甚至不认为自己自恋：没用的人说自己了不起才是自恋，而我说自己了不起，这叫尊重客观现实。

哪怕有些自恋者因为现实的痛苦而求助心理咨询，他们也是从头到尾在抱怨：都怪无能的领导、同事、团队拖累了我，不是我的问题，我不需要改变。

如何与自恋的人相处

你有没有觉得自恋型人格障碍患者有点可恨，又有点可怜？那么，我们能做些什么帮助摆脱这种孤独又无力的处境呢？

我要给一个有点反转的建议，那就是：先不要太急着"帮助"他们。

事实上，要跟自恋型人格障碍的人相处，最首要的原则是先照顾好自己。你先要学会不被对方影响，无论对方有什么主张，你都要坚定地、明确地维护自己的利益。

前面讲到的那位来访者，他觉得房间空气不流通，就会越过我直接推开窗户。这时候我会提醒他："你有没有想过，开窗会让我不舒服？"他一开始完全无法理解："你不觉得屋里闷吗？"我说："你觉得屋里闷，我的感受可能不一样。"他这才不情不愿地说："好吧，你想怎么样？"我会故意等上几秒钟，才说："我同意开窗。"

我既然同意，为什么还要故意阻拦一下，是多此一举吗？不是。我要让他意识到，在这件事情中，不是他一个人的诉求就能代表所有人的需要。这既是在保护我的利益，对他也是一种干预。久而久之，他就养成了在行动之前要先确认别人感受的习惯。

跟自恋者相处，难就难在我们发不出自己的声音。他们是如此理所当然，压根没有为我们的感受留出空间。我们也很容易忽略自己的一些不舒适，配合对方——反正不是什么大事，退让一步也没什么。但就在一步一步地退让中，我们让渡了自己的边界。

所以我才要提醒：**在事关自己利益的时候，不要把权力交给自恋的人，这样的人没有能力关注你的需要。**他们未必是抱着残忍的目的有意识地剥削你，但客观上确实存在这种现象：跟自恋型人格的人走得太近，一个人会变得越来越虚弱。因为个人利益得不到保护，只是一再被要求让渡自己的边界。意识到这一点，你就要学会在情况进一步恶化之前叫停，说出自己的需要。否则，你在这段关系中会持续处于"失血"状态。

有时候，自恋的人会用他们强大的说服力让你觉得自己的需求没道理，你是在给他们添麻烦；有时候，他们会用暴怒让你噤若寒蝉；有时还会用情绪操控的手段，让你反思也许是自己太过分了。有人把自恋的人说成"PUA"高手，因为他们擅长让别人产生自我怀疑。你要一遍一遍提醒自己：我的需求是真实的，这并不是我的错！

所以，有人说最好的解决方案是尽量远离这种人，有多远走多远。拉开距离之后，我们会有如释重负的感觉。但有时因为各种原因，你不能强行切断这个关系，那就要学会顶着压力不断向对方表达你的需求。如果对方的要求你无法满足，你就要坚定地拒绝。你做这些事，并不是在给对方找麻烦，恰恰是为了让你们的关系可以长期稳定地维持下去。这也是自恋者需要学习的：如何跟别人维持一段健康的关系。

当然，维持关系不是最终目的，你最重要的任务还是照顾好自己。感觉不舒服时，别忘了你还有权利离开。有时候，一段重要关系的终结反而有助于打破一个人的自恋。

03 边缘：什么人特别容易在关系中受伤

自恋型人格障碍的人很少主动求助。尽管身边人经常建议他们"去看看心理医生吧"，但他们并不认为自己有什么问题，坚定不移地相信问题来自外界。

另一种人格障碍很不一样，患者往往乐于承认自己有问题，也愿意主动求助——那就是边缘型人格障碍。这也是大多数心理治疗师很熟悉的一类人格障碍。病人求助的理由是什么呢？一是他们在情绪上很痛苦，二是他们的亲密关系频繁地出问题。

情绪和亲密关系的问题是高度相关的。其实不只是亲密关系，各种人际关系都可能呈现出两极化的波动，情绪也像坐过山车似的：关系好的时候什么都好，但关系随时都可能出问题，心情也会急转直下，甚至出现伤害自己的冲动。今天吵完架，明天又后悔了；刚下定决心好好相处，没过几天，又像仇人一样，用最狠的话伤害对方。他们渴望和人亲密，但几乎每段关系最后都会以悲剧收场。这样的模式重复几次后，他们便会反思：我肯定在某些地方是有问题的，不然，为什么我在关系中总是那么容易受伤？

反思过后，他们的问题为什么还会继续？这要从边缘型人格障碍的图式说起。

两极化图式

边缘型人格障碍的图式，最突出的特点是两极化。拥有这种人格障碍的人看自己好的时候，觉得自己哪里都好；但是很快又会因为一点点挫折，觉得自己一文不值。

你可能会想，这不是很常见吗？每个人在生活中都会经历自我形象的波动，早上出门还很开心，工作中遇到一点挫折，就觉得自己很失败。但普通人经历的波动还是会围绕一个稳定的自我图式展开，即

"我有优点，同时也有不足"。而边缘型人格障碍是在两个极端的图式间来回横跳，就像是两个截然不同的人：看自己好的时候，就连缺点都是好的；一旦觉得自己不好，全身上下简直变得一无是处，恨不得用最残酷的方式伤害自己。

因为这种剧烈的变化，他们看待关系的图式也在两极中摇摆：一方面强烈渴望关系，需要有人看到他们的好；另一方面很容易陷入自我厌恶，害怕在关系中被抛弃，又因为这种恐惧而不断向对方索取爱自己的证明。

跟一个具有边缘型特点的人建立关系，也像是在坐过山车。刚开始的时候，他会不断向你表达，这段关系有多么特别，说你是他遇到的最完美的对象，是他的救赎和希望——这确实是他的真实感受。但是好景不长，随着他不断提出新的要求，你的压力不断增加。如果你不堪重负，表达了拒绝，就会激活他"被抛弃"的恐惧，他会转而用最极端的语言伤害你。那一刻，你简直不敢相信，同一个人几天前还在对你说着甜言蜜语。

这种愤怒有点像自恋型人格障碍的人受挫时的暴怒，但是边缘型更懂得如何伤人，因为你们建立了深刻的关系，他完全知道你的弱点，每一次攻击都可以打在你最痛的地方。然后，你还没消化完这份痛苦，他又开始自责、道歉。这时他也很痛苦："我怎么能对爱的人说这么残忍的话？我太坏了，你能原谅我吗？"他的情绪来得快，去得也快。

看完这些描述，你会不会觉得，处在这种关系中太累了，还是离开吧！但这样一来，他最恐惧的"被抛弃"就成了事实。只要你流露出一丝这个意图，他就会情绪崩溃，甚至会在冲动之下划手腕、酗酒，做出自虐自残的行为。你没办法安心离开他。

在某些极端的关系里，自我伤害会变成他们控制对方的手段。比如，你们俩吵完架，你很生气，本来决定不理他了，可是听说他喝到人事不省，你会不会觉得于情于理还是要去照顾一下？虽然他未必是在有意使用这种方式操控你，但这种自我伤害在客观上具备了维持关系的功能，这会反过来强化他伤害自己的模式。

所以，边缘型人格障碍的人和他人形成的关系经常是"虐恋"：两个人分分合合，每次分开都是一场灾难；甜蜜一阵，痛苦一阵，永远不知道明天会怎样。你要是对此不满，他也会真诚反思，发誓以后好好对你。可是，一旦你回心转意，关系又会产生新的摇摆。

解铃还须系铃人

这是不是很令人头疼？处又处不好，分又分不开，到底要怎么办呢？

解铃还须系铃人。要解决关系中的问题，需要关系从根本上发生改变。无论是边缘型人格障碍的人，还是他们的关系伙伴，都要学会建立一段稳定、可预期的关系。

稳定、可预期的关系是什么样子的？我分享一点做心理咨询的经验。在跟边缘型人格障碍的病人建立咨询关系时，我需要特别强调这段关系的边界。比如在时间上，这次咨询定好了一个小时，那么时间到了就要结束，这就是一个明确的预期。假如来访者跟我聊得特别好，想再多聊几分钟，行不行？对不起，时间到了，我们下次咨询继续。

为什么我连几分钟都要锱铢必较呢？这是因为，对极端看重关系的人来说，几分钟的"突破"也带有特殊的意义。对方会把它看成一个信号：你可以多给我几分钟，说明你在心里看重这段关系。但这可能会让他产生更多的不安：我可以为这段关系做什么？需要更进一步吗？出了咨询室，我平时可以给你打电话吗？他会提出更多的要求，直到被拒绝为止。因为没有确定的预期，他的注意力就会一直集中在对关系的探测上。

所以，维持边界相当于给出了明确的预期：我们的关系就在这段时间和这个范围内，不会变多，也不会减少。

当然，现实关系里的边界更有弹性。我们跟朋友聊天，不可能严格地约定：一个小时就必须结束，多一分钟也不行。但我们多多少少要让对方感觉到，这里有一个"度"。聊天没问题，但是聊到半夜12点，就要提出："对不起，我明天要早起，等一下就要休息了。"如果正好聊到关键话题，可以再聊几分钟，但不可能无限延长。

可是，边缘型人格的人会那么容易接受边界吗？拒绝他们可是有可能激发他们的"被抛弃"的恐惧的。这就是关键：我们正是为了让一段关系稳定，才要用一种平和的姿态确定边界，而不是一退再退，直到退不动才拒绝，那才会威胁到关系本身。

当然，即便在正常情况下维持边界，对方也可能很痛苦。他会哀求、发怒，或尝试其他激烈的方法逼你让步。但你们都心知肚明，如果让步，就是在鼓励他要求更多，所以你要有足够的定力坚持。无论当时有多难受，情绪最后都会缓和。边缘型人格的人自己也知道，他只是情绪上头，控制不住自己，只要稳定下来，他也会理解边界的必要性。

矫正性情感经验

为什么对边缘型人格障碍的人来说，一段稳定、可预期的关系很重要呢？这是因为，稳定的关系可以给他们提供矫正性情感经验。

边缘型人格障碍的问题往往来自小时候，他们处在一段极度不稳定的依恋关系中，对抚养者（通常是父母）会形成既依赖又愤怒的复杂情绪。父母离开他们之后，他们会大哭大闹；等父母回来了，他们又会拳打脚踢，就是不愿意跟父母好好相处。这是因为他们在关系中太缺乏安全感了。他们需要在矫正性情感经验中体会到：关系可以是稳定的。

一段稳定的关系，不需要太用力就可以维持。它有边界，不能百分百地满足你的需求。这虽然让人失望，但它会足够稳定，就像小孩子在父母离开时感到难过，但心里知道他们总会回来。这种混合了"失望"与"满足"的体验，就是新的情感经验。有了这种经验，一个人就可以逐渐停止拳打脚踢，在关系中学会让自己放松。一个事实是，只要放松下来，关系就会自然维持，反而是太用力了，才会伤人伤己。

关系稳定之后，边缘型人格障碍的人才会获得一个安全的空间，两极化的图式才可以在这个空间里逐步整合，趋于平稳。这段稳定的关系可以是亲密关系，也可以是跟动物、花草、职业，甚至兴趣爱好之间的关系。无论自己好不好，这段关系都是稳定的，他们在关系中的自我形象也会从"极好"和"极坏"的两极化摆动中，逐渐趋于平稳。

但是，我要提醒一句：虽然稳定关系对于边缘型人格障碍的人具有疗愈的意义，但这并不意味着"道德绑架"，好像患者的伴侣或朋友无论有多辛苦，都有义务维持这段关系。毕竟在对方处于强烈不安时，维持一段稳定的关系并不轻松，很容易消耗一个人的心理资源。即使是专业的心理治疗师，同一时期也只能接待少数边缘型人格障碍的来访者。

任何人在不堪重负的关系中都可以选择退出。健康的关系永远有一个出口。这样的关系更安全，也更容易让人信任。如果只是维持表面上的平和，无论多痛苦都不能脱身，那些痛苦反而会成为边缘型人格的人的"死穴"，最终让关系中的人都更受伤。

第四章

方法

第一讲 ▶▶▷
改变：做"更好的自己"，很难吗

01 内耗：为什么改变自己那么难

本书最后一章，我们来讨论如何应用心理学的方法，让自己过得更好。

"让自己过得更好"，这话说起来很轻松，但往往需要触碰自我中很多核心的部分。这可不像改变发型，只要你描绘出想要的发型，交给 Tony 老师，闭上眼睛，请他一通操作之后，就可以呈现出一个崭新的"自己"了。虽然外在改变了，但假如你对自我的认知图式就是"不好看"，哪怕所有人都赞美你的新发型，你的感受也不会有变化。

所以，真正重要的改变无法假手于人，只能聚焦于自身的认知和行为模式。

看完前面的章节，你可能有很多改变的想法，比如"要从成长性的角度看问题"，或者"让自己不那么容易被别人的观点影响"。道理懂得再多，真实的自己却还是没什么变化，你可能会感到沮丧，会想"怎么连这么简单的变化都做不到"。可是我想告诉你：遇到困难是有原因的，不要轻易地给自己贴上"无法自控""做不到"等标签。

我们先来认清改变自己的困难有哪些，再对症下药。

困难一：意识之外的自动反应

在改变自己的这条路上，第一个困难就是：只靠有意识的自我控制行不通。

有意识的自控，是通过系统 2 完成的。上一章讲到成瘾，提过不能把戒瘾简单理解为"停止成瘾行为"。比如对吸烟成瘾的人来说，在意识清醒的情况下，一次两次不抽烟，不难做到。但这只是表面行为的改变，真正要解决的问题是，如何避免在系统 1 的支配下，不知不觉就叼起烟。这就需要对生活动"大手术"，而不只是依赖于意志力。

为了节省认知资源，生活中绝大多数时候，我们都会在惯性作用下接受系统 1 无意识的主宰。不信的话，你可以做一个实验：在手边摆上一包喜欢的零食，然后告诉自己"绝对不能碰它"。你可以保持这个状态 5 分钟或 10 分钟，但随着注意力不知不觉转移到别的事情上，等你蓦然惊觉的时候，很可能发现自己已经吃了半包。

此外，我们的想法还会发生变化。此刻你认定这件事非常重要，说不定明天一觉醒来就变了。这也是自我改变的困难之处。比如，人的行为会因为关系中的期待而改变。也许你会遇到几个朋友，他们劝你"小酌一下又没关系"，你就会迫于压力陪他们喝两杯。或者你没有这样的朋友，但长时间的孤独让你很难过，觉得一切都没有意义。强烈的孤独感会让你在那一刻渴望来点多巴胺，抚慰一下自己。

你有没有发现，跟所有这些难以预测的因素比起来，人类理性的力量太单薄了。别说你做不到一直有意识地监控自己，就算能做到，这也不是我们需要的改变：永远都在提心吊胆，生怕理性稍一松懈，就被打回原形。

所以，我们需要的改变不只是有意识的自控，还要在没有刻意为之的情况下，让新的行为可以自动维持。要达到这个效果，我们就必须诚实地审视自己，看看大脑处于系统 1 自动运行的状态时，更自主的"我"会以怎样的逻辑接收刺激，做出回应。

困难二: 内置规则

自我改变的第二个困难在于，想改变的心理机制往往有内置的规则。

什么叫内置规则？它是一种自发的调节稳定的机制。我在介绍稳态的时候讲过，稳态是自我调节的，任何时候想改变它，它就会产生反向的作用力。就像不倒翁，用力把它按下去，它会自动弹回来。如果意识不到这个规则，改变的努力就会徒劳无功。

比如，通过节食改变体重，看上去并不难。只要制订合理的膳食方案，坚持一段时间就会有变化。但问题是，很多人坚持一阵子，体重刚降下几斤，就忍不住口腹之欲，反弹回来。为什么？因为我们认知节食这件事时有这样一条规则：节食是痛苦的。只要体重稍微得到控制，我们就会想：好不容易瘦了这么多，为什么还要忍受折磨呢？就想美美吃一顿，犒劳一下自己。所以，体重减到一定程度就容易半途而废。

我们想改变自己，往往是基于一种朴素的冲动，认为改变是好的。但我们很少意识到，那些长期保持稳定的心理特点也是好的。它们在历经岁月的淘洗后，一定有某种被保留下来的"道理"。如果看不到这些好处，贸然改变，就会反弹。

所以，改变最忌讳使蛮力。就像面对不倒翁时，蛮力毫无意义。我们必须先理解反弹背后的动力。举个例子，一个管理者习惯了高掌控型的管理风格，事无巨细，凡事必须亲自过问。现在他累了，想让团队里的每个人发挥主动性。这个目标很美好，但他改变之后，多半会收到一堆负面反馈。因为长期的掌控型管理已经形成一个自洽的体系：团队习惯了以他作为主心骨，一旦离开他的监督，团队做事就没了底气。如果他对此没有准备，只靠蛮力硬改，一段时间后就会因为困难重重而不得不重新插手。

几乎每一种你想改变的心理特点背后，都有其维持稳定的内置规则。当然，这不是巧合，而是被环境和经验选择的产物。所以，改变的障碍并非单纯的惰性，它是一个颠扑不破的体系。要从这个体系中打开一个突破口，难度超乎想象。

困难三：自我否定

前两个困难都还在改变的理论层面上，第三个困难则跟我们的主观感受有关，那就是：几乎所有改变都涉及对自我的否定，而自我否定有可能会成为改变的一个阻力。用一个流行词形容就是，它会让我们陷入"内耗"的纠结。

有人可能会问："自我否定有什么问题吗？认清身上的缺点，想要让自己变得更好，这难道不是一种积极的愿望吗？"这种想法的问题在于，当我们产生这种愿望时，往往伴随着很多负面感受，比如自责、羞愧、恼火、沮丧。而且，这些感受并不是就事论事地针对我们想要改变的某个"点"，而是弥漫性、持续性地面向我们整个"人"。

这看起来有点抽象，我还是拿节食举例子。一个人想要控制饮食，有可能是指向对自己体形的否定。当这种否定让他为自己感到羞耻时，改变的主体也会被负面情绪淹没。他从自己的体形推导出自己的心理特点：我没有自制力，才会这么胖。请注意，这时候他的位置变了：不是要去改变一个与己无关的、糟糕的事物，而是自己就是一个糟糕的人。由此带来的羞耻感会让他想吃更多的食物来调节情绪，陷入情绪性进食。也就是说，**改变的努力导致了自我否定，而自我否定反而让问题变得更加严峻。**

这就是为什么很多人，尤其是女性，会陷入暴食循环。不是因为她们不想改变，恰恰是因为她们太渴望改变了，这份渴望等同于对自我的审判，反而让改变变得更难。

严格意义上说，"自己改变自己"是一个悖论。你能够改变任何一个客观对象，因为你是置身局外的。比如，你用掌握的物理规律制造电灯、汽车、计算机……无论操作多复杂，它们跟"你"这个人都是独立的。这个过程中无论遇到多少困难，甚至要推翻重来，影响的都是你个人的心态，你要操作的对象并不会有变化，它们仍然保持固有的规律，因此认识和操作过程始终能保持"简单清爽"。可是你想想看，当你正在拆解你想改变的对象时，突然发现自己也在被人拆解，这是何等混乱？这件事情的难度就像一个人试图通过揪住自己的头发，把自己拽到空中。

所以，要把自我否定和改变自己区分开。或许我们可以换一种方式表达：**我们想改变的不是"自己"这个人，只是要在某些具体的认知和行为上建立新的习惯**。在这个意义上，改变自己就是另一种形式的做自己。虽然你对这个自己不满意，但你必须接受它就是你，只有在它的基础上锦上添花，停止内耗，才更可能成为更好的自己。

02 认知曲线：如何做好改变的准备

尽管自我改变是一件困难的事，但我们已经学到，人在某些关键节点上，永远拥有选择的可能性。从这一篇开始，我们一起来看看有哪些方法可以促成改变的发生。

我会用心理咨询的理论和方法作为学习的线索。我在得到 App 上的《跟李松蔚学心理咨询》这门课中讲过，心理咨询的核心价值就是促成来访者的改变。无论你有没有接受心理咨询的经验，都可以从这个领域的学习中了解到几乎所有关于改变的理论和技术。

不过，在介绍如何改变之前，我想先讲一讲如何为改变做好准备。

每一个心理咨询师都知道，在找上门来的来访者中只有一部分人可以如愿以偿。他们跟那些不能改变的人有什么区别呢？其中一个很重要的区别就是来访者自身的状态。虽然每个来访者看上去都渴望改变自己，但他们对问题的认知状态不同。作为心理咨询师，我们的第一个任务就是评估一个来访者是不是真的"准备好了"。

那么，准备好改变的状态是什么样的呢？

问题出在我身上

当事人需要先对自己有所了解，至少愿意承认：一部分问题出在自己身上。

不要小看这一点。愿意承认"问题出在自己身上"，已经是一种了不起的自我认知。有一个事实是：**只有把着力点放在自己身上，才有改变的空间。**

有些人在生活中有抱怨，但只是模模糊糊地觉得"哪里不太对劲"，倒不觉得是自己有问题。在心理咨询中，这种人被称为"游客"。意思是，他们只是来咨询室里看一看、聊一聊，吐槽一下生活，并不真的打算接受改变。

还有很多人会认为，问题都是其他人导致的，同事缺乏才能，家人不理解自己，或者孩子不听话。如果找不到具体有问题的人，他们就会提炼出更抽象的概念，比如机会不行、形势不好，导致生活总是不顺利。但我们又不能直接改变这些对象，只能帮他们看看能做什么，比如问他们"遇到这种情况，有哪些不一样的办法"，或者"你怎么做，也许对方就会改变"。如果他们觉得"我做得都挺好"，那就什么都变不了。

在心理学中有一条非常著名的认知曲线，叫"邓宁－克鲁格曲线"（图 4-1）。它的提出者是两位认知心理学家——大卫·邓宁（David Dunning）和贾斯廷·克鲁格（Justin Kruger）。这条曲线揭示了，人的认知进步过程是曲折的，人往往要先经历一个"知道自己不知道"的阶段，才会获得真正意义上的提升。

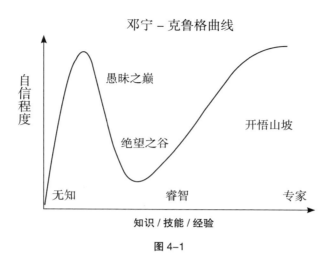

图 4-1

邓宁和克鲁格的研究兴趣来自这样一个问题：为什么有的人明明自己做得不够好，仍对自己的表现信心十足？他们发现，人在踏入一个新领域时有两种维度的学习，一是"对技能本身的掌握"，二是"我能否判断自己是掌握了还是没掌握，行还是不行"。后者是元认知，也就是对认知过程的认知。邓宁和克鲁格发现，当我们对一个领域的认知水平低的时候，往往是这两方面能力都低。

举个例子，一个人刚学做饭，说他的烹饪能力不高，有两个意思：一是他火候控制得不好，这是缺乏烹饪本身的技能；二是他不理解什么叫火候控制得好，这是缺乏烹饪的元认知能力。做饭时明明火候已经过了，他还意识不到自己在这个环节出了问题。最后，当他发现烧出来的菜味道不对时，他会抱怨菜谱："我就是按照它的步骤来的，为什么做出来不对？"甚至他自己觉得味道还行，只是其他人太挑剔了。

对这种认知阶段有一个形象的比喻，叫"愚昧之巅"。意思就是，在缺乏自我认知能力的时候，一个人对自己的信心处于很高的水平上，就像在山顶，看不到提升空间。如果遇到问题，那就只能是别人的问题了，他们对自己在其中的作用缺乏元认知。

自我认知是一个需要学习的过程。一个人拒绝承认自己有改变的空间，很可能只是他对改变这件事的觉察太浅，缺乏足够的知识去认知自己在哪些环节做得怎么样。在这种情况下，他会陷入一种困境：一边感到困惑，一边又不知道问题出在哪里。

绝望之谷

真正做好改变准备的人是什么样的呢？按照"邓宁－克鲁格曲线"，下一个阶段叫"绝望之谷"。意思是，一个人在某个领域积累了足够多的经验，元认知能力增长了，就会看到自己的问题。不过，处于这个阶段的人并不会有成就感，反而会更沮丧。

这种沮丧其实是一种积极的状态。这意味着人已经有了足够高的眼界，已经能看出门道在哪里，只是能力达不到，"眼高手低"。比如，你跟专业教练学习羽毛球，有一个阶段你甚至会觉得自己连球拍都不会握了。这不是因为你退步了，其实你之前也不会，只是之前不知道而已。所以，这种失落是好事：说明你的能力在提高。只是元认知能力提高得更快，自信相对在跌落，但你离真正的进步反而只有一步之遥。

在心理咨询师看来，如果来访者正好处在绝望之谷，看似沮丧、焦虑，这些信号反倒意味着他们有可能进步得更快。他们能看到自己的问题，改变就有了方向。

我有一位来访者觉得自己怀才不遇，在工作岗位上始终得不到赏识。他原本认为这些都只是运气使然，但通过学习心理学，他觉察了自己的行为模式，才意识到在过去的工作中自己其实有过多次关键选择。每次出现机会，比如领导布置了一个有挑战的任务，他会觉得自己还不够资格争取，就会默默地让给其他人。过去他没有意识到这一点，现在看到那些主动的人是怎样争取的，他更沮丧了，因为觉得自己做不到。但至少他理解了，如果希望改善自己在事业上的表现，他就要尝试改变自己在这些时候的反应。

从愚昧之巅到绝望之谷，最大的转变其实是，把"我"从一个情绪加工的主体变成一个被加工的对象。主体的"我"只能看到"我不喜欢现在的状态"，而只有看清楚自己是怎么做的，人才会说出："我不喜欢，所以想在这几方面有所改变。"

在心理咨询中，我经常用这种方法帮助来访者完成认知准备。几乎所有人都会幻想生活自发地得到改善，比如"我会赚更多钱""别人都喜欢我""考到全校第一"。这时，我就会让他们进一步设想："你要做什么，这些变化才有可能发生？如果你能考到全校第一，需要在哪些方面表现得跟现在的你不一样？"他就会意识到："我每天要花更多时间在学习上。但我很难坚持，这就是问题。"清晰地看到问题出在哪儿，人才会从绝望之谷开始往上爬。

准备随时推翻认知

看到自己的问题，是不是就完成了改变的准备呢？不一定。

你还要准备好，随时可能推翻自己的认知。

有一位同行告诉我，他的一个来访者很爱听我的《心理学通识》专栏，还会在咨询中频频引用专栏中的观点。这位咨询师对我说："你知道吗？我很喜欢你的课，但我还是建议他少聊这个专栏。"为什么呢？这位来访者在咨询中就一个要求：他认定自己的问题出在认知图式上，希望通过咨询改变"觉得自己弱小"的图式。而这位咨询师建议他改变的第一步是，学会敞开内心的感受。但无论怎么鼓励他，只要问到他当下的感受，他都避而不答，并且态度非常坚定："感受跟我要的改变没关系，我只想改变自己的认知图式。"

也许，恰恰是恐弱的图式让这位来访者习惯性地对抗别人的建议。虽然他清楚认知到自己需要改变，但当他限定了"应当遵循什么路径改变"时，这同样是在阻碍改变发生。

我们并不是在绝望之谷看见了问题，接下来就会直线上升，一帆风顺地向目标迈进。在进步的过程中，还会经历无数条更局部的"邓宁－克鲁格曲线"。承认自己需要改变，这只是踏上改变之旅的起点。而对于前方路上可能发生什么，我们最好承认自己一无所知。改变是需要一些弹性的，说不定自己不熟悉的经验恰恰是有用的，甚至有可能我们走着走着，才发现最初的方向并不对，当初要解决的问题并不重要。但这些尝试和探索不是浪费，可能在我们走弯路的过程中，改变会不知不觉地发生。

接受新经验的过程总是让人困惑，甚至还会伴随着痛苦。要准备好接受适当的颠覆性，在痛苦时愿意适度地坚持。这时候，我们才算真正为改变做好了准备。

03　谈话治疗：达成改变的路径有哪些

接下来，我们来讨论改变有哪些具体路径。

我们同样从心理咨询和治疗的模型入手。心理咨询和治疗通过什么工具促成改变呢？咨询师和来访者的对话。所以，弗洛伊德把它称为谈话治疗，等于把语言这门工具放到跟手术治疗、药物治疗同样的高度上了。语言是怎样促成改变的呢？

到目前为止，关于如何通过对话实现改变，心理咨询的不同流派提炼出了 4 条基本路径。我为你把这 4 条路径梳理一遍，对于改变是怎么发生的，你就心里有数了。

路径一：信息

第一条实现改变的路径，是通过信息。信息是触发改变最直接的媒介。

最基本的一类信息是知识。原来不知道的事情，现在知道了，这有可能会催化一个人认知层面的改变。比如，一个烟民从来不知道吸烟对健康的危害有多大，医生给他展示了数据和案例，他知道害怕了，也许就会控制吸烟的行为。这时候，信息就促成了他的改变。

你可能会想：实际上有那么简单吗？现在戒烟宣传做得铺天盖地，所有危害"老烟枪"几乎都知道，但他们还是不会戒烟啊！确实，要想达到更好的效果，仅靠外部的知识没有用，还要把知识跟个人的体验结合起来。比如，一个"老烟枪"咳嗽不止，去看医生，医生告诉他痛苦跟吸烟这个行为是怎么联系起来的，他就会意识到：这不是一个普通的知识，这是关于"我"的信息。有了这种个人层面的领悟，行为才更容易出现变化。

弗洛伊德认为，精神分析最重要的职责是把无意识的冲突意识化，就是把一个人症状背后隐藏的无意识冲突点破，症状就会消失。这是最早的一个心理改变模型。这个模型有一个最基本的假设：一个人只要获得了某条关键信息，就会发生改变。或者说，当一个人无法改变时，是因为有些信息他不知道。

这非常符合我们在常识中对改变的想象。很多人接受心理咨询时，都期待心理咨询师多"说"一些，多提供专业见解，认为这些信息是帮助自己改变的秘诀所在。在日常生活中，我们想改变一个人的时候，也会寄希望于给他讲道理，认为他被卡在了某个关键的信息点上，只要他收到对症下药的信息，改变就会发生。

但是请注意，哪怕是最有用的道理，如果只是讲道理，也很难让人触动。尤其是现在资讯如此发达，某个人无法改变只是因为欠缺某个知识点，或某句话他闻所未闻，一看之后便醍醐灌顶、大彻大悟，这种情况越来越少。更多时候，虽然道理很对，听到的人只会想"又是老生常谈"，或"说得再好有什么用，我又做不到"。必须让知识跟他个人的经验产生联系，他才会产生一种"啊！原来是这个意思"的触动。

路径二：体验

这就涉及改变的第二条路径，通过体验让改变发生。

体验跟信息的差别在哪里？信息引发的改变往往在认知层面上，是由理性进行加工的；而体验是全方位的，除了理性，还有情感的、身体的改变。

电影《心灵捕手》中有一个经典情节。主角是一个在关系中受过创伤、无法对人产生信任的天才少年，罗宾·威廉姆斯（Robin Williams）扮演的心理咨询师对着他说："It's not your fault（这不是你的错）."主角说"我知道"，表情有些不耐烦。心理咨询师又重复了一遍："It's not your fault."主角还是有些抵触。咨询师继续重复同样的句子，说了整整 10 遍，主角从一开始的不屑、抵触，到后来表达出强烈的情绪，最后哭了出来。这段对话，也成为咨询中的一个关键转折。

你看，单从信息层面理解，这句话没必要重复 10 遍，只说一遍主角就已经听懂了。可是当他看到这个人在自己面前用那么柔和、悲悯的语气，一遍一遍重复同样的话，哪怕自己表达了想推开他的强烈冲动，他还在继续。这个场景就会带来一种深层次的情感冲击，让他产生一种被真正接纳和关心的体验。

体验对一个人的改变作用比单纯的信息强烈得多。想象这样一个场景：一个人对伴侣抱怨工作压力大、不想上班，对方却开始讲道理，比如"想做一番事业就必须忍受辛苦，你要坚持"。道理没错，但不会让人有积极的改变，甚至还可能惹人生气。换一种情况，当你听到伴侣在关心你，甚至支持你停下来："没关系，太累了就休息一下，你已经做得很好了。"你反而不需要休息了，有这份关心就够了，你还有力气再战斗下去。

路径三：练习

第三条改变的路径，是通过练习形成肌肉记忆。

有时候，我们在道理上知道如何改变，也获得了深刻的体验，但仍然无法突破惯性的轨道。一开始的雄心壮志，在日常生活中"浸泡"一段时间，就会被打回原形。事后回想起来，要么是忘了，要么是头脑记得怎么做，做的时候却感觉浑身别扭，还是更习惯原来的方式。然后把自己的表现总结成一句话："我真没用，这都做不到。"

其实，这种现象很正常，知道怎么做本来就不等于能做到。就像你跟教练学习正确的跑步姿势，学的时候每个动作都很标准，等真正跑起来，又会回到以前的姿势。为什么呢？每个教练都会告诉你："光知道没用！你得坚持练一段时间，才有效果。"

有些心理咨询的流派认为，心理咨询师其实也是健身教练，我们能提供的最大价值不是"教学"，而是"训练"。因为心理反应也有惯性，必须通过练习形成肌肉记忆，才能克服惯性的阻力。这里的肌肉记忆其实是一种神经链接。如果你只是在理智上学习了情绪管理，知道在愤怒时怎么更平和地表达，却没有形成相关的神经链接，这种反应就不属于你。下次进入愤怒的情境，你还会不假思索地做出熟悉的反应。

行为也一样。一个不擅长拒绝的人，明知道该拒绝那些不合理的要求，也掌握了拒绝的"话术"，事到临头却发现头脑一片空白，开不了口，就算勉强说出来，也是磕磕巴巴、理不直气不壮。这不是因为他的性格有什么问题，只是因为他对新的表达方式还不熟练。就像第一次开车会手忙脚乱一样，多练几次，这门技术才会真的属于你。

从知道到做到，没有捷径可走，只有重复训练，直到形成新的反应模式。这就是前面讲过的学习原理：行为模式不是通过认知塑造的，而是在重复中形成的条件反射。

途径四：关系

最后一条改变的路径跟个人无关，而跟我们身边的人有关，那就是通过关系改变。

很多问题是在关系中维持的。举个例子，小孩子有时候会故意破坏一些规则来吸引大人的关注。有的孩子会在某一段时期特别爱说脏话，他们明知道这个行为是错误的，还是乐此不疲。他们是要通过这个行为刺激父母，父母越是表现得生气，他们反而越兴奋。

这时候，与其想办法制止孩子的行为，更好的方法是帮助父母改变他们的反应方式。比如，可以适当忽略孩子的负面表达，转而关注他们更积极的、有建设性的行为。

这是心理咨询最近几十年的一个发展趋势。它的工作对象不再只是单个的人，也包括家庭、团体、组织机构。从关系入手改变，常常会有事半功倍的效果。

不过，小孩子是生活在家庭关系中的，如果是成年人呢？当他们发展出了自主性，关系还有那么重要吗？社会心理学告诉我们，人是关系性的动物，人的大多数行为都可以放在关系语境下被赋予意义。一个人在发挥自主性的同时，仍然会潜移默化地受到关系的影响。比如，青少年在父母催他吃饭时会说"我不饿"。他是出于自主地陈述客观状态就是"不饿"吗？不一定，也许他有点饿，但他不希望"父母叫我吃，我就吃"。要从关系上改变他，简单的方法就是请父母给他一些空间："饭做好了，你想吃的时候自己过来盛。"也许孩子很快就来了。关系上的小小改变，有时可以塑造出完全不同的行为。

第二讲 ▶▶▷
精神分析：在关系中改变

01 自由联想：定期的闲聊如何促成改变

前面介绍了心理咨询通用的改变原理，从本讲开始，我将按照心理咨询的流派，介绍它们在促成改变这件事上分别有哪些好用的方法。

最先为你介绍的是心理咨询历史最久、影响力最大的一个流派，那就是精神分析。

你还记得精神分析的基本假设吗？这个流派认为，人类有意识的活动背后有一个叫无意识的神秘领地，里面充满了本能欲望的冲突。这些冲突平时看不见、摸不着，但会影响我们在生活中的表现，甚至可能发展出身心症状。

这是一个看起来有点"玄"的理论，它如何帮助我们发生实际的改变呢？

如果你有兴趣，可以体验一下精神分析式的心理咨询。但我先打个预防针，你要有所准备：在咨询过程中，你可能听不到任何鞭辟入里的分析；相反，咨询师会让你从头说到尾。你要说什么呢？他会告诉你："没关系，想说什么都可以。"而无论你说什么，他都只是给予一些简单的回应，比如"嗯""啊""还有呢"。最后，50分钟的时间到了，他说"我们下次继续。"你感觉摸不着头脑：我莫不是做了一个假的咨询？

我要告诉你，这恰恰就是精神分析促成改变的方式。哪怕你不认为自己讲的话有什么意义，也不觉得收到了任何有价值的反馈，但精神分析相信，只要把这种咨询维持足够长的时间，改变会越来越深刻和全面。这是什么原理呢？

自由联想

这种单方面的自由表达在精神分析里有一个专业术语，叫"自由联想"。

弗洛伊德打过一个比方，自由联想就像来访者跟咨询师一起坐火车，来访者坐靠窗的一边，脑海中飘过各种念头，如同看到一路风景从眼前闪过；咨询师坐在另一边，不知道来访者看到了什么，来访者就把眼前飘过的事物如实报告给咨询师。

在早期经典的精神分析治疗里，咨询师还会让来访者躺在咨询室的躺椅上，闭上眼睛，更专注地沉浸在自己的主观世界里。咨询师则坐在来访者背后，尽可能保持安静，不打扰他的自由联想进程。作为听众，咨询师的任务是，从来访者给出的头脑中的画面里捕捉无意识冲突的只鳞片爪，建构出来访者的无意识世界里究竟发生了什么。

今天，很多咨询师已经不再使用躺椅了。咨询师和来访者会分别坐在两张沙发上，彼此都能看到对方，但他们之间会有一个夹角，这样就不用一直保持目光接触。来访者仍然可以沉浸在放空的状态里，讲出头脑中浮现的东西。不知道说什么的时候，咨询师就会鼓励他："任何东西，只要在脑海里面闪过，都可以说出来。"

弗洛伊德认为，像这样的自由联想可以触达一个人的无意识深处。而无意识领地的某些信息，也许就可以促成改变的发生。

为什么这个过程可以触及无意识呢？想想看，我们在平时的生活中是不是太强调那些"有意义"的想法了。比如，怎么说话才是正确的？哪些内容是重要的？坐在火车上的人，如果看到房子、人、草地、鲜花，会很容易说出来，因为他认为这些东西是值得说的；同时他也会看到地上的垃圾、牛粪、臭水沟，但会觉得这些东西不值一提。这些信息的筛选规则是什么呢？按照精神分析的假设，就是意识世界对于无意识冲突的压制。

当精神分析师鼓励你"一切都可以说"的时候，那些不起眼的、习惯性被压制的信息就获得了一个机会进入意识世界。也许你会莫名其妙地想到一些跟此时并不相干的话题，你也可以自由表达出来，因为它们在此刻出现，一定有其道理。也许它们恰恰提示了改变的关键，只是你还没有看到其中的关联。

均匀悬浮的注意

不过，按照这个理论，我们头脑里莫名其妙的想法碎片可太多了，难道它们都要被分析一遍吗？这当然做不到。面对这条无限延续的意识流，最可行的应对方式是"均匀悬浮的注意"。这也是弗洛伊德提出的一个概念，用大白话说就是：只看，不评判。

什么意思呢？一个合格的精神分析师听到你的自由联想时，不会刻意放大任何部分，他会同时关注那些美好的、有意义的信息，以及那些负面的、怪异的信息。只有对所有信息均等地加工过后，分析师才会对你这个人产生一种全面的、更偏于直觉性的感知。

爱因斯坦有一句名言："你无法在制造问题的同一思维层次上解决这个问题。"在这一点上，自由联想就是用来帮助人"跳出来"的工具，因为它鼓励无意义的表达。没有意义，就打破了我们自认为正确的框架。

这就是为什么我们需要精神分析。一个合格的精神分析师就好像我们"脑后"的一双眼睛，可以帮助我们观察到单靠自己看不见的部分。但要做到这一点，不能仅靠分析师的智慧，还需要接受分析的人抱着一种开放的心态，如实地暴露自己。

"无用之用，方为大用"。这不仅适用于精神分析，也适用于日常生活。我们常常不自觉地把想法分成有价值的和无价值的，然后不再对那些无价值的想法投入一分一秒的关注，从而不断强化自己已知的世界，进入自证的循环。这时候，请提醒自己，保持均匀悬浮的注意，说不定那些被你忽略的事物就提示着你还没有探索到的自己。

安全的探索空间

看到这里，你也许闭上了眼睛，尝试觉察自己头脑中可能出现的想法。但你可能很快又睁开了眼睛，因为意识到有太多"危险"的念头。比如，你会对亲近的人有莫名其妙的怨气，想"发疯"，甚至想毁掉现在的生活。你不禁担心：这些想法真的有意义吗？

按照精神分析的理论，这确实可能是你在无意识中产生的冲动。但是不用担心，只是看到这些冲动，不会带来任何伤害。它也是你改变自己的一个环节。

这是因为，自由联想为某些禁忌的想法开辟了一个安全的探索空间。

精神分析假设无意识中有禁忌的欲望，比如性、攻击和破坏的本能。因为它们不符合正常社会的规则，我们就给隐藏起来，但它们不会真的消失。比如，一个人在自由联想时，脑子里也许会突然闪现这样一幅画面：无来由地想要暴力对待他的咨询师。他被这个想法吓坏了：我怎么会这么想？我是不是疯了？但也许这个画面的背后隐藏着他对权威的愤怒。可能是他在工作中对自己的领导积累了很多不满，却没有表达的出口。

如果我们允许自己探索一下那些负面的想法，说不定就会有更好的解决方案。心理咨询是一个语言的实验场。在那里，一切愤怒、恐惧或贪婪都可以安全地释放。用语言的形式把它们呈现出来，反而意味着这不会造成现实的破坏。比如，一个人"想把辞职报告摔在老板脸上"，他可以在这种想象中充分体会自己的愤怒。他会意识到，愤怒的来源是他在工作中积累了太多的负面情绪，他在现实中必须学会妥善处理情绪。如果没有这些探索，他也许会一直隐忍，等到忍不下去的那一刻，直接辞职。

所以，自由联想允许我们把内心那些不堪的，甚至阴暗的想法说出来。这不是单纯地为了发泄，而是要看到想法背后的积极动力，然后将它们整合到正常的生活中。

慢节奏的分析

不过，精神分析心理咨询有一个局限：它需要靠漫无目的的联想，一窥无意识世界的究竟，所以需要很长时间。在弗洛伊德时代，来访者大多是欧洲的贵族，他们几乎每天都有闲暇接受分析，一分析就是很多年。现代人没有这样的条件，所以现代精神分析精简了很多。但再怎么精简，来访者也要保持每周一到两次的频率，最少要做几十次咨询，算下来，差不多要几个月到一年的时间。把这种咨询作为解决具体问题、实现自我改变的工具，有人可能会觉得有点不值：也许咨询才刚开了个头，最初的问题就时过境迁了。

但是换一个角度去看，有时候慢就是快。太急着在某一点上立刻发生改变，也会成为一种障碍，反倒是在看似无目的的谈话中，更有可能收获意料之外的觉察。所以，精神分析给了我们一个启发：**不要过于追求效率，效率有时候是改变的敌人。**

心理咨询对这种慢节奏的改变有一个比喻，叫"浸泡"：浸泡在一段未知的体验里。就像读书，不是抱着特定的预期去读某本书，而是"好读书，不求甚解"。带着目的去读，只会学到具体的知识点；不带目的地浸泡在书中，可能会偶遇很多从未想过的东西。也许，遇到那些真正触动你的信息，就发生在你自己也不曾预料的时刻。

02 矫正性情感体验：如何用关系治疗心病

精神分析的设置看上去像是定期的闲聊，却可以促进人的长期改变。不过，精神分析的改变机制不只是自由联想，还包括咨询师和来访者之间的关系。

所有心理咨询的流派都有一个共通的范式，就是咨询师要和来访者建立起一种合作的、积极关注的关系。关系良好，对方会更愿意跟你合作，老师跟学生、医生跟患者、健身教练跟学员的关系中都是如此。但是，精神分析主张的"在关系中改变"跟其他流派有些不同。在精神分析的体系里，关系被看成治疗的元素。治疗的对象，则是来访者在其他关系中受过的伤。这种治疗关系，叫"矫正性的情感体验"。

精神分析认为，一个人跟重要客体的关系模式塑造了他跟外部世界的互动方式。那些难以改变的问题模式背后，很可能潜藏着这个人对关系的错误假设。一个人早期经历过的伤害令他在成年之后始终在重复的问题里打转。要想改变，我们不仅需要在理智上对此有充分认知，还要在关系中获得不一样的体验。体验改变了，其他改变才会顺理成章。

体验一：稳定、可预期

你已经知道，咨访关系是一段稳定、可预期的关系。只要你预约了咨询师的这个时段，那么不管刮风下雨，还是你迟到，甚至缺席，他都会在这个时间等你。

但在精神分析的设置里，咨询师的稳定并不只是"准时等你"这么简单。实际上，精神分析把咨访关系的稳定上升为一种核心要求：你每周固定在这个时间咨询，这段时间就默认属于你；这是一段属于你们的、雷打不动的关系，无论有什么意外，这段关系都是稳定的。

有的精神分析师甚至会在年初就把全年的工作规划好，哪几周要开会或休假，都提前确定好，剩下的时间跟来访者交代得明明白白——都是你的时间。

这种稳定的预期会带来怎样的矫正性情感体验呢？

我们学习过依恋理论。如果在成长早期，孩子没有跟重要的抚养者形成安全依恋，就会有重要的人随时可能"消失"的体验。这样的孩子长大之后，无法对这个世界形成任何安全感。虽然后来他们在理智上知道，父母并不会真的消失，只是暂时离开，但问题在于，人类的情感体验是先于理智而存在的，他们在感受上仍会觉得重要的人随时可能离开，仍会为此感到恐惧，并且情不自禁地采取行动应对这份恐惧。

形成了不安全依恋的人，通常有两种应对关系的方式。一种是不断地在情感上表达需求，甚至无意识地制造出很多麻烦，来向重要的人表达"你不能走"。另一种是跟其他人保持疏离，不对任何人或事物产生探索的愿望，不靠近就不会受伤。

但在一段稳定的咨访关系中，来访者会获得完全不一样的体验：他第一次感受到，有一个人在特定时间内是完全"属于"自己的。虽然只有 50 分钟，但咨询师会成为他心目中的一个稳定客体，这叫"内在客体"。意思是，哪怕见不到，这个人也在自己心里。

可是，非得要一个咨询师不可吗？生活中的同事、朋友不也是稳定客体，见不到的时候，他们不也稳定存在吗？他们为什么不能提供矫正性情感体验呢？

问题在于，在不安全依恋中长大的人，会觉得这些关系并非"理所应当"的存在，他必须为之付出努力。比如，他要努力工作才能留在公司，这些同事才会是"他的"同事。只有心理咨询师的稳定是他完全不用担心的。有的来访者会有必须努力表现的压力。每次做咨询之前都要找好话题，仿佛这样咨询关系才能继续。咨询师会告诉他：

"不需要，没话可讲，就什么都不用讲，这段关系仍然存在。"当采访未意识到自己不需要为一段关系的存在本身付出任何努力，这件事会奠定新的情感体验的基础，让接下来的改变变得更容易。

体验二：理想化

除了稳定，来访者还可以把咨询师理想化，把他想象成一个有智慧、有力量的人。这也是一种矫正性情感体验。

我要先澄清，对咨询师持续的理想化不一定是好事，对此，精神分析心理咨询会有进一步的处理。但在成长早期遇到一个强大的人，想象他能支持我们、保护我们，这对我们的成长是有积极意义的。就像我们小时候看爸爸妈妈，总觉得他们高大伟岸，无所不能，渴望自己能成为像他们一样强大的人。精神分析把这种体验称作"认同"。

随着慢慢长大，我们发现父母并没有我们小时候以为的那么强大，他们也有很多搞不定的问题，但我们曾经建立起的认同并不是一场毫无价值的幻觉。就像今天有的青少年热衷于追随偶像，把偶像想象得无所不能，这对他们自身的成长也有积极影响。因为认同，我们才觉得自己也是好的——"对方很好，我跟他是一体的，所以我也很好。"同时，我们也树立了最早的榜样。通过认同，我们意识到自己未来想成为什么样的人。

如果一个人小时候没能充分地发展认同，比如从小就觉得父母没本事、靠不住，成长道路上又没有遇到值得追随的老师和榜样，那他长大之后就很容易陷入对自我价值的怀疑。这时候，把心理咨询师看作一个强大的客体，就有机会矫正这部分情感体验。

有些来访者刚开始做咨询，会觉得"遇到了一个很厉害的咨询师"，这种体验对他们是有用的。心理咨询师当然只是普通人，吃五谷生百病，并不是真的强大，但他需要在一段时间内扮演一个可以被理想化的客体。所以，按照精神分析的要求，咨询师需要在来访者面前尽量隐藏个人生活，只呈现纯粹的专业形象：永远睿智，永远冷静，永远有办法。虽然这不见得是事实，但也许会在特定阶段带给来访者一些力量。

体验三：被允许

第三种矫正性情感体验，叫作"被允许"。

什么是被允许呢？就是在一段关系中，你怎么做都不会被评判，也不会受惩罚。你肯定会想：这怎么可能？我要是揍对面的人一拳，他会允许吗？所以还要加上一个边界——在语言层面上。你用语言说出"我想揍你"，咨询师就会说"多说一点"。

在语言层面上，你有怎样的想法、冲动，都可以自由地表达。哪怕是一些不堪的、在道德层面不被接受的想法，放在咨询的语境中也都是安全的。咨询师会把它们作为分析材料，而不会对你说："你怎么可以这样想呢？你不是个好人！"

这很重要。在熟悉的情感经验里，我们往往会觉得，自己只有做了正确的事，才会被别人接受。我们从来不敢想象：如果暴露出自己真实的"本性"，别人会怎么样？

在一段被允许的关系里，你可以表达真实的自己，还会发现你不会因为自己的本性而受到任何惩罚。对很多人来说，这种情感体验会成为他们未来接纳自己的基础。

体验四：可以安全结束

最后一种矫正性情感体验是，这段关系可以安全地结束。

精神分析师罗伯特·林德（Robert Rinder）说过："弗洛伊德创造了一种可以结束的关系，这是他对人类的重要贡献。"在一般的生活经验里，善始善终的关系是很罕见的，要么是"等闲变却故人心"，要么是"十年生死两茫茫"。我们想象不出一段关系可以怎样善终，只有各种痛苦的生离死别，结束几乎等同于被抛弃和受创伤。

但是，结束本身还有一种可能性，那就是一别两宽。结束意味着各自的成长。咨访关系的结束就是这样一种矫正性体验，它是安全的，对任何一方都不构成伤害。有的来访者恐惧结束，也许会想方设法维持咨访关系，甚至不断制造新的问题，让咨询"有得聊"。咨询师看到这种关系模式，就会直接提出："我看到你一直在推迟分离，分离对你意味着什么呢？"这种安全的讨论有助于来访者从正常的角度体验分离。

还有一种情况是，来访者对咨询师的服务不满意，他可以随时提出结束。他会体验到自主的权利，这同样是一种矫正性体验。小时候，即便你生活在一段糟糕的家庭关系中，也只能自己想办法适应。但现在你作为一个成年人，有权利拒绝自己不想要的关系，只让自己待在舒服的关系里。这种掌控感会促成你其他方面的成长。

第三讲 ▶▶▷
行为训练：从具体到整体

01 刻意练习：如何快速提升行为技能

精神分析作为心理咨询最早的一个流派，常常被现代人认为效率太低，毕竟每次改变都必须深入无意识的世界。随着心理咨询的发展，新的咨询流派层出不穷。精神分析之后的行为主义学派，其最大的特点就是简单方便。比如前面我们学习过的经典条件作用和操作条件作用，这些原理只关注看得见、摸得着的行为，而不关心内在的精神活动。

如果把这些原理应用到心理治疗的实践中，会不会让改变变得更简单呢？20世纪40年代，一位叫约瑟夫·沃尔普（Joseph Wolpe）的心理学家开始进行这样的尝试，他用系统脱敏的方法治疗恐怖症，效果很好。从此，一个叫作行为疗法的心理治疗流派诞生了。

作为一种成本低、见效快、方便实施的治疗手段，行为疗法在今天不仅适用于心理障碍的治疗，也被广泛应用在普通人自我改变的实践中。

不过，说到行为疗法，你可能一头雾水，但说起刻意练习，你是不是就恍然大悟了？练习，就是行为治疗理念中最有效的改变工具。

练习到底有多重要

练习很重要，这一点人人都会赞同，我们经常把"熟能生巧""从知道到做到"这些话挂在嘴边。但在大多数人的观念里，练习再重要，也始终排第二位——比它更重要的是什么呢？是领悟。我们先要在认知层面上理解一件事，再落实到行为上，形成肌肉记忆，"由内而外"才是正确的改变顺序。比如，一个人害怕当众演讲，我们会建议他先内心理解和接纳自己的恐惧。否则，一到现场就紧张得话都说不出口，演讲技能练得再好也没用。

这看上去很有道理，对不对？但行为疗法不这么看，它把行为的改变看成唯一重要的变量。它认为，紧张跟认知无关，就是行为的问题，缺乏练习。缺乏什么练习呢？深呼吸。紧张时，呼吸会不自觉地急促起来，只要学习在这种情况下保持深呼吸，就可以抑制紧张情绪——就这么简单。沃尔普发明的脱敏法，本质上就是这样的练习。

所以，行为疗法主张的"练习很重要"，说得直白一点，其实是"练习就是一切"。它不针对任何流派，在座的各位都需要练习。领悟再多知识，获得再深刻的体验，最后要改变的还是行为。那不如一步到位，学会在正确的条件下做出正确的行为，问题就解决了。

你可能觉得，这太简单粗暴了吧！每个人有不同的个性，对事物有不同的理解，在具体领域有不同的天赋，这些不重要吗？对不起，在行为主义者看来，确实不重要。

这话可不是我说的，而是一位叫安德斯·艾利克森（Anders Ericsson）的心理学家说的，他就是"刻意练习"这个概念的提出者。艾利克森研究了不同领域、不同水平的大量学习者，有新手、普通专家，也有高手和全领域公认的大师。他发现，一个人成就的高低可以不用"才能"或"经验"来解释，把它拆解成许许多多个具体动作，每个动作都能通过练习掌握。换句话说，只要投入足够多的努力，又有足够好的训练方法，你可以在任何一个领域成为高手。无论是想搞运动、做音乐、下国际象棋，还是想成为医生、数学家、商人，又或者想要改变自己的人际关系、性格特点，只要你想，就都能通过刻意练习做到。

刻意练习是如何起作用的呢？有 3 个关键词：刻意、精准、重复。

关键词一：刻意

先看第一个关键词——刻意。刻意练习跟普通的练习不一样。

普通的练习是重复已有的动作。如果我是一个不擅长跑步的人，还没有掌握正确的动作要领，就按自己习惯的姿势先跑上 10000 小时，那么我不仅进步有限，还会因为熟练而更难纠正不标准的动作。

刻意练习则是要打破这种僵化的重复。每一次练习，都必须让自己更接近正确的动作。所谓刻意，就是要主动调用系统 2 进行自我控制，帮助自己通过每次练习获得进步。否则，处于系统 1 不走心的状态，练着练着就会回到过去的模式。虽然这个过程是不假思索的、快速的，甚至令人愉悦，但恰恰是你需要克服的。

我每次讲到刻意练习，都会想起一部经典漫画《灌篮高手》。主角樱木花道作为一个篮球新人，参加全国大赛之前进行了一段关于投篮的刻意练习。一开始，教练指导他标准的投篮姿势，他感觉浑身别扭，因为跟他习惯的投篮动作完全不一样——这才是对的，说明他正在对抗自己过去的习惯。刻意练习一开始恰恰需要这么一点别扭的感觉，不能让自己进入太舒服、太流畅的状态。如果你觉得手脚都不知道往哪里放，那就对了。

不仅体育技能的练习会让人感觉别扭，哪怕是生活中一些微小的改变，也会带来这种别扭的体验。比如前面讲到的脱敏法，在令自己感到紧张的刺激面前"坐着不动，保持深呼吸"，就这么简单的一个反应，你一开始都会全身不自在，只想快速逃离。这时候，你只能刻意地反复提醒自己：我想逃离是因为习惯如此，而不是因为我真的需要。

带着全身不适，努力对抗自己的习惯反应，这就是我们学习新动作的第一步。

关键词二：精准

对简单的事情，让自己保持正确的姿势，只要刻意坚持一下就能做到。但如果是复杂的技能，我们怎么保证现在做的就是对的呢？

这就要提到刻意练习的第二个关键词——精准。

精准是通过行为反馈实现的。我继续用投篮来举例。樱木花道练习的每个投篮动作，教练都请他的朋友用摄像机拍下来，练完让樱木自己看回放，这就是反馈。他看到屏幕上自己投篮的姿势，非常吃惊：怎么这么难看？樱木他知道标准的姿势是什么样，但直到亲眼看到录像，才知道自己离标准有多远。有了反馈，后续练习就有了优化的方向。

比摄像机更有针对性的，是请一个富有经验的人进行现场指导。在行为疗法中，咨询师经常扮演这个反馈者的角色。比如，一位不擅于拒绝的来访者在练习如何拒绝别人的不合理要求。每练一轮，咨询师就会在某个点上给出具体的指导，比如"你刚才的眼神有一点躲闪，再来一遍，试着跟对方保持眼神接触"，或者"这一轮眼神很好，但是声音还不够大，试着更大声一点"。在这种指导下，人的行为会以惊人的速度得到改善。

在这种反馈中，行为是以"标准框架"为参照的。还有一种反馈是以"对方的反应"为参照的，比如脱口秀演员。一个段子该用怎样的方式表演，没有标准。演员在正式演出前会在开放麦上尝试不同的表演方式，测试哪种方式会引起观众更好的反应。

假如缺少专业的人指导，用这种反馈方式来优化行为会更有效。同样是练习拒绝别人，如果没有专业的咨询师，你可以请一个信任的朋友作为角色扮演的搭档。让他来告诉你："刚才你用那种方式表达拒绝，我好像不会当回事，总觉得你似乎底气不足。我不确定是眼神还是声音有问题。你调整之后，我再体会一下看看。"

根据每一轮反馈校准，你就会不断逼近更精准的反应。

关键词三：重复

刻意练习的第三个关键词是——重复。

通过刻意为之的、不断优化的行为练习，我们逐步获得了一种新的反应模式。但在实际生活中，不可能每一次要给出反应的时候，我们都要刻意为之。就像你在角色扮演中已经学会坚定、平和的拒绝方式，可是某一天，就在你猝不及防的时候，老板又一次提出不合理的要求，你根本来不及刻意思考"我学过的拒绝该怎么说"，就顺嘴答应了。

要解决这个问题，就需要把那些"刻意"的新反应变成"自动"反应。这个过程的要诀只有一个，就是重复，大量重复。在重复过程中，新的反应会逐步被纳入系统1，从一个需要刻意启动的动作慢慢取代原来的自动反应，成为新的肌肉记忆。

在行为主义看来，一个人觉得自己无法改变，或者学到新行为，却在实际应用时做不到，都可以简单地解释为缺乏重复，而不需要看成这个人有问题。如果下一次你还是没办法拒绝别人，不要觉得"我这个人就不是擅长拒绝"，只要告诉自己：我只是练习得还不够。再重复几遍，直到每一个细节都变得不假思索，就行了。

02 行为功能分析：如何实现由内而外的改变

行为疗法认为，理论上你想要的任何改变都可以被拆分成具体动作，通过练习实现。这看起来很简单，实际上在面对改变时，我们往往不知道从哪个行为切入。毕竟，生活中每个人说到自我改变，往往是对某种内在的心理特点不满意。比如，一个人想改变自己做事虎头蛇尾，还缺乏毅力的毛病。这不属于具体动作，要怎么刻意练习呢？

这时候，我们需要一套思维工具，叫"行为功能分析"。它可以帮助我们先看清一个人在困境中的关键行为模式是什么，再有针对性地进行练习。

行为功能分析的提出者是行为主义大师斯金纳。你可能还记得他训练鸽子打乒乓球，提出了操作条件作用原理。行为功能分析是他创造的用于分析人类行为的范式。行为功能分析的英文是 functional analysis，其中的 function 既可以翻译为"功能"，也可以翻译为"函数"。斯金纳用这个词，是想从中性的、不带感情色彩的角度，把行为跟它的前因后果联系起来。比如，A 刺激关联着 B 反应，带来 C 结果。从这个角度理解，斯金纳更偏向"函数"的意思。不过，我们还是按照约定俗成的叫法，叫它行为功能分析。

概括地说，行为功能分析的思考路径分为 3 个步骤。

寻找靶行为

第一个步骤，是寻找靶行为。

"靶"的意思是最终落点。我们想改变自己，一开始只有一个抽象的、笼统的概念，但最终要落实到看得见摸得着的具体行为上——这个行为就是改变的关键。

你可能会想：所有改变都能落实到具体行为上吗？如果我想改变内心的情绪状态或者思维模式，怎么办呢？想象有一台摄像机可以记录你的一言一行，你从摄像机的视角回答：改变之后和改变之前，它能捕捉到哪些变化？

摄像机只能记录单纯的画面和声音，拍不出内心活动。即便你想要的是内在的改变，这些内在变化也只能通过外在的语言、行为、姿态反映出来，而外在表现是很容易进行前后对比的。从这个角度看，你就能立刻找出起决定作用的那个动作。

举个例子。一个人希望自己做事更有毅力，这是他内心特质的改变，那外在的改变是什么呢？如果代入摄像机的视角，他就会看到：更有毅力之后，自己会坐在书桌前长时间专注地读一本书。他甚至能想象出是哪一本书。那么，读这本书就是我们要找的靶行为吗？还不够。因为"专注地读书"是一个过程，还需要聚焦到更具体的行为上。

我们用摄像机把他读书的过程慢放一遍，甚至跟之前逐帧对比，看看他坚持不下去的关键动作是什么。

按照惯性的思路，你也许会说"他之前看书的时候总是心不在焉，注意力不集中"，或者"他读着读着，就觉得没意思了"。可是别忘了，摄像机拍不出这些心理活动，只能记录单纯的行为本身。那行为是什么呢？他躺在沙发上，拿出一本书，翻了两页就把书放下，然后打开手机，检索从书上看到的一个名词……检索了一半，又被手机上的其他消息吸引，点开了新的页面。这样一个页面、一个页面地刷下去，他再也没碰过身边的书。

这只是在单纯地描述客观行为，并没有推测他的内心活动。但你已经看到了，他之所以没法坚持看书，关键就在"把书放下，打开手机"——这个动作就是靶行为。行为功能分析就是要围绕这一点展开。他想改变阅读状态，就要在这一点上培养新的反应。

你可能会有些失望：这个改变也太小了吧！人家想要提升的是整体状态，我们却关注这么微小的一个细节。但恰恰就是这些细节，才是影响整体状态的关键。

寻找行为与刺激之间的关系

找到靶行为之后的第二步，就是寻找它与外界刺激之间的联系。

外界刺激的意思就是：在外部世界，客观上发生了什么。这也与我们习惯的思维方式不同。我们很容易想：他开始刷手机，是因为感到厌倦，他贪玩，他缺乏毅力。你看，这又是在推测他的内心活动。如果我们把关注点放在外界，看看客观上发生了什么，会注意到这么几个细节：第一，他躺在沙发上；第二，手机就在他旁边；第三，他看书的时候碰到了一个想在手机上检索的词。

这就是行为功能分析看问题的角度：关注那些实实在在发生了的事，一个人内心怎么想，不重要。有时候，"内心怎么想"是一种障眼法，会让人忽略真正重要的事情。我经常遇到一些父母抱怨，说他们控制不住孩子看动画片的时间。明明说好了只看一集，但孩子拿到手机后就彻底失控了，会一集一集地看下去。

我在咨询室里亲眼看过这一幕是怎么发生的。父母嫌孩子吵闹，把手机给孩子："只看一集啊！"播完一集，父母让孩子停下来，孩子置若罔闻。父母就无奈地看着我："你看，他根本不听。"我说："你们在同意他继续看。"父母说："我们不同意啊！"我说："你们只是认为你们不同意，但在客观上维持了他继续看的条件。"

从孩子的视角看，只要手机还在放映动画片，就意味着他可以继续看。外部刺激满足了他看动画片的条件，为什么不看呢？顶多就是忍受一下爸爸、妈妈的唠叨，只要口头上应付几句就可以。甚至口头上都不用回应，置若罔闻就好了。对很多孩子来讲，"爸妈的唠叨"只是他们看动画片的伴奏而已。

除非父母把手机收回来，关掉动画片，才在客观上创造了改变孩子行为的条件。

父母也许会摇头："不行，要是把手机收回来，他就会哭闹不止。"这就是行为功能分析关注的：行为会带来怎样的结果。当孩子哭闹或表现出哭闹的可能时，父母就拿出手机默许孩子看动画片，这样的结果是给自己创造一个不被打扰的环境。

父母一定会解释说，这不是他们的本意。确实，但客观上呈现出的事实就是这样。这就是操作条件作用的原理：行为受结果的影响。哪怕是你不想要的行为，如果它一再发生，就说明它在被结果强化。强化包含两种可能：一是好处增加，即正强化；二是负面结果减少，即负强化。父母通过允许孩子看手机，减少自己被打扰的可能，这是负强化。

那么，如果不管外部刺激，单独改变行为本身，可不可以呢？比如那个读了两页书就刷手机的人，其他条件都不变，只是无论发生什么，都不让他碰手机，会怎么样呢？这也许会带来更多的麻烦。比如，他在书上读到了不懂的概念，如果不立刻检索，就读不下去。可见，刷手机这个行为，虽然打断了阅读进度，但帮助他缓解了知识焦虑。这是一个负强化，这个行为同样是被其结果维持的。

替换靶行为

如果你只想理解一个行为为什么存在，看到靶行为和外部刺激的联系就够了。如果你想改变，就要再向前一步，设计一个新行为。这也是我要介绍的第三个步骤：在相同的刺激下，用新行为替换靶行为。

具体怎么做呢？还是以看书刷手机这件事为例。我会先建议这个人以后尽量坐在书桌前读书，把手机放远一点。这是通过改变外部刺激来帮助他改变行为，因为他很可能已经形成了"一躺在沙发上看书就想刷手机"的条件反射。

就算他坐到了书桌前，仍然有可能遇到不理解的概念，又会习惯性地想要拿手机检索——这正是关键所在。我要他培养的新行为是，在这种时候找一个本子，快速记下不理解的词，然后继续读。

这个行为跟刷手机相比有相似的功能：同样可以缓解对新知识的焦虑，只要在完成今天的阅读之后，集中拿出一段时间做信息检索就可以了。用这种方法还不会打断阅读的连贯性。那么，他接下来的目标就是养成这个习惯。显然，这是可以通过重复练习达成的。相比于"提升毅力"的大目标，这个具体行为的练习要简单得多。

同样道理，如果父母想限制孩子看动画片的时间，在达到约定时间的时候，不能只是简单粗暴地拿走手机，而是要一边叫停，一边用其他行为延续孩子的兴奋感。比如，陪孩子做一个有趣的游戏，给他看一本有意思的书，或者请他把刚才动画片里的人物画出来。这些方式既可以维持规则，又可以实现"避免孩子哭闹"的结果，父母也更容易掌握。

　　用更有效的行为替代靶行为，而不只是否定靶行为，这样做还有一个作用，就是降低改变的难度。**"不能做这个动作"是一个高难度要求，常常让人充满压力；但是"用一个新动作替代这个动作"只需要一次学习。具体行为的学习永远更简单。**

第四讲 ▶▶▷
认知重构：一念一世界

01 自动化思维：如何区分想法与事实

你已经学习了如何把精神分析和行为主义的原理应用于心理咨询，来促成一个人的改变。这一讲我们来讨论另一大流派——认知心理学是如何看待改变的。

认知心理学与心理咨询的结合叫"认知疗法"。它现在经常跟行为疗法合体出现，被称为"认知行为治疗"，是目前心理治疗领域的第一大流派。不过，认知疗法刚被提出的时候，其实是跟行为主义唱反调的。它反对行为主义对于"想法"的不重视，旗帜鲜明地提出：在改变自己的过程中，想法的转变同样重要。

认知治疗师提出这个观点，是基于对生活的观察。他们发现，同一个刺激在不同的人身上可能引发截然不同的行为反应。这些反应不仅来自他们习得的行为模式，还与他们如何理解这一刺激有关。我举个例子。你在朋友圈里看到几个同事一起 K 歌，没有叫你，你对此感到失落还是开心，取决于你把这件事看成一次亲密的聚会，还是被迫参加的团建。同一件事可以被解读为完全不同的刺激，激发出完全不同的反应模式。如果我们从这个角度出发来觉察并改变自己的想法，那对改变行为就可以起到事半功倍的效果。

今天，认知疗法的理念已经渗透到我们对改变的基本认识中。我们常常说"认知即世界，观念即人生"。改变自己，很多时候就等同于改变自己的认知。

但想要改变认知，我们要先觉察自己的想法是什么。

区分想法和事实

首先，你要能区分出，哪些是头脑中的想法，哪些是客观事实。

有时候，这种区分很简单。比如，你在手机上刷到几条新闻：一条说 35 岁以上的人不好找工作；一条说某公司进行业务调整，裁员了多少人；还有一条说 AI 技术发展迅猛，未来可能取代很多传统岗位。哪怕你的公司并没有裁员计划，你心里还是忍不住"咯噔"一下，头脑中开始上演小剧场：自己作为一个 35 岁的、职业技能被 AI 取代的人，被迫从公司"毕业"，在求职市场上苦苦挣扎、处处碰壁……

可是，无论你的想象有多逼真，我们都很清楚那只是想法，并非事实。事实是什么呢？只是你在手机上看到了几条新闻。这些信息的真实程度、适用范围、跟你之间的关系，都有待考证。但你已经通过它们"脑补"出了一种迫在眉睫的危机。

认知疗法的创始人之一阿伦·贝克（Aaron Beck），把这种想法称作"自动化思维"。这里的关键词是"自动"，我们并没有主动去想，而是系统 1 自动激发的。这种自动跟精神分析的无意识还不太一样。无意识是潜藏在海面之下的，如果没有专业分析师的帮助，哪怕你努力觉察，也看不到。而自动化思维只要你用心去看，就能看到。

贝克认为自动化思维像呼吸一样。虽然呼吸每时每刻都在发生，但有时我们注意不到，因为它再日常不过。自动化思维也是如此，有时令我们认不出来。还是同事 K 歌不叫你的例子，你可能会感到特别难受。如果问你有什么自动化思维，你可能会说："没有啊，我难受是因为被同事孤立了这个事实，我没有脑补任何不存在的想法。"但你注意到没有，"自己被同事孤立"这本身就是一个想法。只不过这个想法是一瞬间自动发生的，以至于你根本没有意识到这不是事实，而只是你对事实的解读。

我们的头脑很像一条高速运转的流水线，把一切进入头脑的外部事件都作为原材料，源源不断地进行筛选、分类并赋予意义。最终生成的产品，就是被我们意识到的"想法"。我们必须放慢速度观察这个过程，才能看到想法和事实之间的距离。

认知疗法的核心假设是：我们对很多事物的反应并不来自事实本身，而是由想法决定的。所以，学会在头脑中区分想法和事实，是认知改变的第一步。

但这种说法可能会引发一种误解，让你以为认知疗法是在暗示：想法是不符合事实的，都是对事实的夸大、歪曲，也就是我们说的"想多了"。那么，如果一个人的想法完全符合客观事实呢？在这种情况下，区分想法和事实又有什么意义？

我想告诉你：想法当然可以符合事实，但仍然只是一种阐述事实的角度。

比如，一个中学生数学考了80分，非常难过，觉得考砸了。你一定能看出来，"考砸了"只是他的一个想法。事实是，他考了80分。也许有人对自己的期待就是"及格万岁"，看到80分的成绩会喜出望外，他的自动化思维是：我太牛了！没想到发挥得这么好。你看，同一个事实，可以引发"好"与"不好"两种想法。

这种想法很容易识别，但如果这个学生郁闷的是"我的成绩比满分低了20分"，这总是在陈述客观事实了吧！其实，这仍然是一个想法。80分确实比100分少20分，这符合数学事实，但为什么要拿它跟100分做对比呢？这仍然是个人的主观加工。

而对同样的分数，有人的第一反应是跟满分作对比，有人是跟全班的平均分作对比，也有人只关注"不是垫底的就行"，还有人觉得有进步就很开心……这些想法没有对错，它们看似都在阐述客观事实，同时也都带有个人的认知特点。就像盲人摸象，每个人都对"象"有不同的描述。这些描述与其说反映了象是一头怎样的动物，倒不如说反映了每个人站在怎样的角度。或者反映了他们在描述事实时，头脑中预存了哪些框架。

考试成绩是一个客观数字，当一个人仔细觉察他在面对这个数字时头脑里闪现的念头，他就会发现自己想的远远不止这个数字本身。也许那一刻他思绪蹁跹，想到了未来要考取哪所大学，拿什么样的学历，甚至找一份怎样的工作。这些想法取决于他在用什么样的框架加工，它们也许让他快乐，也许让他困扰，但他此时的反应早已与最初的事实无关。

所以，**影响一个人的不是事实，而是头脑对事实自动的转化加工。**

我们看到身边的人受困于自己的想法时，经常劝他："事情没你想得那么糟。"这是提醒他实事求是，认清事实。但他看到的就是事实，只不过带着他自己偏好的角度。所以，更好的方式是让他自我觉察：我偏好从这个角度加工事实，那是我的认知风格。

思维记录训练

在认知疗法的体系中，一个人可以觉察到自动化思维，就是最重要的改变。他把自动的过程变成了有意识的过程，也就拥有了选择的机会。我来解释一下。

想法的自动产生是由系统 1 负责的，它往往是在我们毫无觉知的情况下发生的。因为无觉知，所以我们觉得事实本就如此，没什么好说的。要想打破这种状态，就必须先训练自己把自动化思维的速度放慢，才会看到：这只是我看问题的一个角度，还可以有第二个、第三个角度……我们就具备了一种去验证或回应自己想法的可能性。

这种能力就是前文提过的"元认知"，那对认知的认知。在一个更高的维度上观察自己在遇到某一类事情时有怎样的加工偏好，从而觉察到其中有做出选择的机会。

如何培养这种能力呢？

有一个好用的工具——思维记录训练。在认知疗法中，咨询师经常让来访者用这张表格（表 4-1）记录每天发生的事，以及事情带来的情绪反应，同时还要区分想法和事实。

表 4-1

场景 / 客观事实	自动化思维	情绪反应

你可能会觉得这张表格有点眼熟，有点像"情绪调节"那一节介绍过的对情绪的复盘表格，但它们的侧重点不同。情绪复盘关注的是情绪，它强调的是特定场景会带来什么情绪、情绪背后有什么样的认知解释，以及应对情绪的方式是什么。而思维记录表的重点在于我们对事件的认知反应。针对每一件事，要区分客观场景和头脑中的主观认识。

接下来，我带你用这张表格做一次模拟练习。

假设你有一种挫败感，想到自己这么大岁数还一事无成——"挫败"是情绪，"一事无成"是事实还是想法呢？显然只是想法。你接着问自己："我是在什么场景下出现这种想法的？"你想起来，翻朋友圈时，看到一个朋友分享他入职新公司以后的收获。你情不自禁地拿他跟自己对比，才觉得自己一事无成。你就在表格里分别填上事实和想法。（表 4-2）

表 4-2

场景 / 客观事实	自动化思维	情绪反应
在朋友圈里看到朋友的分享	我真是一事无成	挫败（5 分）

你只要单纯地完成这个记录就可以了，写完之后什么都不用做。如果你愿意，也可以把它当成写日记，每天记录 5 件让你印象深刻的事。通常来说，如果你能坚持记录一两个星期，就会对自己的自动化思维模式获得更全面的认知。

02　信念：如何找出束缚自己的规则

认知疗法中还有一个重要概念，叫作"信念"。如果说，自动化思维是浅层认知，是在事情发生的当下，头脑中直接出现的想法；那么信念就是深层认知，它是每个人用于认识世界和解决问题的规则。这些规则虽然不会直接以想法的形式出现，但往往决定了想法的产生。

我们经常说"认识你自己"，认知疗法的角度来说，要认识的就是我们的信念体系。认识信念之后，也许你还会打破自己的信念，这时候你就改写了自己的生活。

什么是信念

信念是一个比较抽象的元认知概念，不同的学者对它有不同的定义。我想给你一个相对形象的理解，信念就是我们对"我要如何生活"的回答。

还以"考了 80 分"举例，有人的想法是"考砸了"。你已经知道这是一个自动化思维，并非事实。但我们进一步追问：这个想法是哪里来的呢？是因为这个人对成绩有一个规则，比如自己必须考到 95 分以上，没有达到这个标准，他就觉得考砸了。

下一个问题就是：为什么要定这么一条规则？显然这个规则会带给他更大的学习压力。同样的成绩，别人都感到满意，只有他不肯放过自己，他活得不累吗？

如果这样问他，我估计他一时也答不上来，只会说："这就是我想要的。"

表面上看只是考试失利，往深层问，就问到了人生志向，跟这个人的自我定位、成就动机和价值观都有关系。这时候，我们关注的已经不再是一件具体的事，而是这个人建构生活的底层逻辑。这就是认知疗法关心的信念，也就是"一个人要怎么生活"。

但只问到这里还不够，还可以继续挖：为什么这件事对他如此重要？他也许会告诉你，他在其他方面都不擅长，只能把学习作为价值感的主要来源；或者他会说，学习是应对未来不确定性的手段；他还可能告诉你，他认为父母、老师、同学都是因为他成绩好才喜欢他的，他害怕成绩不那么好的话，会失去在意的人的关心。

你看，问到这里，我们不仅知道了他想要什么样的生活，还探索到他为什么想要。这关乎一些更底层的规则：他认为什么是重要的，以及他必须通过什么方式才能拿到这个重要的东西。同样是对成绩的关注，不同人背后有完全不一样的建构生活的逻辑。这些逻辑有点像头脑中的滤镜，负责筛选、整理、加工和补充信息。各种各样的外部刺激需要先通过这个滤镜进入我们的头脑，然后生成自动化思维。

这种最底层的信念就是认知图式，它是一个人理解这个世界和自己的根本逻辑。

有人会说"我是无价值的人"，有人觉得"这是一个弱肉强食的世界"，还有人认为"自己不值得被爱"……人们在这些图式的基础上发展出各种规则，让这样的自己想办法适应这样的世界。这些规则塑造了我们的日常生活，同时也对我们形成了束缚。

如何觉察信念

看到这儿，你是否也想觉察一下自己的信念呢？如果你已经积累了一定数量的思维记录，觉察到一些自己的自动化思维，那你可以再增加"信念"一栏。看看在那些经常出现的想法背后，是否存在某些

特定的规律。（表 4–3）

表 4–3

场景 / 客观事实	自动化思维	情绪反应	信念
在朋友圈里看到朋友的分享	我真是一事无成	挫败（5分）	我必须用极高的标准要求自己，做得比其他人更好，否则我就毫无价值
下周要交的工作报告	太难了，怎么都写不好	沮丧（7分）	
同事邀请我周末一起打球	他在占用我的学习时间	焦躁（3分）	

比如，一个人觉得自己一事无成，什么都做不好，这些自动化思维背后隐藏着一些共性的规律，那就是当事人对自己的工作表现有很高的期待。在日常场景中，他会在心里不断地跟别人较劲，跟心目中的完美目标较劲。这就是他想要的生活。

只要他问自己：为什么我想要这种生活？他就会意识到背后关乎他对价值感的定义。他可以把它写成"规则"的句式，比如：我必须用极高的标准要求自己，我必须做得比其他人更好，否则我就毫无价值。这就是他的信念，自动化思维就会因此而生。

如何面对不合理信念

如此看来，更深层的改变需要重新检视自己的信念。那么如何判断信念是否合理呢？认知疗法的创始人之一——阿尔伯特·埃利斯（Albert Ellis）认为，"不合理信念"通常符合以下 3 个特征之一。我们一个一个来看。

第一个特征是"极端化"，就是凡事追求极致，没有中间地带。举个例子，"我必须比其他人做得更好"，这里的"其他人"就带有极端化的特征。因为当事人会认为，假如有一个人超过了自己，就意味着自己全面失败。

第二个特征是"绝对化规则"。这种信念往往带有"应该""必须"这种词，比如"在亲密关系中必须保持绝对的忠诚"。这种信念把个人的偏好上升为一种"非如此不可"的意志，带有强烈的限定感。一旦这种规则被打破，就会造成情绪崩溃。

第三个特征是"灾难化"，就是不允许自己设想"万一"。万一打破了信念，后果不堪设想。比如，一个人希望把事情做到最好，否则自己就毫无价值。可是"毫无价值"究竟是什么样的，他没想过，只会笼统地觉得那是一场灾难。

在埃利斯看来，如果你的某个信念符合上述一个或几个特征，就可以算作不合理信念，是需要改变的。很多心理障碍都是由不合理信念带来的。比如飞行恐惧症，患者为什么对乘坐飞机这么寻常的事感到恐惧？就因为他们有一个信念：必须把风险降到 0。这个信念就是极端化的，认为一丁点儿风险就等于完全失控；它也是绝对化的，他们把自己对于安全的偏好上升为一种强烈的限制；同时，它又是灾难化的，受这种信念的影响，哪怕飞行的风险只有千万分之一，他们也会想：万一刚好就是这次呢？

不过，你不要急着对号入座。从埃利斯提出不合理信念到现在，心理学对信念的认识在不断迭代。现代认知疗法认为，信念是有功能的，它告诉我们"应该如何生活"，增加了目标感。至于它合不合理，没有任何人能替别人作出判定。你只要坚持自己的信念，就说明这个信念有其意义。

假设一个人相信：只要我坐飞机，这趟航班就必定是安全的。这个信念是极端化的，严格来说，它甚至都不符合理性。但一个人拥有这种信念，就能轻松应对飞行过程中的风险，这个信念对他而言就是好用的。而另一个人相信飞行是危险的，同时心甘情愿地接受自己坐不了飞机。他用这种方式让生活变得更安全，可不可以呢？只要他接受这种限制，也没问题。什么时候才有问题呢？就是某个人又不肯承受任何一点风险，又希望享受飞行的便利。这让他无法自洽，在这种情况下，他就必须有所突破。

从这个意义上说，完全相反的两个信念都有可能是合理的，甚至同一个人在成长的不同阶段会发展出不同的、适配当前阶段的信念。比如，一个人上学的时候相信"我必须比其他人更优秀，才有价值"，这个信念让他努力学习；等他进入职场，信念就变成"我承认很多人比我优秀，但我也接受自己的价值"，这个信念会让他更松弛地享受人生。你看，这两种信念是对立的，但没有对错之分，在当时，都是好用的信念。

从内容上看，既然我们不认为哪个信念比另一个信念更"合理"，那我们如何判断信念的好坏呢？你需要参考信念的"弹性"。埃利斯的理论让我们认识到，一个信念越是用极端的、不容置疑的语气表述出来，越有可能形成束缚，也就是这个信念的弹性很差，在环境发生变化时更难自我调节。比如，一个人已经工作了，却还像上学时那样认为只能通过考试成绩获得别人的尊重，这个信念就会带给他无限的失落。在中文里，这种过于顽固的信念还有一个名称，叫"执著"。再好的想法，一旦陷入执着，都有可能过犹不及。

等你找到自己的信念之后，不妨为它打一个分数，看看自己在多大程度上相信它是唯一正确的。要注意，这个分数并不是越高越好。如果你发现自己对一个信念的执着度达到 100 分，不接受任何例外，那你就要考虑如何让它更松动一些。

03　辩论：你相信的一定是真的吗

信念作为一种底层认知，在很大程度上决定了人们看待生活的方式。而认知改变需要信念松动。那如何才能做到这一点呢？

埃利斯提出过一个方法，叫"合理情绪行为疗法"，可以用 A、B、C、D、E 这 5 个字母概括：A（activating-event）代表事件，B（belief）代表人的信念，C（consequence）代表事件带来的后果。不过，事件并不会直接产生后果，后果是通过信念产生的。要改变后果，就要跟信念进行辩论，也就是 D（dispute）。辩论带来了信念的改变，人面对同一件事情的反应也就会改变，这就是 E（effect），即治疗的效果。

简而言之，**想增加信念的弹性，就要与不合理信念进行辩论。**

不过，埃利斯提倡的辩论是有点尖锐的，咨询师对来访者认定的不合理信念步步紧逼，以"拆穿"这些信念的荒谬之处。在实际咨询中，这种辩论不但让来访者难堪，效果上也很难引发深入的反思。所以，后来的认知疗法保留了辩论的精神，但在技术上有了发展，不再以驳倒来访者为目的，而是采取与来访者合作的立场，循循善诱地达成改变。

下面我来介绍它的基本操作，你也可以用这种方式与自己的信念进行辩论。

明确辩论的目的

不过，在介绍辩论的具体方法之前，我们要先明确辩论的目的是什么。认知疗法的辩论，不是为了驳倒某个观点，而是为了增加这个观点的弹性。什么意思呢？

假设一个人的信念是"我必须让身边的每一个人都喜欢我"，你看到这个信念的第一反应可能是想跟他辩论："你为什么那么在意别人的看法？一直活在别人的眼光里，不累吗？"这时候，辩论的目的就是驳倒对方的信念，试图让他承认"我之前坚持的生活方式全错了"。改变的难度可想而知。

那认知疗法的辩论要达成什么目的呢？"我必须让身边的每一个人都喜欢我"这句话的重点在于"必须"和"每一个人"，它们符合不合理信念的两个特征——极端化和绝对化。缺乏转圜的余地，就会给人带来痛苦和压力。那么辩论的方向就可以是为同样的信念增加一些弹性：你想要别人喜欢？可以，那是你的个人偏好，你可以保留这个偏好，但如果暂时做不到让"每一个人"都喜欢，你是不是也能接受呢？

理想的辩论结果是：这个人仍然追求让身边的人喜欢自己，但他把这句话重新表述为"我很希望身边的每一个人都喜欢我，但我知道这不现实。万一有人不喜欢我，我会不开心，但也能接受"。这句话从期望的方向上看，跟原来差不多，但更具有现实适应性。用数字表示的话，他的执着程度从原来的 100 分降低到 70 分，这已经是很大的改变了。

你应该感受到了，从实现难度上，增加弹性要比驳斥观点轻松很多。因为信念往往是生活态度的根基，对观点的探讨经常会变成对人生观的质疑，即使理智上知道这是"为了自己好"，也难免让人感到愤怒或痛苦。如果可以不涉及对观点本身的质疑，只是打一些补丁，让它变得更有适应性，人们就会松一口气。

如何进行辩论

明确了辩论目的之后，我们来看具体怎么操作。

认知疗法经常用提问的方式进行辩论。有一种著名的提问技术叫"苏格拉底式提问"，就是不带任何预设地提出问题，让对方在回答问题的同时主动思考，并用自己的方式接近答案。而围绕信念的辩论中有 3 个最重要的苏格拉底式提问，代表了 3 种思考的角度，合称为"三问题技术"。我们一个一个来看。

第一个问题是针对信念的来源：你有哪些证据是支持它的，有哪些证据不支持？

还是以"必须让每一个人都喜欢我"为例，为什么在他眼中，别人的看法那么重要呢？那是他从生活经验里获得的。也许父母就这么教育过他"人活一张脸，树活一张皮"；也许他曾经尝到过甜头，从别人的偏爱那里得到了好处；或者来自某种创伤，比如他上学时曾经被不喜欢自己的小伙伴排挤孤立过，一想到那段日子就心有余悸。总之，这个提问会帮助他回顾：自己的信念不是凭空掉下来的，而是有着大量证据支持的。

如果你特别擅长辩论，也许会发现他的证据存在漏洞，我们不能根据这些证据严谨地推导出"他必须被每个人喜欢"。但是请注意，你不需要在这个环节与他展开攻防，因为你的目的不是驳倒他，接下来再请他罗列反对的证据就好了。一定有某些经验让他觉得，偶尔不被人喜欢，好像也不是多大的事。也许他遇到过某个人不喜欢自己，但也没什么不好的后果，或者他在别人身上看到过这种经历，甚至在某本书上读到了这种道理。

不需要别人反驳，只要让他自己做一次全面检视，他就会看到很多相反的经验。有时候，我们还可以通过实际调研收集证据。比如，我有一个来访者相信，她必须做到全方位的优秀，否则朋友们就会离开她。我请她设计了一个问卷，让她的朋友们填写：你是更喜欢跟完美的人交朋友，还是有弱点的人？结果，参与调研的人都选了后者。

但也不要乐观地认为，只要看到了反面的证据，对方就会放弃原有的信念。事实上，他要做的就像法官一样，同时接收正反双方提交的材料。如果最终他仍然选择维持最初的"判决"，没问题，这是他的自由。但至少他认识到，这个信念不是必然的公理。

接下来再问第二个问题：这个想法会给你带来哪些好处和代价？

这是在问信念的功能。证据关心的是它"对不对"，功能关心的是它"实不实用"。

两者的差异在哪里呢？举个例子，"我必须让别人喜欢"这个信念不一定是对的，但仍然有人愿意这么想。也许他是一个销售，他发现这个信念有助于带来职业上的丰厚回报。换句话说，他选择了一个

"有利可图"的观念。

当然，实不实用这一点并不是永恒的，它依赖于环境的变化。说不定有一天，这个销售发现自己投入了太多注意力在那些不喜欢他的人身上，反倒造成了工作重心的失衡。在这种情况下，这个信念就弊大于利了。任何一个信念都同时存在好处和代价。学会从功能的角度评估信念，有助于当事人在不同的环境下做出更有利的选择。

最后一个问题是：还有哪些可替代的想法？

可替代的想法，看起来有点抽象。我一般会问："在这件事情上，你有没有听说过谁的想法是不一样的？"这就启动了一个思考：对同一件事，不同的人有不同的信念。继续以"必须让别人喜欢"举例子，当事人也知道，并非每个人都那么在意别人的看法。我们就可以请他猜一下：那些不在意的人，对别人的看法是怎么想的？他也许会说，"可能对他们来说，只有少数几个重要的人，他们的看法才值得重视"，或者"有人就只在乎自己过得开不开心，别人的看法只是一个副产品"。这些就是可替代的想法。

你可能觉得，别人这么想又怎样，我并不相信这些想法啊！没问题，这里讨论的重点是——对于这件事"可以"有不一样的想法，而不是一定要用某一个想法取代你的。事实上，别人的信念不见得就比你的更好。不过，只要你意识到别人可以有不同的想法，你就承认了，在这件事情上并没有天经地义的规则。

这时候，虽然看上去一切照旧，但改变已经发生了。你看到了其他选项的存在，你对自己信念的坚持就只是一个选择。当然，你不得不为此承担一份选择的责任。

情况变了

问完这 3 个问题，关于信念的辩论也就结束了。

你可能有些失望，这场辩论看上去"雷声大雨点小"，好像并没有带来什么实质性的变化。其实，你的信念已经在不知不觉间发生了松动：你获得了更全面的证据，能辩证地看待这个信念；你也知道不一定只能这么想，之所以现在相信它，是因为它对你的生活有好处。那么等到有需要的那天，你就可以灵活地调整自己的信念。

到那时，你只需要对自己说一句："情况变了。"

这才是导致最终改变的催化剂。就像一个人从学校走入职场，从在原生家庭生活到独自居住，从单身到组建家庭，从钻研技术到管理团队……**人要在不同阶段面对不同挑战，这才是信念改变的根本原因，而辩论只是为新的信念松动土壤。**

就算有时候你有一些不合理或会带来压力的信念，也不必责怪自己，那不是你的问题。也许在另一个环境下，这种信念恰恰是解决问题的方法。比如受过伤的人像惊弓之鸟一样封锁自己，他不需要立刻改变，而是需要接纳自己用这种如履薄冰的方式生活，这是他的选择，他需要用这种方式在不安全的环境中保护自己。他唯一要做的改变是，在未来的某一天，在进入安全的环境以后告诉自己："情况变了。"

▶▶▷ 第五讲
短程治疗：对"改变"的反思

01 慢性化：哪些改变的努力维持了不变

前面介绍的这几种经典的心理治疗流派提供的改变方法，有一个共同特点，就是沿着来访者提出的方向，通过持之以恒地投入时间和努力来促成改变发生。这可能会给你一个印象：改变非常困难，不但要找准方法，还要有足够的毅力坚持下去。

但有没有可能，改变本来没那么费事，只是我们出于某种原因，自己平添了阻力呢？也就是所谓的"世上本无事，庸人自扰之"。心理学家发现，确实有这种可能。

有一种受后现代哲学影响、最具有颠覆性的心理治疗理念，推崇的就是用尽可能简短的流程促成心理治疗的改变发生。这种治疗方式的名称也一目了然，就叫"短程心理治疗"。

但你可不要把它当成传统心理治疗的"试用装"，认为完整的重大改变仍然只能寄希望于传统心理治疗的时长和强度。短程心理治疗的主张恰恰相反，它认为花费太多的时间和精力在改变上是有风险的，这种风险叫"慢性化"。

什么是慢性化

什么是慢性化呢？简单地说，就是把改变的周期无限期地延长。

你可能会感到疑惑：改变本来就很慢啊，就像一个没有运动基础的人去跑马拉松，一开始也许只能跑几百米，慢慢进步，才可能实现目标。请注意，这种循序渐进的改变，无论多慢，都不是慢性化。因为他真的在取得进步，花的时间再长，总会有终点。

只要有终点，就不能叫慢性化。

那什么才是慢性化呢？就是一个人努力过一段时间，取得了一点进步，就停下来，那些进步很快消失了，过一段时间他再努力……这样反反复复，形成了一种无效模式：看似在投入努力，结果却永远是"来日方长"。被慢性化困扰的人，每天都有新的学习、新的反思和成长，但永远都不会到达终点，投入改变仿佛只是一种长期的生活状态。用一句流行语来描述就是：改变不是为了更好的生活，改变本身就是一种更好的生活。于是，改变的过程就会被无限地延迟。

最早关于慢性化的研究源于这样一个现象：在某些国家，精神疾病的治疗是由政府付费的。在这些地方，住院治疗的病人反而康复得更慢，复发得还更频繁。原因很简单，医院的福利那么好，又不花钱，每天在这种世外桃源般的地方疗养身心，简直是神仙过的日子！这可比真的把病治好之后，回归现实生活，处理工作和人际压力轻松多了。

换句话说，治疗成了最舒适的避风港，"治疗中"甚至比"治好"更好。病人只要设法延长治疗的过程，对他们来说就已经过上了最舒适的生活。怎么延长治疗过程呢？就是一边改变，一边永远不让自己达成改变的目标。虽然不至于没病装病，但让自己一会儿这里出个问题，一会儿那里有点新发现，还是很容易做到的。

而且，这种思考常常是在无意识中发生的，他们并没有刻意地策划如何不改变，只是找出了冠冕堂皇的理由包装这件事，比如"改变需要更多的耐心""我要默默努力，直到惊艳所有人"。有了这些说辞，他们就能心安理得地投入更多时间在"改变"上。结果就是看似努力，一天又一天，一年又一年，变化却始终不曾发生。

有时候，慢性化的危害并不严重。有些人就是愿意把心理咨询或学习当成长期的生活方式，"终身成长"。哪怕一辈子没改变，也没什么坏处。但有些时候，慢性化会带来严重的危害，因为它让人沉溺于虚假的"改变"努力中，掩盖了真正的问题。比如，大学生迟迟无法毕业，成年人迟迟无法离家，面临转型的人迟迟不敢迈出关键的一步，他们都有可能这样安慰自己：我还在学习、成长，还需要很多很多时间，等到那一天再说吧！

但如果一直保持这种心态，"那一天"就永远不会到来。

慢性化的核心机制

其实，慢性化这种心态不仅会在长程心理咨询中出现，在生活中也比比皆是。这种心态的核心机制，用一句话简单概括就是：重大的改变往往是有痛感的。

所以，持续投入无效的努力，有时反倒是一种舒适。

我给你讲一个真实的案例，它令我个人第一次对慢性化有了深刻理解。有一名大四学生，他一心想要考研，但在复习过程中遇到了很大的困难，始终无法集中精力读书。他每天在图书馆从早坐到晚，但就是心烦意乱，一页书都看不进去。他很苦恼，求助于心理咨询。咨询师跟他一起尝试了各种方法，效果都不理想。眼看考研的日子越来越近，咨询师也有点着急了，只好拿出这个案例跟同行一起探讨：为什么一个看上去并不复杂的学业压力问题，努力了这么久都没有起色？

我印象很深，当时一屋子的咨询师都在思考，还有什么方法能帮助这个可怜的大学生提高备考效率。我们的督导老师是一位德国人，他提出了一个完全不同的方向："你有没有跟这个学生讨论放弃考研，直接找工作的可能性？"一开始，我们都不能接受，那不就等于失败了嘛！督导老师说："怎么失败了？难道每个人都要读研究生吗？"

真是一语点醒梦中人。我们突然意识到，普通人考研遇到困难，会考虑也许可以换一个更适合的方向深造：不读研究生，直接就业怎么样？但这种决定往往涉及更大的转变，尤其从校园转向社会，会面临很多辛苦。所以，这个学生回避这些辛苦的方式就是让自己停留在"考研"的努力中。咨询师不也正寻求各种方法帮助他么！只要这种小规模的努力还没结束，他的幻想就可以继续，完全不需要面对另一种可能。

这就是长程心理咨询的弊端，它应许了一个遥远的"改变"，这次不行还有下次，今年不行还有明年，从而让人永远在想象中保有一个逃避的空间。

当然，我不否定这些努力的效果。一个人在慢性化改变中也可以不断收获正面反馈，比如，在心理咨询中挖出一些无意识冲突、不合理信念，培养出一些更有效率的学习模式。但这些成果终究只是在用战术上的勤奋掩盖战略上的懒惰。最大的压力源就在眼前，我们却视而不见，只是通过持续努力让压力弱化，反而让改变的必要性被消解了。

这种做法最极端的后果是，用"我还在努力"的设定抵消了真正重要的努力。比如，家暴受害者想要离开一段存在暴力性质的婚姻关系，却难以下定决心。这时候，一种慢性化的应对就是请第三方来调解夫妻矛盾。在调解的过程中，受害者就会自我说服：这段关系还有改善的空间，不需要离开。这种努力某种意义上反而助长了这段危险的关系。

如何解决慢性化的问题

那么，如何解决慢性化的问题呢？短程心理治疗提出了两个主张：一是不要幻想无限的未来，二是不要急于追求眼下的成果。

什么叫不要幻想无限的未来呢？就是不要把改变当成一个可以无限延续的过程，要为改变设置一定的时间边界。

就拿考研为例。当事人可以设定一个期限，是允许自己只考 1 次，还是考 3 次？到了时间，就必须得出一个结论：行就行，不行再想别的办法，前面的投入就当是沉没成本。怕就怕"一年不行就两年，两年不行就三年"。看起来很励志，但永远没有终止的一天，也就意味着可以无限期地回避其他可能。就像现实生活中，有些人几十年如一日地沉浸在某个梦想中，正常生活都停滞了。这时候，他们最需要的改变就是设定一个期限。

我们再来看第二个主张：不要急于追求眼下的成果。它的意思是，要全局思考：什么才是我真正需要的改变？不要在短期内看到一点积极的变化，就认为问题正在被解决。

家暴受害者也许会说："他今天有了一些变化，在别人的劝解下，向我赔礼道歉，发誓说以后再也不打我了。"这是积极的改变吗？是，但这远远不是受害者需要的。它意味着受害者未来的命运仍然掌控在另一个人手中，谁能保证对方未来不会旧病复发呢？根本的改变是受害者要获得自我保护的能力，或离开这段关系的勇气。

所以，小的变化加在一起未必等于重大的改变。有时我们被一叶障目，反倒掩盖了战略意义上更关键的问题。这时候我们需要提醒自己，不要因为一点改善就沾沾自喜，反而需要冷静地思考自己真实面临的处境。

02 第二序改变：怎样的改变是更有意义的

慢性化的道理不难理解，就是避免用长期改变的幻想阻碍真正重要的改变发生。但我们怎么判断，哪些改变才是真正重要的，哪些改变是对重要改变的逃避呢？

事实上，短程心理治疗把改变分成了两类：一类叫第一序改变，往往发生在慢性化的过程中，也就是那些小修小补、不重要的改变；

另一类是第二序改变，指的是那些对生活有重大意义的、根本性的转折。

我会从功能、主观体验、时间尺度这 3 个方面入手，带你区分这两种改变。

差异一：功能

从功能上看，第一序改变为的是维持稳态，第二序改变则是要打破稳态。

这句话有点抽象，我来解释一下。提出第一序改变和第二序改变的心理学家保罗·瓦茨拉维克（Paul Watzlawick）打过这样一个比方："一个机器改变了"这句话，有两种含义。第一种含义，机器还是这个机器，只是在不同的运行状态之间进行切换。比如，把一辆手动挡汽车从三挡切换到四挡，我们可以说它改变了，但它是通过自身内部状态的调整，维持外在功能的稳定不变。这就是第一序改变的功能。

但这句话还有一种含义，那就是，汽车不再是汽车了，也许被改造成一辆水陆两用车，甚至是一架飞艇。即事物的"本质"发生了变化，它不再是通过切换不同的状态来维持稳态，而是连稳态本身都不一样了。这是整个系统层面的变化，叫作第二序改变。

同样的差异应用到生活中，第一序改变就是一个人通过状态的调整来维持某种稳定。举个例子，父母发现孩子不听话了，就会调整自己的沟通策略：面对小孩子，只要多哄一哄就好；等孩子大一点，哄的方式不好用了，就换成更严厉的方式，比如大声训斥几句；再大一点，训斥也不好用了，父母学会了新的沟通技巧，跟孩子耐心讲道理。虽然父母做了很多努力，但都是第一序改变。为什么这样说？

因为说到底，这些改变的目的都是希望孩子听父母的话，它们都在维持一段稳定的、由父母替孩子做决策的亲子关系。主体功能不变，策略上的调整都是万变不离其宗。但迟早有一天，父母要接受一个事实：孩子已经成长为青少年，甚至是成年人，他们有自己的主见。这意味着，父母不得不建立一段新的亲子关系：不再是"怎么才能让孩子听我的"，而是接受"孩子有自己的想法"。这才是亲子关系的第二序改变。

从这个角度看，第一序改变是在用改变的方式维持不变，甚至在很大程度上，这种改变的努力让稳定更"稳定"了。而第二序改变则是打破原来的稳态，主动拥抱或被迫承认：稳态保不住了，新的人生阶段迟早要到来。

差异二：主观体验

理解了这两类改变的功能，我们再来看它们在主观体验上的差异。

第一序改变往往是那些我们认为天经地义"应该"的事，它背后是一套根深蒂固的信念体系。第二序改变则是对这套信念体系的颠覆，它意味着更惊人的、让人难以想象的变化。

还是拿汽车打比方，这次我邀请你和我做个有点荒诞的思想实验：假定你就是一辆汽车，在路上快乐地行驶，不断切换自己的挡位，变化自如。突然，你遇到了一个挑战，需要用更快的速度行驶。有人告诉你，要解决这个挑战，你要让自己变成一架飞机飞起来。你会怎么想呢？你可能会担心：真的飞起来，万一摔得粉身碎骨怎么办？

出于恐惧，你最后决定还是继续在陆地上行驶，这样你就是安全的，最多让自己跑得再快一点就好了。但也因为你跑得这么快，重要的改变就一直不会发生。

所以在短程心理治疗看来，第二序改变之所以困难，是因为我们太依赖第一序改变了，这种依赖反而导致问题被维持。而且，我们甚至意识不到这是在维持问题。

只有停止第一序改变的努力，重要而困难的第二序改变才会显现出来。

　　但第一序改变的努力太日常、太司空见惯了，怎样才能从惯性里跳出来呢？短程心理治疗发明了一种提问，叫悖论提问。问法是：假设需要刻意维持你现在的问题，需要谁做点什么？用这种思路，你就会看清自己正在做哪些适得其反的努力。

　　举个例子。一个孩子对学习没兴趣，父母希望他改变。如果我说"父母在做一些努力，维持孩子不学习的状态"，你肯定觉得我在胡扯。但我们试着做一个悖论提问：假如出台了一项法律，不喜欢学习的人才能上大学，出于这种荒谬的理由，父母要帮助孩子维持现在的状态，还要防止他出现任何一点对学习感兴趣的苗头，父母需要做什么？

　　父母可能会说："我们不用做什么，他就是对学习不感兴趣！"但假设一下，万一呢？青少年的兴趣是捉摸不定的，万一有一天他解出一道数学题，觉得数学还挺有趣的，要怎么打击他，才能消除他进一步对数学产生兴趣的"风险"？也许父母可以给孩子泼一盆冷水："做出一道题有什么好骄傲的？隔壁小明比你还小，人家能做10道！"或者父母可以趁热打铁，送他上辅导班，让他从早到晚做习题，几天之后他的兴趣保准就被磨灭了。还有一种隐蔽的方法，就是苦口婆心地讲道理："你可得好好学习，这都是为了你的将来！"孩子有逆反心理，听多了这种话，自然就对学习"下头"了。

　　这当然是一个荒谬的思想实验，父母不可能真的希望孩子对学习"下头"。但你注意到了吗？前面列举的这几种行为，正是很多父母经常对孩子做的。如果问他们为什么这么做，他们会说："这是天经地义的啊！"根据他们的信念体系，这才是正确的督促孩子学习的方式。你看，这就是第一序改变：越努力，越是维持了原来的问题。

　　如果你平时也做过类似的事情，可能忍不住要问：不这样又能怎么办呢？难道什么都不管吗？我先卖个关子，后面再告诉你怎么做。我想让你体验一下，此时是不是有一种无所适从的感觉？好像之前适应的方式全都被打破了。这就是第二序改变带来的感受。

差异三：时间尺度

最后，第一序改变和第二序改变还可以从时间尺度上进行区分：前者是随时随地都在坚持的，后者则是长远的、重大的，涉及生命周期的变化。

第一章讲到了人的毕生发展规律：每个人都会随着生命周期的进程，在不同阶段形成稳态；又因为遭遇危机，需要打破演化停滞，探索新的稳态。这种不断突破稳态的成长就是第二序改变。从人生的尺度来看，第二序改变是一件自然而然的事。

举个例子。我们在年轻时追求的自我价值是被别人认可，但随着年龄增长，我们会逐渐意识到，自己的价值不可能被所有人认识到。用别人的眼光定义自己的价值，是徒劳无功的事情。假如再遇到几次重大"打击"，有人就会痛定思痛，把生活重心转向：无论别人怎么看，我只做自己认为有意义的事。这样一来，他就从"追求关系"的成年早期，进入了以"生产创造"为主题的成年期。这就是一次涅槃重生的第二序改变。

可是，假如一个人在得不到别人认可时拼命告诉自己：我不能让别人满意，是因为付出的努力还不够！他就只会延续之前的行为，更努力地调整人际关系策略，学习更多获取认可的方法，更执着地追求让别人喜欢自己。这些都是第一序改变，虽然缓解了他日常的焦虑，可从更长的时间尺度看，他越是费尽心思追求被别人喜欢，越是得不到别人发自内心的尊敬。也就是说，第一序改变的努力反倒维持了问题，阻碍了更重大的改变。

根据短程心理治疗的观点，值得探究的不是改变，因为改变自动会发生。真正的问题是：**谁做了什么让改变无法发生？说得更直白一点：本该自发产生的成长，往往是因为我们付出了过度的努力，才卡在原地，卡在我们过于迫切的改变的冲动上。**

03 反直觉：翻转 180 度的解决方案什么样

说到第二序改变，有一个绕不过去的重要机构，叫作心智研究所（Mental Research Institute, MRI）。它在 1958 年成立于美国加州，一开始致力于研究人类的互动模式与心理疾病的关系。这个机构提出了这样一个规律：很多心理问题都是在人际互动中被保留下来的，人们自认为"解决"问题的方法，恰恰维持了问题无法改变。于是，MRI 开创了短程心理治疗这种方法，试图通过打破原来的互动模式，快速有效地终止问题的循环。他们积累了大量有效的案例。

我就以 MRI 的案例来介绍短程心理治疗的 4 个基本原则。

原则一：与直觉相反

第一个基本原则是：与直觉相反。MRI 认为，当一个问题持续很久却一直解决不了的时候，真正有效的解决方案往往需要打破传统认知，"反其道而行之"。MRI 管这种思路叫"180 度的解决"。当然，因为与直觉相反，很多做法会让人觉得匪夷所思。

有这样一个案例。来访者本身是一个独立做研究的学者，他最重要的工作是写论文，发表自己的研究成果。但他遇到了一个要命的问题，就是有严重的拖延症。我来描述一下他工作的一天是什么样的：早上先是慢跑，然后读邮件和报纸，如果碰到感兴趣的信息，他会一连读上三四个小时，完全忘记要去工作；接着吃饭、看电视，主要是科学和自然节目，这会让他觉得自己没那么"堕落"；然后他会继续读报纸，跟女朋友聊天；随着夜晚来临，他意识到自己一整天都没有完成目标，强烈的自责让他在一天快结束的时候发誓，明天一定要不一样。但是，估计你猜到了，第二天还是如此。

怎么解决这个问题？其实，大多数能想到的方法他都试过，包括冥想、学习时间管理、制订日程表、把任务拆解、告诉自己"先完成再完美"，等等，但帮助都不大。

后来，这个来访者前往 MRI 的短程治疗中心求助。在短程心理治疗师看来，他过去尝试的方法只是策略不同，都属于第一序改变，都是通过给自己施加更大的压力来敦促自己做更多。这导致他陷入自我谴责的压力。压力越大，他就越想逃避工作。

你可能会想：假如不给自己施加压力，他怎么完成论文？这些方法虽然没有效果，但从逻辑上看，没有任何问题呀！这时候，就需要180 度的思路反转了。

MRI 的治疗师提供的解决方案是什么呢？很简单：不让来访者写论文。

治疗师的说法是："既然写不出来，说明你还没想清楚这个研究。那么未来一周，你就在头脑里想想这个研究吧！一个字都不准写。"

这是什么鬼主意？人家是来解决拖延症的，这样做不是反而加重了拖延吗？这谁受得了？没错，来访者也是这么想的。他按照治疗师的建议尝试了一周，感到很不耐烦，希望能更快地解决问题。在他的坚持之下，治疗师做了一个让步，允许他每周有两天可以做点工作，但每次不能超过半小时，到时间就要结束，不能再碰工作。

这是不是很荒唐？荒唐归荒唐，效果却出人意料。来访者开始珍惜每周来之不易的半小时，不但很容易就启动了写作，而且根本停不下来。他甚至考虑"作弊"，在半小时的限制之外做更多。这种行为被治疗师无情地禁止了。最后，在双方的商量之下，来访者把时间调整到每天工作半小时。他发现，每一天的工作都很顺利，而且很难停下来。不仅如此，治疗结束一年半以后，他还在继续写作，并且已经发表了一篇论文。

这个案例能很好地体现短程心理治疗"反直觉"的特点：一个人在他认知范围内试过了一切解决方式，问题却还在维持，说明他需要试一试认知之外的解法。这种尝试通常在第一眼看来是荒谬的，但也许恰好就是有效的解法。

原则二：改变你跟问题的关系

我们再来看第二个原则：改变我们跟问题的关系。这是什么意思呢？

那个拖延的来访者原本站在问题的对立面，这时候，压力和自我谴责就是维持问题的元素；可后来，关系变了，他和问题站在了同一边，这些元素就消失了。

生活中也常常会有这种"反转"时刻。比如，一个人陷入自我抱怨，说自己生活得多不如意，假如你试图说服他，让他看到生活中也有快乐的时刻，他一定会跟你对抗："你不懂，我真的很惨。"但你要是索性同意他："是啊，你确实很悲惨，简直难以想象你是怎么从这种日子里熬过来的！"他可能又会说："也还好啦，没有那么夸张。"

其实，解决问题的责任往往是在两个人的互动中此消彼长的。当你试着放手，对方自然就会承担更多的责任。前面讲过，父母要求孩子必须好好学习的时候，孩子反而会失去对学习的热情，因为这时候父母是在主动替孩子的人生负责。如果有一天父母放弃了："你要是真的不想学习，就算了吧，考不上大学，你就想想别的出路。"孩子也许反而会在学习上多下点功夫："你们别那么快放弃，我还可以再抢救一下！"

咨询师和来访者的关系也处在这种此消彼长的状态中。一般来说，短程心理治疗的咨询师不那么急于解决问题，甚至会拦着来访者取得进步，结果往往会激发更大的进步。就像那个拖延的来访者，既然突破了工作半小时的限制，按常理，咨询师应该鼓励他下次做得再多一些。可短程心理治疗的咨询师反而会请他放慢速度。乍一看不合情理，但你想，如果你接收到这种要求，会不会有一种被"解放"了的感觉？你怎么做都可以。假如确实做不到之前那么好，没有人会指责你；假如你再接再厉取得了更大的进步，虽然违背了咨询师的要求，但你会有一种暗爽的成就感：毕竟你在超预期地取得进步，他拦都拦不住！

所以，反向的要求改写了你和问题的关系，你同时也被赋予了更大的灵活性。

原则三：改变问题成立的逻辑

第三个原则是：改变问题得以成为问题的根本逻辑。

其实，第一序改变之所以没有效果，是因为改变背后的逻辑正是构成问题的逻辑。就像一个人先定义出了敌人，再使尽浑身解数去战斗，看上去是在消灭敌人，但反而加固了"对方是敌人"的逻辑。

这句话看起来有点抽象，我用失眠的例子来解释下。一个人越是想睡觉，却越是睡不着，因为焦虑把"睡不着"这件事变成了负担，他就会陷入焦虑的循环。无论他尝试用什么方法解决失眠，做冥想、听音乐、用精油按摩……这些方法在底层上都支持这样一个逻辑：睡不着是个问题，必须克服它。那我们怎么才能打破这个逻辑呢？

我对有失眠问题的来访者说过："你只能接受失眠，睡不着就算了。"这个回答就借鉴了 MRI 短程心理治疗的策略。MRI 的治疗师会说得更绝。他们会说："失眠不是问题，而是幸运。你每天比别人多几个小时的清醒时间，可以用来干多少事啊！"他们建议，睡不着的时候，不妨充分利用这段时间多看几本书，加班工作，或是做家务。

你是不是又觉得很荒谬？但它确实有效。当一个失眠的人被要求"睡不着就不要硬睡，起来干活"之后，他反而会发现干活更难坚持，不知不觉就开始困了。

这就是荒谬的方案可以解决问题的原因。荒谬意味着它颠覆了从前所谓天经地义的逻辑，一旦你尝试把荒谬付诸行动，就瓦解了问题存在的土壤。

原则四：冒险精神

你可能还是会怀疑：就算道理讲得通，这些改变还是太奇怪了，会不会这样做了后结果变得更糟？所以还有最后一个原则：第二序改变需要破釜沉舟的冒险精神。

事实上，任何一次新的尝试都是冒险，毕竟我们的本能还是向往确定，哪怕习惯的解决方案没有用，但因为它的结果是确定的，我们就倾向于继续使用它。比如，拖延的人明知道给自己制订计划没有用，仍然会徒劳地制订计划，因为他或多或少地相信，只要他再用力一点，下次结果就会更好。这是一种难以打破的思维定式。有时候，我们必须克服自己的本能反应，咬着牙，朝那些看上去不可能的方向迈出一步。

当然，我们不能总是不假思索地向前冲，冒险也是有策略的。通常来说，MRI 的咨询师会让你先在相对可控的领域内小规模地尝试一下"荒谬"，再决定要不要扩大这个做法。

比如拖延，在没有紧迫任务的时候，我们可以拿出几周时间做实验，看看通过 180 度的转向——禁止自己工作，会不会带来不一样的结果。别担心，即使效果不理想也没关系，就当浪费了一点时间，这是一个完全可以接受的损失。但如果尝试之后，发现有某些意想不到的效果，我们就会更有底气把类似的方法复制到更重要的事情上。

▶▶▷ 第六讲
重新定义问题：“对手”到底长什么样

01 语言塑造：名字如何参与到问题的维持中

最近几十年，心理学深受后现代哲学的影响，产生了后现代心理咨询这一流派。在改变自我这一命题上，后现代心理咨询提供了一种新的思路。它认为现象是流动的，本来就没有一成不变的问题，因此，我们用怎样的语言描述自己，有至关重要的作用。

你可能会想：现象是同一个现象，叫什么名字有什么差别呢？一个人懒惰，难道美其名曰成“悠闲”，他就不懒了吗？是的，结果真有可能不一样。我在第一章提到过，很多心理特点是被语言建构出来的，比如“拖延症”。本来一个人只是普通的拖拉，但是当我们用“病”给它命名之后，就可能引发更多的恐惧和焦虑。有一些问题甚至愈演愈烈。究其原因，也许只是叫错了名字。

这一讲，我想跟你探讨问题背后的语言哲学。我会从理解问题、解决问题以及巩固问题这 3 个方面入手，为你展示不同的语言对塑造问题有怎样的影响。

理解问题

首先，语言决定了我们从哪一个层级理解问题。

举个例子，在高铁车厢上，你听到有小孩在哭闹。孩子的父母为了制止他，就说：“不许哭！再哭你就自己下车！”这样能解决问题吗？

并不能。父母这样一说，孩子更加惊恐，哭得更厉害了。为什么会出现这种情况呢？因为我们约定俗成地把问题命名为"哭闹"。哭闹是一种会打扰到别人的声音，这种描述问题的方式很自然地让人把关注点放在孩子发出的声音上，解决方案就成了怎么才能不让孩子发出这个声音。

如果我们把描述提升一个层级，把问题表述为"孩子感到不安"，对应的解决方案就是如何安抚孩子的情绪。如果父母往这个方向努力，孩子的不安就更容易得到缓解。

如果把描述再升一级，我们不仅关注这个孩子，还能看到同一车厢的其他旅客，也许可以把问题命名为"公共空间内的相互干扰"。那么除了孩子和父母要付出努力，其他旅客也可以通过戴耳塞的方式，屏蔽自己受到的干扰。

再往前一步，对于这个现象，网上甚至出现了一个新名词，叫"厌童"。在这个层级上，问题不单单是小孩子的哭闹，而是指向一种整体风气。我们需要反思，有没有可能，我们心里已经有某种先入为主的偏见，一看到小孩就觉得不耐烦：又来了，真讨厌！

是不是很神奇？问题换个名字，理解和应对的层次立刻就变了。

再举几个例子。如果把一个人的问题定义为"焦虑"，我们关心的就是他在情绪层面上能否做到松弛，并保持健康，也许就会忽略在他的焦虑背后有不堪重负的工作压力、激烈竞争的环境以及不合理的绩效制度。所以，真正有效的解决方案在于结构性的调整，而不只是让他学会个体的情绪调节技巧。这就像心理老师教高三学生如何克服考试压力，学生说："老师，我们的问题不是考试压力，而是怎样才能考得更好！"

解决问题

其次，语言还会引导我们朝不同的方向解决问题。

举个例子。当我们说一个人有"成瘾"问题，往往会强调成瘾物，比如酒精成瘾、尼古丁成瘾、赌博成瘾。这种说法指向了这个人跟这个东西的关系，解决问题的方向顺理成章就是切断他和成瘾物之间的联系。但前面讲过，这种方法解决不了成瘾，因为成瘾背后是这个人整体的生活方式出了问题，只关注语言指向的成瘾物是不够的。

在不同层级命名问题，我们至少还可以承认问题的存在。朝着不同的方向引导，可是有可能让我们对问题视而不见，甚至朝相反的方向推进问题。

我举一个心理咨询中的案例。来访者是一位在婚姻中长期忍气吞声的妻子，她发现自己进入中年之后身体越来越差，时不时地头疼心慌，但说来也怪，这些症状只有在家时才会出现，尤其是在丈夫身边时。但她只要做自己的事，比如跟朋友出去旅游，就变得精神饱满、神采奕奕。她去医院检查也查不出毛病，医生说这叫"躯体化"。

如果我们把躯体化当作问题，意味着接下来的解决方向是消除它。但这个方向一定是有效的吗？有没有可能身体的病痛是她在婚姻中表达愤怒的方式？真正的问题也许是，为什么她不能用更直接、更强烈的态度挑战她在这段婚姻中感受到的压力？从这个角度看，问题可以被命名为"对婚姻的不满"，那么，解决问题的方向就会完全不一样。

所以，不要轻易接受对问题唯一的命名。比如，把青少年的不服从命名为"叛逆"，解决方向就是压制。如果把它命名为"有想法"，解决方向也许会变成鼓励。

尤其当问题发生在关系中，对问题的命名不仅暗示了问题如何解决，还包括"谁"来解决。比如，一个新人在团队中不适应，既可以叫"新人的适应问题"，也可以叫"团队的包容问题"。叫法不同，谁应该改变、怎么改变，是不是就截然不同了？

验证和巩固问题

最后我们来看，语言会如何决定我们从哪个角度验证和巩固问题。

一个人担心自己睡不着觉的时候，如果把问题命名为"失眠症"，就会让他非常紧张、不安。这是他应对"生病"的方式。那么，他有没有可能回过味儿来，意识到这根本不是一种病，只是自己吓自己呢？很难，因为事实上，他真的会变得难以入眠。虽然这只是他对"生病"感到紧张造成的，他却因此验证了自己的"生病"。

你发现了吗？按这个逻辑，一开始是否有问题其实并不重要。哪怕问题不存在，只要有一个名字就够了，当事人就会从自证的反应中找到越来越多"问题"存在的证据。

心理学家瓦茨拉维克有一句名言："心理问题并不是被发现的，而是被发明的。"意思是，不是先看到问题，再定义问题，而是我们定义了问题之后，才制造出问题。这些被制造的问题又通过问题的命名，发展出了一套特定的反应模式。比如，抑郁症的命名就会制造一种对负面情绪高度敏感的反应模式。被赋予这个诊断的人，他们的任何一点悲观感受都会被自己和身边的人放大。最后，这个模式就会成为抑郁症的一部分。

怎样从这个闭环里跳出来呢？给你一个建议：当你把此刻的生活归因为自己的某种问题时，请想象自己生活在一个没有心理学的时代，你不知道这个问题叫什么，只能用自己的语言描述这个困境，你会有哪些不一样的描述方式。

这也许会让你停下习惯性的思考，从急于解决问题走向不一样的观察与应对。

02 资源：如何挖掘问题背后的积极面

既然语言对问题有如此重大的影响，面对同样的问题，换一种说法就会带给我们巨大的调整空间。那么，让我们回到这个讨论的起点，一起思考一件事：为什么我们明明在讨论让生活变得更好的方法，我们思考的方向却永远是"解决问题"？

你也许还没转过弯来：想要变得更好，不解决问题还能做什么呢？但是后现代心理学有一个新的治疗流派，叫作"焦点解决治疗"。这个流派提出一个观点：来访者带来的虽然是各种各样的问题，但他们的生活并不全是"有问题"的状态，为什么不能把焦点放在"没问题"的部分呢？让积极的方面扩大，问题不就自然而然减少了吗？

这个洞察确实指出了心理学发展的盲区。从弗洛伊德以来，心理学家默认的使命似乎就是发现问题，再解决问题。直到人本主义和积极心理学兴起，才打破了这一趋势。人们开始看到，问题之外，人类还有很多积极的心理品质，比如幸福、美德。

有人可能会想：关注积极面，说得挺漂亮，如果问题真的很严重，我们却只是一味地强调做得好的地方，是不是也算一种逃避呢？别急，关注积极的部分不等于单纯地不看问题，我们要一边正视问题的存在，一边在问题身上看到积极的资源。

怎么才能具备这种积极看待问题的眼光呢？我会从对问题的定义、背后的动机以及应对方式这 3 个方面入手，给你一些建议。

资源一：对问题的定义

你已经知道，对问题的命名很重要。有时候，问题本身就是一个叫错名字的资源。也就是说，有些问题之所以被当作问题，并不是因为它天然不好，只是它在特定的文化或环境下，被定义成了问题。

比如"内向"这种人格特质，有的人就是觉得社交很累，愿意一个人待着。这本来只是一种特点，在什么情况下才会被当作问题呢？就是周围的环境已经下了定义：成年人就应该擅长社交，甚至把人际关系能力看作唯一有价值的能力。在这种众口一词的判定下，内向者就会感到自卑，觉得自己的性格不被环境认可，好像成了一种缺陷。

可是换一个角度想，为什么要关注他们不擅长什么，而不看他们擅长的事呢？内向的人只是不愿意把时间花在社交上，而更愿意专注在自己感兴趣的事情上，比如，更关注内在感受，更愿意沉浸在阅读、思考、创作中。这不也是一种天赋吗？他们不需要按外向者的标准补齐自己的社交能力，只要发挥好自己的天赋，就能受欢迎。

请注意，这种态度并不是回避问题。回避问题是顾左右而言他："我确实内向、不擅长社交，但我还有别的优点啊！"其实他知道问题仍然存在，只是不想面对。而我们的方式是直面问题，一个人就是内向，但内向既可以被定义成"不擅长社交"，也可以被定义成"擅长独处"。对同一件事情换个定义，问题就变成了优势。

其实，很多问题原本只是中性的特点，被贴上负面的标签，才成为了"问题"。如果撕下这个标签，说不定就能找到一种正面的角度，把它们看成优势。

比如，有人可能会觉得自己太弱了，什么事都要找朋友帮忙解决。换个角度看，这也是一种能力，因为这个人很容易交到朋友，别人也会因为帮助他而实现自我价值。

有一部电影叫《头脑特工队》，描述了一个人的头脑中有几个代表不同情绪的精灵，它们会帮主人解决问题。代表难过的精灵一直很自卑，觉得自己除了哭什么都做不了，但最后恰恰是它为解决问题做出了最大贡献。因为当人流露出脆弱的情感时，更容易和别人产生深度联结，负面情绪有时候是一种至关重要的能力。

我们可以把焦虑看作一种追求卓越、想要把事情做得更好的能力，可以把愤怒看作一种自我保护、争取自己利益的能力。不要把它们先入为主地定义为负面情绪，从而带来回避和自我对抗。换个定义，你就会注意到，这些所谓的"问题"也可以对人大有裨益。

资源二：积极动机

你可能认为，重新定义问题还是过于理想化了。现实生活中有没有可能，有些问题就是"问题"，没法只通过修改定义就变成资源？比如，你想高质量地完成工作，但每天都无精打采、拖拖拉拉，工作质量也不高。无论怎么美化它，你都觉得这是一个问题，它带来的麻烦也是真实存在的。这时候，有可能找到积极的资源吗？

这是我要讲的第二个方面，从动机上找资源。什么意思呢？就是你要对自己说一句话："之所以出现这个问题，是有理由的。"比如，在你拖拖拉拉工作的背后有一个积极的理由：你太想把工作做好了。虽然结果不尽如人意，但从动机上看，你是被一种过高的责任心和精益求精的态度压垮了。

你看，在这个描述法里，"问题"虽然还是一个麻烦，但我们对它的态度有了一点转变：这个问题并非不可理喻，它的出现是出于积极的动机，只是结果适得其反。这样就避免了你进一步批判自我。不知道你是否还记得，按照人本主义的假设，一个人行动的出发点一定是向好的，只是需要理解，在这个过程中，他想做什么，又做到了什么。

所以，只要看到问题背后的积极意图，解决问题就会简单很多。我在做夫妻咨询时，经常看到两口子闹矛盾，最根本的问题就是认定对方"不想好好过"。他们无法感知对方对这段关系有最基本的善意，由此会带来更强烈的怨恨。这时候，我会让他们回答一个问题："别管你们吵得有多厉害，你们争吵是不是为了一起过下去？"这就是动机问题。只要确定了两个人的动机都是想继续过日子，后面一切问题都好解决。

生活里，我们遇到问题时，经常陷入自我否定的内耗：我怎么会那么做？是脑子出问题了吗？精神错乱了？但仔细想一想，假如一个人的神经系统真的被什么不可理喻的元素扰乱了，他反倒用不着责怪自己了，因为他根本没有能力自控。反过来，让你自责的行为背后，是否也有一个值得体恤的动机呢？哪怕结果不理想，但也许你这个"人"没有那么坏，毕竟不会想故意搞砸自己的生活。

资源三：应对方式

　　除了前面讲到的情况，生活中还有一些重大的痛苦，没有任何动机，它们就是不幸地发生了，同时对我们造成了永久的伤害。比如，一个人经历了交通事故，不幸失去了双腿，这种情况下还要从他的问题背后找到资源，会不会很残忍？

　　在这种情况下，寻找资源是一项艰巨的任务。但虽然如此，经历过重大不幸的人的生活未必只能围绕不幸展开，他们仍然有办法在问题之外找到积极的一面。

　　这就是我要讲的最后一方面，从应对方式上找资源。

　　怎么做到呢？可以从这个问题开始："你是怎么应对过来的？"

　　不管是多么困难艰巨的问题，一个人想办法支撑到了现在，这就已经是资源了。有些来访者告诉我，他们从小一手烂牌，没有一件顺心的事。他们讲述的那些故事，我听了确实觉得难过。我会问："你是怎么应对的？"这个问题百试百灵。上一秒，他们还在讲自己的人生如何凄惨，被这样一问，他们就开始讲述自己如何在痛苦中自救——从这一刻开始，故事就有了积极向上的曲线。有人说"我努力读书，早日离开那个环境"，有人说"我很早就开始自己挣钱养活自己"。再问他们："你是怎么做到的呢？"他们就会如数家珍地向我展示他们的坚韧、勇气和技能，眼睛里闪着自信的光。

　　看到这儿，有人可能会想：我只有痛苦，没有应对痛苦的能力，怎么办？这是不可能的。你支撑到了现在，你活着的每一分钟就都是你的经验和资源，只不过有些资源不在预设之内，被忽略了而已。比如，有人会觉得自己没有能力应对问题，都是靠别人的帮助活下来的。那么，向别人求助，以及坦然地接受帮助，就是一种能力。

　　有人会说："我什么都没做"。在困难面前保持"什么都不做"也是一种能力。你想，一个人要有多么坚忍不拔的决心和信心，才能在旷日持久的痛苦面前保持等待?

　　我必须要说，**痛苦本身不是财富，但在苦难中摸爬滚打过来的人，他们的抗压能力和解决困难的能力比普通人强大得多。不要只把他们看成值得同情的弱者，也要看到他们是值得尊重的强者。**他们积累了丰富的应对痛苦的经验，这些经验会让他们变成更好的人。哪怕是平凡生活中的一点微小的幸福，他们也会用力地守护和珍惜。

第七讲 ▶▶▷
安置：解决不了的困难，怎么办

01 允许："问题"无法解决，又会怎样

前面分享了很多改变的思路和方法，但如果遇到了怎么都改变不了的问题，怎么办？前面我就讲过：并不是所有问题都能解决掉，有些问题，不解决也可以。

话说得简单，我想你肯定不能接受：不解决怎么可以？这不是坐以待毙吗？

其实，不解决问题，是另一种改变的途径。心理学不但为我们提供了改变的方法，还提示了另一种思路：通过允许并接纳问题的存在，让我们的生活变得更好。

问题的自发变化

我们总有一种认知惯性：改变才是最积极的人生主张，逢山就得开路，遇水必须搭桥；而一说到允许问题的存在，似乎就意味着消极和逃避。

那么，我先邀请你做一个思想实验：如果我们不主动出手干预，放着一个问题不管，问题会有什么变化呢？除了变得越来越严重，还有其他可能性吗？

这种思考角度借鉴了 20 世纪的一门复杂科学理论——控制论。控制论关心的不是事物本身，而是事物发展变化的过程。比如，要让炮

弹的落点尽可能精确，传统思路关注的是发射时的初始状态，要计算发射的最佳角度和速度；而控制论关注的是发射之后，在过程中如何不断调试和校准。于是，炮弹变成了导弹，精度大大提高。

你看，关注到变化的过程，视野就打开了。从这个角度看待形形色色的心理问题就会发现，我们往往只关注问题的初始状态。但问题也会随着时间出现变化，哪怕我们什么都不做。在这个过程中，问题会自发转变成其他状态。

这些变化的可能性，可以分 3 种情况来讨论。

问题会自己消失

最好的一种可能是，什么都不做，问题自己就消失了。

这想得可太美了吧！世界上哪有这样的好事？但你不得不承认，这的确是一种可能性。举个生活中常见的例子：感冒。得了普通感冒的人，哪怕他没看病、没吃药，症状持续一周左右，也会自行痊愈，这叫自限性疾病。

其实，在这个变化中，也不是真的什么都不做。准确地说，这个人只是没有刻意主动地采取行动解决问题。但是有机体自身在不断新陈代谢，维护平衡，问题也就在这个动态过程中自发地得到了解决。这个过程推移在控制论里叫"自组织"。

生命就是一个自组织的过程。很多变化不需要刻意为之，随着时间推移会自然显现。心理问题也是一样。比如前面讲过，人的认知能力是要随着年龄发展的。3 岁的小孩学不会复杂计算，5 岁的小孩不理解字母代数，这是因为从前运算阶段发展到具体运算阶段、再到形式运算阶段，需要时间。如果有人把它当成问题，这些问题就是无法解决。再好的老师给孩子补课，孩子也无法理解。这时候只能顺其自然，等到特定的年龄，孩子发展出了所需的认知图式，当初的问题自然就解决了。

问题不会变好，也不会变坏

还有一种可能性是，问题没有消失，它一直在那里，既没有变好，也没有变坏。

你可能会想：对！这正是我担心的。解决不了的问题始终摆在面前，岂不是非常碍眼？但我想告诉你，不用担心，只要情况是稳定的，人就能适应。

哪些例子属于这种情况呢？比如第一章讲过的人格，假设你对自己的性格不满意，觉得过于内向是个问题，但你尝试了各种办法，也没法改变。

如果接受自己就是一个内向的人，最坏的情况会是什么样呢？仔细想想，也不会怎么样，它就是你的一种个性。知道自己喜欢独处，在社交中容易"耗电"，那你就尽量减少无效社交，给自己创造独处的机会。时间一长，你和周围的人都对这种个性越来越熟，你们会相处得越来越好。你学会了拒绝，他们也学会了体谅你的内向，各自都找到了舒服的边界。这样，问题虽然没有改变，问题带来的麻烦却可以随着时间递减。

从这个角度看，只要一个问题是稳定的，就可以不当它是问题，只是当作一个稳定的"存在"。重点在于稳定，稳定就意味着可预期、可适应，它并不可怕。

这样一来，就可能通过改变对问题的定义来改变问题本身。我们常常会把本来不是问题的事物定义成问题。比如，孩子本来过得很自洽，但父母因为自身的价值观看不惯孩子选择的人生道路，总想尝试解决这个"问题"，制造了很多焦虑、冲突，最终造成自证：你看，它给我们一家带来了这么多矛盾，它果然是个问题！

小问题变成大问题

接受了前两种可能性，你一定会想到更令人"提心吊胆"的情况：放着问题不解决，问题越来越严重，从小问题变成了大问题，怎么办？这确实是最让人担心的可能。

我先做个澄清，生活中当然存在这种可能。比如，一个人出现了轻度抑郁的症状，如果掉以轻心，什么都不做，继续按照原来的方式生活，那么轻度抑郁就有可能发展成重度抑郁，甚至会危及生命。面对这种风险，当然应该重视，及时就医。

但这里要讨论的是：你面对一个"顽疾"，已经尝试了一切可尝试的手段，还是无法改变；同时又不能掉以轻心，因为它可能变得越来越严重。这种时候，应该怎么办？

我给你提供一个思路：延缓它恶化的进度。这和解决问题是不一样的思考方式。对一个处于抑郁状态的人来说，如果只考虑"解决问题"，那就需要通过医学和心理学的治疗手段消除抑郁症状。他可能试过各种方法，但抑郁状态依然如故——顺便说一句，这只是一个小概率事件。但就算如此，这意味着他什么都不能做了吗？

其实，只要把关注点放在"延缓问题恶化的进度"上，观察问题在变化过程中有什么规律，哪些行为会让它变得更重，哪些时候它会保持不变，甚至有短暂的缓解，你就会发现，可以做的事还有很多。比如，一个人心情不好的时候，如果在心里憋着，状态就会迅速变化；如果他找人倾诉，坏心情虽然不会消失，但不会变得更重。或者发现，别人对他说"难过是正常的"，他就会轻松一些；如果说的是"有什么好难过的，振作点"，他就会更沮丧。我们可以从这些人际互动着手，避免问题进一步恶化。

所以，只强调解决问题，容易限制思考的角度，让我们只盯着唯一的方向死磕，却意识不到还有"接受问题存在"这个方向。方向拓宽了，手段的灵活性就会扩展。一个患者觉得吃药对抑郁症没有效果，是基于"消除症状"而言的。如果他把目标换为"症状不加重"的话，那么吃完药之后没有变化，说明症状被稳定住了，这怎么不算是一种效果呢？

其他人积极解决问题

理论上，以上3种情况已经涵盖了问题在变化过程中的全部可能性。但在具体实践中，还会有一种可能性，就是当你停止解决问题的努力，其他人反而会更积极地投入进来。

道理很简单：总有人要承担解决问题的责任。虽然你一直没能解决问题，但只要你还在想办法，别人就会觉得那是你的事。只有你停下来，问题落到他们的头上，他们才会着急。比如团队的业绩完不成，一直是老大在操心。有一天老大认命了："完不成就算了，大伙一起扣奖金。"你兴许就拍案而起了："不能就这么算了呀！我能做点什么呢？"

这不是转移责任人吗？不是逃避吗？事实上，有些问题本来就该是别人解决的，就得把责任还给他们。寒暑假的时候，父母督促孩子写作业，无论催多少遍，孩子都当耳旁风。问题什么时候会得到解决呢？就是父母接受了：孩子愿意往后拖是他的事，反正假期结束还完不成的话，补作业的是他自己。孩子意识到没人替他负责，才会自己发展管理时间的能力。你看，父母接受了问题的存在，孩子反而会更积极地解决问题。

现在，你对"允许问题不解决"的焦虑是否减轻了一些呢？

我希望在接下来的学习中，当你想到要在一段时间内接受问题存在，并且什么都不做的时候，不会立刻把它想象成巨大的灾难。**我们不是坐以待毙，只是换一种新的策略，通过观察问题发展变化的过程，在过程中有分寸地放手和调整。**

最后，我还要再强调一点，这并不是在反对积极解决问题。问题能得到解决当然更好，只是对那些实在解决不掉的问题，我们再考虑接受。

02　具体化：如何不让抽象的概念限定认知

前面讲到，面对同一个问题，语言和视角不同，问题也会不一样。有人可能觉得这只适用于生活中的小问题，譬如个性中的小别扭，关系之间的小摩擦。但现实中有些实实在在的问题，并不是文字游戏，而是会造成切肤之痛的大麻烦，比如那些威胁身体健康的疾病、性格层面的短板。面对这些问题，只改变认知方式有用吗？

对此，我还是要重申一个前提：这一讲讨论的问题，都是暂时没有解决方案的问题。如果你知道怎么解决，"照方抓药"就可以了。只有对无法解决的难题，才需要探讨：如果我们在主观上采取不同的态度，会不会带来什么改变？

在这个前提之下，我想告诉你：哪怕是面对那些不容忽视的大问题，仍然可以抛开已有的认知框架，通过新的方式认识它。这种方法叫"具体化"，就是撕下概念的标签，把问题还原成一组具体的现象。

看到独特性

只有通过具体化，我们才能认识一个独特的人和问题的独特形态。

我经常在网上收到求助信息，有人留言说自己遇到了大麻烦，希望获得我的建议。但很多人描述的重点往往聚焦在概念层面上，虽然提供了很多信息，我还是无法了解他们真实的处境。举一个最严重的例子，有人发消息告诉我，他的孩子被诊断出了自闭症。接下来他提供的信息都围绕"自闭症"这个概念展开，包括不同医院的就诊记录，医生的诊断是什么，他带孩子去了哪些干预机构，获得了哪些建议，等等。

这些信息看起来很充分，但你有没有发现：我仍然不知道孩子在生活中的真实状态。比如，自闭症对他生活的影响到了什么程度呢？孩子对衣食住行可以自理吗？他平时有没有喜欢做的事？跟家里谁的关系更好……这些我都一无所知。

如果是一场正式的咨询，我会告诉他："谢谢你提供了这么多自闭症的信息，可是，能不能暂时忘掉'自闭症'这3个字，回到孩子身上呢？讲一讲孩子生活中的点点滴滴。他哪些时候是快乐的？在哪些方面有困难？怎么帮他解决困难？"这就是具体化。

相比具体的生活，"自闭症"只是一个标签，关于这个标签有很多知识，我们不确定哪些知识适用于这个孩子。就拿"语言障碍"这种症状来讲，有的自闭症孩子完全不会说话；有的孩子会用单个字表达意思；还有的可以说完整的话，只是语法稍显怪异。即便语言水平差不多的孩子，还要看父母怎么跟孩子互动。有的父母擅长从孩子的表情和姿态上"读"出他想做什么，有的父母则不擅长。因此，具有同样语言水平的孩子，生活处境会很不一样。

我们试着提炼出问题的概念，总结出一套知识框架的做法，虽然节约了认知成本，却令我们看不到个体的独特性。严格地讲，每个人都过着不一样的生活，同样的问题对生活造成的影响可能千差万别。

所以，**要关注具体的困扰，而非抽象的标签。**

多元的改善空间

你可能并不认为这件事有多严重：哪怕我们用问题的概念抽离了现象，又怎么样呢？帮助我们更快更准地辨识问题，不正是概念的意义所在吗？

概念给我们带来了另一层痛苦：它过度聚焦于标签，从而限定了改变的路径：要么消除问题，要么陷入绝望。而具体化地认识问题，才会发现更多元的改善空间。

我还是用自闭症的例子解释。请你想一想"孩子有自闭症"这句话，会启动一个人的哪些想法？有人的第一反应可能是带孩子看医生，找到治疗方法——他的关注点就脱离了具体生活。哪怕一开始，我们真正在意的是这个孩子说话比别的孩子更晚，或者他回避跟其他小朋友交往，但把所有现象都概括成"自闭症"这个病理概念，解决问题的场景就被固化在医院，要解决的问题也只有一个——把病治好。

很遗憾，医学界目前的共识是，自闭症不存在治疗方案。我知道这个结论可能会让人绝望，可是换一个思考方式：就算带着这种疾病，患者能不能生活得更好一些呢？如果用上具体化的思路，你就有了很多干预的选择。问题也许可以变成：如何从生活细节入手，给生活质量带来 5%，哪怕 1% 的提升呢？

比如，面对自闭症的小朋友，我们也许可以把改善的第一步定为大小便管理。孩子从随时随地都可能排便到逐步学会在排便之前给出信号，照顾者就会减少很多清洗方面的劳动。达成了这个目标，一家人的生活就会变好一点。

你也许会说："就算生活变好一点，又有多大意义呢？自闭症的问题还是没解决啊！"这就是我们思维的盲区。要知道，问题是抽象的，问题给生活带来的"麻烦"才是具体的。前面讲过，现在心理学对异常的判断标准不是从概念出发，而是看生活和人际关系的具体功能。假如生活不那么受影响了，问题本身还重要吗？

甚至有时候，概念会把我们导向看不见摸不着的问题，像是"我必须消除婚姻中的矛盾"。怎么消除呢？谁的婚姻没有矛盾呢？这时候，只有把具体的矛盾一一拿出来，讨论该怎么解决它们，改变才会发生。

面对那些无法根除的问题，过度执着于解决问题，只会让人在"绝望"和"燃起希望"的两极来回摇摆，一会儿不惜一切代价想做点什么，一会儿又陷入挫败。花了无数力气与问题周旋，最终发现，这只是在进一步降低生活质量而已。

反事实的想象

具体化可以帮我们面对事实，抽象的概念往往会带来反事实的想象。

什么叫反事实的想象？有一篇著名的散文叫《欢迎来到荷兰》，用隐喻的方式讲了一个故事：你踏上了梦寐以求的意大利之旅，飞机降落之后，你却发现自己到了荷兰。作为一个旅游目的地，荷兰本身也不错，有风车和郁金香，你也能欣赏美好的风景、认识新的朋友，但你没法安然享受这一切。为什么呢？就因为你始终在头脑里纠结：我不该在这里，我明明应该去意大利！

这篇散文的作者是一个唐氏综合征患儿的母亲。"荷兰"指的是她现实中的孩子，而"意大利"代表她曾经期待过却不存在于现实中的另一种生活。这就是反事实的想象。大多数问题儿童的父母都有一种痛苦：为什么我的孩子不是一个健康的宝宝？这种痛苦不是"荷兰"本身造成的，而来自对"为什么不是意大利"的无尽执念。

所以，有时候过度关注问题的概念，就是在强调另一种没问题的想象。沉溺于那种幻想，就更难面对当下的生活。有时候，相比一直忙于"治病"，倒不如快乐的时候好好享受，有了困难再设法应对。

避免问题升级

具体化还可以避免问题在互动中进一步升级。

自闭症的孩子在社区和学校都会成为"众矢之的"，被其他孩子孤立。就算有的孩子愿意接近他们，他们也会被父母悄悄拽走。普通学校也会劝有自闭症的孩子转学，否则别的家长会抗议："我们不接受自己的孩子处在危险中。"之所以有这种态度，是因为他们相信：自闭症的孩子存在某种"攻击性"。

但攻击性的问题，其实是一种自证：这些孩子始终被身边的人看成危险分子，被周围人用戒备的态度对待，他们当然更容易生气和反击，也就加剧了那些危险的互动。别说自闭症孩子了，换成你，明明想亲近别人，却处处被当成敌人，你是不已想发火？

换句话说，那些有问题的互动，很大一部分是概念引发的。要打破这个循环，就要在一开始把问题具体化出来：自闭症的概念背后，有哪些引发冲突的具体行为？比如，这个孩子一句话不说就拿我的东西，那么我要回应的只是这一个行为，而不是"自闭症儿童在犯病"。也许孩子本身没有不友好的意思，他只是不理解所有权的规则。我们就事论事地回应，就不会小题大做。假如我不想给他，友善地表达拒绝就可以了。

上一章讲过，诊断意味着某种权力。一个人被贴上某种"有问题"的标签后，其他人就会收到某种潜在的要求，要以特定的方式对待他，从而引发冲突。结果就是，问题的性质越严重，冲突就越升级。本可以避免的伤害，反而会在冲突中得以自证。

我举了很多次自闭症的例子，并不是说有问题不需要就医，而是说面对概念化的问题，我们需要先回到具体的困扰上，避免陷入不惜代价地解决问题却徒劳无功的困境。

03 安置：假如问题无法根治，我们还能做什么

看到问题带来的具体化的麻烦，就可以用更具体的方式应对这些麻烦。我把这种努力的方向，叫作"安置问题"。顾名思义，安置就是把那些我们承认解决不了的问题，尽可能稳妥地放置在生活中，让它们带来的伤害小一点，柔软一点，就可以了。

安置问题是有具体方法的。我从认知、症状和关系这 3 个层面来介绍。

然，这只是你的期待。如果他们真的做了，你要表示感谢。

　　如果你就在当事人身边，我相信，当你听到他表达明确的期待时，你反而会更释然。因为你乐意为他分担痛苦，只是不知道能做什么。但我也要提醒你，如果有些事你做起来有些勉强，或者给自己增加了太多的麻烦，你随时有权利拒绝。

▶▶▷ 第八讲
接纳：积极主动的自我调适

01 接纳：为什么"放弃治疗"也是一种治疗

随着后现代哲学进入人们的日常观念，问题被解构得越来越彻底。现代人经常说"接纳自己""跟自己和解"，仿佛这是一种对待人生问题最终极的解决方案。

什么才是接纳呢？你可能听说过这句话："改变那些你能改变的，接纳那些你不能改变的。"接纳的意思就是，无力改变，只能接纳这个结果。按照这个逻辑，我的钱包丢了，到处找都没找到，也可以说："我接纳自己钱包丢了。"但这不就是给"一筹莫展"换了一个好听的说法吗？如果只是这样的话，接不接纳不是没多大差别吗？

在此，我先做个澄清，这里讲的自我接纳并不只是"承认自己做不到"，还需要你在心态和行动上都投入更积极的努力。这一讲，我们就来讨论接纳自己的方法。

自我接纳的心态

我们先来看，接纳的心态有什么不一样的地方。一个人接纳了自己身上改变不了的问题，并不等于垂头丧气地"认输"，他的心态其实是积极的，包含了自我肯定与欣赏。

都是问题了，还有什么值得欣赏的？你不妨回想下前面的内容，通过语言转换，对问题进行重构，挖掘问题背后的资源，通过具体化地应对，为问题带来的影响提供妥善安置，所有这些认识和行动层面的转换，都是为自我接纳做的准备。

具体到操作上，你可以告诉自己 3 句话：

第一句，"有问题不一定是我的错"；

第二句，"结果不一定像我想的那么糟"；

第三句，"就算情况很糟，也只能是我自己来应对，我永远可以找到更多的应对之道"。

这样一来，你的心态就会更平和，而不是陷入失望和自我攻击。

也许你看到这儿的第一反应是反驳：出问题总是不好的，解决不了也就算了，总不能还给自己找借口、找优点，自欺欺人，这不就是自甘堕落吗？你之所以这样想，是因为我们有一个根深蒂固的信念：出问题一定是有人犯了错。就像小孩子在学校被欺负了，父母会问："人家为什么不欺负别人，就欺负你？好好想一想自己的问题。"

然而，指责不但对解决问题没有帮助，还会让人变得消沉，陷入自我怀疑，有时还会导致关系层面的僵局。

我做的家庭咨询有一类常见情况：学生拒绝上学，不是短期地逃避学习，而是他们感受不到学习的意义；或者经过深思熟虑，认为自己不适合学校教育的学习体系。这种情况下，父母会想各种方法，给孩子做工作，带他看病，转校，反复说服他"不要有压力"。所有方法都试过之后，如果孩子对上学还是持拒绝态度，父母也只能接受。

可是从这时开始，事情会呈现出不同的走向。有些父母虽然承认了这个现实，态度上还是不甘心，在家里要么唉声叹气，要么对孩子冷言冷语、旁敲侧击。另一些父母则发自内心地相信：孩子没问题，他只是暂时没找到自己的方向，需要多花一点时间。

显然，这两种不同的心态会促成截然不同的家庭氛围和亲子关系，甚至孩子的自我认同也不一样。前一种家庭的孩子会想：我就是烂泥扶不上墙，我这辈子都没希望了。后一种家庭的孩子会想：虽然我没找到自己想做的事，但我的能力没问题，我迟早可以做点什么！你想想，在其他条件完全相同的情况下，哪个孩子的发展会更好？

自我接纳的行动

不过，你此时很可能没被我完全说服。你会想：这会不会只是一种阿Q精神？非要厚着脸皮把问题看成优点，而本质上不还是在逃避现实吗？

阿Q确实是在逃避现实。他的问题在于，自己过得并不舒坦，只能被动地忍受苦难，同时自我欺骗，把苦难说成"儿子打老子"。而一个人处于自我接纳的状态下，是在积极地采取行动照顾自己，好好工作，好好生活，整体状态是舒适的。

因此，自我接纳需要在行动层面有所体现。

要达到这种良好的生活状态，需要用前文讲过的安置，就是碰到问题一时半会解决不掉的情况时，我们可以通过具体化拆解问题带来的影响，在不同层面把它安置妥当，尽量改善生活品质，也就是俗话说的"对自己好一点儿"。

不过，简单的道理要变成生活中日复一日的实践，是要花不少工夫的。就拿不上学的孩子来说，他每天在家的生活也许就是打游戏打到半夜，困了就睡，饿了就随便吃点东西。请问：这算不算是"对自己好一点儿"呢？

这要分情况讨论。一种情况是，他真的很享受打游戏的过程，也许他的人生理想就是成为职业选手或游戏主播，所以他现在每一天做的都是自己喜欢的事，甚至是在为梦想努力拼搏。这时候，我们可以认为：他已经接纳了自己，日子过得还不错。

但还有一种可能：孩子并不快乐，也并不觉得现在的生活有意义。在我的经验里，这是更常见的可能。打游戏只是他用来打发时间的一种相对不那么乏味的方式。他并不享受游戏，只是游戏之外的生活更糟，他只能从游戏中"摄取"多巴胺。

我们就要问："如果这不是你想要的生活，你希望在哪些方面有所改善呢？"

这不是一个容易回答的问题。很多人的第一反应可能是："我不知道！我知道的话，就不会是现在这样了。"这种情况需要慢慢来。也许他在心态上还没有接纳当下的状态，还在自己跟自己较劲儿。我们可以告诉他："不急，反正你还要在这种状态下待上一段时间，不妨观察一下，哪些方面是你满意的，哪些方面你希望变得更好一点？"

听到这个问题，有的孩子可能会说，他希望多一些零花钱，置办一些自己感兴趣的东西。从这个需求出发，他就可以跟父母商量，能不能通过做家务换取一些报酬。

有的孩子会说："我不知道自己喜欢什么，但我不想打游戏，想找一件真正有兴趣的事来做。"那他也可以从这个需求出发，做个列表，看看有哪些想尝试的方向。

还有的孩子会说："我每天最难受的就是跟父母在一起。虽说他们已经接纳了我的状态，但我总觉得对他们有愧疚。他们在家，我就浑身不自在。"这种情况下，父母和孩子就要多沟通，澄清可能存在的误解。其实有时候，要努力调整的是父母，而不是孩子。

我列举的这些行为，出发点都是为了改善生活，而不是解决问题。不过你可能发现了，这两者之间没有那么明确的分界，随着当事人不断追求更舒适的生活，问题可能不知不觉就解决了。

就拿拒学这件事来说，我认识一个有趣的大学生。他中学时期好几年休学在家打游戏，后来他逐渐发现，打游戏没那么有意思，制作游戏更有意思，于是他开始自学游戏制作。现在，他在美国一所大学修这门专业，甚至成了系里的"学霸"。

自我接纳的原理

接纳为什么会有这种意外的治疗效果呢？原理分为两方面。

一方面，那些无效的"解决方案"停下来了。别忘了失眠的例子：越急于入睡，反而越睡不着。等你接纳了睡不着的状态，比如第二天不用早起，今晚你想充分享受一段不眠的时光，给自己调一杯酒，裹上毛毯，惬意地躺在床上看书或电视，焦虑的循环就会停下来。哪怕你头脑里有一个惯性的声音："都这么晚了，怎么还不睡？"你也会很安心地回答："怕什么，反正我也不急着睡。"到这时，维持失眠的核心循环就被打破了。

另一方面，新的变化会就此发生。按照前面讲过的自组织原理，问题有自发变化的可能性。当失眠的人做好了准备，打算享受一个不眠之夜，也许他很快就困了。他给自己营造了一种更适宜的环境。在愉悦的、良好的状态下，好的变化就更容易发生。

所以，自我接纳有时是一个悖论：**当你接受了一个问题，甚至开始享受跟它共处的时间，变化的过程反而就被启动了，这个问题说不定过一阵子就会离开你。**

接纳，意味着心态和行动上的积极。遇到那些无法改变的问题，除了被动地接受问题的存在，我们还可以努力让自己过得更好些。尤其对于那些跟自我冲突、演化停滞相关的问题，接纳反而有利于新的变化产生。

但我们也不能笼统地把自我接纳看成解决问题的灵丹妙药，仿佛遇到任何问题，只要心态调整好，问题就会消失了。心态的改变只是第一步，还需要具体的方法。

02 现实检验：如何应对灾难化的担忧

遇到无法解决的难题，"放弃治疗"反而有可能带来变化。但有人可能会想：我没有那么具体的问题，只是单纯对现状不够满意。比如，一个人对工作和收入不满意，一时又看不到上升的空间。要说这是一个问题吧，好像也没那么严重，但接受起来又让人不甘心。再比如，有人到了特定年龄，虽然没有恋爱结婚的打算，但也会感受到一些社会压力。他们要不要接纳这种状态呢？

我先亮出结论：这种状态同样需要自我接纳，而且可以自我接纳。这个时候的接纳不等于"认命"，你仍然可以投入努力，争取让自己过得更好。

这个结论有点理所当然，我们不妨回到问题的起点：一个人明明可以让自己过得更舒适，为什么非要跟自己过不去，不愿意接纳自己呢？

这一切都源于我们在想象层面的恐惧。要解决这个问题，我教你一个方法，叫现实检验。通过现实检验，让想象对照现实，就能大大减少头脑中那些恐怖的、批判的声音。

现实检验技术可以体现在 3 个层面上，分别是体验、想象和社会共识。

层面一：体验

现实检验最直接的层面，就是体验的层面。

恐惧往往是一头纸老虎：你越害怕，它就显得越可怕；但假如你直接面对，体验一下它究竟有多可怕，也许就会发现它不过如此。所以，你对现状感到不满意时，就问问自己：我最害怕的是什么？然后让它发生，亲自感受一下。

比如，有人害怕暴露自己的弱点，怕会被别人笑话。如果他真的说出来，别人也许不仅不会嘲笑他，还会体谅和关心他。就算别人笑了，他暴露在笑声中，也会发现没什么杀伤力，说不定大家还会更亲近一些。他还能跟着自嘲，把它变成一个梗。

　　我有一个来访者，他在现有的工作岗位上待了很多年，他不满意这种状态，一直在折腾各种副业，有些折腾反而给家里造成了损失。我问他，如果保持现状，他最害怕的是什么，他说最害怕婚姻出问题，怕妻子嫌自己没本事。我建议他直接对妻子说："我不折腾的话，说不定一辈子就这样了。"当他鼓足勇气说出来之后，妻子不但不失望，还告诉他："这不是更好吗？你就有更多时间待在家了。"他才意识到自己恐惧的事情根本不成立，妻子的不满并不是因为他事业不够好，反而是因为他在家的时间不够多。

　　这有点像认知疗法中的暴露技术，就是把人放置在他最恐惧的情境中，充分暴露一段时间，他的恐惧就会降低。比如，对严重的社交焦虑障碍，有一种暴露方法就是请当事人在社交场合下故意犯一点错，出一点洋相，提出请求被人拒绝，总之都是他噩梦中的场景。但当他真的尝试几次后就会发现，这些场景并没有那么可怕。

　　有人会觉得不可思议：一件事情如果并不可怕，为什么当事人还会一直对它怀有那么强烈的恐惧感？原因很简单，在日常生活中，我们一直在想方设法避免让问题发生。可也正因为从未经历过，我们就没有机会验证它到底有多可怕。比如，一个对自己缺乏自信的人从来不敢在人前发言，就算讲话，也是提前打好了腹稿，一板一眼地照着说。这些行为对他既是有效的保护，同时让他始终与真正的恐惧保持距离。

　　所以，对于"最怕的事情到底有多可怕"这个问题，必须先卸下无谓的保护，才能看见答案。有一种针对神经症的治疗方法叫森田疗法。它的创始人森田正马从小体弱多病，一直恐惧自己的健康问题，拼命保养身体。后来有一天，他决定冒险一搏，不再把生病当回事，不吃药不养生，然后他才发现，结果不但不可怕，身体反而变好了。

层面二：想象

　　直接暴露在现实中是最简单的一种现实检验。但有一些恐惧没有可以暴露的情境，比如有的人不想结婚，被"过来人"吓唬："等你老了，没人照顾的时候，你就知道后悔了。"这种对未来的想象会让他受到心里沉甸甸的，虽然就事实而言，这一刻的生活并没有受到什么妨碍，但他还是对现在的状态无法安心。这种情况下，怎么进行现实检验呢？

这就需要在第二个层面，也就是想象的层面完成现实检验。

具体怎么做呢？就是发挥你的想象力，把最坏的可能描绘出来。"老了没人照顾，你就会后悔"，这只是一个概括性结论，究竟是什么样的场景让人后悔呢？你可能会想到，年纪大了腿脚不灵便，那时候没人照顾，很不方便。

这好像已经够可怕了，别急，进一步具体化：情况最糟会到什么地步呢？你也许会在头脑中想象一幅画面：一个独居老人，就是你自己，在家里摔了一跤，可能骨折了，却找不到人求救。

看上去，情况已经非常紧急了，但请你继续发挥想象力，补完这个故事：接下来，这个独居老人做了什么？我想象的结局是，他家都是智能家居，这个老人刚大喊了一声，家里的音箱就对他说："检测到您刚刚有受伤的声音，需要我帮您拨打急救电话吗？"

你是不是一下松了口气：什么啊！闹了半天就这么简单。

这可不是什么拙劣的情景剧，要知道，我们的想象往往只停在故事的前半段，甚至只有一个概念，就是"非常恐怖"，但我们从来没机会在这些想象中一展身手。只要把它细化成具体的场景和情节，你就会发现，这个故事中有太多可以优化的空间了。凭什么我们就只能坐以待毙，看着最坏的情况发生呢？**就算真有 100 种可怕的结果，我们也可以有 100 种方法应对。**比如，现在你就可以把智能家居安排上。

有人会说："你讲的都是乐观的可能性。有没有一种可能，情况就是很糟糕，糟糕到无法应对呢？"这就回到了"万一"的问题上。的确，我们不能排除万分之一的可能。但即使如此，我们仍然可以尝试在想象的层面完成现实检验。

　　比如，一个人恐惧孤独终老，害怕孤零零地躺在病床上。我们不能安慰他"情况不会那么糟"，但他确实可以想象一下，自己躺在病床上可以做些什么，令处于孤独和恐惧中的自己好过一点。这种想象本身就会让他轻松一些，因为他是在感受具体和现实，而不只是把一个万分之一的"可能性"，沉甸甸地压在自己心上。

社会共识

　　除了体验和想象，现实检验还有一个层面，即社会共识的检验。

　　有时候，一个人不接纳自己，并没有具体的担忧，只是模糊地觉得"这不太好"。这个观念来自一种人际态度：因为大家都说这样不好，久而久之，他也就觉得不好。

　　可是，"大家都说"真的能覆盖所有人吗？不见得，它极大地受限于我们的人际环境。比如，时尚行业的人往往有更严重的身材焦虑，因为他们会在工作环境中接触到最苗条的那 1% 的人。网络也会提供一些压力。你在某些网络社区看帖子，人均高学历、高收入，个个都是行业精英，你就会有种自己一无是处的错觉。但这一切都是真的吗？

　　还有一些时候，我们的眼界来自原生家庭，我们把父母的期待误以为是一种平均水平的自我要求。这在年轻人身上尤其常见。我在一所大学做过心理咨询，有一个非常优秀的学生曾经告诉我他深藏心底的一个秘密，那就是他上课会走神，老师讲的一些内容他会漏掉，只能靠课后自学弥补。他在讲这件事的时候惴惴不安，好像那是一个最特别的难言之隐，因为他一直被父母要求认真听讲。我就请他回去做个问卷调查一下，多少人会走神。他调查后看到，几乎所有人都会走神，自然就没那么恐惧了。

　　接受社会共识的检验，说简单也简单，只要走出去认识更多的人，获取更全面的数据，很多想象中的担忧就会不攻自破；但说难也难，互联网让我们生活在大大小小的信息茧房里，每个人只能看到一小块世界，但人人都相信自己看到了全部真相。

我们需要时不时地警醒自己，避免偏狭，才会发现，很多不能接纳的事物也许才是常态。

收获行动的勇气

看完这 3 个层面的现实检验，你也许还会担心：这是不是一种自我安慰，说服我接受"躺平"的人生？但我想告诉你，接纳负面结果也会带来行动的勇气。

假设你有一个喜欢的人，却迟迟不敢对 TA 表白，就因为你害怕说出来被拒绝。这时候，你不妨做一个现实检验，想象一下"被拒绝"带来的体验究竟是什么。一开始，这个想象也许会让你尴尬得脚趾抠地，但请你坚持想下去：然后呢？当我尴尬起来，我要怎么化解这个尴尬？你就会发现，被拒绝带来的伤害，没有想象的那么不可战胜。

克服恐惧之后，你就可以行动，大大方方地告诉对方："我想把我的心意表达出来，你接不接受，我都能接纳。"

很多时候我们想要往前迈一步，但无论是创业、跳槽，还是争取自己的利益，都会因为莫名的担忧而裹足不前，这本质上是因为我们无法接纳那个有可能失败的自己。通过现实检验，我们就可以最大限度地打破恐惧，去做自己想做的事。

请你试着用上现实检验的方法，克服自己的恐惧。

03 被讨厌的勇气：如何突破人际关系的阻力

很多人还会碰到一种情况：自己可以接纳自己，可别人总觉得自己有问题，尤其是重要他人，比如父母、上司、亲近的朋友。这种情况下，我们还能接纳自己吗？

答案是当然可以。围绕这个问题，我向你介绍一个概念，叫"被讨厌的勇气"。你可能听说过一本同名书，它是国内最畅销的心理学书籍之一。作者是两位日本人，主要作者岸见一郎是阿德勒心理学的继承者。阿尔弗雷德·阿德勒（Alfred Adler）是一位精神分析学者，主要研究文化和社会关系对无意识的影响。他的理论在西方不算大众，但经过日本学者引介之后，在东亚世界大受好评。这是因为，他的理论戳到了东亚人的"痛点"：受集体主义文化影响，我们的一言一行都会受到别人的限制。

针对这个现象，岸见一郎从阿德勒的理论中提炼了几个重要观点，用一句话概括就是：追求自由的人生，就不要害怕被人讨厌。乍一看，这句话有点让人摸不着头脑：谁真的能做到不害怕被讨厌？成为一个被讨厌的人又有什么好处呢？

接下来，我们就来学习这个理念，看如何在人际压力中活出自己，接纳自己。

哪些事是我的事

要突破人际关系的限制，就要先区分：哪些是我的事，哪些是别人的事。

这看起来很容易，比如你请朋友吃饭，提邀请是你的事，答不答应是朋友的事。可换一种更抽象的情况，就不那么容易分清楚了。比如我上台讲课，有人说讲得不怎么样，这时候我心里就会"咯噔"一下，感到自己的价值深受打击。但仔细一想，这并不是我能控制的事。我的任务只是好好讲课，听课的人愿不愿意给出认可，那是他们的自由和权利。

区分不同人的任务是一种能力，这在心理学领域叫"课题分离"。怎么理解"课题"的概念？很简单：一个行为主要对谁造成影响，就是谁的课题。我做的事对我有影响，就是我的课题；你认为我不该这么做，那是你的课题。课题分离，就是把两种情况分开。

这种能力非常重要。我们在人际关系中感受到的限制大部分来自课题的混淆。社会心理学告诉我们，人际关系对我们的影响来自感知到的他人的期待。**他人的期待，本质上是他人的课题**。所以，只要把它跟我们自己分开，它不就影响不到我们了嘛。

当然，人不可能完全不受别人的影响，也不存在百分之百的自由。但是很多人的痛苦在于，把自己的价值感和"别人是否喜欢自己"联系得太紧了。只要稍微一想"我做这件事，有可能让重要的人失望"，就心惊肉跳。为什么呢？因为在他们心里，"让别人失望"就等同于"我是个差劲的人"。这就是把自己的课题跟别人的课题混为一谈。

我收到过一类留言，留言的人说自己在大城市工作，一个人过得还不错，但父母总忍不住担心，觉得这样不是长久之计，还是应该回老家找一个"铁饭碗"，安安稳稳过日子。他们想找到办法说服父母，请父母放心。

我想告诉这些人：你只管把你的日子过好，但你不一定能说服父母。因为你过得好不好是你的课题，父母要不要担心是他们的课题。虽然为人子女，你会为了父母的担心而感同身受，但你没有义务解除这份担心。反过来，当父母自己想改变时，他们可以给我留言："我的孩子没问题，我却始终放不下对'铁饭碗'的执念，我该怎么调整自己？"

这样想，你是不是就轻松多了？

这种课题混淆很可能是在我们的成长经验中被反复塑造出来的。我现在还会看到一些老人在带小孩时用指责的口吻说："你再这样，我可不喜欢你了。"每当听到这种话，我就会在心里替孩子顶一句嘴："你不喜欢，那是你的课题。"我总觉得，这种用"不喜欢"去要求别人服从的逻辑，对小孩子是极具迷惑性的，还不如直接提要求：我就要你做什么。为什么呢？因为这个逻辑是把他人的喜好作为判定孩子行为的依据，如果孩子习惯了在这个框架里建立价值认同，长大之后，他就很容易受到别人影响。即使别人没说"我不喜欢"，他也会揣测别人的态度，从而判断自己该做什么才能让别人高兴。

当然，人都希望被喜欢。但我们要清晰地意识到，别人有讨厌我们的权利，这是与我们无关的客体。这样，我们就不那么容易因为别人的态度，而产生对自己的不接纳。

成为"肇事者"的勇气

有人觉得，课题分离只适用于比较轻松的情况。比如，自己能接受父母的失望，因为失望是一种正常情绪。假如他们的反应很激烈呢？万一他们大哭、情绪崩溃呢？在这种情况下，人们往往会怀疑自己的选择，因为它不是自己一个人的事，还伤害了别人。

这就对自我接纳提出了更高的挑战。我们需要的不只是"被讨厌的勇气"，还需要"成为'肇事者'的勇气"。如果有一天，当我们行使个人的自由时，给亲近的人带来了强烈的痛苦，甚至让我们怀疑自己造成了伤害，该怎么理解这件事？

阿德勒心理学提供了一个新观念：你不是对方痛苦的原因，而是对方痛苦的目的。

这句话是什么意思？请设想一种极端情况。母亲对一直不愿意成家的儿子说："你父亲都生病了，什么时候你把媳妇带回家，他的病才会好。"你一定想反驳：这两件事有什么联系呢？这分明是道德绑架！

但如果把这个逻辑用更委婉的方式表达出来——"你还不成家，父亲都被你气病了"，这就令人难以招架了。为什么呢？它把控制性的"目的"隐藏起来了，反而说成是痛苦的"原因"。这就是那个古老的叙事：你造成了别人的伤害，你内不内疚？

可是阿德勒心理学明确提出，这个叙事并不成立。不是你的选择

"让"另一个人痛苦，痛苦是他自己的选择。在这个例子里，父母选择表现出痛苦，有助于在跟儿子的关系中增加影响力。所以，父母痛苦并不是"因为"儿子做了什么，只是"为了"让儿子就范。当然，人们主观上并不会这么想，这一切都发生在无意识中。

这是阿德勒心理学非常有名的哲学观，叫"目的论"。它把痛苦看成主体性的选择，这种选择包含了特定的人际目的。

这会不会有些"以小人之心度君子之腹"呢？先别急着反思，你不需要对自己的人生选择抱有任何歉意，这反倒"鼓励"了对方的痛苦，好像它真的可以对你形成压力。你要做的是让这个目的失效，也就是你不为所动，对方自然就不会依赖这种痛苦了。

如果你担心这样太冷血，我教你一个具体的方法。当一个人向你表达"都是因为你，我才这么难过"时，你就只回应后半句："我理解你的难过。"你可以给他一个拥抱，对他说一些安慰的话语，但他的痛苦终归是要他自己解决的，那不是你的错。

坚持做有价值的事

可能有人还是不太能接受：虽然道理是这样，但这不就是在鼓励我行我素、不顾他人的感受吗？真的可以接纳这种状态吗？

要知道，**拥有被讨厌的勇气，并不是毫不在意别人的感受，而是坚持做你认为有价值的事**。也就是说，**被讨厌不是目的，真正的目的是活出自己**。

想要抛开别人的目光，你要问自己：我希望人生怎样度过？如果这个问题太大了，你就问得具体一点：我此刻最想做的是什么？无所谓别人赞不赞成，无所谓谁会失望、不满。一件事是否对你有价值，由你自己判断。比如，我在讲台上讲课，每当有学生告诉我，他在听课之后发生了积极的改变，我就会深切感受到自己做这件事的价值。

你也许会疑惑："李老师，这不是矛盾了吗？前面还说要把自己的价值跟外界评价分开，现在怎么又从同学的评价中寻找价值呢？"其实，二者有一个差异：我认为讲课这件事有价值，希望同学从中获益；但我能否得到期待的评价，这一结果并不影响我对这件事的价值判断。假如我认为自己已经尽力讲好了这门课，收到的却是负面评价，我接受这个遗憾。

事实上，对一件事的评价永远是混杂的。《被讨厌的勇气》这本书里提到了一个比例：10 个人中往往只有 1 个人讨厌你，2 个人喜欢你，还有 7 个人压根不关心你。我们总是过度放大那 10% 的负面评价，把它看成对自己的全面否定，陷入自我怀疑。不知不觉地，我们会把"被别人认可"当成做事的指导原则，事情就开始变质——你不再是做自己想做的事，而是被少数人的差评牵着鼻子走。

所以，被讨厌的勇气并不是在鼓励你我行我素，与全世界为敌。你还是你，只是活得更自由一些，在差评面前保持一些定力，不害怕被少数人说三道四。

我们也不要把"自我接纳"跟"让他人不舒服"之间画上等号。其实，人与人的交往中存在大量的自由空间，他人有他人的看法，你也可以探索你自己的活法。有时候，不害怕被人讨厌，做自己想做的事，也许恰恰会成为你招人喜欢的原因。

04 行动：接纳的下一步是什么

学了这么多跟自我接纳有关的技术，你也许会有一个印象：追求平和，想办法带着问题好好生活，仿佛就是自我接纳的终点。

先别急，我再为你介绍一个心理咨询流派的方法，叫"接纳与承诺疗法"，英文简称是 ACT。作为一个单词，ACT 的字面意思就是"行动"。虽然是个巧合，但学完这一篇的内容，你会发现"行动"这个词贴切地指出了自我接纳下一步的目标。

接纳与承诺疗法诞生于20世纪90年代，也被称为"认知行为疗法的第三浪潮"。这里我简单介绍下认知行为疗法的发展，它大致可以分成3代。第一代是简单的行为主义，通过直接打破"刺激—反应—结果"的联结，促成改变。第二代开始引入认知疗法，通过识别自动化思维和不合理信念重构认知，改变我们对事物的反应模式。虽然关注点不一样，但它们的核心目标都是为了促成改变。

但是到了第三浪潮，认知行为治疗开始强调自我接纳了。

第三代认知行为治疗融入了后现代哲学，包括两大分支：一个是正念认知治疗，另一个是接纳与承诺疗法。虽然两个分支都把自我接纳作为理论根基，但差别在于：正念认知治疗只强调接纳，接纳与承诺疗法则认为接纳不是最终目的，最终需要落实在行动上。

行动的最大障碍

阻挠一个人行动的障碍在哪里？接纳与承诺疗法认为，最大的障碍是弱小的自我图式。

人人都有想做的事，但很多人根本走不到行动那一环。第一个困难出现时，他们就会觉得"我搞不定"。这是一个客观评估吗？当然不是，它只是他们头脑中的看法。这也是传统认知疗法一脉相承的理念：一个人之所以无法行动，是因为头脑中对"自我"的认识出了问题。要突破这个障碍，就需要打破自我认识的框架。那要怎么打破呢？

接纳与承诺疗法认为，我们需要先拆分两个不同的东西：一个是负面的自我概念，另一个是具体情境中的负面体验。这解释起来很抽象，我举个例子。你小时候写作业时可能有过这种体验：碰到一道题不会做，父母讲了好几遍，你还是不懂，气得大骂他们"你怎么这么笨"。你看，这就是一个具体的情境，这个情境会令你形成一个整体的自我概念：我很笨。

这个情境是真实的吗？确实是。但回到当时，对于那件事其实还有很多不同的理解角度。比如，那段时间父母跟你的关系本身就存在矛盾，所以他们一时口不择言。又比如，那道题太难了，超出了你当时的知识和能力水平。还有一种可能是，给你多一点时间冷静思考，你其实能做出那道题。但在当时的情境下，压力已经"爆表"，你的大脑已经彻底被紧张感占据，进入了系统 1 的自动运行状态，根本就没有整理思路的空间。

问题就出在这里。人的头脑通常不会用具体问题具体分析的方式加工这些情境，尤其在面对"自我"这个对象时，会直接得出一个整体概念：我就是一个很笨的人。这就从一件具体的"事"泛化到了一个整体的"人"。这个过程叫"认知融合"，意思是"我这个人全方位都不行，在别的事情上也做不好"。这就加固了负面的自我概念。

怎么办呢？接纳与承诺疗法提出的方法是，接纳这段经验。

这么糟糕的经验，不去忘掉它、拒绝它，为什么还要接纳它？这是因为，一旦我们产生接纳的心态，它就可以被还原成一组外在的"经验"，从跟自我认知融合的状态中脱离出来。用一句大白话解释就是：我是我，经验是经验。

我们不必否认，人生就是有很多困难。而**一旦我们接纳了这些困难，就无所谓有一个好的或不好的我，有的只是我暴露在风吹雨打中曾品尝过的那些酸甜苦辣**。就好像每个人都经历过疼痛，却不必把自己定义为一个"痛苦的人"。伴随接纳这些负面体验过程的，反而是自我概念的解放。

所以，情境是用来体验的，我们不需要把某个情境变成一种塑造自我的框架。每个人的一生必然要经历各种各样的考验，而我们的心是自由的，充满了无限可能。

自我的核心价值观

你可能会担心：这会不会陷入虚无主义？如果顺境逆境都是过眼

云烟，不足以构成自我，那什么才是"我"呢？接纳与承诺疗法认为：自我的核心是价值观。

这里的价值观的意思是：你认为什么事情是最重要的。

你会不会觉得这像是一句废话？我如果问你什么事情是最重要的，估计你立刻会想到一大堆答案，比如想变得更强大，更成功，想让家人过上好生活，等等。

每一个答案都不错，但容我再多问一句："这些东西人人都想要，跟你的自我有什么关系呢？"

这就需要把你想要的东西变得更具象。比如，一个人想要"成功"，是希望自己变成"不一样的人"。这背后是因为他有一个"弱小"的图式，急于通过"成功"推翻这个图式。但如果他不确定自己具体想做什么，那无论他做什么工作，取得多大成就，受到多少人认可，最终都无法用这些东西说服自己：我已经成为不一样的人了。

要把想象变得具体，你就要问自己：找一件我无论如何都想做的事，会是什么呢？

这件事是要放在人生尺度上的。你甚至可以用到一些极端的想象。比如，你去世之后，你希望自己的墓碑上面写一句什么样的话？亲朋好友怀念你的时候，你希望他们提到的第一件事是什么？再比如，老去之后，你心里会为自己做过的哪件事感到骄傲？

放在人生的尺度上，这件事情很重要，但并不一定有多遥远。如果你喜欢看电影，你可能希望自己的墓碑上写着：此人生前看过 × × 部电影。没问题，这也体现出你的一种价值观。有人想要做出一番事业，改变世界；有人只想多一点陪家人一起度过的平平淡淡的时光。作为价值观而言，它们没有高下之分，只要你认可它的价值，就可以。

就我自己来说，把这本书写好，就是一件重要的事。我希望书里的内容可以让一些人的生活变好一些，这是我真心认为重要的事。我反复讲，心理学不是用来分析和评判人的，我希望它成为一门对人有帮助的学问。如果你正在生活中经历麻烦，尤其是难以解决的问题，我希望这本书可以让你觉得有人理解你，支持你，让你对自己少一点责怪。这就是我的价值观，它可以追溯到我自己小时候。我在困难时特别希望有人能对我讲这样的话，会让我觉得困难时期不那么难熬。我认为这些话如此重要，所以在长大之后，我希望通过自己的努力，让多一些人看到这些话。这件事就会让我感到骄傲。

所以，自我接纳不但意味着打破负面的自我图式，同时还要确认自我的价值观。

展开行动

确认了价值观之后，下一步当然就是展开行动。

你也许会觉得这句话太轻巧了：难道我想做什么，就能做什么吗？我们讨论的前提是"假如困难没有解决"，难道只靠自我接纳，就可以无视困难了吗？

别忘了，我不是让你随便找件事做，而是做那件"对你来说最重要的事"。

重要到什么程度呢？就是无论如何你都想做。所谓"无论如何"，就是无论有多少困难、多少非议，你都不在乎，想方设法也要做成。不知道你愿不愿意承认，行动最根本的阻力其实不是"难"，而是"没那么重要"。就像很多时候，我们看一眼天气：要下雨了，要不就不出门了吧。可是，阻碍你的真的是天气吗？有没有可能，换成一件期待已久的事，比如去听偶像的演唱会，哪怕电闪雷鸣，你也会克服千难万险出门。

所以，**困难始终是排第二位的，排在第一位的是克服困难的决心。**

当然，这并不意味着只要有决心，困难就不存在。问题和痛苦都是真实的，虽然自我接纳不会让问题消失，但它们也不再是卡住你的障碍，只是一些具体的、情境性的阻力。而你那么坚决，总有办法绕开这些阻力达成目标。

还是拿我自己举例子。为了完成这本书，我在得到 App 连载了一年专栏，需要每天更新。在这个过程中我遇到了无数困难，生过病，也遭遇了更大的麻烦。困难太大的时候，我会担心：会不会写不下去了？然后我就会提醒自己我的那个价值观：写稿为什么对我如此重要？那么问题就不再是"写不写"，而变成了"我要怎么带着困难写完"。这当然不会顺利，需要付出很多意想不到的代价，但既然我已经确定了价值，心里就不再计较"能不能做"，只会想：这就是最重要的事，我当然要想办法做成。

只要确定了自己心里最重要的事，接下来，就是我们熟悉的决策、行为、自我训练、情绪调节、制定计划、解决问题。

所以，自我接纳并不代表一个人彻底放弃，什么都不干。恰恰相反，自我接纳帮我们消解了自我中不必要的阻力，会让人更有行动的力量。**我们不需要自怜自伤地关注自己是一个怎样的人，而是自己怎样都无所谓，重要的是，我们要做成这件事。**

05 对话：人和人需要怎样的交流

这本书即将进入尾声，对于不同心理学流派关于自我接纳的方法、思路，我已经介绍得差不多了。如果你觉得学了这么多，还是不能接纳自己，怎么办？我再给你推荐一个方法，那就是跟人保持对话。这也是后现代心理学的一个发展趋势。当你想要改变某一个问题时，你可以找专业人士做心理咨询；如果你的目标是接纳自己，只需要跟别人对话。

这也体现在心理咨询的范式转变中。最近几十年，心理咨询逐渐从一种带有地位差异的等级关系——也就是"专家"输出专业技能去

"帮助"那些遇到问题一筹莫展的"求助者"，转为平起平坐的服务关系——来访者购买咨询师的服务，双方是对等的。无所谓谁在用专业知识指导谁，双方只是相互对话与分享。

你可能会想：我每天都在跟人对话啊，这跟自我接纳有什么关系呢？别忘了自我接纳的定义，它不仅是对问题的被动忍受，还要用更积极的心态理解和安置问题。它需要我们在思维和视角上拥有更多灵活性，而这恰恰可以从对话中激发出来。

获得共鸣

通过对话，个体经验可以获得群体的印证和共鸣，有助于自我接纳。

想想看，如果我对你说："我一到星期天晚上就浑身难受，因为又要上班了。"你回复我："谁不是呢？大家都一样。"这段对话就可以让我们两个人都更释然，因为我们不但在倾诉自己的困扰，同时获得了一个坐标——不只我一个人如此。

而且，在这段对话中，无所谓谁在帮忙、谁在接受帮助，我们只是交换各自对生活的感受。即便面对有经验的前辈、专家、老师，我也不是为了让对方传授知识或教诲，只是敞开自己，从另一个人的反馈中得到对照和印证。

再举个常见的例子。一个小孩子摔跤了，哭着告诉父母："太疼了！"疼当然是一种不好受的滋味，但他不是独自一个人在忍受、品尝，他同时把这份感受传递出去，让父母看到：这是我在此刻产生的一种经验，你们是否可以理解我在这里经历了什么？如果父母这样回应："是，是很疼的。"这一句简单的认可就会构成一个重要信息：我理解你现在的状态。孩子的这份疼痛就可以安置在人际关系的坐标系里。但如果父母对他说："不疼！这点伤有什么好怕的。"这就是对经验的剥夺，孩子可能会哭得更厉害。

此外，即便是心理学专业术语，也需要放在对话而不是诊治的语境中，这样它才是温和的、描述性的，而不是一种诊断和评判。你说出自己的问题，另一个人懂得它是什么，你就会感到自己在人群中并不孤独。用一句浪漫的说法就叫"我被看见了"。

很多时候，别人跟我讲他们的问题，我的第一反应都是："我也是这样。"

别人问我："过于在意别人看法，怎么办？"我说："我也在意。"

"嫉妒别人过得好，怎么办？""我也会嫉妒。"

"被人说坏话很生气，怎么办？""我被人说坏话，最近气到爆炸。"

你看，我没有提供任何建议，只是这样一说，对方的眼睛就亮了。他们说："原来心理学家也这样，看来我的问题并不严重。"

一段被充分看见的经验，更容易被自身接纳。哪怕是痛苦的、负面的经验，至少不是无处安放的痛苦。人在被划分成个体的同时，也承受了无止境的孤独与不安。我们之所以在意社会准则，就是因为渴望由此融入一个人际共同体。我们总会有意无意地寻求认同：哪些经验是好的，是应该的？另一些感受似乎没有那么被认可，需不需要隐藏起来？如果我们可以在对话中交流这些感受，听到另一个人说"这很正常"，我们就会被治愈。

这就是对话的第一步：不评判，把它变成一种单纯的经验分享。

组织对话

有人说："有共鸣当然好，但人们的经验总有不一致的时候吧！如果我有某种感受，对方的感受不一样，我们还能对话吗？"我要讲的第二点就是，在不同经验之间组织对话。

还是前面的例子，你对一个人说"我一想到上班就难受"，对方却说"我反倒更喜欢上班的感觉"，这就是完全相反的经验。这种情况下，是不是双方只能鸡同鸭讲、话不投机呢？其实，这恰恰提供了一个拓展框架的机会。只需要问一个问题："为什么呢？展开说说。"两种经验就展开了碰撞，碰撞就会带来拓展。

这是什么意思呢？对同一件事，你们两个人有相反的感受，说明你们组织经验的框架不一样，有不同的认知图式和信念。平时，每个人沉浸在各自的经验中，意识不到这是一种框架。但相互一聊，彼此都发现"原来还能这样想"。比如对方说："我之所以喜欢上班，是因为上班可以做事，觉得时间没有虚度；假期什么都没干，不踏实。"这说明什么？说明他以"时间有没有虚度"为框架来评估自己的生活。如果你喜欢放假，听他这么说就会有更多好奇：时间不虚度为什么这么重要？你可以接着问："你怎么判断有没有虚度呢？"或者提出自己的困惑，比如你觉得上班特别疲倦，想知道对方如何应对倦怠感。

请注意，你们是在对彼此感到好奇，而不是相互质疑。好奇的意思是：你看到的世界跟我看到的不一样，我想近距离看看它们的差异。问题是由不同的语言和视角建构出来的，我们看到同一种经验存在不同的建构方法，就可以相互获得启发，从自己的经验中跳出来。一个人认定自己是原生家庭的受害者，当他看到另一个人来自相似的家庭背景，却长成完全不一样的个性时，双方都会意识到：成长经历原来不止有一种建构方式。

在进行这种对话时，你可以把每个人想象成一个导演，他们在用一生的时间创作一部电影，电影素材来自他们的亲身经历。他们经历过那么多事，选择或舍弃哪些素材，哪些要经过渲染，哪些要建立内在的关联，并加上不同的剪辑、配乐、调色……同样的人生就可以编织成完全不同的故事，可以是悲剧，可以是喜剧，也可以是英雄史诗。

在某种意义上，自我接纳就是全盘接受这些素材，再用它们创作出一个让自己满意的故事。这就需要"导演"之间多交流，多取经，看看别人是怎么讲故事的。很多时候，让人苦恼的不是素材本身，而是处理素材的方式陷入了单一的瓶颈，甚至落入了自证的漩涡：越是讲述痛苦的故事，越是收获新的痛苦素材。

要想讲出不一样的故事，我们就需要更多的对话。

为行为赋予意义

通过对话让自己对问题有了更积极的心态，自我接纳就完成了吗？还没有。前面讲过，除了心态的改变，自我接纳还要有积极的行动。

对话是如何促成行动的呢？答案就是我要讲的第三点：人与人通过对话建立共同体，共同体为行动赋予意义。

假设一个人生病了，他的心态一开始只是被动地接受治疗，想不出这段时间自己还有什么能做的事，或者想到了也没有做的动力。但他跟别人对话后，就会意识到：大家都有过受到某种重创却无能为力的时刻。他就会想：接下来我要更积极一点生活，这不仅对自己有意义，对别人来说，也是一种"带着问题好好生活"的鼓励。他甚至可以和几个病友约定一起做一件事，比如每天在群里打卡，各自分享生活。虽然这件事很简单，但因为他们在对话中建立了共同体，这些行动就会带来不一样的价值。

你可能还记得本书第二章讲过的自我决定论，它认为人的动机来自3个方面的影响：自主、胜任与关系。关系就是"这件事对谁有意义"。而我们之所以遭遇困难后一蹶不振，就是因为无法再从过去的框架中获取意义。

新的意义从哪里来？来自新的共同体。你要听到有人告诉你，你对他很重要。

人是社会性动物。每个人都受困于自己的问题，独自一人承受疾病、失业、诉讼、离别等。除了问题本身的痛苦，还有一部分痛苦来自孤独。所以，**我们与他人对话，从交流中获得宽慰，获得支持，也**

获得碰撞和灵感，继而获得行动的勇气。

到此，这本书就结束了。但也许你对自我的认识才刚开始。祝你在结束心理学的学习之后，在一段又一段跟他人的高质量对话中，不断拓展自我。

图书在版编目（CIP）数据

心理学讲义 / 李松蔚著 . —— 北京：新星出版社，
2024.5

ISBN 978-7-5133-5611-4

Ⅰ . ①心… Ⅱ . ①李… Ⅲ . ①心理学 – 通俗读物
Ⅳ . ① B84–49

中国国家版本馆 CIP 数据核字（2024）第 086790 号

心理学讲义

李松蔚 著

责任编辑 汪 欣		**装帧设计** 周 跃	
策划编辑 战 轶 白丽丽		**内文制作** 书情文化	
营销编辑 吴 思 王 瑶		**责任印制** 李珊珊	

出 版 人 马汝军

出版发行 新星出版社

（北京市西城区车公庄大街丙 3 号楼 8001 100044）

网　　址 www.newstarpress.com

法律顾问 北京市岳成律师事务所

印　　刷 北京盛通印刷股份有限公司

开　　本 880mm×1230mm 1/32

印　　张 16.25

字　　数 436 千字

版　　次 2024 年 5 月第 1 版　2024 年 5 月第 1 次印刷

书　　号 ISBN 978-7-5133-5611-4

定　　价 99.00 元

发行公司：400-0526000　　总机：010-88310888　　传真：010-65270449